“十二五”职业教育国家规划教材
经全国职业教育教材审定委员会审定

普通高等教育“十一五”国家级规划教材

# 建筑工程测量

第三版

周建郑　主编

化学工业出版社
·北京·

本书根据高职高专建筑工程技术等专业应达到的技能要求和作者多年从事工程测量、建筑工程测量教学的经验编写而成。

全书按教学单元编写，共分十六章。内容主要包括：绪论，水准测量，角度测量，距离测量与直线定向，测量误差的基本知识，GNSS全球卫星定位系统简介，小区域控制测量，大比例尺地形图的基本知识，大比例尺地形图测绘，地形图的应用，施工测量的基本知识，施工控制测量，民用建筑施工测量，工业建筑施工测量，线路测量与桥梁施工测量，建筑物变形观测和竣工总平面图的测绘。为了提高学生的动手能力，配有《建筑工程测量实训指导书》(另册)，以利于学生学习、实践和解决建筑工程中的实际问题。

本书适用于高职高专院校建筑工程技术、城镇规划、给水排水工程技术、道路与桥梁工程技术、工业与民用建筑、地籍测量与土地管理、房地产经营与估价、工程监理、工程地质、水文地质等专业的教学使用，也可供从事以上专业的技术人员参考。

**图书在版编目（CIP）数据**

建筑工程测量/周建郑主编. —3版. —北京：化学工业出版社，2015.9（2022.1重印）
"十二五"职业教育国家规划教材
普通高等教育"十一五"国家级规划教材
ISBN 978-7-122-24603-5

Ⅰ.①建… Ⅱ.①周… Ⅲ.①建筑测量-高等学校-教材 Ⅳ.①TU198

中国版本图书馆CIP数据核字（2015）第156749号

责任编辑：王文峡　　装帧设计：刘剑宁
责任校对：吴　静

出版发行：化学工业出版社（北京市东城区青年湖南街13号　邮政编码100011）
印　　装：三河市延风印装有限公司
787mm×1092mm　1/16　印张23¼　字数566千字　2022年1月北京第3版第7次印刷

购书咨询：010-64518888　售后服务：010-64518899
网　　址：http://www.cip.com.cn
凡购买本书，如有缺损质量问题，本社销售中心负责调换。

**定　　价：49.00元**

# 高职高专土建类专业教材编审委员会

# 前　言

《建筑工程测量》第一版出版已有十余年，第二版出版也有多年时间，期间经历了多次的重印。本教材由于具有以下特色：阐述详尽，细节具体学生容易理解；提供了大量的实用表式和案例；反映了最新法规、规章和政策的规定；提供了课程实训指导书等特点，符合职业教育规律和高端技能型人才成长规律，对培养学生的实践能力效果良好。因此，被全国较多所高职高专院校开设的建筑工程技术、给水排水工程技术、道路与桥梁工程、隧道工程、水文水资源、城市水利专业、村镇建设、城乡规划专业和造价管理等专业所采用。第二版通过评审立项为普通高等教育"十一五"国家级规划教材，第三版通过评审立项为"十二五"职业教育国家规划教材。

为使本教材具有较强的实用性和通用性，突出"以能力为本位"的指导思想，编写时力求做到：基本概念准确，各部分内容紧扣培养目标，文字简练、相互协调、通顺易懂、减少不必要的重复。为了提高学生的动手能力，配有《建筑工程测量实训指导书》（另册），以利于学生学习、实践和解决建筑工程中实际问题。

第一章增加2000国家大地坐标系，根据《中华人民共和国测绘法》，经国务院批准，我国自2008年7月1日起，启用2000国家大地坐标系。2000国家大地坐标系与现行国家大地坐标系转换、衔接的过渡期为8年至10年。现有各类测绘成果，在过渡期内可沿用现行国家大地坐标系；2008年7月1日后新生产的各类测绘成果应采用2000国家大地坐标系。

第二章增加自动安平水准仪和电子水准仪内容，这种仪器操作迅速简便，可简化操作手续，提高作业速度，测量精度高，深受建筑测量人员欢迎。近几年来，国产S3级自动安平水准仪已广泛应用于建筑工程测量作业中。

电子水准仪是以自动安平水准仪为基础，在望远镜光路中增加了分光镜和探测器，并采用条码标尺和图像处理电子系统而构成的光电测量一体化的高科技产品。现已广泛采用。

第六章根据中华人民共和国住房和城乡建设部在2010年3月15日发布，自2010年10月1日实施中华人民共和国行业标准《卫星定位城市测量技术规范》（CJJ/T 73—2010）；中华人民共和国住房和城乡建设部在2011年11月22日发布，自2012年6月1日实施中华人民共和国行业标准《城市测量规范》（CJJ/T 8—2011），中华人民共和国建设部在2007年10月25日发布，自2008年5月1日实施中华人民共和国国家标准《工程测量规范》（GB 50026—2007）。增加GNSS全球导航卫星系统的内容和连续运行参考站技术。

本书由黄河水利职业技术学院周建郑教授任主编。第一、十、十四章和附录由周建郑教授编写；第二、九、十一章由开封市规划勘测设计研究院李智祥高级工程师编写；第三、十三章由河南省测绘工程院肖锋高级工程师编写；第四、六、十二章由山西建筑职业技术学院赵雪云副教授编写；第五、十六章由开封大学任伟副教授编写；第七、八、十五章由广西林伟民与黄河水利职业技术学院何宽共同编写；配套的《建筑工程测量实训指导书》由周建郑教授、郭玉珍共同编写。全书由周建郑教授统稿，解放军信息工程大学工程测量教研室主任孙现申教授、河南省测绘地理信息局宋新龙教授级高级工程师担任本书主审，在此致以诚挚的谢意。

在本书编写过程中，得到了化学工业出版社和编写者所在单位的大力支持，在此一并致谢。

限于编者的水平、经验及时间，书中不妥之处，敬请专家和广大读者批评指正。

编 者

**2015 年 7 月**

# 第一版前言

"建筑工程测量"是高职高专建筑工程技术专业的一门主要专业课，重点学习建筑工程测量的基本知识、测量仪器的使用、建筑工程实地测设以及施工测量和变形观测等内容。本课程与"建筑施工技术"、"地基与基础"及"高层建筑施工"课程之间联系密切，对培养学生的专业和岗位能力具有重要的作用。

为使本教材具有较强的实用性和通用性，突出"以能力为本位"的指导思想，编写时力求做到：基本概念准确，各部分内容紧扣培养目标，文字简练、相互协调、通顺易懂、减少不必要的重复。不过分强调理论的系统性，努力避免贪多求全或高度浓缩的现象，为了提高学生的动手能力，配有《建筑工程测量实训指导书》（另册），以利于学生学习、实践和解决建筑工程中的实际问题。

在编写这本教材时，我们力求体现高职高专教育的特点，力求满足高职高专教育培养技术应用型人才的要求，力求内容精练、突出应用、加强实践。为了体现教材的特色，我们对传统的教材内容体系做了适当的调整，希望调整后的体系能更适合高职高专教学的要求。根据高等职业教育理论与实践并重、理论课课时较少的情况，本书内容按"必需、够用"的原则安排。

本书由周建郑主编。第一、第十、第十四章和附录由周建郑编写；第二、第九、第十一章由赵年义编写；第三、第十三章由王付全编写；第四、第六、第十二章由赵雪云编写；第五、第十六章由任伟编写；第七、第八、第十五章由林伟民编写；《建筑工程测量实训指导书》由周建郑、王浩共同编写。全书由周建郑统稿，李峰主审。参加本书审定工作的还有吴大炜，在此致以诚挚的谢意。

在本书编写过程中，得到了化学工业出版社和编写者所在单位的大力支持，在此一并致谢。

由于编者的水平、经验及时间有限，书中定有欠妥之处，敬请专家和广大读者批评指正。

编　者

2005 年 1 月

# 第二版前言

“建筑工程测量”是高职建筑工程技术专业的一门主要专业课，重点学习建筑工程测量的基本知识、测量仪器的使用、建筑工程实地测设以及施工测量和变形观测等内容。本课程与“建筑施工技术”、“地基与基础”及“高层建筑施工”课程之间联系密切，对培养学生的专业和岗位能力具有重要的作用。

为使本教材具有较强的实用性和通用性，突出“以能力为本位”的指导思想，编写时力求做到：基本概念准确，各部分内容紧扣培养目标，文字简练、相互协调、通顺易懂、减少不必要的重复。为了提高学生的动手能力，配有《建筑工程测量实训指导书》（另册），以利于学生学习、实践和解决建筑工程中实际问题。

全站仪和 GNSS 接收机在建筑工程测量中得到了广泛的应用。使用 GNSS 接收机进行控制测量和建筑工程放样已经变得比使用传统的测角量边的方法更加便利和容易掌握。而作为 GIS 端数据采集的数字测图技术，也变得比传统的经纬仪和平板仪测图法更容易操作。新技术的使用，不但可以激发学生学习的兴趣，更重要的是可以极大地提高他们学习和工作的效率。对培养学生的专业和岗位能力具有重要的作用。修订教材时力求体现高职教育的特点，力求满足高职教育培养技术应用型人才的要求，力求内容精练、突出应用、加强实践。

本书由黄河水利职业技术学院周建郑教授主编。第一、十、十四章和附录由周建郑教授编写；第二、九、十一章由开封市规划勘测设计研究院李智祥高级工程师编写；第三、十三章由河南省测绘工程院肖锋高级工程师编写；第四、六、十二章由山西建筑职业技术学院赵雪云副教授编写；第五、十六章由开封大学任伟副教授编写；第七、八、十五章由广西林伟民与黄河水利职业技术学院何宽共同编写；配套的《建筑工程测量实训指导书》由周建郑教授、郭玉珍共同编写。全书由周建郑教授统稿，解放军信息工程大学工程测量教研室主任孙现申教授、河南省测绘工程院院长宋新龙教授级高级工程师担任本书主审，在此致以诚挚的谢意。

在本书编写过程中，得到了化学工业出版社和编写者所在单位的大力支持，在此一并致谢。

限于编者的水平、经验及时间，书中定有欠妥之处，敬请专家和广大读者批评指正。

编　者

2012 年 4 月

# 目 录

# 第一章　绪　　论

学习目标

- 了解建筑工程测量在规划设计、施工建筑和运营管理阶段所进行的各种测量工作。
- 理解地球的表面极不规则。学习对地球的表面进行测量和计算的方法。
- 掌握高斯-克吕格正形投影的分带计算。

## 第一节　测量学的任务及其在建筑工程中的作用

### 一、测量学概述

测量学（surveying）是一门历史悠久的学科，是研究如何测定地面点的点位，将地球表面的各种地物、地貌及其他信息测绘成图以及确定地球形状和大小的一门科学。

早在几千年前，中国、埃及、希腊等古代国家的人民就开始创造与运用测量工具进行测量。公元前21世纪，中国在夏禹治水时，就发明和应用了“准、绳、规、矩”等测量工具和方法；春秋战国时期发明的指南针，于中世纪由阿拉伯人传到欧洲，至今在全世界得到了广泛的应用；以后又发明创造了浑天仪等测量仪器，并绘制了相当精确的全国地图。

20世纪60年代开始，随着社会经济的发展，世界科技进入高速发展时期，同时也促进了测绘科学技术的发展，设计出了将电磁波测距与电子测角融为一体的全站仪，它具有自动计算测点三维坐标、自动保存观测数据并将观测数据传输到计算机实现自动绘制地形图的功能，可以实现数字化测绘地形图。全球导航卫星系统（GNSS　global navigation satellite system）的出现彻底改变了传统的通过测角、量边计算地面点位坐标的方法，测量人员只需将GNSS接收机安置在测点上，通过接收卫星信号，使用专门的数据处理软件，就可以快速计算出测点的三维坐标。随着航天遥感技术的不断完善，利用航天遥感相片及扫描信息测绘地形图，不仅覆盖面积大，而且不受地理及气候条件的限制，能全天候作业，极大地提高了测绘工作效率。地理信息系统（GIS　geographic information system）是传统学科（测量学、地理学和地图学等）与现代科学技术（遥感技术、计算机科学等）相结合的产物，是一定格式的数字地图与地面有关资源信息的集成并实现有关空间数据管理、空间信息分析及其传播的计算机系统，经过50多年的发展历程，已经取得了巨大的成就，被广泛应用于土地利用、资源管理、环境监测、交通运输、城市规划、经济建设以及政府各职能部门。

随着社会生产和科学技术的不断发展，根据研究对象和应用范围的不同，测量学又分为大地测量学、普通测量学、摄影测量学、工程测量学等学科。

① 大地测量学是研究测定地球的形状、大小和研究地球重力场的理论，是在地球表面广大区域内建立国家大地控制网等方面的测量理论、技术和方法的学科，为测量学的其他分支学科提供最基础的测量数据和资料。

② 普通测量学是研究地球表面较小区域（不顾及地球曲率的影响，把该小区域内的投

影球面直接作为平面对待）内测绘工作的基本理论、技术和方法的学科，主要是指用地面作业方法，将地球表面局部地区的地物和地貌等测绘成地形图。

③ 摄影测量学是研究如何利用摄影相片来测定物体的形状、大小、位置并获取其他信息的学科，是中国测绘国家基本地形图的主要方法，目前多用于测绘城市基本地形图和大规模地形复杂地区的地形图。

④ 工程测量学是研究各种工程建设中测量方法和理论的一门学科。主要研究在工程、工业和城市建设以及资源开发各个阶段进行地形和有关信息的采集、处理、施工放样、变形监测、分析与预报的理论和技术，以及与研究对象有关的信息管理和使用，为工程建设提供测绘保障。

本课程主要讲述普通测量学和工程测量学的部分内容。着重介绍工业与民用建筑、高层建筑、道路工程、给水排水工程、煤气管道、村镇建设、城乡规划、水利工程中常用测量仪器的构造与使用、大比例尺地形图的测绘与应用以及一般工程的施工测量。

## 二、建筑工程测量的任务与内容

建筑工程测量是测量学的一个组成部分。它包括建筑工程在规划设计、施工建筑和运营管理阶段所进行的各种测量工作。在不同的领域中，测量工作的内容和步骤也是不同的。

在铁路、公路建设中的测量工作，其内容和步骤如下：为了确定一条最经济合理的路线，必须预先测绘路线附近的地形图，在地形图上进行路线设计，然后将设计路线的位置标定在地面上以指导施工；当路线跨越河流时，必须建造桥梁，在建桥之前，要测绘河流两岸的地形图，测定河流的水位、流速、流量和河床地形图以及桥梁轴线长度等，为桥梁设计提供必要的资料，最后将设计桥台、桥墩的位置用测量的方法在实地标定；当路线穿过山岭需要开挖隧道时，开挖之前，必须在地形图上确定隧道的位置，根据测量数据计算隧道的长度和方向；隧道施工通常是从隧道两端相向开挖，这就需要根据测量成果指示开挖方向，保证其正确贯通。

在城市规划、给水排水、煤气管道、工业厂房和高层建筑建设中的测量工作内容和步骤如下。

（1）规划设计阶段：运用各种测量仪器和工具，通过实地测量和计算，把小范围内地面上的地物、地貌按一定的比例尺测绘出工程建设区域的地形图；为规划设计提供各种比例尺的地形图和测绘资料。在工程设计中，从地形图上获取设计所需要的资料，例如，点的坐标和高程、两点间的水平距离、地块的面积、地面的坡度、地形的断面并进行地形分析等。

（2）施工建筑阶段：将图纸上设计好的建筑物或构筑物的平面位置和高程，按设计要求在实地上用桩点或线条标定出来，作为施工的依据；在施工过程中，要进行各种施工测量工作，以保证所建工程符合设计要求。

（3）运营管理阶段：工程完工后，要测绘竣工图，供日后扩建、改建、维修和城市管理使用，对重要建筑物或构筑物，在建设中和建成以后都需要定期进行变形观测，监测建筑物或构筑物的水平位移和垂直沉降，了解建筑物或构筑物的变形规律，以便采取措施，保证建筑物的安全。

由此可见，各种工程建设以及工程建设的各个阶段都离不开测量工作，测量工作贯穿于工程建设的始终。作为一名工程技术人员，既要熟练掌握传统的测绘理论与方法，也要努力学习和掌握成熟的测绘新技术，例如，数字测图、全站仪和 GNSS 测量及计算机数据处理等，并能将它们应用到土木工程建设的生产实践中，只有这样，才能担负起工程规划设计、施工建筑和运营管理等各个阶段的任务，才能使自己在激烈的市场竞争中立于不败之地。

## 第二节　地面点位的确定

### 一、地球的形状和大小

测量工作的主要研究对象是地球的自然表面，众所周知，地球的表面是极不规则的，研究表明，地球近似于椭球，其长短半轴之差约为 21.3km。地球北极高出椭球面 19m 左右，地球南极凹下椭球面约 26m，如图 1-1 所示。

由于地球的自转，其表面的质点除受万有引力的作用外，还受到离心力的影响。该质点所受的万有引力与离心力的合力称为重力，重力的方向称为铅垂线方向。如图 1-2（a）所示。

由地表任一点向参考椭球面所作的垂线称法线，除了大地原点外，地表任一点的铅垂线和法线一般不重合，其夹角 $\delta$ 称为垂线偏差。如图 1-2（b）所示。

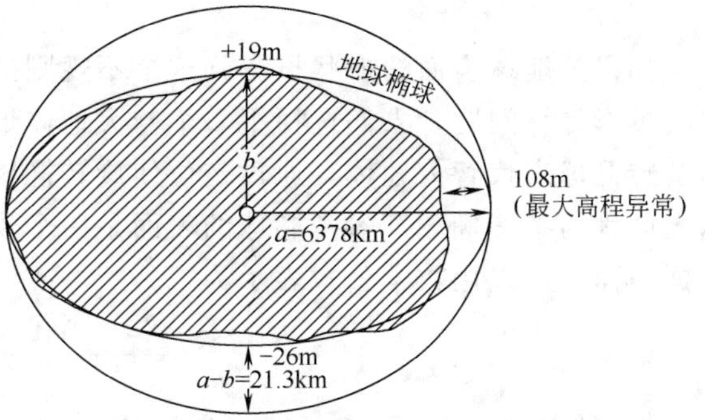


图 1-1　北凸南凹的梨形地球

中国的珠穆朗玛峰高达 8844.43m，而在太平洋西部的马里亚纳海沟则深达 11022.00m。两者相比，起伏变化非常之大，尽管如此，这种起伏变化和庞大的地球（平均半径约 6371km）比较起来却是微不足道的。此外，地球表面约 71％的面积被海洋覆盖，陆地面积仅占约 29％，因此人们就把地球总的形状看成是被海水包围的球体。于是设想有一个静止的、没有潮汐风浪等影响的海洋表面，向陆地延伸并处处保持与铅垂线方向正交的封闭曲面，称为大地水准面。大地水准面所包围的形体称为大地体，大地体就代表了地球的形状和大小。

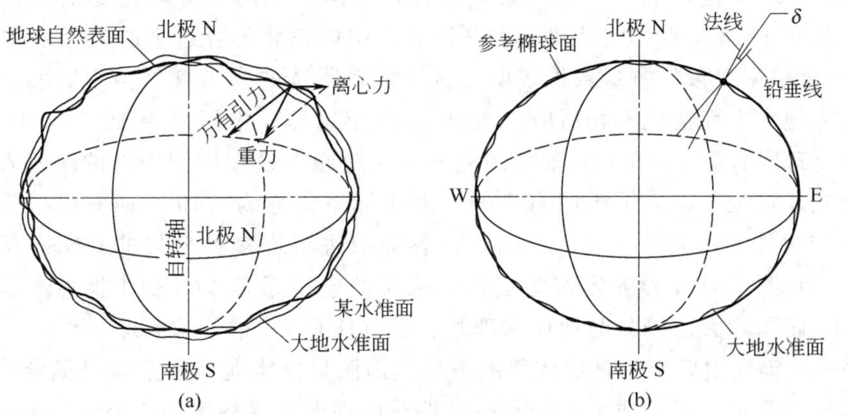


图 1-2　地球上各种面、线之间的关系

地球上任何自由静止的水面都是水准面，水准面有无数多个，水准面的特性是处处与铅垂线（重力作用线）垂直，与水准面相切的平面称为水平面。大地水准面、水平面和铅垂线是测量的基准面和基准线。

由于地球内部质量分布不均匀，导致地面上各点的铅垂线方向产生不规则变化，所以大地水准面实际上是一个有微小起伏、不规则的、很难用数学方程式表示的复杂曲面，如图1-3所示。

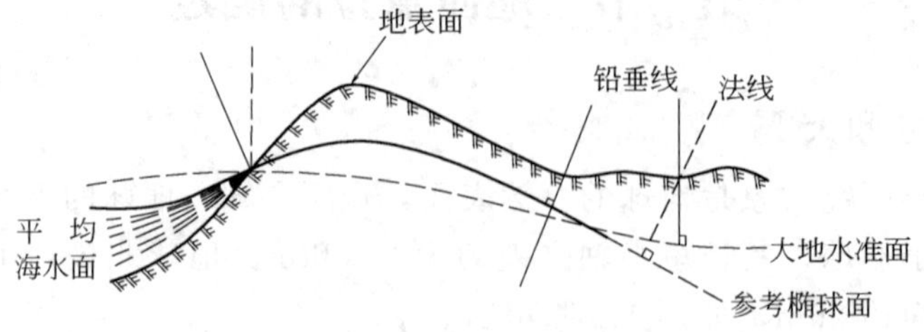


图 1-3 大地水准面

如果把地球表面的形状投影到这个不规则的曲面上，将无法进行测量的计算工作。为了解决投影计算问题，人们选择了一个与大地体形状和大小较为接近的、能用数学方程式表示的旋转椭球来代替大地体，通过定位使旋转椭球与大地体的相对位置固定下来，这个旋转椭球人们称为参考椭球。参考椭球的表面是一个规则的数学曲面，它是测量计算和投影制图所依据的面。可以用数学公式表示为

$$\frac{X^2}{a^2}+\frac{Y^2}{a^2}+\frac{Z^2}{b^2}=1 \tag{1-1}$$

参考椭球面是由椭圆NSEW绕短轴NS旋转而成的，参考椭球的元素有长半径$a$，短半径$b$。此外，根据$a$和$b$还可以定义出扁率$\alpha$、第一偏心率$e$和第二偏心率$e'$，其公式如下

$$\alpha=\frac{a-b}{a} \tag{1-2}$$

$$e^2=\frac{a^2-b^2}{a^2} \tag{1-3}$$

$$e'^2=\frac{a^2-b^2}{b^2} \tag{1-4}$$

在20世纪50年代，鉴于当时的历史条件，中国采用的是苏联选定的克拉索夫斯基椭球，通过与苏联1942年普尔科沃坐标系联测，经中国东北传算过来的坐标系称“1954北京坐标系”，后来根据大量的测量数据表明，该坐标系所选的参考椭球与中国实际情况相差较大，与中国大地水准面情况不相适应，故自1980年以后，中国采用1975年16届国际大地测量与地球物理联合会（IUGG）推荐的椭球，大地原点设在中国中部的陕西省泾阳县永乐镇，通过对椭球定位，建立了中国自己的大地坐标系，称为“1980西安坐标系”。近年来，由于GNSS定位技术的大力发展，中国各行各业引进了许多种型号的GNSS接收机，用于大地测量、工程测量以及导航定位等工作，采用的坐标系是WGS-84世界大地坐标系，采用1979年17届国际大地测量与地球物理联合会（IUGG）推荐的椭球。

20世纪80年代中后期，日臻成熟的卫星大地测量技术尤其是全球卫星导航定位技术几乎取代了传统的测量手段，成为便捷和高效地获取地面点高精度地心坐标的重要手段，为国家采用地心坐标系提供了现实的技术和方法。同时，全球卫星导航定位技术的广泛推广和应用，使各行业和部门对采用地心坐标系提出了迫切的需求，为了适应国民经济和科学技术发展的需要，我国于2008年7月开始启用新的国家大地坐标系——2000国家大地坐标系，英文名称为China Geodetic Coordinate System 2000，英文缩写为CGCS2000。国务院要求用8～10年的时间，完成现行国家大地坐标系向2000国家大地坐标系的过渡和转换。现有各

类测绘成果，在过渡期内可沿用现行国家大地坐标系；2008 年 7 月 1 日后新生产的各类测绘成果应采用 2000 国家大地坐标系。

中国采用过的两个参考椭球以及 GPS 测量定位使用的地球椭球元素值列于表 1-1 中。表中 1954 北京坐标系和 1980 西安坐标系属于参心坐标系，WGS-84 世界大地坐标系、2000 国家大地坐标系属于地心坐标系。

**表 1-1 中国采用的参考椭球和地球椭球元素值**

| 坐标系名称 | 长半轴 $a$/m | 扁率 $\alpha$ | 第一偏心率平方 $e^2$ | 第二偏心率平方 $e'^2$ |
|---|---|---|---|---|
| 1954 北京坐标系 | 6378245 | 1∶298.3 | 0.006693421622966 | 0.006738525414684 |
| 1980 西安坐标系 | 6378140 | 1∶298.257 | 0.006694384999588 | 0.006739501819473 |
| WGS-84 坐标系 | 6378137 | 1∶298.257223563 | 0.00669437999013 | 0.00673949674227 |
| 2000 国家大地坐标系 | 6378137 | 1∶298.257222101 | 0.00669438002290 | 0.00673949677548 |

由于参考椭球的扁率很小，而普通测量中所研究的对象仅局限于很小的范围，故一般可将地球近似地看成为一个圆球，其半径为

$$R = \frac{a + a + b}{3} \approx 6371\ (\text{km})$$

## 二、确定地面点位的方法

地面点的空间位置都与一定的坐标系统相对应。在高低起伏的地球自然表面上，地面点的位置通常以坐标和高程来表示，在测量上常用的坐标系有大地坐标系、高斯平面直角坐标系和平面直角坐标系等。

### （一）地面点的坐标

1. 大地坐标

用大地经度 $L$ 和大地纬度 $B$ 表示地面点在参考椭球面上投影位置的坐标，称为大地坐标。

如图 1-4 所示，$O$ 为参考椭球的球心，$NS$ 为椭球的旋转轴，通过该轴的平面称为子午面（如图中的 $NPMS$ 面）。子午面与椭球面的交线称为子午线，又称为经线，其中通过英国伦敦原格林尼治天文台的子午面和子午线分别称为起始子午面和起始子午线。通过球心 $O$ 且垂直于 $NS$ 轴的平面称为赤道面（如图中的 $WM_0ME$），赤道面与参考椭球面的交线称为赤道。通过椭球面上任一点 $P$ 且与过 $P$ 点的切平面相垂直的直线 $PK$，称为 $P$ 点的法线。从地面上任一点都可以向参考椭球面作一条法线。地面点在参考椭球面上的投影，即通过该点的法线与参考椭球面的交点。

大地经度 $L$，即通过参考椭球面上某点的子午面与起始子午面的夹角。由起始子午面起，向东 0°～180°称为东经；向西 0°～180°称为西经。同一子午线上各点的大地经度相同。

大地纬度 $B$，即参考椭球面上某点的法线与赤道面的夹角。从赤道面起，向北 0°～90°称为北纬；向南 0°～90°称为南纬。纬度相同的点的连线称为纬线，它平行于赤道。地面点的大地经度和大地纬度可以通过大地测量的方法确定。

中国位于地球的东北半球，因此所有地面点的经度和纬度均为东经和北纬，例如河南某点的大地坐标为东经 114°19′，北纬 34°48′。

2. 高斯平面直角坐标

大地坐标是球面坐标，用它表示地面点的位置形象、直观，但其观测和计算都比较复

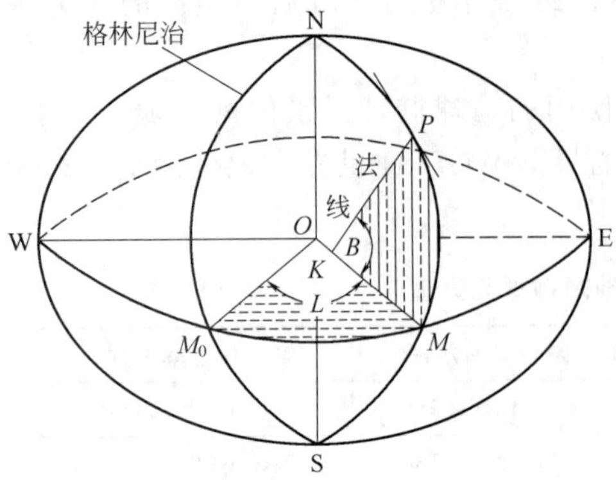


图 1-4 大地坐标

杂。但地球是一个不可展的曲面，在局部工程建设的规划、设计与施工中，更多的则是需要把它投影到某个平面上来，使测量计算与绘图变得容易。

地图投影有多种方法，在大面积的地形测绘中，中国采用的是高斯-克吕格正形投影（即高斯正形投影），高斯正形投影是将地球按经线划分成带，称为投影带。投影带是从起始子午线开始，每隔经度 6°划分为一带，如图 1-5 所示，自西向东将整个地球划分为 60 个带。

带号从起始子午线开始，用阿拉伯数字 1，2，3，…，60 表示，东经 0°～6°为第 1 带，6°～12°为第 2 带，依此类推，直到 60 带。位于各带中央的子午线称为该带的中央子午线，第 1 带的中央子午线的经度为 3°，第 2 带的中央子午线的经度为 9°，任意带的中央子午线的经度为 $L_0$，它与投影带号 $N$ 的关系为

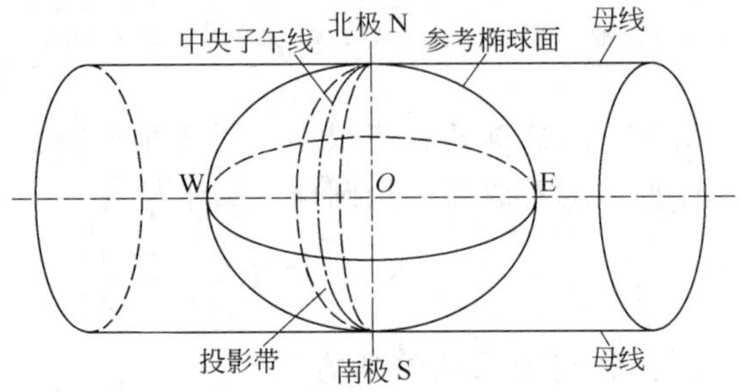


图 1-5 高斯平面直角坐标的投影

$$L_0 = 6N - 3 \tag{1-5}$$

式中 $N$——6°带的带号。

反之，若已知地面某点的大地经度 $L$，可按下式计算该点所属的 6°带的带号

$$N = \mathrm{Int}\left(\frac{L+3}{6} + 0.5\right) \tag{1-6}$$

式中，Int 表示取整函数。

高斯投影是设想用一个平面卷成一个空心椭圆柱横着套在地球参考椭球体的外面，使空心椭圆柱的中心轴线位于赤道面内并且通过球心，使地球椭球体上某一中央子午线与椭圆柱面相切。在图形保持等角的条件下，将整个带投影到椭圆柱面上。然后将此椭圆柱沿着南北极的母线剪切并展开抚平，并在该平面上定义平面直角坐标系。

在由高斯投影而成的平面上，中央子午线和赤道均为直线，两者互相垂直。以中央子午线为坐标系纵轴 $x$，以赤道为横轴 $y$，其交点为 $O$，便构成此带的高斯平面直角坐标系，如图 1-6（a）所示。在这个投影面上 $P$，$Q$ 点的位置，都可用直角坐标 $x$，$y$ 确定。此坐标与地理坐标的经纬度 $L$，$B$ 是对应的，它们之间有严密的数学关系，可以互相换算。

中国位于北半球，$x$ 坐标均为正值，而 $y$ 坐标则有正有负，图 1-6（a）中的 $P$ 点位于中央子午线以西，其 $y$ 坐标值为负值。对于 6°带的高斯平面直角坐标系，最大的 $y$ 坐标负值为−365km。为避免 $y$ 坐标出现负值，规定把 $x$ 轴向西平移 500km，如图 1-6（b）所示。此外，为表明某点位于哪一个 6°带的高斯平面直角坐标系，又规定 $y$ 坐标值前加上带号。例如某点坐标为 $x=3263245$m，$y=21534357$m，表示该点位于第 21 个 6°带上，距赤道 3263245m，距中央子午线 34357m（去掉带号后的 $y$ 坐标减 500000m，结果为正表示该点在中央子午线东侧，若结果为负表示该点在中央子午线西侧）。

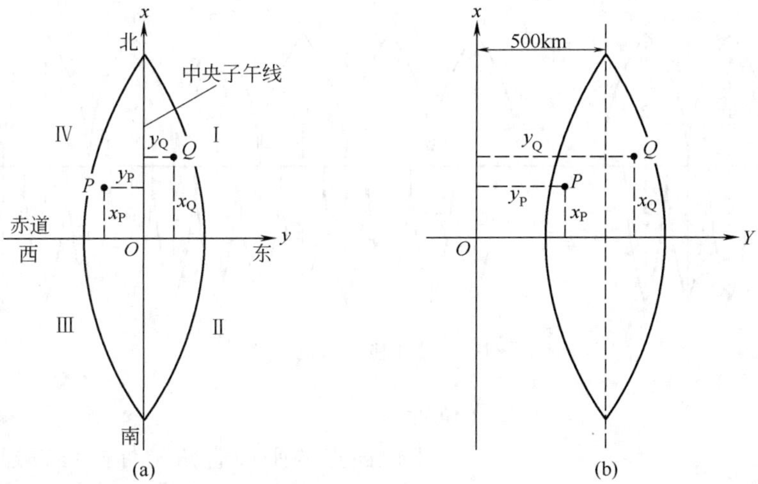


图 1-6　高斯平面直角坐标系

高斯投影的特性有以下三点。

① 中央子午线是直线，其长度不变形，其他子午线是弧线，凹向中央子午线。离开中央子午线越远，变形越大；

② 投影后的赤道是一条直线，并与中央子午线正交；

③ 离开赤道的纬线是弧线，凸向赤道。

地面某直线的水平距离投影到高斯平面上需要两次投影：第一次是从地面投影到参考椭球面上；第二次则是从参考椭球面投影到高斯平面上。

在投影精度要求较高时，可以把投影带划分得再小一些，例如采用 3°分带，共分为 120 带，第 $n$ 带的中央子午线经度 $L'_0$ 为

$$L'_0=3n \tag{1-7}$$

式中　$n$——3°带的带号。

反之，若已知地面某点的大地经度 $L$，可按下式计算该点所属的 3°带的带号

$$n=\mathrm{Int}\left(\frac{L}{3}+0.5\right) \tag{1-8}$$

如果投影精度要求更高，还可以采用 1.5°分带。1.5°分带不必全球统一划分，可以将中央子午线的经度设置在测区的中心，因此也称为任意带。

中国幅员辽阔，所处的概略经度范围是东经 73°27′～135°09′，含有 11 个 6°带，即从 13～23 带（中央子午线从 75°～135°）；21 个 3°带，从 25～45 带。可见，中国的 6°带和 3°带的投影带号是不重复的，如图 1-7 所示。

3. 平面直角坐标

《城市测量规范》（CJJ/T 8—2011）规定，面积小于 $25\mathrm{km}^2$ 的城镇，可以将水平面作为投影面，地面点在水平面上的投影位置可以用平面直角坐标表示。

如图 1-8 所示，在水平面上选定一点 $O$ 作为坐标原点，建立平面直角坐标系。纵轴为 $x$ 轴，与南北方向一致，向北为正，向南为负；横轴为 $y$ 轴，与东西方向一致，向东为正，向西为负。将地面点 $A$ 沿着铅垂线方向投影到该水平面上，则平面直角坐标系 $x_A$，$y_A$ 就表示了 $A$ 点在该水平面上的投影位置。如果坐标系的原点是任意假设的，则称为独立的平面直角坐标系。为了不使坐标出现负值，对于独立测区，往往把坐标原点选在西南角以外的

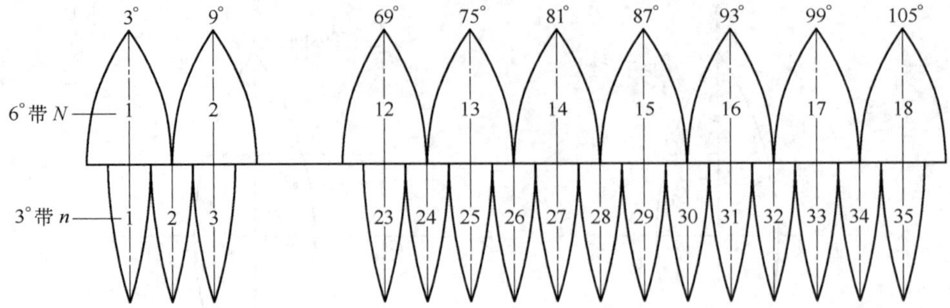


图 1-7 6°带和 3°带的投影

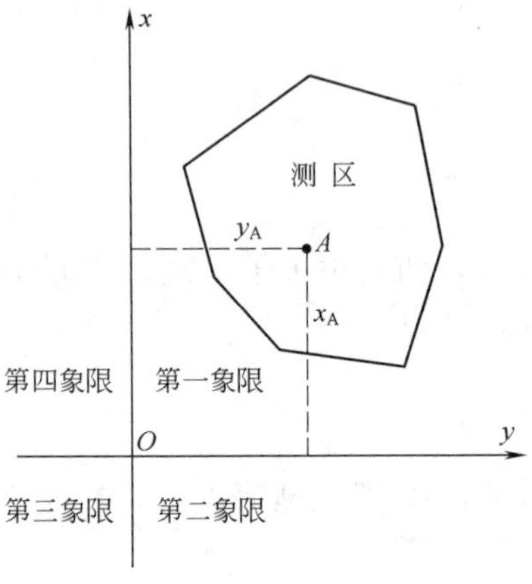


图 1-8 平面直角坐标系

适当位置。

对于地面点的平面直角坐标，可以通过观测有关的角度和距离，通过计算的方法确定。

应当指出，测量上采用的平面直角坐标系与数学中的平面直角坐标系从形式上看是不同的。这是由于中国在测量上所用的方向是从北方向（纵轴方向）起按顺时针方向以角度计值，同时它的象限划分也是按顺时针方向编号的，因此它与数学上的平面直角坐标系（角值从横轴正方向起按逆时针方向记值，象限按逆时针方向编号）没有本质的区别，所以数学上的三角函数计算公式可不加任何改变地直接应用在测量的计算中。

（二）地面点的高程

1. 绝对高程

地面点沿铅垂线方向至大地水准面的距离称为绝对高程，亦称为海拔。高程和高差之间的相互关系如图 1-9 所示，在图中，地面点 $A$ 和 $B$ 的绝对高程分别为 $H_A$ 和 $H_B$。

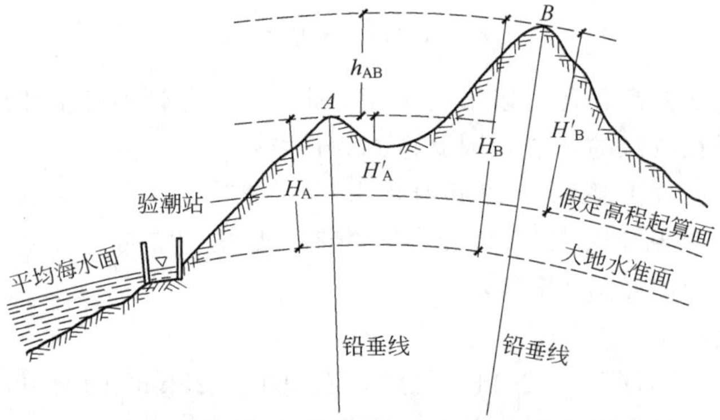


图 1-9 高程和高差之间的相互关系

中国规定以黄海平均海水面作为大地水准面。黄海平均海水面的位置是由青岛验潮站对潮汐观测井的水位进行长期观测而确定的。由于平均海水面不便随时联测使用，故在青岛观象山上建立了“中华人民共和国水准原点”，作为全国推算高程的依据。1956 年，验潮站根据连续 7 年（1950～1956 年）的潮汐水位观测资料，第一次确定黄海平均海水面的位置，测得水准原点的高程为 72.289m；按这个原点高程为基准去推算全国的高程，称为“1956 年黄海高程系”，由于该高程系存在验潮时间过短、准确性较差的问题，后来验潮站又根据连续 28 年（1952～1979）的潮汐水位观测资料，进一步确定了黄海平均海水面的精确位置，再次测得水准原点的高程为 72.2604m；1985 年决定启用这一新的原点高程作为全国推算高程的基础，并命名为“1985 国家高程基准”。

2. 相对高程

地面点沿铅垂线方向至任意假定水准面的距离称为该点的相对高程，亦称为假定高程。在图 1-9 中，地面点 $A$ 和 $B$ 的相对高程分别为 $H'_A$ 和 $H'_B$。

两点高程之差称为高差，以符号 $h$ 表示。图 1-9 中，$A$，$B$ 两点的高差为

$$h_{AB}=H_B-H_A=H'_B-H'_A \tag{1-9}$$

当 $h_{AB}$ 为正时，$B$ 点高于 $A$ 点；当 $h_{AB}$ 为负时，$B$ 点低于 $A$ 点。同时不难证明，高差的方向相反时，其绝对值相等而符号相反，即

$$h_{AB}=-h_{BA} \tag{1-10}$$

测量工作中，一般采用绝对高程，只有在偏僻地区，没有已知的绝对高程点可以引测时，才采用相对高程。

综上所述，确定地面点的位置必须进行三项基本测量工作，即角度测量、距离测量和高程测量。在以后的有关章节中，将详细介绍进行这三项工作的基本方法。

## 第三节　用水平面代替水准面的限度

当测区范围较小时，可以用水平面代替水准面，即以平面代替曲面。这样的替代可使测量的计算和绘图工作大为简化。但当测区范围较大时，就必须顾及地球曲率的影响。那么多大范围内才允许用水平面代替水准面呢？下面就来讨论这个问题。

### 一、对距离的影响

如图 1-10 所示为水平面代替水准面的影响，设地球是半径为 $R$ 的圆球。地面上 $A$，$B$ 两点投影到大地水准面上的距离为弧长 $D$，投影到水平面上的距离为 $D'$，显然两者之差即为用水平面代替水准面所产生的距离误差，设其为 $\Delta D$，则

$$\Delta D=D'-D=R\tan\theta-R\theta=R(\tan\theta-\theta) \tag{1-11}$$

式中　$\theta$——弧长 $D$ 所对应的圆心角。

将 $\tan\theta$ 用级数展开并略去高次项得

$$\tan\theta=\theta+\frac{1}{3}\theta^3+\cdots=\theta+\frac{1}{3}\theta^3$$

又因

$$\theta=\frac{D}{R}$$

则有距离误差

$$\Delta D=\frac{D^3}{3R^2}$$

距离相对误差

$$\frac{\Delta D}{D}=\frac{D^2}{3R^2} \tag{1-12}$$

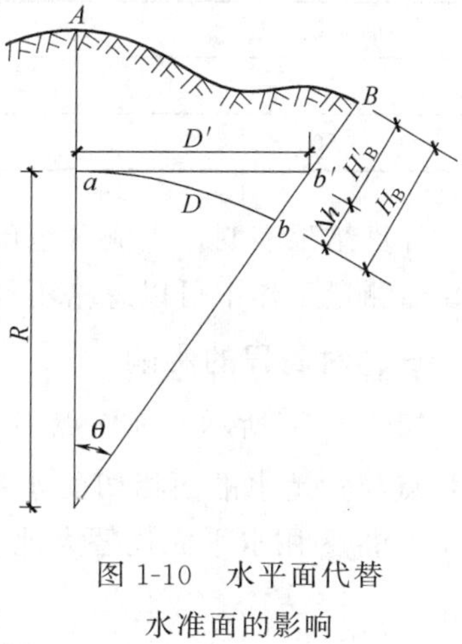


图 1-10　水平面代替水准面的影响

表 1-2 为地球曲率对水平距离的影响。以 $R=6371\text{km}$ 和不同的 $D$ 值代入式（1-12），求出距离误差和距离相对误差的结果列于表 1-2 中。

**表 1-2 地球曲率对水平距离的影响**

| 距离 $D$/km | 距离误差 $\Delta D$/m | 距离相对误差 $\Delta D/D$ |
|---|---|---|
| 10 | 0.008 | 1：1220000 |
| 25 | 0.128 | 1：200000 |
| 50 | 1.027 | 1：49000 |
| 100 | 8.212 | 1：12000 |

由表 1-2 可以看出，距离为 10km 时，产生的相对误差为 1：1220000，小于目前最精密测距的允许误差 1：1000000。因此可以认为：在半径为 10km 的区域，地球曲率对水平距离的影响可以忽略不计。

## 二、对水平角的影响

从球面三角学可知，球面上三角形内角之和比平面上相应的三角形内角之和多出一个球面角超 $\varepsilon$，如图 1-11 所示。其值可根据多边形面积求得，即

$$\varepsilon=\frac{P}{R^2}\rho \tag{1-13}$$

式中 $\varepsilon$——球面角超，（″）；

$P$——球面多边形面积；

$\rho$——206265″；

$R$——地球半径。

表 1-3 为水平面代替水准面对水平角的影响。以球面上不同的面积代入式（1-13），求出球面角超，列入表 1-3 中。

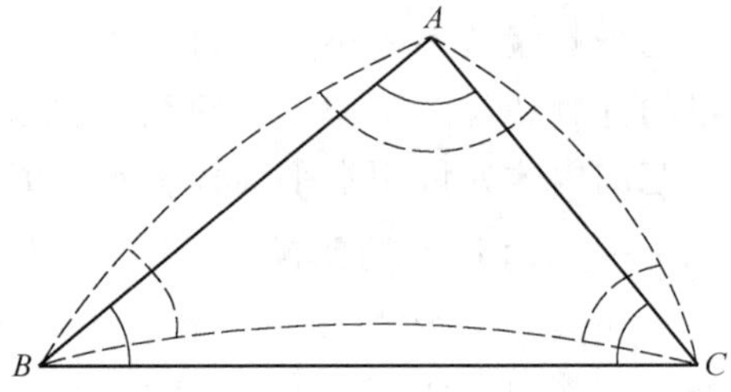

图 1-11 球面角超

**表 1-3 水平面代替水准面对水平角的影响**

| 球面面积/$\text{km}^2$ | $\varepsilon$/（″） | 球面面积/$\text{km}^2$ | $\varepsilon$/（″） |
|---|---|---|---|
| 10 | 0.05 | 100 | 0.51 |
| 50 | 0.25 | 500 | 2.54 |

计算结果表明，当测区范围在 $100\text{km}^2$ 时，水平面代替水准面对角度的影响仅为 0.51″，在普通测量工作中可以忽略不计。

## 三、对高程的影响

如图 1-10 所示，地面点 $B$ 的绝对高程为该点沿铅垂线到大地水准面的距离 $H_B$，当用过 $a$ 点与大地水准面相切的水平面代替大地水准面时，$B$ 点的高程为 $H'_B$，两者的差值为 $bb'$，此即为用水平面代替大地水准面所产生的高程误差，用 $\Delta h$ 表示。由图 1-10 可得

$$(R+\Delta h)^2=R^2+D'^2$$

即

$$\Delta h = \frac{D'^2}{2R + \Delta h}$$

因为水平距离 $D'$ 与弧长 $D$ 很接近，取 $D' = D$；又因 $\Delta h$ 远小于 $R$，取 $2R + \Delta h = 2R$，代入上式后解得

$$\Delta h = \frac{D^2}{2R} \tag{1-14}$$

表 1-4 为水平面代替水准面对高程的影响。以 $R = 6371\text{km}$ 和不同的 $D$ 值代入式(1-14)，算得相应的 $\Delta h$ 值列入表 1-4 中。

**表 1-4　水平面代替水准面对高程的影响**

| 距离 $D$/km | 0.1 | 0.2 | 0.3 | 0.4 | 0.5 | 0.6 | 0.7 | 0.8 | 0.9 |
|---|---|---|---|---|---|---|---|---|---|
| 高程误差 $\Delta h$/m | 0.0008 | 0.003 | 0.007 | 0.013 | 0.02 | 0.028 | 0.038 | 0.050 | 0.064 |

由表 1-4 可知，用平面代替曲面作为高程的起算面，对高程的影响是很大的，例如距离为 200m 时，就有 3mm 的误差，超过了允许的精度要求。因此，即便是距离很短，也不能忽视地球曲率对高程的影响。

## 第四节　测量工作的基本原则

地形测图通常是在选定的点位上安置仪器，测绘地物、地貌。若只在一个选定的点位上施测整个测区所有的地物、地貌，则是十分困难甚至是不可能的。如图 1-12 所示，在 $A$ 点只能测绘 $A$ 点附近的房屋、道路、地面起伏等地物、地貌，对于山的另一面或较远的地方就观测不到，因此必须连续地逐个设站观测。也就是说测量工作必须按照“先整体后局部”、“先控制后碎部”的原则进行。

图 1-12　控制测量与碎部测量

在布局上应先考虑整体，再考虑局部；工作步骤是先进行控制测量，再进行碎部测量。在图 1-12 中，先在整个测区范围内均匀选定若干数量的控制点，如图中的 $A$，$B$，$C$，$D$，$E$，$F$ 点，以控制整个测区。将选定的控制点按照一定方式连接成网形，称为控制网。以较精密的测量方法测定网中各个控制点的平面位置和高程，这项工作称为控制测量。然后分别

以这些控制点为依据，测定点位附近地物、地貌的特征点（碎部点），并勾绘成图，如图1-13所示，这项工作称为碎部测量。

图 1-13　某测区地形图

按照“先整体后局部”、“先控制后碎部”的原则实施测图，由于建立了统一的控制系统，使整个测区各个局部都具有相同的误差分布和精度，尤其对于大面积的分幅测图，不但为各图幅的同步作业提供了便利，同时也有效地保证了各个相邻图幅的拼接和使用。

“先整体后局部”、“先控制后碎部”的原则同样适用于建筑工程测量。为了将图上设计的建筑物放样到实地去，应当先建立施工测量控制网，然后根据控制点和放样数据来测设建筑物的细部点。

## 小　　结

本章主要介绍了测量学的发展和研究对象。建筑工程测量是测量学的一个组成部分。它包括建筑工程在规划设计、施工建筑和运营管理阶段所进行的各种测量工作。在不同的领域中，测量工作的内容和步骤也不相同。

地球的表面极不规则，为了在地球的表面进行测量和计算，人们想了许多办法，比如人们就把地球总的形状看做是被海水包围的球体。于是设想有一个静止的、没有潮汐风浪等影响的海洋表面，向陆地延伸并处处保持与铅垂线方向正交的封闭曲面，称为大地水准面。大地水准面所包围的形体称为大地体，大地体就代表了地球的形状和大小。

由于地球内部质量分布不均匀，导致地面上各点的铅垂线方向产生不规则变化，所以大地水准面实际上是一个有微小起伏、不规则的、很难用数学方程式表示的复杂曲面。如果把地球表面的形状投影到这个不规则的曲面上，将无法进行测量的计算工作。为了解决投影计算问题，人们选择了一个与大地体形状和大小较为接近的、能用数学方程式表示的旋转椭球来代替大地体，通过定位使旋转椭球与大地体的相对位置固定下来，我们称这个旋转椭球为参考椭球。参考椭球的表面是一个规则的数学曲面，它是测量计算和投影制图所依据的面。

从 20 世纪 50 年代到现在，中国采用了前苏联选定的克拉索夫斯基椭球，建立了 1954 北京坐标系；采用 1975 年 16 届国际大地测量与地球物理联合会（IUGG）推荐的椭球，建立了中国自己的“1980 西安坐标系”；近年来，由于 GNSS 定位技术的大力发展，采用 1979 年 17 届国际大地测量与地球物理联合会（IUGG）推荐的椭球，使用了 WGS-84 世界大地坐标系。随着社会的进步，国民经济建设、国防建设和社会发展、科学研究等对国家大地坐标系提出了新的要求，迫切需要采用原点位于地球质量中心的坐标系统作为国家大地坐标系，有利于采用现代空间技术对坐标系进行维护和快速更新，测定高精度大地控制点三维坐标，并提高测图工作效率。使用新的地心坐标系，实现我国陆海空统一的、高精度的、具有一定密度的、与世界坐标系接轨的新的大地坐标系。最终将成为我国数字地球坐标框架的基础。国务院批准自 2008 年 7 月 1 日启用我国的地心坐标系——2000 国家大地坐标系，英文名称为 China Geodetic Coordinate System 2000，英文缩写为 CGCS2000。

地面点的空间位置都与一定的坐标系统相对应。在高低起伏的地球自然表面上，地面点的位置通常以坐标和高程来表示。用大地经度 $L$ 和大地纬度 $B$ 表示地面点在参考椭球面上投影位置的坐标，称为大地坐标。大地坐标是球面坐标，用它表示地面点的位置形象、直观，但其观测和计算都比较复杂。地球是一个不可展的曲面，在局部工程建设的规划、设计与施工中，更多的则是需要把它投影到某个平面上来，使测量计算与绘图变得容易。

中国采用的是高斯-克吕格正形投影，高斯正形投影是将地球按经线划分成带，称为投影带。投影带是从起始子午线开始，每隔经度 6°划分为一带，自西向东将整个地球划分为 60 个带。在由高斯投影而成的平面上，中央子午线和赤道均为直线，两者互相垂直。以中央子午线为坐标系纵轴 $x$，以赤道为横轴 $y$，其交点为 $O$，便构成此带的高斯平面直角坐标系。中国位于北半球，$x$ 坐标均为正值，而 $y$ 坐标则有正有负，对于 6°带高斯平面直角坐标系，最大的 $y$ 坐标负值为－365km。为避免 $y$ 坐标出现负值，规定把 $x$ 轴向西平移 500km。

地面某直线的水平距离投影到高斯平面上需要两次投影：第一次是从地面投影到参考椭球面上；第二次则是从参考椭球面投影到高斯平面上。

在投影精度要求较高时，可以把投影带划分得再小一些，例如采用 3°分带，如果投影精度要求更高，还可以采用 1.5°分带。1.5°带也称为任意带。中国所处的概略经度范围是东经 73°27′～135°09′，含有 11 个 6°带，即从 13～23 带；21 个 3°带，从 25～45 带。可见，在中国的 6°带和 3°带的投影带号是不重复的。

《城市测量规范》（CJJ/T 8—2011）规定，面积小于 25km$^2$ 的城镇，可以将水平面作为投影面，地面点在水平面上的投影位置可以用平面直角坐标表示。如果坐标系的原点是任意假设的，则称为独立的平面直角坐标系。为了不使坐标出现负值，对于独立测区，往往把坐标原点选在西南角以外的适当位置。

地面点沿铅垂线方向至大地水准面的距离称为绝对高程，亦称为海拔。地面点沿铅垂线方向至任意假定水准面的距离称为该点的相对高程，亦称为假定高程。两点高程之差称为高差，测量工作中，一般采用绝对高程，只有在偏僻地区，没有已知的绝对高程点可以引测时，才采用相对高程。

中国规定以黄海平均海水面作为大地水准面。在青岛观象山上建立了“中华人民共和国水准原点”，作为全国推算高程的依据。并分别于1956年确定水准原点的高程为72.289m，按这个原点高程为基准去推算全国的高程，称为“1956年黄海高程系”；后又根据多年的潮汐水位观测资料，进一步确定了黄海平均海水面的精确位置，再次测得水准原点的高程为72.2604m，并命名为“1985国家高程基准”。

综上所述，确定地面点的位置必须进行三项基本测量工作，即角度测量、距离测量和高程测量。

当测区范围较小时，可以用水平面代替水准面，即以平面代替曲面。这样的替代可使测量的计算和绘图工作大为简化。经研究表明，在半径为10km的区域，地球曲率对水平距离的影响可以忽略不计。当测区范围在$100km^2$时，水平面代替水准面对角度的影响仅为0.51″，在普通测量工作中可以忽略不计。用平面代替曲面作为高程的起算面，对高程的影响是很大的，因此，即便是距离很短，也不能忽视地球曲率对高程的影响。

在测量工作中，必须按照“先整体后局部”、“先控制后碎部”的原则进行。此原则同样适用于建筑工程测量。

## 思考题与习题

1. 测量学的任务是什么？
2. 什么是大地水准面？
3. 确定地面点的位置必须进行的三项基本测量工作是什么？
4. 什么是水准面、大地水准面和参考椭球面？
5. 测量工作的基准面和基准线是什么？
6. 测量中的平面直角坐标系和数学上的平面直角坐标系有哪些不同？
7. 设某地面点的经度为东经80°15′，请问该点位于6°投影带的第几带？其中央子午线的经度为多少？
8. 什么是绝对高程、相对高程和高差？
9. 确定地面点位的基本测量工作是什么？
10. 建筑工程测量的主要任务与内容是什么？
11. 若中国某处地面点$A$的高斯平面直角坐标值为$x=2520179.89m$，$y=18432109.47m$，则$A$点位于第几带？该带中央子午线的经度是多少？$A$点在该带中央子午线的哪一侧？距离中央子午线和赤道各为多少米？
12. 已知$A$点的高程为72.334m，$B$点到$A$点的高差为−23.118m，问$B$点的高程为多少？
13. 某地面点的相对高程为−15.46m，其对应的假定水准面的绝对高程为72.55m，则该点的绝对高程是多少？绘出示意图。

# 第二章　水准测量

**学习目标**

• 了解测定地面点高程的几种方法和原理，水准仪精度指标的划分，S3 型微倾式水准仪的组成部分。精密光学水准仪的水准尺和读数方法，电子水准仪的特点、优点和广阔的应用前景。

• 理解在建筑工程测量中被广泛应用的视线高测量方法，转点和测站的意义。管水准器和圆水准器的作用，微倾式水准仪的基本操作程序，视差及消除视差的方法。水准路线的几种形式和作业时的注意事项。

• 掌握微倾式水准仪的操作方法、读数方法、记录计算和各项检验校正。

## 第一节　水准测量原理

测定地面点高程的方法有几何水准测量（简称水准测量）、三角高程测量（间接高程测量）、GNSS 高程测量和气压高程测量（物理高程测量）。其中水准测量的精度最高，是测定地面点高程的主要方法，它广泛应用于国家高程控制测量、工程测量和建筑施工测量中。本章主要介绍水准测量的原理、仪器、操作方法、计算和检验校正。

### 一、水准测量原理

水准测量的原理是利用水准仪提供的水平视线，读取竖立于两个点上的水准尺上的读数，通过计算求出地面上两点间的高差，然后根据已知点的高程计算出待定点的高程。

如图 2-1 所示，已知 $A$ 点的高程 $H_A$，欲测定 $B$ 点的高程 $H_B$，则可在 $A$，$B$ 两点的中间安置一台水准仪，并分别在 $A$，$B$ 两点上各竖立一根水准尺，通过水准仪的望远镜读取水平视线分别在 $A$，$B$ 两点上的水准尺读数。若水准测量是由 $A$ 点到 $B$ 点方向，则规定 $A$ 为后视点，其标尺读数 $a$ 称为后视读数；$B$ 为前视点，其标尺读数 $b$ 称为前视读数。根据几何学中平行线的性质可知，$A$ 点到 $B$ 点的高差或 $B$ 点相对于 $A$ 点的高差为

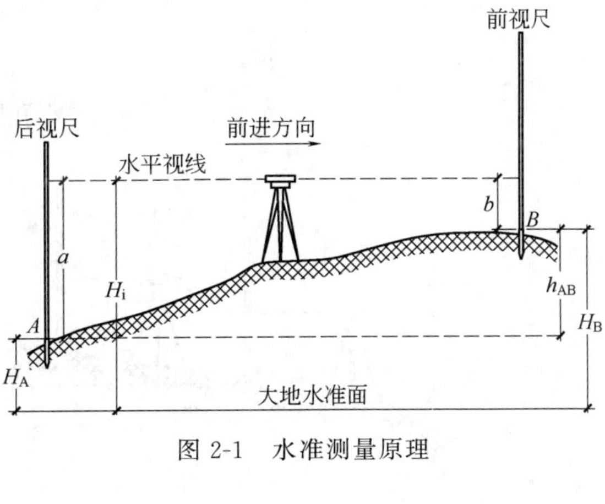

图 2-1　水准测量原理

$$h = a - b \tag{2-1}$$

由式（2-1）知，地面上两点间的高差等于后视读数减去前视读数。当后视读数 $a$ 大于前视读数 $b$ 时，$h_{AB}$ 值为正，说明 $B$ 点高于 $A$ 点；反之，则 $A$ 点高于 $B$ 点，$h_{AB}$ 为负值。

待定点 $B$ 的高程为

$$H_B = H_A + h_{AB} \tag{2-2}$$

由视线高计算 $B$ 点高程的方法，在建筑工程测量中被广泛应用。由图 2-1 所示可知，$A$ 点的高程加上后视读数等于水准仪的视线高程，简称视线高，设为 $H_i$，即

$$H_i = H_A + a \tag{2-3}$$

则 $B$ 点的高程等于视线高减去前视读数，即：

$$H_B = H_i - b = (H_A + a) - b \tag{2-4}$$

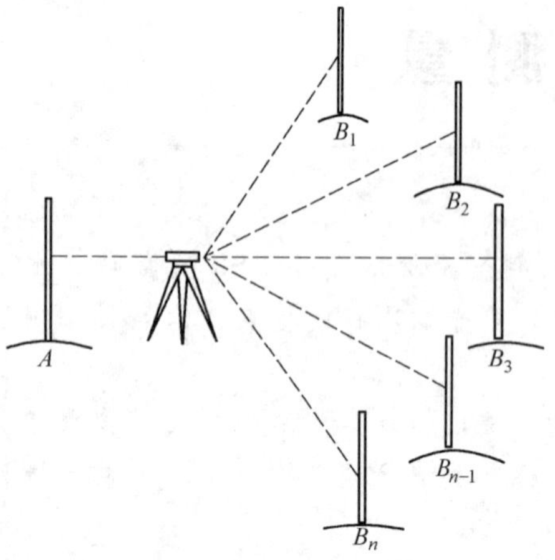

图 2-2 用视线高法计算 $B_n$ 点高程

式（2-4）特别适用于根据一个后视点的高程同时测定多个前视点的高程的工作。如图 2-2 所示，当架设一次水准仪要测量多个前视点 $B_1$，$B_2$，…，$B_n$ 点的高程时，则将水准仪架设在适当的位置，对准后视点 $A$，读取中丝读数 $a$，按式（2-3）计算出视线高 $H_i = H_A + a$，然后用水准仪照准竖立在 $B_1$，$B_2$，…，$B_n$ 点上的水准尺并分别读取读数为 $b_1$，$b_2$，…，$b_n$，则可按式（2-4）计算 $B_1$，$B_2$，…，$B_n$ 点的高程。

## 二、转点、测站

在水准测量工作中，若已知水准点到待定水准点之间距离较远或高差较大，仅安置一次仪器无法测得两点之间的高差。

如图 2-3 所示，设已知点 $A$ 的高程为 $H_A$，要测定 $B$ 点的高程，必须在 $A$、$B$ 两点之间连续设置若干个测站。进行观测时，每安置一次仪器观测两点间的高差，称为一个测站；作为传递高程的临时立尺点 1，2，…，$n-1$ 称为转点（$TP$）。各测站的高差为

$$h_1 = a_1 - b_1$$
$$h_2 = a_2 - b_2$$

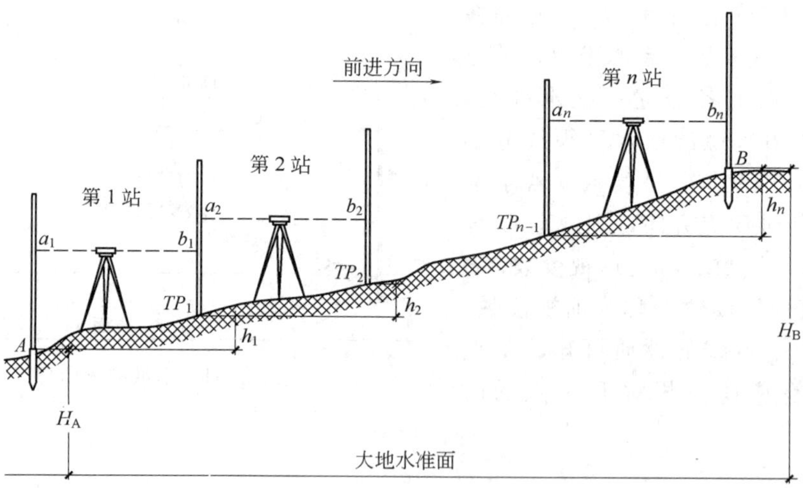


图 2-3 连续设置若干个测站的水准测量

$$\cdots$$

$$h_n = a_n - b_n$$

因此 $A$，$B$ 两点间的高差为

$$h_{AB} = h_1 + h_2 + \cdots + h_n = \sum_{i=1}^{n} h_i \tag{2-5}$$

或写成

$$h_{AB} = (a_1 - b_1) + (a_2 - b_2) + \cdots + (a_n - b_n) = \sum_{i=1}^{n} a_i - \sum_{i=1}^{n} b_i \tag{2-6}$$

在实际水准测量作业中，可先计算出每一站的高差，然后按式（2-5）求和得出 $A$，$B$ 两点的高差 $h_{AB}$，再用式（2-6）检核计算出的高差 $h_{AB}$ 是否正确。

## 第二节　水准测量的仪器和工具

水准仪的类型很多，中国按其精度指标划分为 DS05、DS1、DS3 和 DS10 四个等级，D 和 S 分别为“大地测量”和“水准仪”汉语拼音的第一个字母，字母后的数字 05，1，3，10 等指用该类型水准仪进行水准测量时每千米往、返测高差中数的偶然中误差值，分别不超过±0.5mm，±1mm，±3mm，±10mm。一般可省略 D 只写 S。DS05、DS1 为精密水准仪，主要用于国家一、二等精密水准测量和精密工程测量，DS3 主要用于国家三、四等水准测量和常规工程测量，建筑工程测量中常用的是 S3 型水准仪。

### 一、S3 型微倾式水准仪

如图 2-4 所示是中国生产的 S3 型微倾式水准仪。它是通过调整水准仪的微倾螺旋使管水准气泡居中而获得水平视线的一种仪器设备。S3 型微倾式水准仪主要由望远镜、水准器和基座三个部分组成。

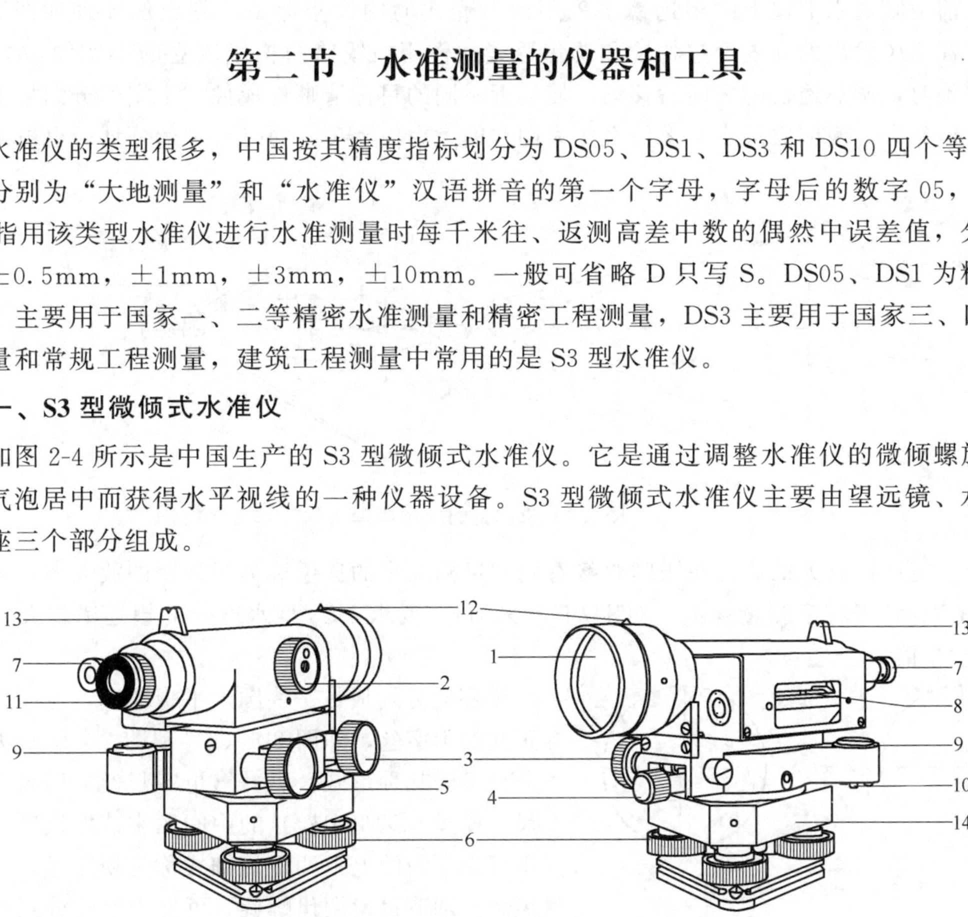


图 2-4　S3 型微倾式水准仪

1—物镜；2—物镜调焦螺旋；3—微动螺旋；4—制动螺旋；5—微倾螺旋；6—脚螺旋；
7—管水准气泡观察窗；8—管水准器；9—圆水准器；10—圆水准器校正螺钉；
11—目镜；12—准星；13—照门；14—基座

#### （一）望远镜

望远镜是构成水平视线、瞄准目标并对水准尺进行读数的主要部件。根据在目镜端观察到的物体成像情况，望远镜可分为正像望远镜和倒像望远镜。如图 2-5 所示为倒像望远镜的构造图，它由物镜、调焦透镜、十字分划板、目镜等组成。物镜光心与十字丝交点的连线称为望远镜的视准轴，视准轴是瞄准目标和读数的依据。

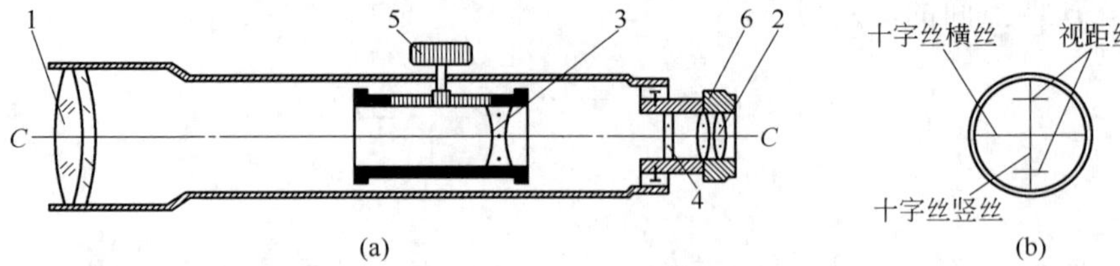


图 2-5 倒像望远镜的构造

1—物镜；2—目镜；3—物镜调焦透镜；4—十字丝分划板；5—物镜调焦螺旋；6—目镜调焦螺旋

目前微倾式水准仪上的望远镜多采用内对光式的倒像望远镜，其成像原理如图 2-6 所示。目标 $AB$ 发出的光线经过物镜和调焦透镜的作用在镜筒内构成倒立的小实像 $ab$，转动调焦螺旋时，调焦透镜随之前后移动，使远近不同的目标清晰地成像在十字丝分划板上；再经过目镜放大，使倒立的小实像放大成为倒立的大虚像 $a'b'$，同时十字丝分划板也被放大。

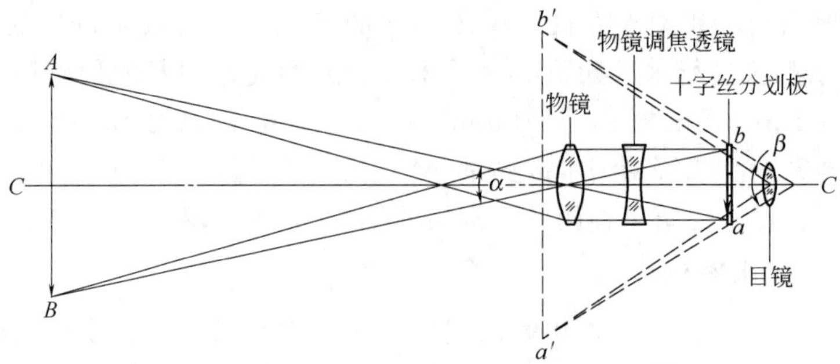


图 2-6 望远镜的成像原理

把经望远镜放大的虚像与眼睛直接看到的目标大小的比值称为望远镜的放大率，通常用 $V=\beta/\alpha$ 表示。《城市测量规范》（CJJ/T 8—2011）要求：S3 型水准仪的望远镜放大率一般不低于 28 倍。

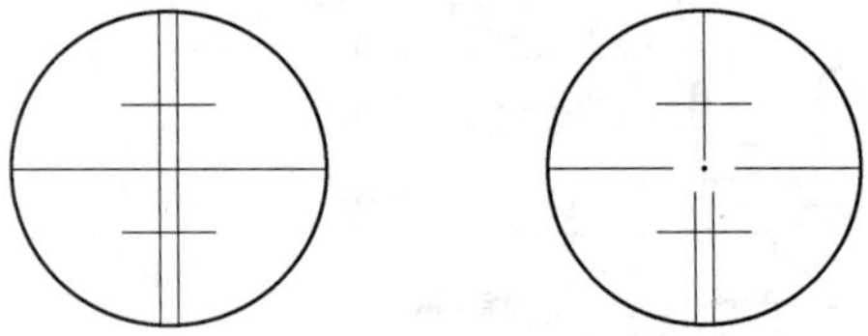

图 2-7 十字丝分划板

十字丝分划板是一块圆形平板玻璃，上面刻有相互正交的十字丝，如图 2-5（b）和图 2-7 所示为十字丝分划板的几种形式。纵丝（也叫竖丝）用来照准水准尺，横丝（又叫中丝）的中间用来读取读数。与横丝平行而等距的上下两根短细线称为视距丝，用于测量距离。调节目镜调焦螺旋，可使十字丝分划线成像清晰。

（二）水准器

水准器是用来判断望远镜的视准轴是否水平及仪器竖轴是否竖直的装置。通常分为管水准器和圆水准器两种。

1. 管水准器

水准管是一个两端封闭的玻璃管，外形如图 2-8（a）所示。管的内壁研磨成 7～20m 半径的圆弧，管内装满黏滞性小、易流动的液体（如酒精或乙醚），加热、封闭、冷却后便形成气泡。由于气体比液体轻，因此，无论水准管处于水平或是倾斜位置，气泡总处在管内圆弧的最高位置。

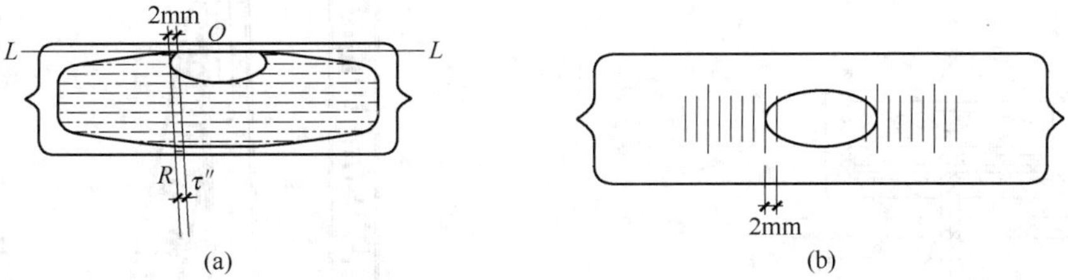


图 2-8　管水准器

水准管壁的两端各刻有数条间隔为 2mm 的分划线，用来判断气泡居中位置，如图 2-8（b）所示。分划线的对称中心 $O$ 即为水准管圆弧的中点，也称为水准管零点。过零点与水准管内圆弧相切的直线 $LL$ 称为水准管轴。当气泡中点与水准管零点重合时称为气泡居中，这时水准管轴 $LL$ 一定处于水平位置。

水准管上 2mm 间隔的弧长所对的圆心角称为水准管分划值，一般用 $\tau$ 表示，即

$$\tau=\frac{2}{R}\rho \tag{2-7}$$

式中　$\tau$——水准管分划值，(″)；

$R$——水准管内圆弧半径，mm；

$\rho$——弧度的秒值，$\rho=206265''$。

水准管分划值与内圆弧半径成反比，半径愈大，分划值愈小，整平的精度愈高，气泡移动也愈灵活。所以一般把水准气泡移动至最高点的能力称为水准器的灵敏度。另外灵敏度还与水准管内壁面的研磨质量、气泡长度、液体性质和温度有关。灵敏度愈高，使气泡居中也愈费时间。因此，仪器上的水准管灵敏度要与仪器的精度相匹配。S3 型水准仪水准管分划值一般为 20″。

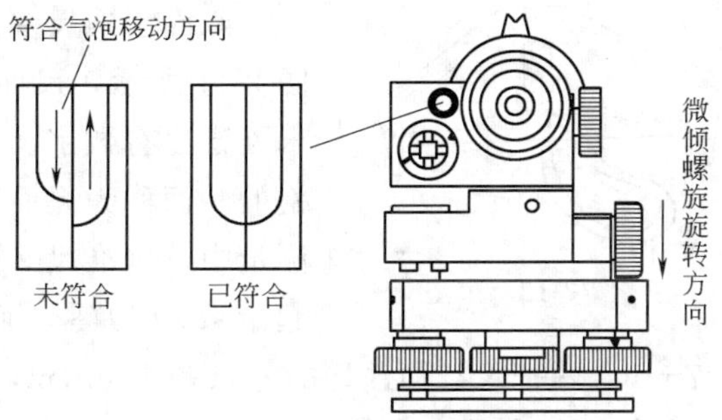


图 2-9　符合水准器及操作

为了提高水准管气泡居中的精度，S3 型水准仪在水准管上方安置一组符合棱镜，当气泡两端的半边影像经过三次反射后，其影像反映在望远镜的符合水准器的放大镜内，若气泡不居中，气泡两端半边影像错开，当转动微倾螺旋使气泡两端半边的影像吻合时，气泡完全居中，如图 2-9 所示。

2. 圆水准器

圆水准器是一个密封的顶面内壁磨成球面的玻璃圆盒，如图 2-10 所示。球面中央刻有小圆圈，圆圈中心为零点，零点与球心的连线为圆水准器轴。当气泡中心与圆水准器零点重合时，气泡居中，圆水准器轴处于铅垂位置。当圆水准器轴偏离零点 2mm 时，其轴线所倾斜的角度值称为圆水准器分划值。$\tau$ 一般为 $8'\sim10'$，因其灵敏度较低，整平精度较差，所以，圆水准器只能用于粗略整平仪器。

（三）基座

基座起到支撑仪器和连接仪器与三脚架的作用，由轴座、底板、三角压板及三个脚螺旋组成。转动三个脚螺旋可使水准器气泡居中。

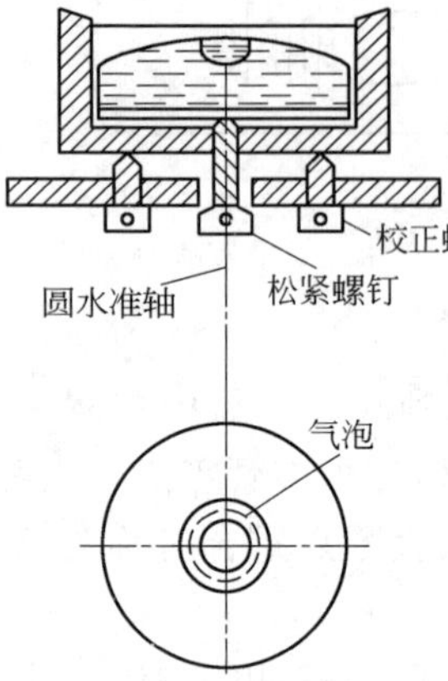


图 2-10 圆水准器

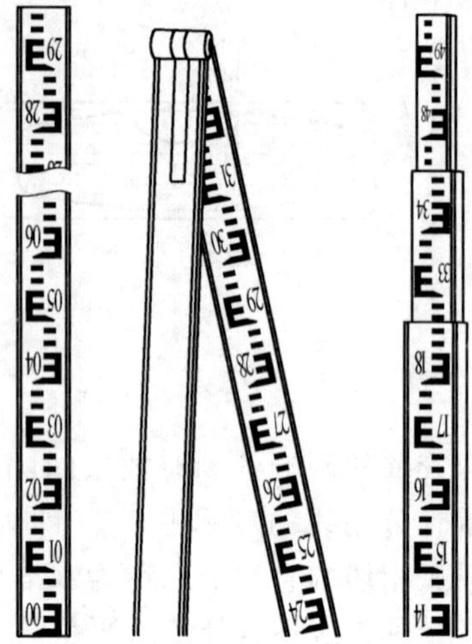


图 2-11 水准尺

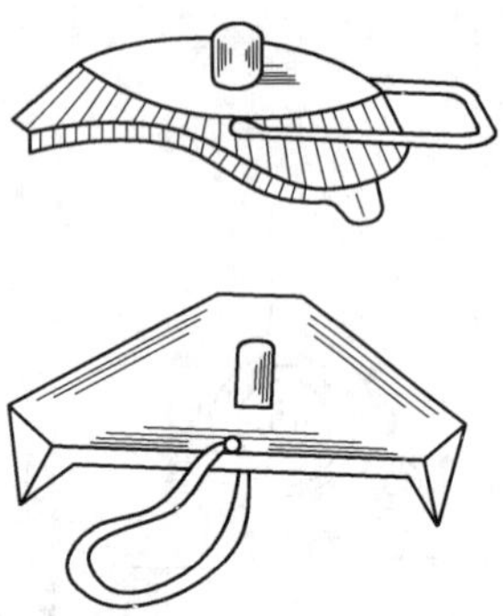

图 2-12 尺垫

### 二、水准尺及附件

水准尺是与水准仪配合进行水准测量的重要工具。常用优质木材或玻璃钢、金属材料制成，长度为 2～5m 不等，根据构造可以分为双面水准尺、折尺和塔尺三种，如图 2-11 所示。

双面水准尺多用于三、四等水准测量，一般尺长为 3m，如图 2-11 所示，尺面每隔 1cm 涂以黑白或红白相间的分格，每分米处皆注有数字。尺子底面钉有铁片，以防磨损。涂黑白相间分格的一面称为黑面尺，另一面为红白相间，称为红面尺。在水准测量中，水准尺必须成对使用。每对双面水准尺其黑面尺底部的起始数均为零，而红面尺底部的起始数分别为 4687mm 和 4787mm。两把尺红面注记的零点差为 0.1m，为使水准尺更精确地处于竖直位置，多数水准尺的侧面装有圆水准器。

折尺长一般为 3m，折叠处为 1.5m，尺面分划值为 1cm 或 0.5cm。因连接处稳定性较差，仅适用于普通水准测量和地形测量。

塔尺长一般为 5m，分 3 节套接而成，可以伸缩，尺底从零起算，尺面分划值为 1cm 或 0.5cm。因塔尺连接处稳定性较差，仅适用于普通水准测量。

尺垫如图 2-12 所示，用生铁铸成，一般为三角形，中央有一突出的半圆球，水准尺立于半圆球顶部；下有三个尖脚可以插入土中，尺垫通常用于转点上，使用时应使其稳定、牢固。

## 第三节 微倾式水准仪的基本操作程序

### 一、使用微倾式水准仪的方法

微倾式水准仪的基本操作程序包括安置水准仪、粗略整平、照准和调焦、精确整平和读数。现分述如下。

1. 安置水准仪

将水准仪架设在两根水准尺中间，首先松开三脚架架腿的固定螺旋，按观测者的身高调节好三个架腿的高度，目估脚架顶面大致水平，用脚踩实三脚架腿，使脚架稳定、牢固，再拧紧固定螺旋。三脚架安置好后，从仪器箱中取出仪器，旋紧中心连接螺旋将水准仪固定在三脚架头上，以防止仪器从三脚架头上摔下来。

2. 粗略整平（粗平）

松开水平制动螺旋，转动仪器，将圆水准器置于两个脚螺旋之间，当气泡中心偏离零点位于 $m$ 处时，如图 2-13（a）所示，用两手同时相对（向内或向外）转动 1，2 两个脚螺旋（此时气泡移动方向与左手拇指移动方向相同），使气泡沿 1，2 两螺旋连线的平行方向移至中间 $n$ 处，如图 2-13（b）所示。然后转动第三个脚螺旋，使气泡居中，如图 2-13（c）所示。初学者一般先练习用一只手操作，熟练后再用双手操作。

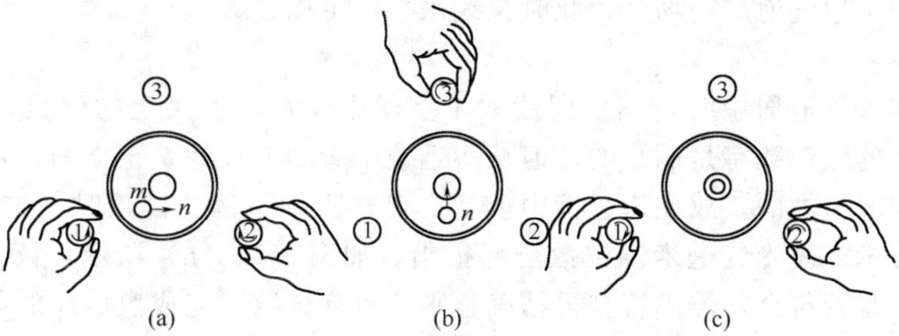

图 2-13　粗略整平的过程

3. 照准和调焦

（1）将望远镜对准明亮的背景，旋转目镜调焦螺旋，使十字丝成像清晰。

（2）转动望远镜，利用望远镜镜筒上的缺口和准星的连线，粗略瞄准水准尺，拧紧水平制动螺旋。

（3）旋转物镜调焦螺旋，并从望远镜内观察至水准尺影像清晰，然后转动水平微动螺旋，使十字丝竖丝照准水准尺中央稍偏一点，以便读数，如图 2-14 所示。

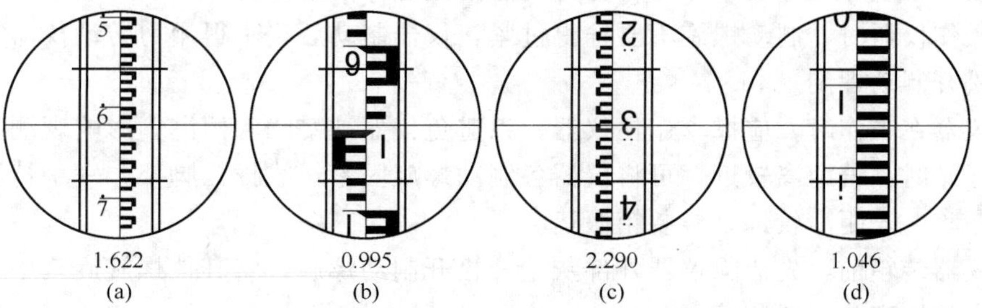

图 2-14　水准尺上的读数

（4）消除视差　当尺像与十字丝分划板平面不重合时，眼睛靠近目镜微微上下移动，发现十字丝和目镜影像有相对运动，这种现象称为视差，如图 2-15（a），（b）所示，图 2-15（c）是没有视差的情况。视差会带来读数误差，所以观测中必须将其消除。

消除视差的方法是：反复仔细地调节物镜、目镜调节螺旋，直到眼睛上下移动时读数不变为止。

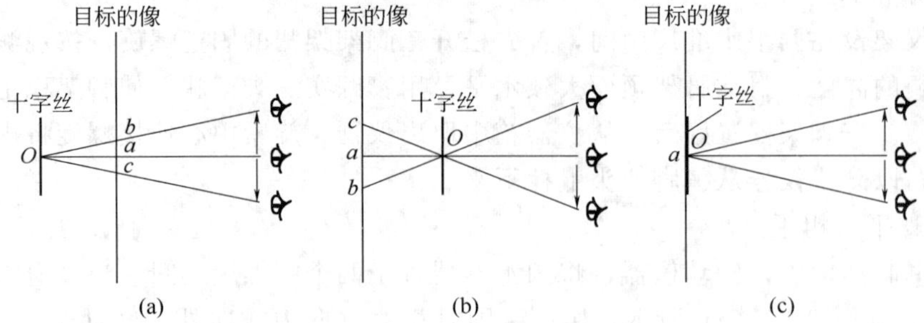


图 2-15 十字丝视差

4. 精确整平

先从望远镜的一侧观察管水准气泡偏离零点的方向，右手缓慢而均匀地转动微倾螺旋，使符合水准器两半边气泡严密吻合，此时视线水平，可以读数。

5. 读数

当确认水准管气泡居中时，应立即读取十字丝中丝在水准尺上的读数，对于倒像望远镜，所用水准尺的注记数字是倒写的，但从望远镜中看到的尺像是正立的，水准标尺的注记是从标尺底部向上增加的，故在望远镜中读数应该从上往下读。读数时，先默估出毫米数，再依次将米、分米、厘米、毫米四位数全部报出。如图 2-14（b）所示，读数为 0.995，读数后应检查气泡是否符合，若不符合再精确整平，重新读数；完成黑面尺的读数后，将水准标尺纵转 180°，立即读取红面尺的读数，若两读数之差等于该尺红面注记的零点常数，说明读数正确。

### 二、注意事项

（1）每次作业时，必须检查仪器箱是否扣好或锁好，提手和背带是否牢固。

（2）取出仪器时，应先看清楚仪器在箱内的安放位置，以便使用完毕照原样装箱，仪器取出后，要盖好仪器箱。

（3）安置仪器时，注意拧紧架腿螺旋和中心连接螺旋；作业员在测量过程中不得离开仪器，特别是在建筑工地等处工作时，更需注意防止意外事故发生。

（4）操作仪器时，制动螺旋不要拧得过紧，仪器制动后，不得用力转动仪器，转动仪器时必须先松开制动螺旋。

（5）仪器在工作时，应撑伞遮住仪器，以避免仪器被暴晒和雨淋，影响观测精度。

（6）迁站时，若距离较近，可将仪器各制动螺旋固紧，收拢三脚架，一手持脚架，一手托住仪器搬移。若距离较远，应装箱搬运。

（7）仪器装箱前，先清除仪器外部灰尘，松开制动螺旋，将其他螺旋旋至中部位置。按仪器在箱内的原安放位置装箱。

（8）仪器装箱后，应放在干燥通风处保存，注意防盗、防潮、防霉、防碰撞。

## 第四节　水准测量的方法

中国国家水准测量按精度要求不同分为一、二、三、四等。一、二等水准测量称为精密水准测量，三、四等水准测量称为普通水准测量，采用某等级水准测量的方法测出的高程点称为该等级水准点。不属于国家规定等级的水准测量一般称为普通（或等外）水准测量。普通水准测量的精度比国家等级水准测量低，水准路线的布设及水准点的密度可根据实际要求有较大的灵活性，等级水准测量和普通水准测量的作业原理相同。

## 一、水准点和水准路线

### （一）水准点

用水准测量方法测定高程的控制点称为水准点，一般用 $BM$ 表示。国家等级的水准点应按要求埋设永久性固定标志，不需永久保存的水准点，可在地面上打入木桩，或在坚硬的岩石、建筑物上设置固定标志，并用红色油漆标注记号和编号。地面水准点应按一定规格埋设，水准点标石的类型可分为基岩水准标石、基本水准标石、普通水准标石和墙角水准标志等四种。标石顶部设置有用不易腐蚀的材料制成的半球状标志，如图 2-16（a）所示；墙角水准点应按规格要求设置在永久性建筑物上，如图 2-16（b）所示；水准点埋设后，为便于以后使用时查找，需绘制说明点位的平面图，称为点之记，图 2-17 所示为水准点 $BM_1$ 点之记的示例。

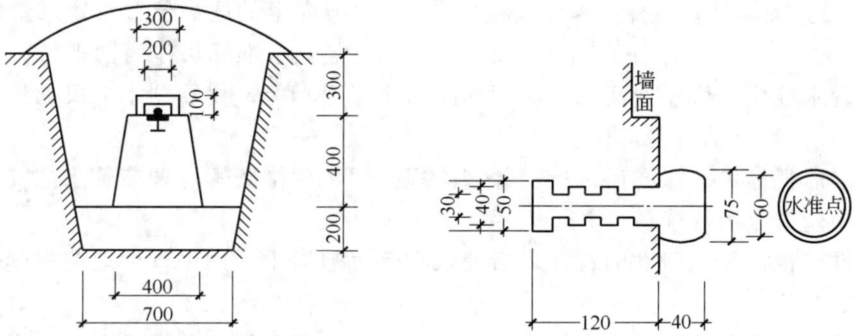


(a) 混凝土水准点标志 (单位：mm)　　(b) 墙角水准点标志 (单位：mm)

图 2-16　水准点标志

### （二）水准路线

水准路线是水准测量施测时所经过的路线。水准路线应尽量沿公路、大道等平坦地面布设，以保证测量精度。水准路线上两相邻水准点之间称为一个测段。

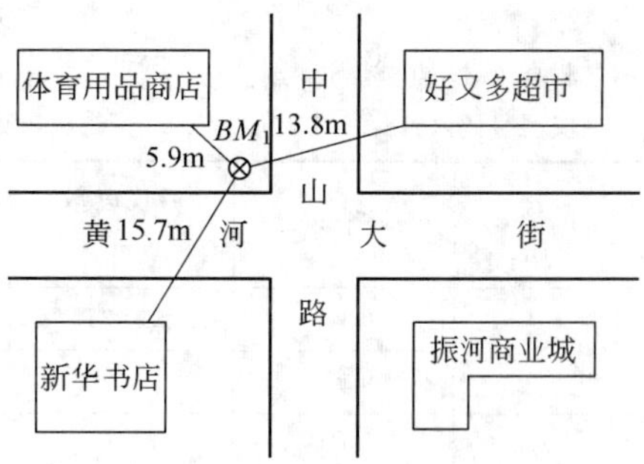


图 2-17　水准点点之记

水准路线的布设形式分单一水准路线和水准网，单一水准路线有以下三种布设形式。

1. 附合水准路线

从一个已知高级水准点 $BM_1$ 出发，沿各待测高程的点 1，2 进行水准测量，最后附合到另一个已知高级水准点 $BM_2$ 上，这种水准路线称为附合水准路线，如图 2-18（a）所示。

2. 闭合水准路线

从一个已知高级水准点 $BM_3$ 出发，沿环线上各待测高程的点 1，2，3 进行水准测量，最后仍回到原已知高级水准点 $BM_3$ 上，这种水准路线称为闭合水准路线，如图 2-18（b）所示。

3. 支水准路线

从一已知高级水准点 $BM_4$ 出发，沿各待测高程的点 1，2 进行水准测量，既不附合到另一高级水准点上，也不自行闭合，这种水准路线称为支水准路线，如图 2-18（c）所示。

附合水准路线和闭合水准路线因为有检核条件，一般采用单程观测；支水准路线没有检核条件，必须进行往、返观测或单程双线观测，来检核观测数据的正确性。

## 二、水准测量的方法、记录计算及注意事项

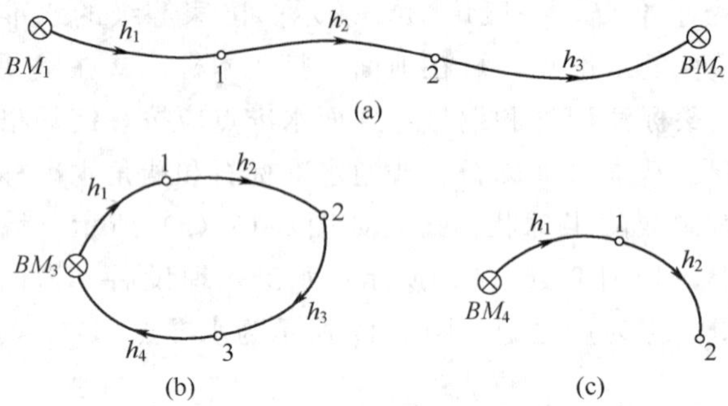


图 2-18　单一水准路线的三种布设形式

1. 普通水准测量的观测程序

从一个已知高级水准点出发，一般要用连续水准测量的方法，才能测量并计算出待定水准点的高程，其具体步骤如下。

（1）竖立后视标尺。在已知高程的水准点上立水准标尺，作为后视尺。

（2）竖立前视标尺。在路线的前进方向上的适当位置放置尺垫，在尺垫上竖立水准标尺作为前视尺。

（3）安置水准仪。仪器到两水准尺间的距离应大致相等，仪器到水准尺的最大视距不大于 150m。先使圆水准器气泡居中。

（4）照准后视标尺。照准后视标尺并消除视差后，用微倾螺旋调节管水准气泡并使其精确居中，用中丝读取后视读数，并记入手簿，见表 2-1。

（5）照准前视标尺。照准前视标尺后使水准管气泡居中，用中丝读取前视读数，并记入手簿，见表 2-1。

（6）迁站。将仪器按前进方向迁至第二站，此时，第一站的前视尺不动，变成第二站的后视尺，第一站的后视尺移至前面适当位置成为第二站的前视尺，按第一站相同的观测程序进行第二站测量。

**表 2-1　水准测量记录手簿**

测自 $BM_1$ 点至 $BM_2$ 点　　天气：多云　　呈像：清晰　　日期：2015 年 9 月 12 日

仪器号码：$NS_3$ 99325　　观测者：张长波　　记录者：闫建平

| 测站 | 测点 | 后视读数/m | 前视读数/m | 高差/m | | 高程/m | 备注 |
|---|---|---|---|---|---|---|---|
| | | | | + | − | | |
| 1 | $BM_1$ | 1.631 | | 0.208 | | 70.535 | |
| | $TP_1$ | | 1.423 | | | | |
| 2 | $TP_1$ | 1.687 | | | 0.132 | | |
| | $TP_2$ | | 1.819 | | | | |
| 3 | $TP_2$ | 1.435 | | | 0.304 | | |
| | $TP_3$ | | 1.739 | | | | |
| 4 | $TP_3$ | 1.756 | | 0.323 | | | |
| | $BM_2$ | | 1.433 | | | 70.440 | |
| Σ | | 6.509 | 6.414 | 0.531 | 0.436 | | |
| 校核计算 | $\Sigma a-\Sigma b=-0.095$　　$\Sigma h=-0.095$ | | | | | | |

（7）顺序沿水准路线的前进方向观测、记录，直至终点。

2. 水准测量应注意的事项

（1）在已知高程点和待测高程点上立水准尺时，应直接放在标石中心（或木桩）上。

（2）水准仪到前、后视水准尺的距离要大致相等，可步量确定。

（3）水准尺要扶直，不能前后、左右倾斜。

（4）尺垫仅用于转点，仪器迁站前，后视点的尺垫不能动。

（5）不得涂改原始读数，读错或记错的数据应划去，再将正确数据写在上方，并在相应的备注栏内注明原因，记录簿要干净、整齐。

## 三、水准测量的成果处理与计算

在外业水准测量中，不管采用哪种测量方法和测站检核都不能保证整条水准路线的观测高差计算没有错误。故在内业计算前，必须对外业手簿进行检查，检查无误方可进行水准路线闭合差的检验和成果计算。

1. 高差闭合差及其允许值的计算

（1）附合水准路线　附合水准路线是由一个已知高程的水准点测量到另一个已知高程的水准点，各段测得的高差总和$\sum h_{测}$应等于两水准点的高程之差$\sum h_{理}$。但由于测量误差的影响，使得实测高差总和与其理论值之间有一个差值，这个差值称为附合水准路线的高差闭合差。

$$f_h=\sum h_{测}-\sum h_{理}=\sum h_{测}-(H_{终}-H_{始}) \tag{2-8}$$

式中　$f_h$——高差闭合差，m；

$\sum h_{测}$——实测高差总和，m；

$H_{终}$——路线终点已知高程，m；

$H_{始}$——路线起点已知高程，m。

（2）闭合水准路线　由于路线起闭于同一个水准点，因此，高差总和的理论值应等于零，但因测量误差的存在使得实测高差的总和往往不等于零，其差值称为闭合水准路线的高差闭合差。

$$f_h=\sum h_{测} \tag{2-9}$$

（3）支水准路线　通过往返观测，得到往返高差的总和$\sum h_{往}$和$\sum h_{返}$，理论上应大小相等，符号相反，但由于测量误差的影响，两者之间产生一个差值，这个差值称为支水准路线的高差闭合差。

$$f_h=\sum h_{往}+\sum h_{返} \tag{2-10}$$

闭合差产生的原因很多，如仪器的精密程度、观测者的分辨能力、外界条件的影响等，但其数值必须限定在一定范围内。《城市测量规范》（CJJ/T 8—2011）规定：在平坦地区，图根水准测量路线的高差闭合差的允许值规定为

$$f_{h允}=\pm 40\sqrt{L} \tag{2-11}$$

式中　$f_{h允}$——高差闭合差的允许值，mm；

$L$——水准路线长度，km。

在山地，每千米水准测量的测站数超过 16 站时，高差闭合差的允许值规定为

$$f_{h允}=\pm 12\sqrt{n} \tag{2-12}$$

式中　$n$——水准路线的测站总数。

附合水准路线或闭合水准路线长度不得大于 8km，结点间水准路线长度不得大于 6km，

支水准路线长度不得大于 4km。在这个长度范围内，若高差闭合差小于允许值，则成果符合要求，否则应查明原因，重新观测。

2. 高差闭合差的调整和高程计算

(1) 高差闭合差的调整　当高差闭合差 $f_h$ 在允许值范围之内时，可调整闭合差。附合或闭合水准路线高差闭合差分配的原则是将闭合差按距离或测站数成正比例反号改正到各测段的观测高差上。高差改正数按式 (2-13) 或式 (2-14) 计算

$$V_i=-\frac{f_h}{\sum L}L_i \tag{2-13}$$

或

$$V_i=-\frac{f_h}{\sum n}n_i \tag{2-14}$$

式中　$V_i$——测段高差的改正数，m；

$f_h$——高差闭合差，m；

$\sum L$——水准路线总长度，m；

$L_i$——测段长度，m；

$\sum n$——水准路线测站数总和；

$n_i$——测段测站数。

高差改正数的总和应与高差闭合差大小相等，符号相反，即

$$\sum V_i=-f_h \tag{2-15}$$

用上式检核计算的正确性。

(2) 计算改正后的高差　将各段高差观测值加上相应的高差改正数，求出各段改正后的高差，即

$$h_i=h_{i测}+V_i \tag{2-16}$$

对于支水准路线，当闭合差符合要求时，可按下式计算各段平均高差。

$$h=\frac{h_{往}-h_{返}}{2} \tag{2-17}$$

式中　$h$——平均高差，m；

$h_{往}$——往测高差，m；

$h_{返}$——返测高差，m。

(3) 计算各点高程　根据改正后的高差，由起点高程逐一推算出其他各点的高程。最后一个已知点的推算高程应等于它的已知高程，以此检查计算是否正确。

**【例】** 如图 2-19 所示，一附合水准路线，$IV_1$ 和 $IV_2$ 为已知水准点。用普通水准测量的方法，测定 $BM_1$，$BM_2$，$BM_3$ 三个水准点的高程，各水准点间的测站数及高差均注明在图中。

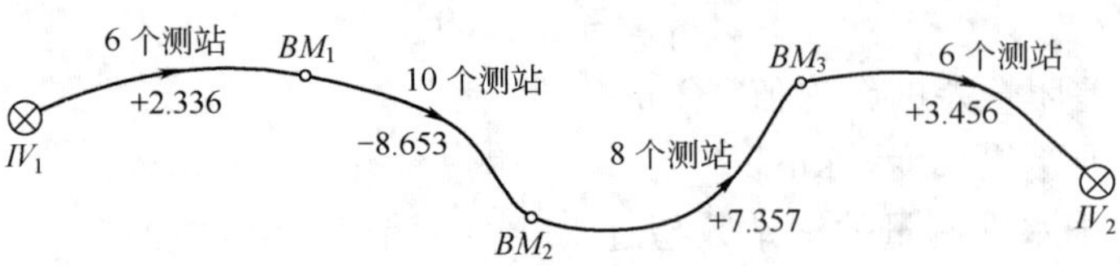


图 2-19　附合水准路线简图

(1) 已知数据和观测数据的填写　先将点号 $IV_1$，$BM_1$，$BM_2$，$BM_3$，$IV_2$ 按顺序由

上至下填入第一列点号一栏中，再将起始点高程 72.536 填入第六列高程一栏中，然后将测站数和测得的高差分别填入相应的栏中，见表 2-2。

高差闭合差的调整与高差计算见表 2-2。

**表 2-2 附合水准线高差闭合差的调整与高差计算**

| 点号 | 测站数/个 | 测得高差/m | 高差改正数/m | 改正后高差/m | 高程/m | 备注 |
|---|---|---|---|---|---|---|
| $IV_1$ | | | | | 72.536(已知) | |
| | 6 | +2.336 | +0.006 | +2.342 | | |
| $BM_1$ | | | | | 74.878 | |
| | 10 | −8.653 | +0.010 | −8.643 | | |
| $BM_2$ | | | | | 66.235 | |
| | 8 | +7.357 | +0.008 | +7.365 | | |
| $BM_3$ | | | | | 73.600 | |
| | 6 | +3.456 | +0.006 | +3.462 | | |
| $IV_2$ | | | | | 77.062(已知) | |
| $\Sigma$ | 30 | +4.496 | +0.030 | +4.526 | | |
| 辅助计算 | $f_h=-30\text{mm}$　$\Sigma n=30$　$-f_h/\Sigma n=1\text{mm}$<br>$f_{h允}=\pm12\sqrt{30}\text{mm}\approx\pm66\text{mm}$ | | | | | |

(2) 高差闭合差的计算　由高差闭合差计算公式式 (2-8) 得

$$f_h=\Sigma h_{测}-(H_{终}-H_{始})$$
$$=4.496-(77.062-72.536)=-0.030\ (\text{m})$$

按式 (2-12) 计算高差闭合差的允许值

$$f_{h允}=\pm12\sqrt{30}\approx\pm66\ (\text{mm})$$

$|f_h|<|f_{h允}|$，符合图根水准测量的技术要求，闭合差可以进行分配。

(3) 闭合差的调整　闭合差的调整和分配的原则是将闭合差按距离或测站数成正比例反号改正到各测段的观测高差上，得改正后的高差。

本例是按测站数进行分配，各测段改正数为

$$V_1=-\frac{f_h}{\Sigma n}n_1=-\frac{-30}{30}\times6=+6(\text{mm})=+0.006\text{m}$$
$$V_2=-\frac{f_h}{\Sigma n}n_2=-\frac{-30}{30}\times10=+10(\text{mm})=+0.010\text{m}$$
$$V_3=-\frac{f_h}{\Sigma n}n_3=-\frac{-30}{30}\times8=+8(\text{mm})=+0.008\text{m}$$
$$V_4=-\frac{f_h}{\Sigma n}n_4=-\frac{-30}{30}\times6=+6(\text{mm})=+0.006\text{m}$$

检核　$\Sigma V=-f_h=+0.030\text{m}$

将各测段改正数分别写入高差改正数一栏内。

各测段改正后的高差为

$$h_1=h_{1测}+V_1=+2.336+0.006=+2.342\ (\text{m})$$
$$h_2=h_{2测}+V_2=-8.653+0.010=-8.643\ (\text{m})$$
$$h_3=h_{3测}+V_3=+7.357+0.008=+7.365\ (\text{m})$$
$$h_4=h_{4测}+V_4=+3.456+0.006=+3.462\ (\text{m})$$

检核　$\Sigma h=H_{终}-H_{始}=+4.526\ (\text{m})$

(4) 高程的计算　用每段改正后的高差，由已知水准点 $IV_1$ 开始，逐点算出各点高程，即

$$H_{BM_1}=H_{IV_1}+h_1=72.536+2.342=74.878\ (m)$$
$$H_{BM_2}=H_{BM_1}+h_2=74.878-8.643=66.235\ (m)$$
$$H_{BM_3}=H_{BM_2}+h_3=66.235+7.365=73.600\ (m)$$
$$H_{IV_2算}=H_{BM_3}+h_4=73.600+3.462=77.062\ (m)$$

最后算得的 $IV_2$ 点的高程应与 $IV_2$ 点的已知高程相等，否则说明高程计算有误。

## 第五节　水准仪的检验与校正

### 一、水准仪应满足的几何条件

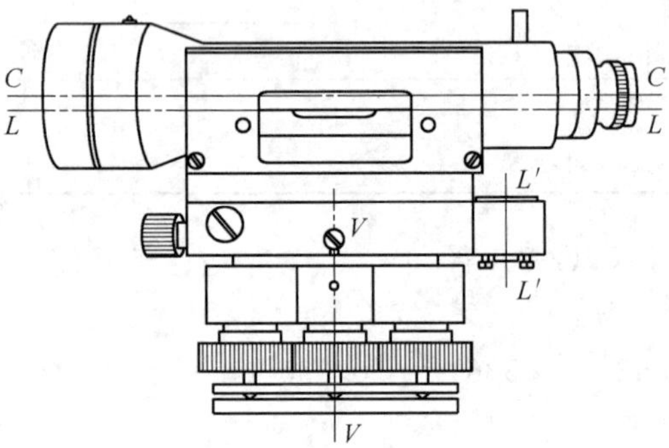

图 2-20　水准仪的主要轴线

如图 2-20 所示，水准仪有四条主要轴线，它们是管水准器轴（$LL$）、望远镜的视准轴（$CC$）、圆水准器轴（$L'L'$）和仪器的竖轴（$VV$）。

1. 水准仪应满足的主要条件

为了使水准仪能够正常工作，水准仪应满足两个主要条件：一是水准管轴应与望远镜的视准轴平行。若条件不满足，那么水准管气泡居中后，水准管轴已经水平而视准轴却未水平，不符合水准测量的基本原理。二是望远镜的视准轴不因调焦而变动位置。此条件是为满足第一个条件而提出的。如果望远镜在调焦时视准轴位置发生变动，就不能设想在不同位置的许多条视线都能够与一条固定不变的水准管轴平行。望远镜调焦在水准测量中是不可避免的，因此必须提出此项要求。

2. 水准仪应满足的次要条件

水准仪应满足两个次要条件：一是圆水准器轴应与水准仪的竖轴平行。该条件的满足在于能迅速地调整好仪器，提高作业速度；也就是当圆水准器的气泡居中时，仪器的竖轴已基本处于竖直状态，使仪器旋转至任何位置都易于使水准管的气泡居中。二是十字丝的横丝应垂直于仪器的竖轴。此条件的满足是当仪器竖轴已经竖直，在读取水准尺上的读数时就不必严格用十字丝的交点，可以用交点附近的横丝读数。

在水准仪出厂时经过检验已满足上述条件，但由于运输中的振动和长期使用的影响，各轴线的关系可能发生变化，因此作业之前必须对仪器进行检验与校正。

### 二、水准仪的检验与校正

1. 圆水准器的检验与校正

(1) 检验目的　使圆水准器轴平行于仪器竖轴。

(2) 检验原理　假设竖轴与圆水准器轴不平行，那么当气泡居中时，圆水准器轴竖直，竖轴则偏离竖直位置 $\alpha$ 角，如图 2-21 (a) 所示。将仪器旋转 180°时，如图 2-21 (b) 所示，此时圆水准器轴从竖轴右侧移至左侧，与铅垂线的夹角为 $2\alpha$。圆水准器气泡偏离中心位置，气泡偏离的弧长所对的圆心角等于 $2\alpha$。

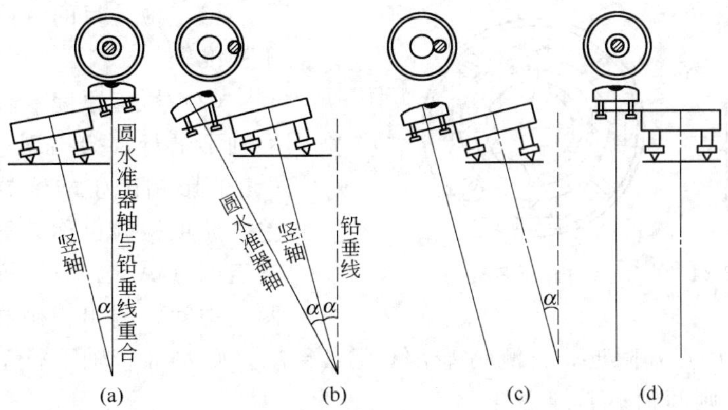


图 2-21　圆水准器的检验与校正

（3）检验方法　转动脚螺旋，使圆水准器气泡居中，然后将仪器绕竖轴旋转 180°，若气泡仍居中，说明此项条件满足；若气泡偏离圆水准器气泡中心位置，说明此条件不满足，需要校正。

（4）校正方法　如图 2-22 所示，用校正针拨动圆水准器下面的三个校正螺钉，使气泡退回偏离中心距离的一半，此时圆水准器轴与竖轴平行，如图 2-21（c）所示；再旋转脚螺旋使气泡居中，此时竖轴处于竖直位置，如图 2-21（d）所示。此项工作需反复进行，直到仪器绕竖轴旋转至任何位置圆水准器气泡皆居中为止。

2. 十字丝的检验与校正

（1）检验目的　使十字丝横丝垂直于仪器竖轴。

（2）检验原理　如果十字丝横丝不垂直于仪器竖轴，当竖轴处于竖直位置时，十字丝横丝是不水平的，用横丝的不同部位在水准尺上的读数也不相同。

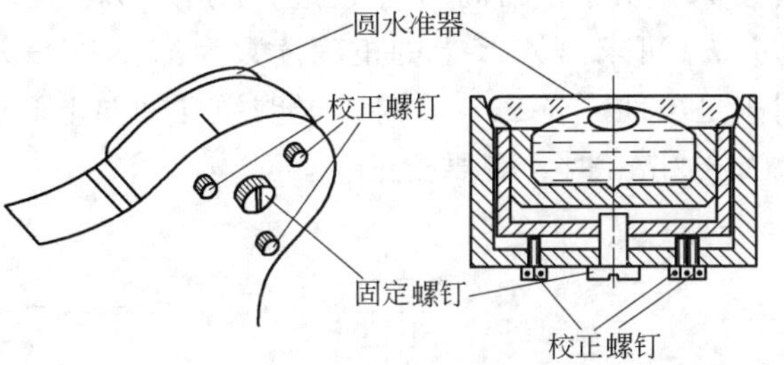


图 2-22　圆水准器的校正螺钉

（3）检验方法　仪器整平后，从望远镜视场内选择一清晰目标点，用十字丝交点照准目标点，拧紧制动螺旋。转动水平微动螺旋，若目标点始终沿横丝做相对移动，如图 2-23 中的（a），（b）所示，说明十字丝横丝垂直于竖轴；如果目标偏离横丝，如图 2-23 中的（c），（d）所示，则表明十字丝横丝不垂直于竖轴，需要校正。

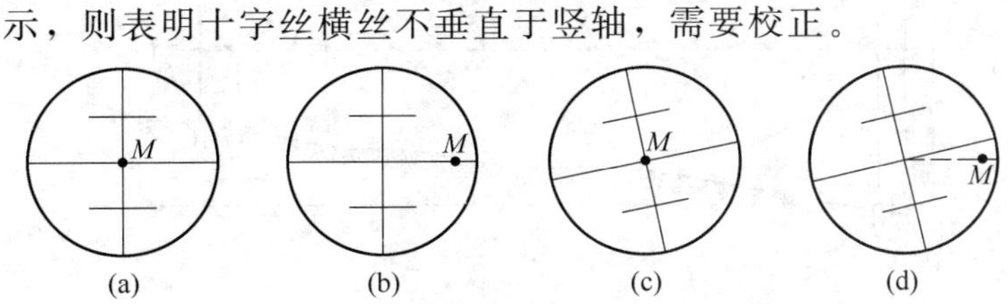


图 2-23　十字丝横丝的检验与校正

（4）校正方法　松开目镜座上的三个十字丝环固定螺钉（有的仪器需卸下十字丝环护罩），松开四个十字丝环压环螺钉，如图 2-24 所示。转动十字丝环，使横丝与目标点重合，再进行检验，直至目标点始终在横丝上相对移动为止，最后拧紧固定螺钉，盖好护罩。

3. 管水准器轴的检验与校正

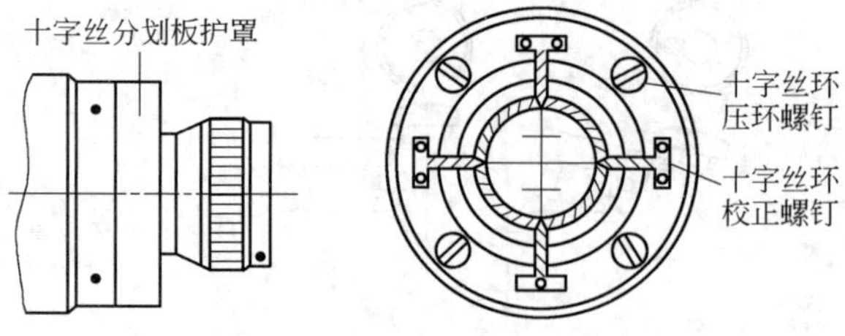

图 2-24 十字丝的校正装置

（1）检验目的 使管水准器轴平行于视准轴。

（2）检验原理 若管水准器轴与视准轴不平行，会出现一个交角 $i$，由于 $i$ 角的影响产生的读数误差称为 $i$ 角误差。此项检验也称 $i$ 角检验。在地面上选定两点 $A$，$B$，将仪器安置在 $A$，$B$ 两点中间，测出正确高差 $h$，然后将仪器移至 $A$ 点（或 $B$ 点）附近，再测高差 $h'$，若 $h=h'$，则水准管轴平行于视准轴，即 $i$ 角为零，若 $h\neq h'$，则两轴不平行。

（3）检验方法 在一平坦地面上选择相距 80～100m 的两点 $A$，$B$，分别在 $A$，$B$ 两点打入木桩或放置尺垫，并在其上竖立水准尺，将水准仪安置在 $A$，$B$ 两点的中间，使前、后视距离相等，如图 2-25（a）所示，精确整平仪器后，依次照准 $A$，$B$ 两点上的水准尺并读数，设读数分别为 $a_1$ 和 $b_1$，因前、后视距离相等，所以，由于 $i$ 角对前、后视读数的影响相等，均为 $x$，$A$，$B$ 两点的高差为

$$h_1=(a_1-x)-(b_1-x)=a_1-b_1$$

因抵消了 $i$ 角误差的影响，所以由 $a_1$，$b_1$ 计算出的高差 $h_1$ 是正确高差。

将水准仪移至离 $B$ 点约 3m 处，如图 2-25（b）所示。精确整平仪器后，读取 $B$ 尺上的读数 $b_2$，由于仪器离 $B$ 点很近，$i$ 角对 $b_2$ 的影响很小，可以认为 $b_2$ 是正确读数。根据正确高差 $h_1$ 可求出 $A$ 尺上的正确读数为 $a_2'=h_1+b_2$；设 $A$ 尺的实际读数为 $a_2$，若 $a_2'=a_2$，说明满足条件。当 $a_2>a_2'$ 时，说明视准轴向上倾斜；若 $a_2<a_2'$，则视准轴向下倾斜。若 $a_2'-a_2>\pm 3$mm 时，需要校正。

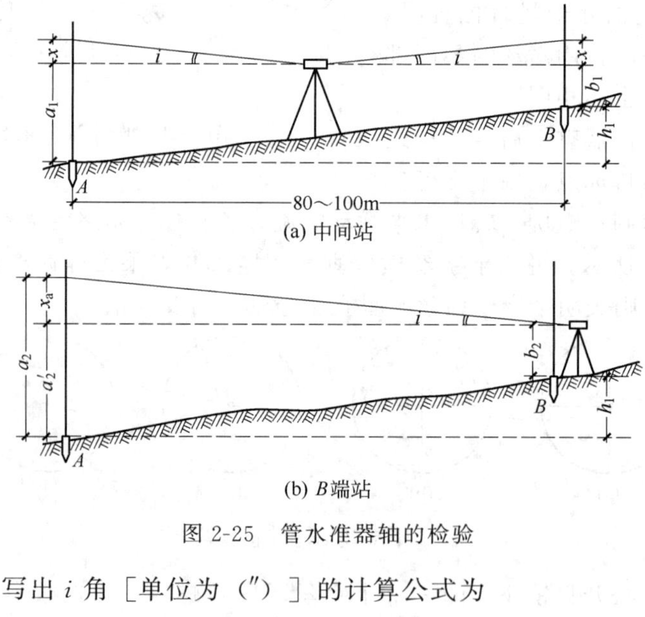

图 2-25 管水准器轴的检验

由图 2-25 可以写出 $i$ 角［单位为（″）］的计算公式为

$$i=\frac{(a_2-b_2)-(a_1-b_1)}{S_{AB}}\rho \tag{2-18}$$

式中 $\rho$——弧度的秒值，$\rho=206265''$；

$S_{AB}$——$A$ 点到 $B$ 点的距离，m。

规范规定，用于三、四等水准测量的水准仪，其 $i$ 角不得大于 20″。否则需要校正。

（4）校正方法　如图 2-25 所示，转动微倾螺旋，使十字丝的横丝切于 $A$ 尺的正确读数 $a_2'$ 处，此时视准轴水平，但水准管气泡偏离中心。如图 2-26 所示，用校正针先松开水准管的左右校正螺钉，然后拨动上下校正螺钉，一松一紧，升降水准管的一端，使气泡居中。此项检验需反复进行，符合要求后，将校正螺钉旋紧。

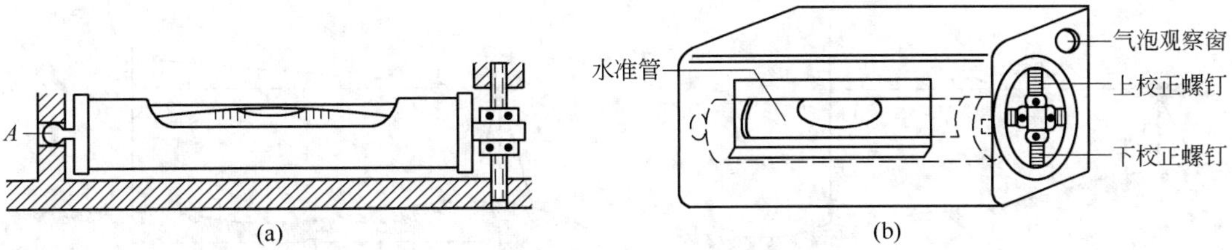


图 2-26　管水准器的校正

当 $i$ 角误差不大时，也可用升降十字丝的方法进行校正，具体做法是：水准仪照准 $A$ 尺不动，旋下十字丝护罩，松动左右两个十字丝环校正螺钉，如图 2-24 所示，用校正针拨动上下两个十字丝环校正螺钉，一松一紧，直至十字丝横丝照准正确读数 $a_2'$ 为止（如图 2-25 所示）。

规范规定，在水准测量作业开始的第一周内应每天测定一次 $i$ 角，待 $i$ 角稳定后，可每隔 15 天测定一次。

## 第六节　水准测量误差来源及其影响

为了提高水准测量的精度，必须分析和研究误差的来源及其影响规律，找出消除或减弱这些误差影响的措施。水准测量误差的来源主要有仪器本身的误差、观测误差及外界条件影响产生的误差三个方面。

### 一、仪器误差

仪器误差的主要来源是望远镜的视准轴与水准管轴不平行而产生的 $i$ 角误差。规范规定，S3 水准仪的 $i$ 角大于 20″才需要校正，水准仪虽经检验校正，但不可能彻底消除 $i$ 角，要消除或减弱 $i$ 角对高差的影响必须在观测时使仪器至前、后视水准尺的距离相等。在水准测量的每一站观测中，前、后视水准尺的距离相等不容易做到，故规范规定，对于四等水准测量，一站的前、后视距差应不大于 5m，前后视距累积差应不大于 10m。

### 二、水准标尺的误差

由于标尺本身的原因和使用不当所引起的读数误差称为标尺误差。水准标尺本身的误差包括：分划误差、尺面弯曲误差、尺长误差等。规范规定，对于区格式木制水准标尺，米间隔平均真长与名义长之差不应大于 0.5mm，所以在使用前必须对水准标尺进行检验，符合要求方可使用。

1. 水准标尺零点差

由于使用、磨损等原因，水准标尺的底面与其分划零点不完全一致，其差值称为标尺零点差。标尺零点差的影响对于一个测段的测站数为偶数段的水准路线，可自行抵消；若为奇数站，所测高差中将含有该误差的影响。

2. 水准标尺倾斜误差

如图 2-27 所示，水准测量时，若水准标尺前后倾斜，从水准仪的望远镜视场中不会察觉，在倾斜标尺上的读数总是比正确的标尺读数大。且视线高度越大，误差就越大。为减小水准标尺竖立不直产生的读数误差，可使用安装有圆水准器的水准尺，并注意在测量工作中认真扶尺，使标尺竖直。

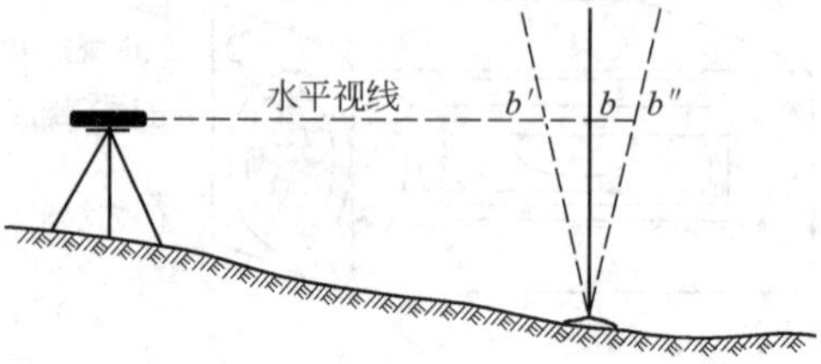


图 2-27 标尺倾斜对读数的影响

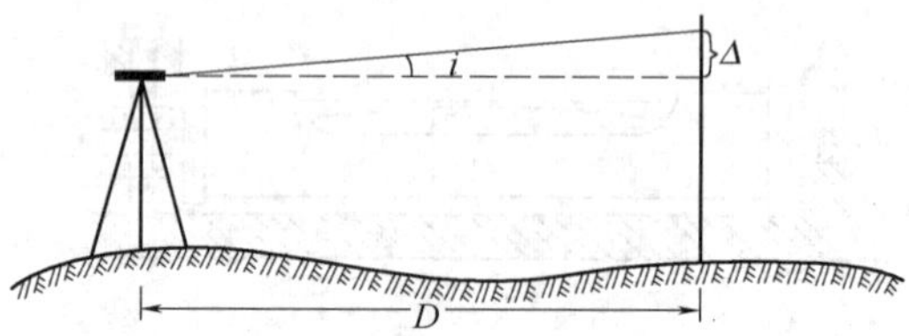


图 2-28 整平误差对读数的影响

### 三、整平误差

水准测量是利用水平视线测定高差的，如果仪器没有精确整平，则倾斜的视线将使标尺读数产生误差

$$\Delta = \frac{i}{\rho}D \tag{2-19}$$

如图 2-28 所示，设水准管的分划值为 20″，如果气泡偏离半格（即 $i=10''$），则当距离为 50m 时，$\Delta=2.4$mm；当距离为 100m 时，$\Delta=4.8$mm；误差随距离的增大而增大。因此，在读数前必须使附合水准气泡精确吻合。

### 四、读数误差的影响

读数误差产生的原因有两个：一是十字丝视差；二是估读毫米数不准确。十字丝视差可通过重新调节目镜和物镜调焦螺旋加以消除；估读误差与望远镜的放大率和视距长度有关，因此对于各等级水准测量所用仪器的望远镜放大率和最大视距都有相应规定，视距愈长，读数误差愈大，普通水准测量中，要求望远镜放大率在 20 倍以上时，视线长不超过 150m。

### 五、仪器和标尺升沉误差

如图 2-29 所示，在水准测量时，由于仪器、水准尺的重量和土壤的弹性会使仪器及尺垫下沉或上升，将使读数减小或增大而引起观测误差。

1. 仪器下沉（或上升）引起的误差

仪器下沉（或上升）的速度与时间成正比，如图 2-29（a）所示，从读取后视读数 $a_1$ 到读取前视读数 $b_1$ 时，仪器下沉了 $\Delta$，则有

$$h_1 = a_1 - (b_1 + \Delta)$$

为了减弱此项误差的影响，可在同一测站进行第二次观测，而且第二次观测应先读前视读数 $b_2$，再读后视读数 $a_2$。则

$$h_2 = (a_2 + \Delta) - b_2$$

取两次高差的平均值，即

$$h = \frac{h_1 + h_2}{2} = \frac{(a_1 - b_1) + (a_2 - b_2)}{2}$$

可消除仪器下沉对高差的影响。一般称上述操作为“后、前、前、后”的观测程序。

2. 标尺下沉（或上升）引起的误差

如图 2-29（b）所示，如果往测与返测标尺下沉量是相同的，则由于误差符号相同，而往测与返测高差符号相反，因此，取往测和返测高差的平均值可消除其影响。

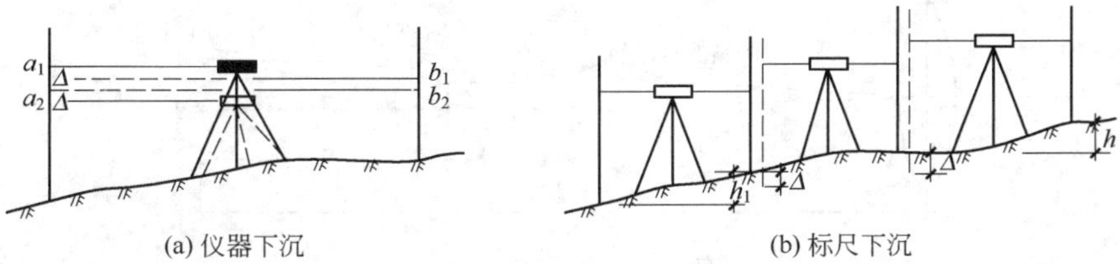


图 2-29 仪器和标尺升沉误差的影响

**六、大气折光的影响**

如图 2-30 所示，因大气层密度不同，对光线产生折射，使视线产生弯曲，从而使水准测量产生误差。视线离地面愈近，视线愈长，大气折光影响愈大。为消减大气折光的影响，只能采取缩短视线，并使视线离地面有一定的高度及前、后视的距离相等的方法。规范规定，三、四等水准测量应保证上、中、下三丝都能读数，二等精密水准测量则要求下丝读数不小于 0.3m。

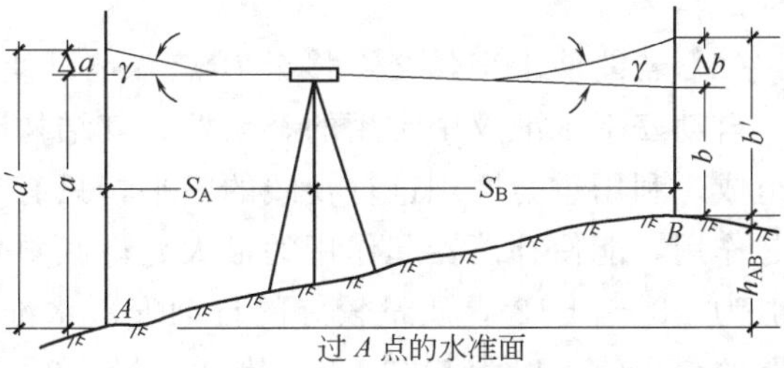


图 2-30 大气折光对高差的影响

总之，实际工作中往往遇到的是以上各项误差的综合性影响。只要在作业中按规范要求施测，注意撑伞遮阳，在操作熟练和提高观测速度的前提下，完全能够达到施测精度。

## 第七节 自动安平水准仪和激光扫平仪

自动安平水准仪是一种只需粗略整平即可获得水平视线读数的仪器，即利用水准仪上的圆水准器将仪器粗略整平时，由于仪器内部自动安平机构（自动安平补偿器）的作用，十字丝交点上读得的读数始终为视线严格水平时的读数。这种仪器操作迅速简便，测量精度高，深受测量人员的欢迎。近几年来，国产 S3 级自动安平水准仪已广泛应用于建筑工程测量作业中（如图 2-31 所示）。本节简要介绍仪器的自动安平原理、国产 DZS3-1 型自动安平水准仪的结构特点和使用方法，另外还介绍一种国产的 SJZ1 型激光扫平仪。

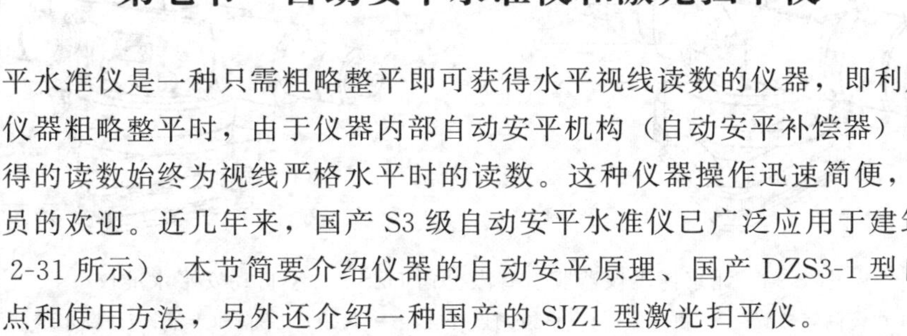


图 2-31 自动安平水准仪

## 一、自动安平原理

自动安平水准仪的安平原理如图 2-32 所示。若视准轴倾斜了 $\alpha$ 角，为使经过物镜光心的水平光线仍能通过十字丝交点 $A$，可采用以下两种方法。

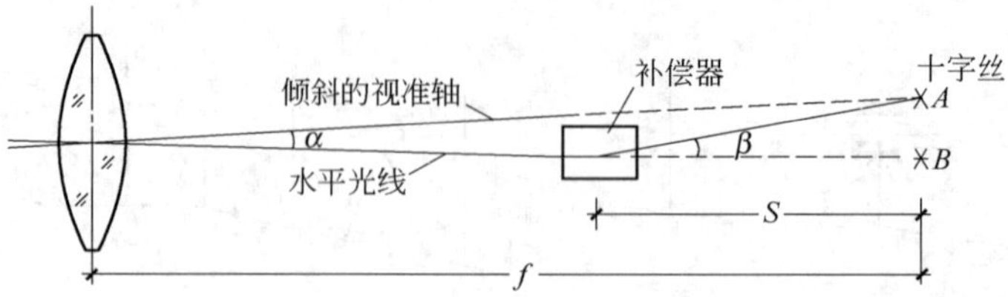


图 2-32 自动安平原理

(1) 在望远镜的光路中设置一个补偿器装置，使光线偏转一个 $\beta$ 角而通过十字丝交点 $A$。

(2) 若能使十字丝交点移至 $B$ 点，也可使视准轴处于水平位置而实现自动安平。

自动安平水准仪中常用的补偿器，其结构是采用特殊材料制成的金属丝悬吊一组光学棱镜组成，利用重力原理进行视线的安平，只有当视准轴的倾斜角 $\alpha$ 在一定的范围内，补偿器才起作用，能使补偿器起作用的最大允许倾斜角称为补偿范围。自动安平水准仪的补偿范围一般为 $\pm 8' \sim \pm 12'$，质量较好的自动安平水准仪甚至达到 $\pm 15'$，补偿时间一般为 2s；圆水准器的分划值一般为 $8'/2\text{mm}$。因此，操作时，只要使圆水准器的气泡居中，补偿器马上就起作用。当水准尺像在 1～2s 后趋于稳定时，即可在水准尺上读数。

## 二、DZS3-1 型自动安平水准仪

图 2-33 所示为北京博飞仪器股份有限公司 DZS 3-1 型自动安平水准仪，其结构特点是没有管水准器和微倾螺旋，该型号中的字母 Z 代表“自动安平”汉语拼音的第一个字母。

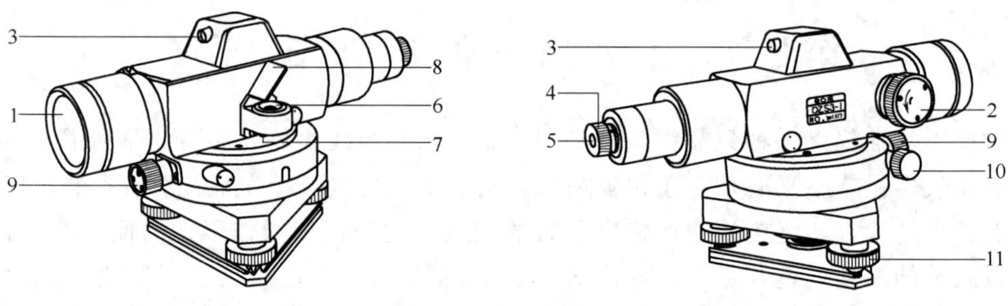


图 2-33 北京博飞仪器股份有限公司 DZS 3-1 型自动安平水准仪

1—物镜；2—物镜调焦螺旋；3—粗瞄器；4—目镜调焦螺旋；5—目镜；6—圆水准器；7—圆水准器校正螺钉；8—圆水准器反光镜；9—制动螺旋；10—微动螺旋；11—脚螺旋

该仪器望远镜光路如图 2-34 所示。光线通过物镜、调焦透镜、补偿棱镜及底棱镜后，首先成像在警告指示板上，然后，指示板上的目标影像连同红绿颜色膜一起经转像物镜，第二次成像在十字丝分划板上，再通过目镜进行放大观察。

DZS 3-1 型自动安平水准仪具有如下特点。

(1) 采用轴承吊挂补偿棱镜的自动安平机构，为平移光线式自动补偿器。

(2) 设有自动安平警告指示器，可以迅速判别自动安平机构是否处于正常工作范围，提高了测量的可靠性。

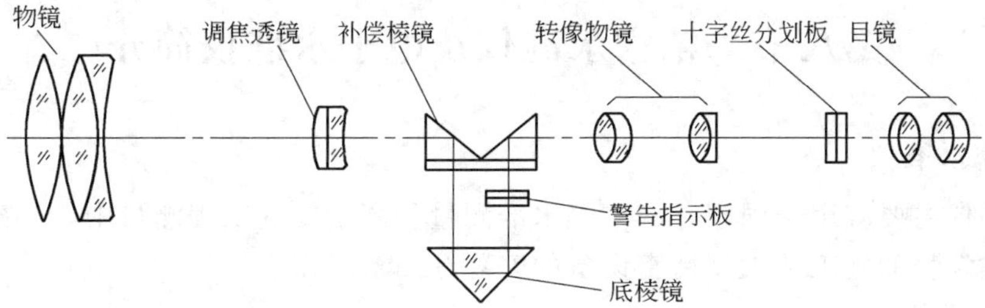


图 2-34 DZS 3-1 型自动安平水准仪望远镜光路

(3) 采用空气阻尼器，可使补偿元件迅速稳定。

(4) 采用正像望远镜，观测方便。

(5) 设置有水平度盘，可方便地粗略确定方位。

工作中，在测站上旋转脚螺旋使圆水准器气泡居中，即可瞄准水准尺进行读数。读数时应注意先观察自动报警窗的颜色（如图 2-35 所示），若全窗是绿色，则可读数，若窗的任一端出现红色，则说明仪器的倾斜量超出了安平范围，应重新整平仪器后再读数。

## 三、激光扫平仪

激光扫平仪是一种新型的平面定位仪器。它采用金属吊丝补偿器，使仪器具有自动安平功能，即使处于振动干扰下，也能保持作业精度，不需人员监视、维护。这种仪器采用激光二极管作为激光光源，出射光为可见红光。在室内作业时，激光平面与墙壁相交，可以得到显眼的扫描光迹，从而形成一个可见的激光水平面，使测量更为直观、简便。

图 2-36 所示是中国生产的 SJZ 1 型自动安平激光扫平仪。安平精度为±1″，激光水平精度为±20″，采用 635nm 波长的激光二极管作为激光光源，出射光为可见红光，测量半径为 150m。工作电源为 4 节一号充电电池，工作温度为（－10～＋40)℃，仪器重量为 3kg。可将扫描速度设为 0，400r/min，600r/min 三种，通过旋转仪器底部的手轮，可使激光指向任意方向或连续扫描出可见的激光水平面。若用专用标尺，还可在扫描范围内测出任意点的标高。该仪器设有补偿器自动报警装置，当仪器倾斜超出补偿器工作范围（±8′）时，激光停止扫描，补偿器报警灯闪亮，当调整仪器至补偿器工作范围内时，仪器自动恢复工作。设有低压报警装置，当电源电压低于正常值时，低压报警灯闪亮。仪器有手动和遥控两种操作方式，在作业中不需人员监视和维护。

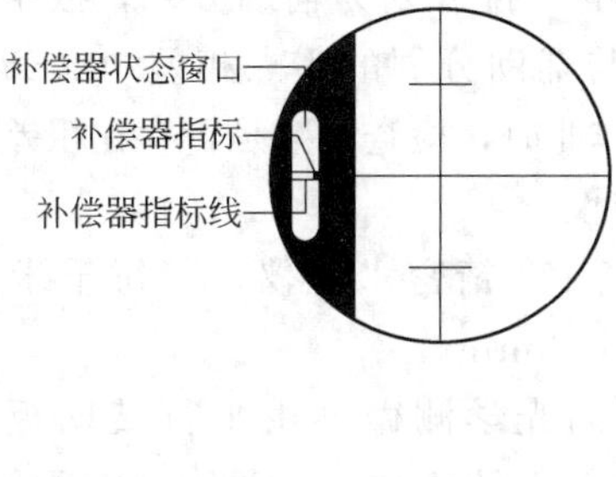


图 2-35 DZS 3-1 型自动安平水准仪望远镜视场

图 2-36 SJZ 1 型自动安平激光扫平仪

## 第八节 精密水准仪及电子水准仪简介

### 一、精密水准仪

精密水准仪主要应用于国家一、二等水准测量和高精度的工程测量中，如建筑物的变形观测、大型建筑物的施工及大型精密设备的安装等测量工作。

1. 精密水准仪的特点

精密水准仪的构造与 S3 水准仪基本相同，也是由望远镜、水准器和基座三个主要部件组成，为了进行精密水准测量，精密水准仪必须满足下列几点要求。

(1) 高质量的望远镜光学系统 为了获得水准标尺的清晰影像，望远镜的放大倍率大，分辨率高，规范要求 DS1 不小于 38 倍，DS05 不小于 40 倍，物镜的孔径应大于 50mm。

(2) 高灵敏的管水准器 精密水准仪的管水准器的格值为 10″/2mm。

(3) 高精度的测微器装置 精密水准仪必须有光学测微器装置，以测定小于水准标尺最小分划线间隔值的尾数，光学测微器可直读 0.1mm，估读到 0.01mm。

(4) 坚固、稳定的仪器结构 为了相对稳定视准轴与水准轴之间的关系，精密水准仪的主要构件均采用特殊的铟瓦合金钢制成。

(5) 高性能的补偿器装置

(6) 配备精密水准标尺

2. 精密水准标尺

精密水准标尺是在木质尺身中间的槽内装有膨胀系数极小的一根铟瓦合金钢带，带的下端固定，上端用弹簧以一定的拉力拉紧，以保证铟瓦合金钢带的长度不受木质尺身伸缩变形的影响。在铟瓦合金钢带上涂有左右两排长度分划，数字注记在铟瓦合金钢带两旁的木质尺身上。精密水准标尺的分划值有 5mm 和 10mm 两种。

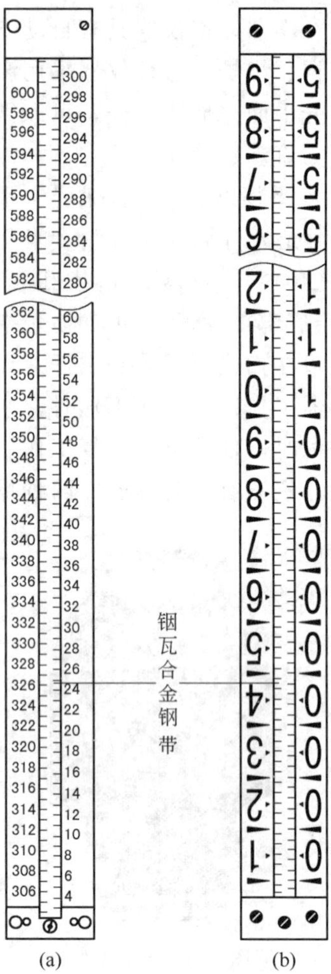

图 2-37 精密水准标尺

如图 2-37 (a) 所示为徕卡公司生产的精密水准标尺，主要为徕卡新 N3 精密水准仪配套使用。因为新 N3 精密水准仪为正像望远镜，所以水准标尺的注记也是正立的。尺长约 3.2m，在铟瓦合金钢带上右边的一排分划为基本分划，数字注记为 0～300cm，左边的一排分划为辅助分划，数字注记为 300～600cm，基本分划与辅助分划的零点相差 301.55cm，称为基辅差或尺常数。在作业时，检查读数是否存在粗差。

3. 新 N3 精密水准仪

如图 2-38 所示为新 N3 精密水准仪，其每千米往返测高差中数的中误差为±0.3mm。

新 N3 精密水准仪的光学测微器由平行玻璃板、测微尺、传动机构和测微读数系统组成，如图 2-39 所示。平行玻璃板装在物镜前，通过传动机构与测微尺相连，而测微尺的读数指标线刻在一块固定的棱镜上。传动机构由测微轮控制，转动测微轮，带有齿条的传动杆推动平行玻璃板绕其轴前、后倾斜，测微尺也随之移动。当平行玻璃板竖直时，水平视线不产生平移，倾斜时，视线则上下平行移动，其有效移动范围为 10mm，在测微尺上为量取 10mm 而刻有 100 格，因此，测微器的最小分划值为 0.1mm。

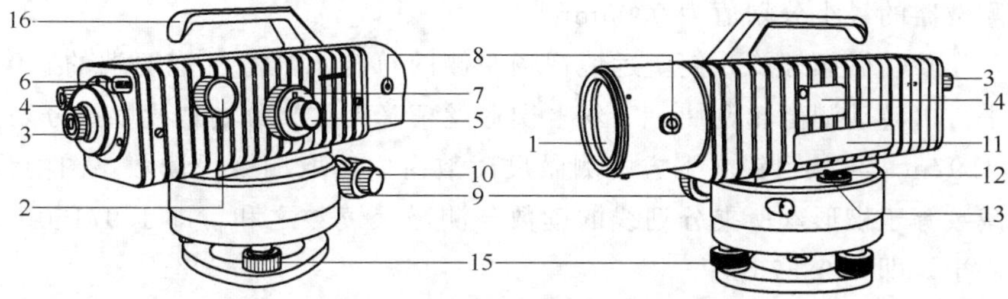


图 2-38　新 N3 精密水准仪

1—物镜；2—物镜调焦螺旋；3—目镜；4—测微尺与管水准气泡观察窗；5—微倾螺旋；6—微倾螺旋行程指示器；7—平行玻璃板测微螺旋；8—平行玻璃板旋转轴；9—制动螺旋；10—微动螺旋；11—管水准照明窗口；12—圆水准器；13—圆水准器校正螺钉；14—圆水准器观察装置；15—脚螺旋；16—手柄

精密水准仪的使用方法与 S3 水准仪基本相同，不同之处是精密水准仪是采用光学测微器读数。作业时，先转动微倾螺旋，使望远镜视场左侧的符合水准管气泡两端的影像精确符合，如图 2-40 所示，这时视线水平。再转动测微轮，使十字丝上楔形丝精确夹住整分划，读取该分划读数，图 2-39 中为 148cm 分划，再从测微尺读数窗内读取测微尺读数，图中为 0.655cm。水准尺的全读数等于楔形丝所夹分划线的读数与测微尺读数之和，即 148cm＋0.655cm＝148.655cm＝1.48655m。

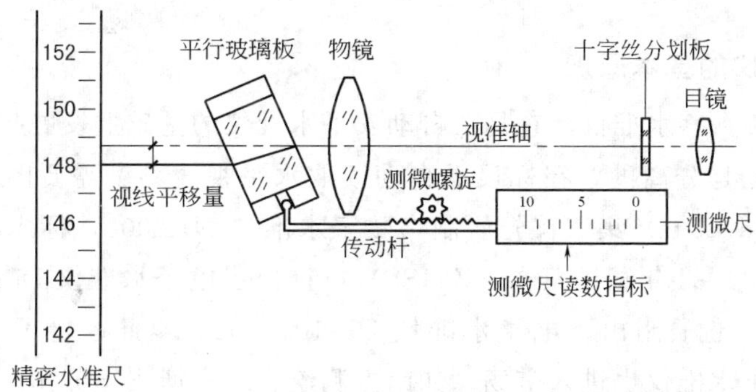


图 2-39　新 N3 的平行玻璃板测微器结构

4. DS1 精密水准仪

DS1 精密水准仪如图 2-41 所示，其光学测微器的最小读数为 0.05mm。与其配套的水准标尺如图 2-37（b）所示。在铟瓦合金带上涂有左右两排分划，每排的最小分划值均为 10mm，彼此错开 5mm，把两排分划合在一起便成为左、右交替形式的分划，其分划值为 5mm。水准标尺分划的数字注记在铟瓦合金带两旁的木质尺身上，右边从 0～5 注记米数，左边注记分米数，大三角形标志对准分米分划线，小三角形标志对准 5cm

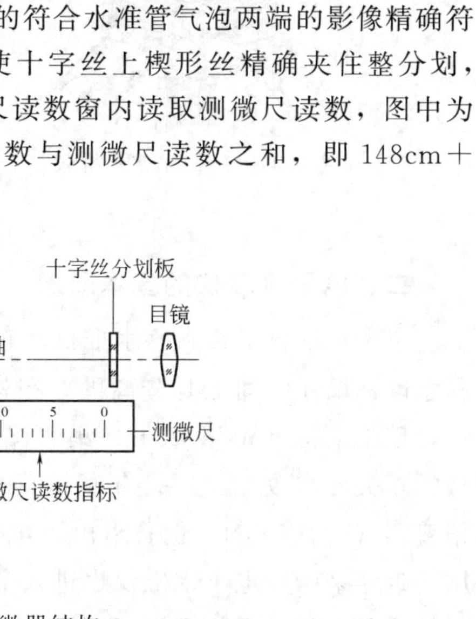


(a) 测微尺与管水准气泡观察窗视场　(b) 望远镜视场

图 2-40　新 N3 望远镜视场

分划线。注记的数值为实际长度的 2 倍，故用此水准标尺进行测量作业时，必须将观测高差除以 2 才是实际高差。

当平行玻璃板竖直时，水平视线不产生平移。倾斜时，视线则上下平行移动，其有效移动范围为 5mm（尺上注记为 10mm，实际为 5mm），在测微尺上为量取 5mm 而刻有 100 格，因此，测微器的最小分划值为 0.05mm。

作业时，先转动微倾螺旋，使望远镜视场左侧的符合水准管气泡两端的影像精确符合，此时视线水平。再转动测微轮，使十字丝上楔形丝精确夹住整分划，读取该分划读数，如图 2-42 所示为 1.97m，再从目镜右下方的测微尺读数窗内读取测微尺读数，图中为 1.50mm。水准尺的全读数等于楔形丝所夹分划线的读数与测微尺读数之和，即 1.97150m，实际读数为全读数的一半，即 0.98575m。

图 2-41 DS1 精密水准仪

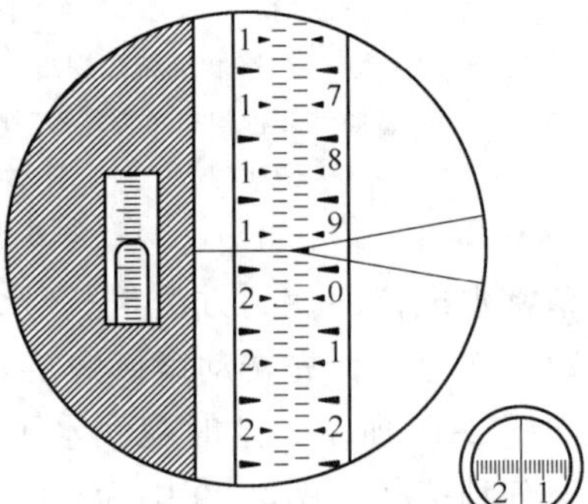

图 2-42 DS1 望远镜视场

## 二、电子水准仪的基本原理

电子水准仪又称数字水准仪，它是在自动安平水准仪的基础上发展起来的。由于水准仪和水准标尺在空间上是分离的，在标尺上自动读取水平视线刻度需要图像处理技术。1990 年，瑞士威特（Wild-Leitz）集团首先研制出数字水准仪 NA2000，标志着水准仪数字化读数的难关已被攻克。1994 年德国蔡司（ZEISS）厂推出了电子水准仪 DiNi10/20，同年日本拓普康（TOPCON）也研制出了电子水准仪 DL-101/102。至此，电子水准仪逐步走向实用。近年来国产电子水准仪也进入市场，如南方测绘、北京博飞、苏州一光等。

当前电子水准仪采用了原理上相差较大的三种自动电子读数方法。

(1) 几何法（天宝 DiNi03）。

(2) 相关法（徕卡 NA3002/3003/DNA03）。

(3) 相位法（拓普康 DL-101C/102C/103，如图 2-43 所示）。

由于各厂家采用条码标尺编码的条码图案不相同，不能互换使用。目前照准标尺和调焦仍需人工目视进行。人工完成照准和调焦之后，标尺条码一方面被成像在望远镜分划板上，供目镜观测；另一方面通过望远镜的分光镜，标尺条码又被成像在光电传感器（又称探测器）上，即线阵 CCD 器件上，供电子读数。因此，如果使用传统水准标尺，电子水准仪又可以像普通自动安平水准仪一样使用。但这时的测量精度低于电子测量的精度。特别是精密电子水准仪，由于没有光学测微器，作为普通自动安平水准仪使

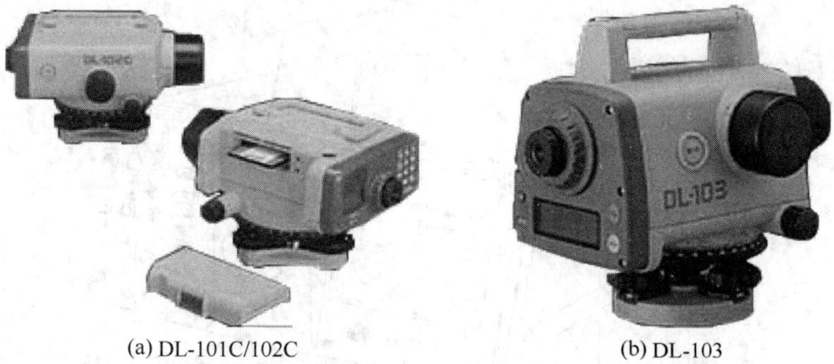


(a) DL-101C/102C　　(b) DL-103

图 2-43　拓普康 DL-101C/102C/103 数字水准仪

用时，其精度更低。

电子水准仪的三种测量原理各有奥妙，三类仪器都经受了各种检验和实际测量的考验，能胜任精密水准测量作业。本节以相关法为例，说明其读数原理，其他两种方法可参考有关专业书籍。

徕卡公司的 NA3002/3003 电子水准仪采用相关法。它的标尺一面是伪随机条码，供电子测量用；另一面为区格式分划，供光学测量用。望远镜照准标尺并调焦后，可以将条码清晰地成像在分划板上（如图 2-44 所示），供目视观测，同时条码影像也被分光镜成像在探测器上，供电子读数。

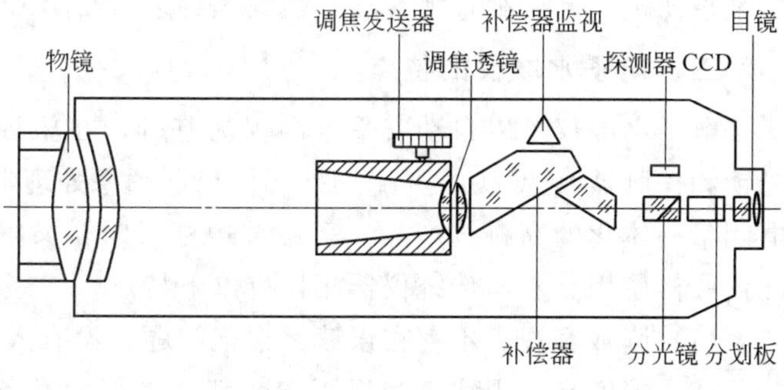


图 2-44　徕卡数字水准仪测量原理

如图 2-45 所示，DNA 是徕卡公司的第二代数字水准仪，于 2002 年 5 月正式向中国市场推出。它设计新颖，外形美观，屏幕采取中文显示。有 DNA03 和 DNA10 两种型号，采用铟钢尺，每公里往返差分别是 0.3mm 和 0.9mm。

如图 2-46 所示，左边是水准标尺的伪随机条码，该条码图像已经事先被存储在电子水准仪中作为参考信号。该条码右边是与它对应的区格式分划，左边伪随机条码的下面是望远镜照准伪随机条码后截取的片段伪随机条码。该片段成像在探测器上后，被探测器转换成电信号（测量信号），该信号在电子水准仪中与参考信号进行比较，若两信号相同，即如图 2-46 中左边虚线位置，读数就可以确定。如图 2-46 中的 0.116m，图中箭头所指为对应的区格式标尺的读数。

由于标尺到仪器的距离不同，条码在探测器上成像的宽窄也不相同，即图 2-46 中片段

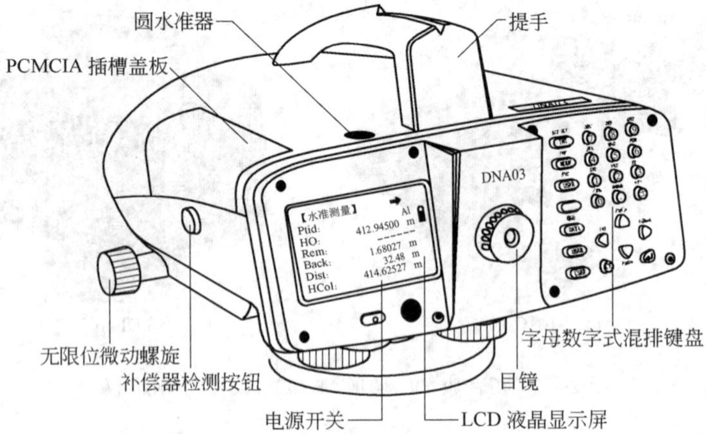


图 2-45 徕卡 DNA03 中文数字水准仪

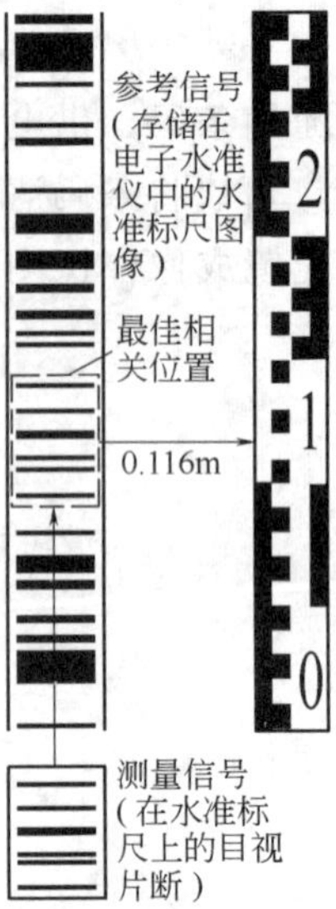


图 2-46 条码水准尺

条码的宽窄会变化，随之电信号的“宽窄”也将改变，于是引起上述相关的困难。NA 系列仪器采用二维相关法来解决，也就是根据精度要求以一定步距改变仪器内部参考信号的“宽窄”，与探测器采集到的测量信号相比较，如果没有相同的两信号，则再改变，再进行一维相关，直至两信号相同为止，可以确定读数，参考信号的“宽窄”与视距是对应的，“宽窄”相同的两信号相比较是求视线高的过程。因此，在二维相关中，一维是视距，另一维是视线高。二维相关之后视距就可以精确地算出。

## 三、电子水准仪的特点

电子水准仪是以自动安平水准仪为基础，在望远镜光路中增加了分光镜和探测器（CCD），并采用条码标尺和图像处理电子系统而构成的光电测量一体化的高科技产品。采用普通标尺时，又可像一般自动安平水准仪一样使用。它与传统仪器相比有以下特点。

（1）读数客观。不存在误读、误记问题，没有人为读数误差。

（2）精度高。视线高和视距读数都是采用大量条码分划图像经处理后取平均得出来的，因此削弱了标尺分划误差的影响。多数仪器都有进行多次读数取平均的功能，可以削弱外界条件影响。不熟练的作业人员也能进行高精度测量。

（3）速度快。由于省去了人工读数、报数、听记和现场计算以及人为出错的重测数量，测量时间与传统仪器相比可以节省 1/2 左右。

（4）效率高。只需调焦和按键就可以自动读数，减轻了劳动强度。数据还能自动记录、检核、处理并能输入电子计算机进行后处理。可实现内、外业一体化。

（5）仪器菜单功能丰富，内置功能强、操作界面友好，有各种信息提示，大大方便了实际操作。

## 四、天宝 DiNi03 电子水准仪的简介

天宝 DiNi03 电子水准仪是目前世界上精度最高的电子水准仪之一，每千米往返测量高

差中误差最高为±0.3mm。它有先进的感光读数系统，感应可见白光即可测量，测量时仅需读取条码尺 30cm 的范围；配有 2M 内存的 PCMCIA 数据存储卡；具有多种水准导线测量模式及平差和高程放样功能，可进行角度、面积和坐标等测量。该电子水准仪由下列几部分组成：望远镜、补偿器、光敏二极管、水准器及脚螺旋等。图 2-47（a）所示为 DiNi03 电子水准仪的外观图，图 2-47（b）所示为该仪器的操作面板及显示窗口：22 键方便输入，菜单对话式操作，符合人体功能学的键盘。

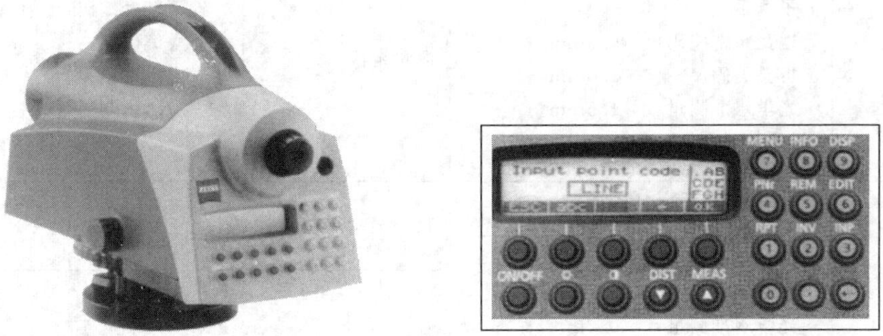


(a)　　　　(b)

图 2-47　DiNi03 电子水准仪的外观和操作面板

（一）测量准备

1. 安置仪器

（1）松开脚架的三个制动螺旋，展开架腿，将脚架升至合适高度（仪器安放后望远镜大致与眼睛平齐）并使架头基本水平，旋紧三个制动螺旋并将脚架踩入地面使之稳定。

（2）将仪器箱打开，把仪器安放在三脚架上，旋紧基座下面的连接螺旋。

（3）调节脚螺旋使圆水准气泡居中。

（4）在明亮背景下对望远镜进行目镜调焦，使十字丝清晰。

2. 照准目标

（1）用手转动望远镜大致照准水准尺（注：该仪器为阻尼制动，无制动螺旋），用瞄准器进行粗瞄。

（2）调节对光螺旋（俗称调焦）使尺像清晰，用水平微动螺旋使十字丝精确对准条码尺的中央。

（3）消除十字丝视差。

3. 开机

（1）开机前必须确认电池已充好电，仪器应和周围环境温度相适应。

（2）用 ON/OFF 键启动仪器，在简短的显示程序说明和公司简介后，仪器进入工作状态。这时可根据选项设置测量模式。

（3）选项有 3 种，即单次测量、路线水准测量、校正测量。

（4）测量模式有 8 种，即后前、后前前后、后前后前、后后前前、后前（奇偶站交替）、后前前后（奇偶站交替）、后前后前（奇偶站交替）、后后前前（奇偶站交替）。可选用适当的测量模式进行。

（5）可直接输入点号、点名、线名、线号以及代号信息。

(6) 可直接设定正/倒尺模式。

(二) 测量过程

设置完成后，即可按照测量程序进行。表 2-3 列出 DiNi03 电子水准仪的主要技术参数。

**表 2-3　DiNi03 电子水准仪的主要技术参数**

<table>
<tr><th>项　目</th><th>内　　容</th><th>项　目</th><th>内　　容</th></tr>
<tr><td>仪器精度</td><td>双向水准测量每千米标准差<br>电子测量：<br>铟瓦精密编码尺　0.3mm<br>折叠编码尺　1.0mm<br>光学水准测量：　1.5mm<br>(折叠尺,米制)</td><td>测量范围</td><td>电子测量：<br>铟瓦精密编码尺　1.5～100m<br>折叠编码尺　1.5～100m<br>光学水准测量：　从 1.3m 起<br>(折叠尺,米制)</td></tr>
<tr><td rowspan="2">测距精度</td><td rowspan="2">视距为 20m 的电子测距：<br>铟瓦精密编码尺　20mm<br>折叠编码尺　25mm<br>光学水准测量：　0.2m<br>(折叠尺,米制)</td><td>最小显示单位</td><td>测高 0.01mm<br>测距 1.0mm</td></tr>
<tr><td>补偿器</td><td>偏移范围±1.5′<br>设置精度±0.2″</td></tr>
</table>

## 小　　结

本章主要介绍了水准测量的原理和在建筑工程测量中广泛应用的视线高的方法。在水准测量工作中，若已知水准点到待定水准点之间距离较远或高差较大，仅安置一次仪器无法测得两点之间的高差，就要采用连续设置若干个测站并利用转点传递高程。

中国按精度指标对水准仪的类型划分为 DS05，DS1，DS3 和 DS10 四个等级，DS05，DS1 为精密水准仪，主要用于国家一、二等精密水准测量和精密工程测量，DS3 主要用于国家三、四等水准测量和常规工程测量，建筑工程测量中常用的是 S3 型水准仪。

S3 型微倾式水准仪是通过调整水准仪的微倾螺旋使管水准气泡居中而获得水平视线的一种仪器设备。S3 型微倾式水准仪主要由望远镜、水准器和基座三个部分组成。

望远镜是构成水平视线、瞄准目标并对水准尺进行读数的主要部件。由物镜、调焦透镜、十字分划板、目镜等组成。物镜光心与十字丝交点的连线称为望远镜的视准轴，视准轴是瞄准目标和读数的依据。

水准器是用来判断望远镜的视准轴是否水平及仪器竖轴是否竖直的装置。通常分为管水准器和圆水准器两种；管水准器灵敏度高，用于精确整平仪器；圆水准器灵敏度较低，整平精度较差，用于粗略整平仪器。

微倾式水准仪的基本操作程序包括安置水准仪、粗略整平、照准和调焦、精确整平和读数。

水准路线的布设形式分单一水准路线和水准网，单一水准路线有以下三种布设形式：①附合水准路线；②闭合水准路线；③支水准路线。

水准测量的外业工作完成后，要进行内业的平差计算，其主要环节有：外业手簿的检查，水准路线高差闭合差的调整和高程计算等。

为了在水准测量中得出正确的数据，在作业前必须对水准仪进行检验与校正，主要内容有：①圆水准器的检验与校正；②十字丝的检验与校正；③管水准轴的检验与校正。

为了提高水准测量的精度，必须分析和研究误差的来源及其影响规律，找出消除或减弱这些误差影响的措施。水准测量误差的来源主要有仪器本身的误差、观测误差及外界条件影响产生的误差等三个方面。

最后介绍了自动安平水准仪和激光扫平仪，简介了精密水准仪及电子水准仪，供大家学习和工作时参考。

## 思考题与习题

1. 简述望远镜的主要部件及各部件的作用。

2. 水准测量时，在哪些立尺点上要放置尺垫？哪些立尺点上不能放置尺垫？

3. 什么叫视差？产生视差的原因是什么？怎样消除视差？

4. 圆水准器和管水准器在水准测量中各起什么作用？

5. 水准测量时，前、后视距离相等可消除哪些误差？

6. 水准仪有哪些轴线？它们之间应满足什么条件？什么是主要条件？为什么？

7. 什么是水准器的灵敏度？

8. 使用水准仪应注意哪些事项？

9. 单一水准路线的布设形式有哪几种？其检核条件是什么？

10. 电子水准仪采用了哪几种自动电子读数方法？

11. 与普通水准仪相比，精密水准仪和电子水准仪各有哪些特点？

12. 设 $A$ 点为后视点，$B$ 点为前视点，$A$ 点高程为 86.338m。当后视读数为 1.332m，前视读数为 1.021m 时，求 $A$，$B$ 两点的高差？并绘图说明。

13. 将如图 2-48 所示的水准测量观测数据填入记录手簿，见表 2-4，计算出各点的高差及 $B$ 点的高程，并检核。

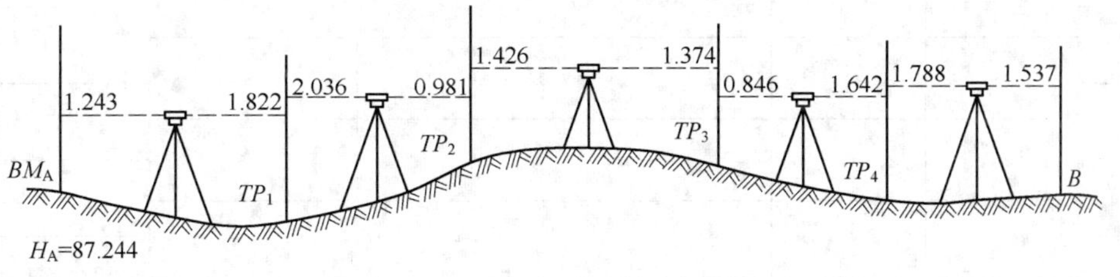


图 2-48　水准测量观测数据

**表 2-4　水准测量手簿**

| 测　站 | 测　点 | 后视读数/m | 前视读数/m | 高差/m | | 高程/m | 备注 |
|---|---|---|---|---|---|---|---|
| | | | | + | − | | |
| Ⅰ | $BM_A$ | | | | | | |
| | $TP_1$ | | | | | | |

续表

| 测 站 | 测 点 | 后视读数/m | 前视读数/m | 高差/m | | 高程/m | 备注 |
|---|---|---|---|---|---|---|---|
| | | | | + | − | | |
| Ⅱ | $TP_1$ | | | | | | |
| | $TP_2$ | | | | | | |
| Ⅲ | $TP_2$ | | | | | | |
| | $TP_3$ | | | | | | |
| Ⅳ | $TP_3$ | | | | | | |
| | $TP_4$ | | | | | | |
| Ⅴ | $TP_4$ | | | | | | |
| | $B$ | | | | | | |
| $\Sigma$ | | | | | | | |
| 校核计算 | | $\Sigma a-\Sigma b=$ | | $\Sigma h=$ | | | |

14. 如图 2-49 所示为附合水准路线的简图及观测成果，已知点高程已填入表格中。试分别用测站数和按距离在表 2-5 中完成水准测量成果的计算。

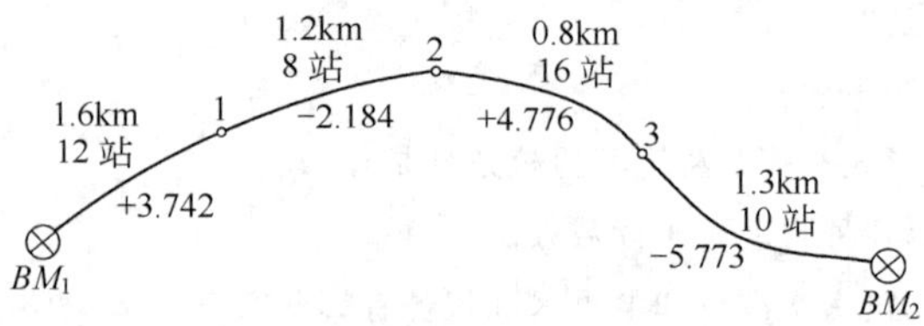


图 2-49 附合水准路线的简图及观测成果

**表 2-5 水准测量成果计算**

| 点号 | 距离/km | 测站数/个 | 测得高差/m | 高差改正数/m | 改正后高差/m | 高程/m | 备注 |
|---|---|---|---|---|---|---|---|
| $BM_1$ | | | | | | 136.742 | |
| 1 | | | | | | | |
| 2 | | | | | | | |
| 3 | | | | | | | |
| $BM_2$ | | | | | | 137.329 | |
| $\Sigma$ | | | | | | | |
| 辅助计算 | | | | | | | |

15. 设 $A$，$B$ 两点相距 100m，水准仪安置在 $A$，$B$ 两点中间，测得 $A$，$B$ 两点的高差 $h_{AB}=+0.224$m。仪器搬至离 $B$ 点 3m 附近，读取 $B$ 尺读数 $b=1.446$m，$A$ 尺读数 $a=1.695$m。试问水准管轴是否平行于视准轴？为什么？若不平行，应如何校正？

# 第三章　角度测量

学习目标

• 了解经纬仪的精度分级和仪器精度的概念，经纬仪的基本构造为照准部、水平度盘和基座三部分。初步了解电子经纬仪。

• 理解水平角、竖直角的测量原理，读数和置数方法，照准目标的位置，观测限差要求，水平角观测的误差来源和消减的措施。

• 掌握DJ6型经纬仪对中、整平的方法，测回法、全圆测回法和竖直角的观测、记录和计算。经纬仪的检验和校正。

## 第一节　角度测量的基本概念

角度测量包括水平角测量和竖直角测量，是测量的三项基本工作之一。水平角测量用于确定地面点的平面位置，竖直角测量用于间接测定地面点的高程。经纬仪和全站仪是进行角度测量的主要仪器。

### 一、水平角的测量原理

水平角是指地面上一点到两个目标点的方向线垂直投影到水平面上的夹角。如图3-1所示，设$A$，$B$，$C$是任意三个位于地面上不同高程的点，$B_1A_1$，$B_1C_1$为空间直线$BA$，$BC$在水平面上的投影，$B_1A_1$与$B_1C_1$的夹角$\beta$即为地面点$B$由$BA$，$BC$两方向线构成的水平角。

为了测量水平角$\beta$，可以设想在过$B$点的上方水平地安置一个带有顺时针刻画、注记的圆盘，称为水平度盘，并使其圆心$O$在过$B$点的铅垂线上，直线$BC$，$BA$在水平度盘上的投影为$Om$，$On$；这时，若能读出$Om$，$On$在水平度盘上的读数$m$和$n$，水平角$\beta$就等于$m$减$n$，用公式表示为

$$\beta = \text{右目标读数}\ m - \text{左目标读数}\ n \tag{3-1}$$

由此可知，用于测量水平角的仪器必须有一个能安置水平且能使其中心处于过测站点铅垂线上的水平度盘；必须有一套能精确读取水平度盘读数的读数装置；还必须有一套不仅能上下转动成竖直面，还能绕铅垂线水平转动的望远镜，以便精确照准方向、高度、远近不同的目标。

水平角的取值范围为0°～360°。

### 二、竖直角的测量原理

在同一竖直面内，测站点到目标点的视线与水平线的夹角称为竖直角。如图3-2所示，视线$AB$与水平线$AB'$的夹角$\alpha$为$AB$方向线的竖直角。其角值从水平线算起，向上为正，称为仰角；向下为负，称为俯角。范围为0°～±90°。

视线与测站点天顶方向之间的夹角称为天顶距，图3-2中以$Z$表示，其数值为0°～

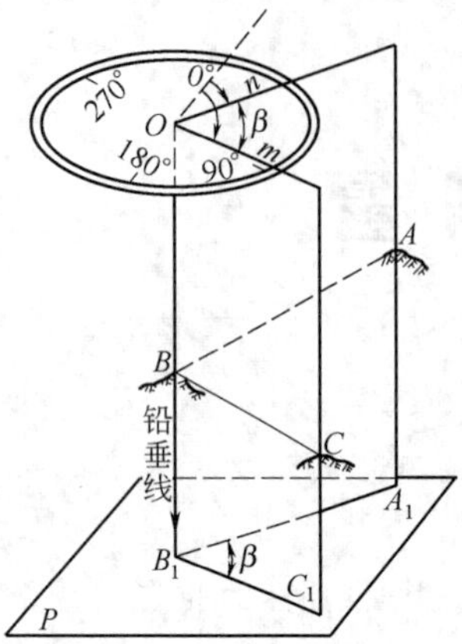


图 3-1 水平角测量原理

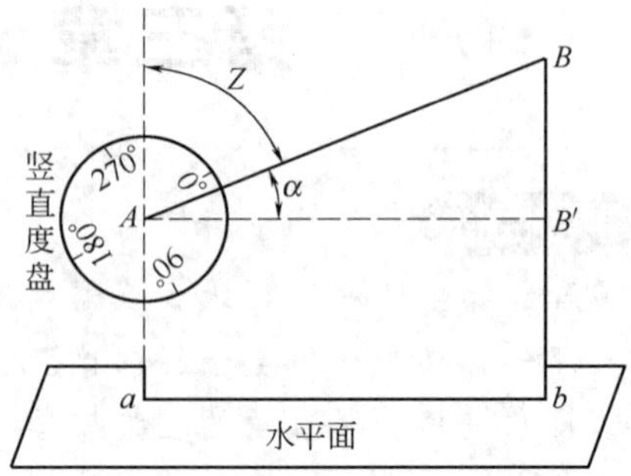


图 3-2 竖直角的测量原理

180°，均为正值。显然，同一目标的竖直角 $\alpha$ 和天顶距 $Z$ 之间有如下关系

$$\alpha = 90° - Z \tag{3-2}$$

为了观测天顶距或竖直角，经纬仪上必须装置一个带有刻画和注记的竖直圆盘，即竖直度盘，该度盘中心安装在望远镜的旋转轴上，并随望远镜一起上下转动；竖直度盘的读数指标线与竖盘指标水准管相连，当该水准管气泡居中时，指标线处于某一固定位置。显然，照准轴水平时的度盘读数与照准目标时度盘读数之差，即为所求的竖直角 $\alpha$。光学经纬仪就是根据上述测角原理而设计制造的一种测角仪器。

## 第二节 DJ6 型光学经纬仪

经纬仪的种类很多，但基本结构大致相同。目前，中国把经纬仪按精度不同分为 DJ07，DJ1，DJ2，和 DJ6 等几种类型。D，J 分别是“大地测量”和“经纬仪”汉语拼音的第一个字母，数字 07，1，2，6 等表示该类仪器的精度等级，以秒为单位，如 DJ6 表示测回方向观测中误差不超过±6″的经纬仪。

DJ6 型光学经纬仪是建筑工程测量中最常用的一种测角仪器，非常适用于各种比例尺的地形图测绘和建筑工程施工放样。由于生产厂家不同，仪器结构和部件也不尽相同。按照读数装置不同可分为两类：一类是测微尺读数装置；另一类是单平板玻璃测微器读数装置。

### 一、测微尺读数装置的光学经纬仪

国产 DJ6 型光学经纬仪外型及各部件名称如图 3-3 所示。它由照准部、水平度盘和基座三个主要部分组成。如图 3-4 所示为 DJ6 型光学经纬仪主要部分的结构图。

#### （一）基本构造

1. 照准部

照准部是光学经纬仪的重要组成部分，主要指在水平度盘上，能绕其旋转轴旋转的全部部件的总称，它主要由望远镜、照准部管水准器、竖直度盘（或简称竖盘）、竖盘指标管水准器、读数显微镜、横轴、竖轴、U 形支架和光学对中器等各部分组成。照准部

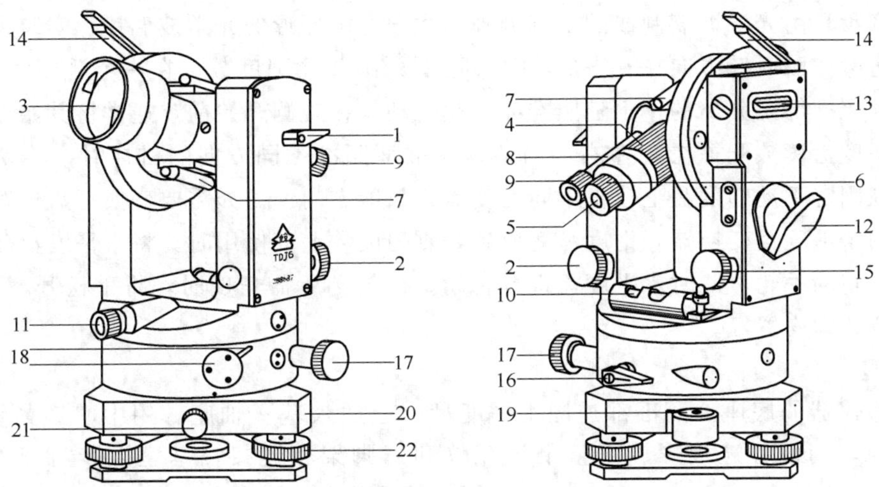


图 3-3　DJ6 型光学经纬仪

1—望远镜制动手柄；2—望远镜微动螺旋；3—望远镜物镜；4—望远镜调焦环；5—望远镜目镜；6—目镜调焦螺旋；7—光学瞄准器；8—度盘读数显微镜；9—读数显微镜调焦螺旋；10—照准部管水准器；11—光学对中器目镜；12—度盘照明反光镜；13—竖盘指标管水准器；14—指标管水准器反光镜；15—竖盘水准器微动螺旋；16—水平制动手柄；17—水平微动螺旋；18—水平度盘变换器；19—圆水准器；20—基座；21—底座制动螺旋；22—脚螺旋

可绕竖轴在水平面内转动，由水平制动螺旋和水平微动螺旋控制。

（1）望远镜　它固定连接在仪器横轴（又称水平轴）上，可绕横轴俯仰转动而照准高低不同的目标，并由望远镜制动螺旋和微动螺旋控制。

（2）照准部管水准器　用来精确整平仪器。

（3）竖直度盘　用光学玻璃制成，可随望远镜一起转动，用来测量竖直角。

（4）光学对中器　用来进行仪器对中，即使仪器中心位于过测站点的铅垂线上。

（5）竖盘指标管水准器　在竖直角测量中，利用竖盘指标管水准微动螺旋使气泡居中，保证竖盘读数指标线处于正确位置。

（6）读数显微镜　用来精确读取水平度盘和竖直度盘的读数。

（7）仪器横轴　安装在 U 形支架上，望远镜可绕仪器横轴俯仰转动。

（8）仪器竖轴　又称为照准部的旋转轴，竖轴插入基座内的竖轴轴套中旋转。

图 3-4　DJ6 型光学经纬仪主要部分的结构

2. 水平度盘

水平度盘是由光学玻璃制成的带有刻画和注记的圆环形的光学玻璃片，安装在仪器竖轴上，度盘边缘按顺时针方向在0°～360°间每隔1°刻画并注记度数。在一个测回观测过程中，水平度盘和照准部是分离的，不随照准部一起转动，在观测开始前，通常将其始方向（零方向）的水平度盘读数配置在0°左右，当转动照准部照准不同方向的目标时，移动的读数指标线便可在固定不动的度盘上读得不同的度盘读数即方向值。如需要变换度盘位置时，可利用仪器上的水平度盘变换器，把度盘变换到需要的读数上。使用时，将水平度盘变换器手轮推压进去，转动手轮，此时水平度盘跟着转动。待转到所需角度时，将手松开，手轮弹出，水平度盘位置即安置好。

3. 基座

基座即仪器的底座。照准部连同水平度盘一起插入基座轴座，用中心锁紧螺旋紧固。在基座下面，用中心连接螺旋把整个经纬仪和三脚架相连接，基座上装有三个脚螺旋，用于整平仪器。

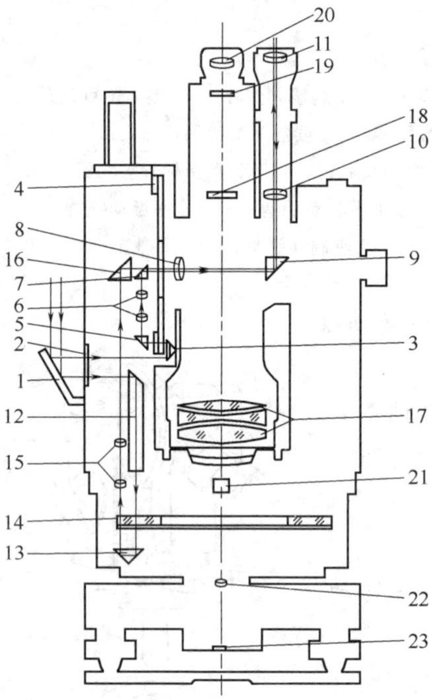


图3-5 DJ6光学经纬仪光路系统

1—度盘照明反光镜；2—度盘照明进光窗；3—竖盘照明棱镜；4—竖直度盘；5—竖盘照准棱镜；6—竖盘显微镜；7—竖盘反光棱镜；8—测微尺；9—度盘读数反光棱镜；10—读数显微镜物镜；11—读数显微镜目镜；12—转向棱镜；13—水平度盘照明棱镜；14—水平度盘；15—水平度盘显微物镜组；16—水平度盘转向棱镜；17—望远镜物镜；18—望远镜调焦透镜；19—十字丝分划板；20—望远镜目镜；21—光学对中器反光棱镜；22—光学对中器物镜；23—光学对中器防护玻璃

（二）光路系统和读数方法

1. 光路系统

如图3-5所示，光线经度盘照明反光镜进入仪器内部后分为两路：一路是水平度盘光路；另一路是竖直度盘光路。

（1）水平度盘光路 进入仪器内部的光线经转向棱镜12转向90°后，经聚光透镜照射在水平度盘无刻画部分，透过度盘经水平度盘照明棱镜13将光线转向180°后折返向上，第二次照射在度盘上有刻画注记的部分，向上透过度盘，带着度盘上不透光的刻画和注记影像，经水平度盘显微物镜组15对影像进行第一次放大，再经水平度盘转向棱镜16转向90°成像在读数窗场镜的测微尺8上。

（2）竖直度盘光路 进入仪器内部的光线经竖盘照明棱镜3转向180°后透过度盘，带着度盘刻画注记影像经竖盘照准棱镜5折转90°向上，通过竖盘显微镜6对影像进行一次放大，再经竖盘反光棱镜7转向90°也成像在读数窗场镜的另一块测微尺8上。

水平和竖直两路光线透过读数窗场镜后，分别带着水平度盘、竖直度盘及两块测微尺的影像，经度盘读数反光棱镜9转向90°进入读数显微镜，通过读数显微镜物镜10对影像进行第二次放大，观测时，调节读数显微镜目镜11即可同时清晰地看到水平度盘、竖直度盘及两块测微尺的影像。

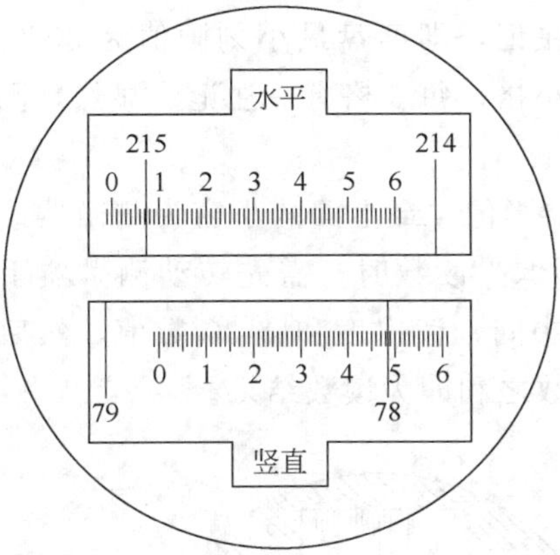


图 3-6　测微尺读数窗

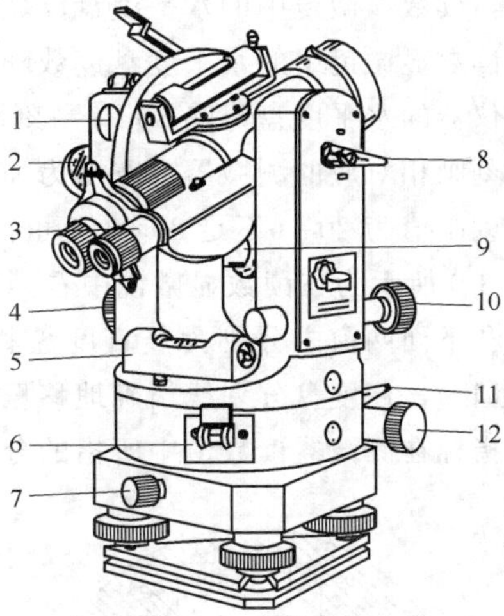


图 3-7　DJ6-1 型光学经纬仪

1—竖盘指标水准管；2—反光镜；3—读数显微镜；4—测微轮；5—照准部水准管；6—复测扳手；7—中心锁紧螺旋；8—望远镜制动螺旋；9—竖盘指标水准管微动螺旋；10—望远镜微动螺旋；11—水平制动螺旋；12—水平微动螺旋

放大率约为 65 倍。如图 3-6 所示。

2. 测微装置

测微装置即测微尺，用来量测度盘上不足一个分划间隔的微小角值。

测微尺影像宽度恰好等于度盘上相差 1°的两条分划线经光路第一次放大后的宽度，即总宽度为 1°，共分 60 小格，则每格为 1′。在测微尺上可直接读到 1′，估读到 0.1 格即 6″。每 10 格加一注记，注记数值为 0～6，显然，测微尺上数值注记为整 10′的数值。

3. 读数方法

读数时，先读出位于测微尺 0～6 之间度盘分划线的度数，再读出该分划线所在处测微尺上的分、秒值，两数之和即为读数结果。如图 3-6 中，水平度盘读数为 215° 07.3′，即 215°07′18″；竖直度盘读数为 78°48.2′，即 78° 48′12″。

## 二、单平板玻璃测微装置的光学经纬仪

如图 3-7 所示为北京光学仪器厂生产的 DJ6-1 型光学经纬仪，如图 3-8 所示为该仪器的光路示意图。

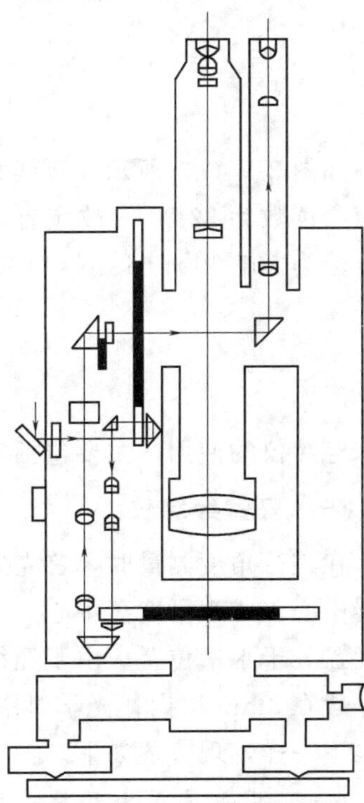

图 3-8　DJ6-1 型光学经纬仪光路示意

DJ6-1 型光学经纬仪没有水平度盘变换手轮，而是采用复测装置。该装置是用复测扳手代替水平度盘位置变换手轮来控制水平度盘的转动。复测扳手是一偏心凸轮，扳下复测扳手，度盘与照准部扣合在一起，转动照准部将带动水平度盘

一起转动，读数显微镜中的水平度盘读数不变。扳上复测扳手，照准部就不带动水平度盘一起旋转，读数显微镜中的水平度盘读数随之改变，此时可读取不同的度盘读数。

该类仪器的水平度盘每隔30′有一刻画线，每隔1°注记，即度盘最小刻画值为30′。与最小度盘刻画相对应的测微器总宽度为30′，共刻有90小格，每5格有一注记。显然，测微器上最小刻画值为20″（不足20″的值可估读）。

如图3-9所示为在读数显微镜中看到的度盘及测微器影像。最上面的小窗为测微器读数窗，中间和下面两窗内分别为竖直度盘和水平度盘的影像。读数时，需先转动测微器手轮（简称测微轮），使度盘分划线精确地移至双线指标的正中间，读出度和整30′数值，然后再读出单线指标在测微器读数窗中所指的分、秒值，两读数之和即为读数结果。

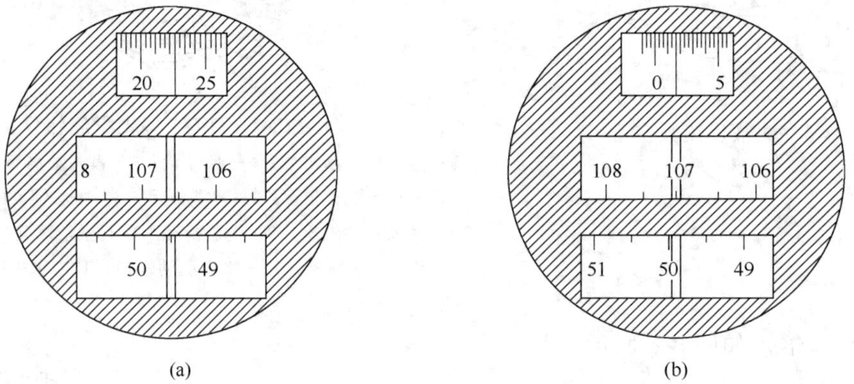


图3-9 单平板玻璃测微器的读数方法

如图3-9（a）所示，双线指标所夹水平度盘数值为49°30′，单线指标在最上面测微器读数窗中读数为22′20″，故应有读数为49°30′+22′20″=49°52′20″。如图3-9（b）所示，其竖盘读数为107°00′+01′40″=107°01′40″。

## 第三节 经纬仪的使用

经纬仪的使用，主要包括安置经纬仪、照准目标、调焦、水平度盘配置和读数等工作。

### 一、安置经纬仪

在进行角度测量时，首先要在测站上安置经纬仪，即进行对中和整平。对中的目的是使仪器中心（或水平度盘中心）与测站点的标志中心位于同一铅垂线上；而整平则是为了使水平度盘处于水平位置。由于经纬仪的对中设备不同，对中的精度也不同，如用垂球对中的精度一般在3mm以内；光学对中器对中的精度可以达到1mm。另外，对中和整平的方法和步骤也不一样，现分述如下。

（一）用垂球对中和整平的安置方法

1. 对中

（1）在测站点上方安放张开的三脚架，使其高度适中，架头大致水平，架腿与地面约成75°角。使架顶中心大致对准测站点标志中心，将三脚架的脚尖踩入土中。

（2）将仪器放在架头上，并随手拧紧连接仪器和三脚架的中心连接螺旋，挂上垂球，调整垂球线长度使垂球尖略高于测站点。当垂球尖端离开测站点较远时，可平移三脚架使垂球尖端对准测站点；如果垂球尖端与测站点相距较近，可适当放松中心连接螺旋，在三脚架头上缓缓移动仪器，使垂球尖端精确对准测站点。垂球对中的误差一般应小于 3mm。对中完成后，应随手拧紧中心连接螺旋。

2. 整平

（1）先旋转脚螺旋使圆水准器气泡居中，然后松开水平制动螺旋，转动照准部使照准部管水准器平行于任意两个脚螺旋的连线，如图 3-10（a）所示。

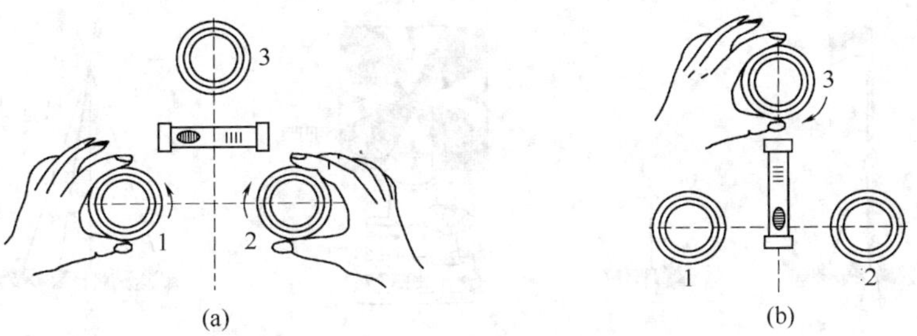


图 3-10　整平

（2）根据气泡的偏离方向，两手同时向内或向外旋转脚螺旋，使气泡居中（气泡移动方向与左手大拇指的转动方向一致）。

（3）转动照准部 90°，如图 3-10（b）所示，旋转第三个脚螺旋使气泡居中。如此反复进行，直至照准部转到任何位置时气泡都居中为止。

【注意】 在风力较大的情况下，垂球对中的误差也会较大，此时应使用光学对中器对中的方法安置仪器。

（二）用光学对中器对中的安置方法

目前生产的经纬仪大多数都装置有光学对中器，光学对中器由一组折射透镜组成。如图 3-11 所示为光学对中器光路图。测站点地面标志的影像经反光棱镜 2 转向 90°，通过物镜 3 放大后成像在分划板 5 上，如果从目镜 6 处观察到测站点标志中心位于分划板 5 的圆圈中心，则说明水平度盘中心已位于过测站点的铅垂线上。

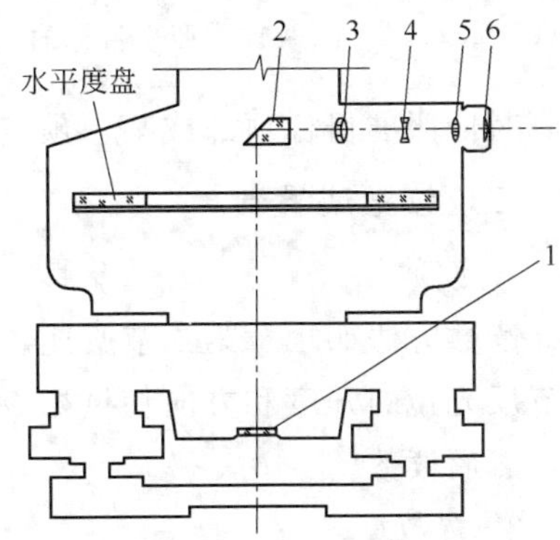


图 3-11　光学对中器光路

1—保护玻璃；2—反光棱镜；3—物镜；4—物镜调焦镜；5—分划板；6— 目镜

使用光学对中器对中，不但精度高，而且受外界条件影响小，在工作中被广泛采用。该项操作需使对中和整平反复交替进行，其操作步骤如下。

（1）将仪器三脚架安置在测站点上，目估使架头水平，并使架头中心大致对准测站点标志中心。

（2）装上仪器，先将经纬仪的三个脚螺旋转到大致同高的位置上，再调节（旋转或抽动）光学对中器的目镜，使对中器内分划板上的圆圈（简称照准圈）和地面测站点标志同时清晰，然后，固定一条架腿，移动其余两架腿，使照准圈大致对准测站点标志，并踩踏三脚架腿，使其稳固地插入地面。

（3）对中：旋转脚螺旋，使照准圈精确对准测站点标志，光学对中的误差应小于 1mm。

(4) 粗平：根据气泡偏离情况，分别伸长或缩短三脚架腿，使圆水准器气泡居中。

(5) 精平：用前面垂球对中所述的整平方法，使照准部管水准器气泡精确居中。

(6) 检查仪器对中情况，若测站点标志不在照准圈中心且偏移量较小，可松开仪器中心连接螺旋，在架顶上平移仪器使其精确对中，再重复步骤（5）进行整平；如偏移量过大，则重复操作（3）、(4)、(5）的步骤，直至对中和整平均达到要求为止。

## 二、照准目标

如图 3-12 所示，测角时的照准目标，一般是标杆（花杆）、测钎、觇牌或吊垂球线。

图 3-12 测角时的照准目标

测量水平角时，先松开水平和望远镜制动螺旋，调节望远镜目镜使十字丝清晰；利用望远镜上的准星或粗瞄器粗略照准目标并拧紧制动螺旋；调节物镜调焦螺旋使目标清晰并消除视差；利用水平和望远镜微动螺旋精确照准目标。

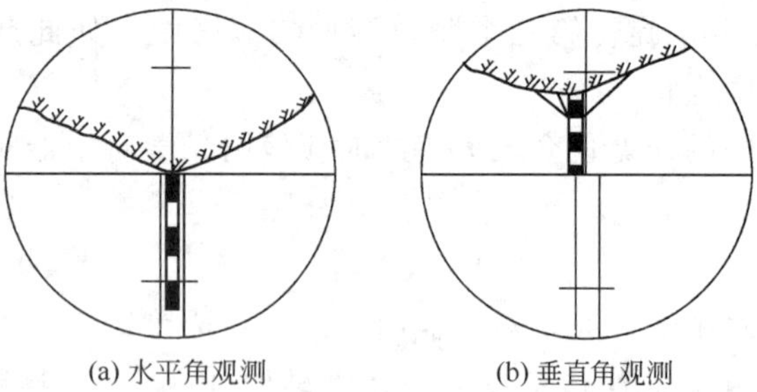


图 3-13 照准目标的方法

如图 3-13 所示，照准时应注意：水平角观测时要尽量照准目标底部。目标离仪器较近时，成像较大，可用单丝平分目标；目标离仪器较远时，可用双丝夹住目标或用单丝和目标重合。垂直角观测时应照准目标顶部或某一预定部位。

## 三、读数或置数

1. 读数

读数方法如本章第二节所述。读数时要注意以下两点：一是应打开度盘照明反光镜，并调节反光镜的开度和方向使读数窗内亮度适中；二是应调节读数显微镜目镜使度盘影像清晰，然后读数。

2. 置数

在水平角观测或建筑工程施工放样中，常常需要使某一方向的读数为零或某一预定值。照准某一方向时，使度盘读数为某一预定值的工作称为置数。测微尺读数装置的经纬仪多采用度盘变换器结构，其置数方法可归纳为“先照准后置数”，即先精确照准目标，并紧固水平及望远镜制动螺旋，再打开度盘变换手轮保险装置，转动度盘变换手轮，使度盘读数等于预定数值，然后关上变换手轮保险装置。

## 第四节　水平角观测

水平角的观测方法一般应根据照准目标的多少而定，常用的有测回法和方向观测法。

### 一、测回法

测回法常用于观测两个照准目标之间的单角。

如图 3-14 所示，需测 $OA$，$OB$ 两方向之间的水平角 $\beta$，先将经纬仪安置在测站点 $O$ 上，并在 $A$，$B$ 两点上分别设置照准标志（竖立花杆或测钎），因为水平度盘是顺时针注记，故选取起始方向（零方向）时应正确配置起始读数。其观测方法和步骤如下。

图 3-14　测回法观测示意

（1）使仪器竖盘位于望远镜左边（称盘左或正镜），照准起始目标 $A$，按置数方法配置起始读数，读取水平度盘读数为 $a$，记入观测手簿。

（2）松开水平制动螺旋，顺时针方向转动照准部照准目标 $B$，读取水平度盘读数为 $b$，记入观测手簿。

以上两步骤称为上半测回（或盘左半测回），测得水平角值为

$$\beta_{左}=b_{左}-a_{左} \tag{3-3}$$

（3）纵转望远镜，使竖盘处于望远镜右边（称盘右或倒镜），照准目标 $B$，读取水平度盘读数为 $b$，记入观测手簿。

（4）逆时针转动照准部，照准目标 $A$，读取水平度盘读数为 $a$，记入观测手簿。以上（3）、（4）两步骤称为下半测回（或称盘右半测回），测得角值为

$$\beta_{右}=b_{右}-a_{右} \tag{3-4}$$

上、下两个半测回合称为一个测回，当两个半测回角值之差不超过限差（规范规定不应超过 36″）要求时，取其平均值作为一测回观测成果，即

$$\beta=\frac{1}{2}(\beta_{左}+\beta_{右}) \tag{3-5}$$

为了提高观测精度，常需要观测多个测回；为了减弱度盘分划误差的影响，各测回应均匀分配在度盘的不同位置进行观测。若要观测 $n$ 个测回，则每测回起始方向读数应递增 $180°/n$。例如当需要观测 3 个测回时，每测回应递增 $180°/3=60°$，即每测回起始方向读数应依次配置在 00°00′，60°00′，120°00′或稍大的读数处。各测回角值之差称为测回差，规范规定不应超过 36″。当测回差满足限差要求时，取各测回平均值作为本测站水平角观测成果。测回法两个测回的记录、计算格式见表 3-1。

### 二、方向观测法

当一个测站上有三个或三个以上方向，需要观测多个角度时，通常采用方向观测法。方向观测法是以任一目标为起始方向（又称零方向），依次观测出其余各个方向相对于起始方

向的方向值，则任意两个方向的方向值之差即为这两个方向线之间的水平角。当方向数超过三个时，必须在每个半测回末尾再观测一次零方向（称归零），两次观测零方向的读数应相等或差值不超过规定要求，其差值称归零差。由于重新照准零方向时照准部已旋转了 360°，故又称这种方向观测法为全圆方向法或全圆测回法。

**表 3-1 水平角观测手簿**（测回法）

| 测站 | 测回 | 竖盘位置 | 目标 | 水平度盘读数 | 半测回角值 | 一测回角值 | 各测回平均角值 | 备注 |
|---|---|---|---|---|---|---|---|---|
| *O* | 1 | 左 | A | 0°03′18″ | 89°30′12″ | 89°30′15″ | 89°30′21″ | |
| | | | *B* | 89°33′30″ | | | | |
| | | 右 | *A* | 180°03′24″ | 89°30′18″ | | | |
| | | | *B* | 269°33′42″ | | | | |
| | 2 | 左 | *A* | 90°03′30″ | 89°30′30″ | 89°30′27″ | | |
| | | | *B* | 179°34′00″ | | | | |
| | | 右 | *A* | 270°03′24″ | 89°30′24″ | | | |
| | | | *B* | 359°33′48″ | | | | |

注：表中两个半测回角值之差及各测回角值之差均不超过限差。

1. 观测程序

图 3-15 方向观测法示意

（1）如图 3-15 所示，在测站 *O* 上安置经纬仪，选一成像清晰的目标 *A* 作为零方向，盘左照准 *A* 点标志，按置数方法使水平度盘读数略大于零，读数并记入观测手簿第 4 栏中，见表 3-2。

（2）顺时针转动照准部，依次照准 *B*，*C*，*D* 和 *A*，读取水平度盘读数并记入观测手簿第 4 栏（从上往下记）。以上称为上半测回。

（3）纵转望远镜，盘右逆时针方向依次照准 *A*，*D*，*C*，*B* 和 *A*，读取水平度盘读数并记入手簿第 5 栏（从下往上记）。以上称为下半测回。

以上操作过程称为一测回，表 3-2 为全圆方向观测法两个测回的记录计算格式。

2. 外业手簿计算

（1）半测回归零差的计算　每半测回零方向有两个读数，它们的差值称归零差。表 3-2 中第一测回上、下半测回归零差分别为 $\Delta_{左}=24''-18''=+6''$；$\Delta_{右}=12''-06''=+6''$，对照表 3-3 中观测限差知，其归零差不超限。

表 3-2　水平角观测手簿（方向观测法）

仪器：J6 99696　　测　站：$O$　　等级：图根　　日期：2012 年 9 月 16 日

天气：多云　　观测者：刘　强　　Y＝B　　开始时间：9 时 32 分

成像：清晰　　记录者：张　丰　　觇标类型：测钎　　结束时间：10 时 58 分

| 测站 | 测回 | 目标 | 水平度盘读数 | | 平均读数 | 一测回归零方向值 | 各测回归零方向值 | 水平角 | 备注 |
|---|---|---|---|---|---|---|---|---|---|
| | | | 盘左 | 盘右 | | | | | |
| 1 | 2 | 3 | 4 | 5 | 6 | 7 | 8 | 9 | |
| $O$ | 1 | $A$ | 0°01′18″ | 180°01′06″ | (0°01′15″)<br>0°01′12″ | 0°00′00″ | 0°00′00″ | | |
| | | $B$ | 39°33′36″ | 219°33′24″ | 39°33′30″ | 39°32′15″ | 39°32′18″ | 39°32′18″ | |
| | | $C$ | 105°45′48″ | 285°45′36″ | 105°45′42″ | 105°44′27″ | 105°44′28″ | 66°12′10″ | |
| | | $D$ | 171°19′30″ | 351°19′24″ | 171°19′27″ | 171°18′12″ | 171°18′06″ | 65°33′38″ | |
| | | $A$ | 0°01′24″ | 180°01′12″ | 0°01′18″ | | | | |
| | | | $\Delta_{左}=+6''$ | $\Delta_{右}=+6''$ | | | | | |
| | 2 | $A$ | 90°02′24″ | 270°02′18″ | (90°02′18″)<br>90°02′18″ | 0°00′00″ | | | |
| | | $B$ | 129°34′48″ | 309°34′30″ | 39°34′39″ | 39°32′21″ | | | |
| | | $C$ | 195°46′54″ | 15°46′42″ | 195°46′48″ | 105°44′30″ | | | |
| | | $D$ | 261°20′24″ | 81°20′12″ | 261°20′18″ | 171°18′00″ | | | |
| | | $A$ | 90°02′18″ | 270°02′18″ | 90°02′18″ | | | | |
| | | | $\Delta_{左}=-6''$ | $\Delta_{右}=0''$ | | | | | |

表 3-3　水平角观测限差

| 项　　目 | DJ2 型 | DJ6 型 |
|---|---|---|
| 半测回归零差 | 12″ | 24″ |
| 同一测回 2$C$ 变动范围 | 18″ | |
| 各测回同一归零方向值较差 | 12″ | 24″ |

（2）平均读数的计算　平均读数为盘左读数与盘右读数±180°之和的平均值。表 3-2 第 6 栏中零方向有两个平均值，取这两个平均值的中数记在第 6 栏上方，并加括号。

（3）归零方向值的计算　表 3-2 第 7 栏中各值的计算是用第 6 栏中各方向值减去零方向括号内之值。例如：第一测回方向 $C$ 的归零方向值为 105°45′42″－0°01′15″＝105°44′27″。一测站按规定测回数测完后，应比较同一方向各测回归零后的方向值，检查其较差是否超限，如表 3-2 中 $D$ 方向两个测回较差为 12″。如不超限，则取各测回同一方向值的中数记入表 3-2 中第 8 栏。第 8 栏相邻两方向值之差即为该两方向线之间的水平角，记入表 3-2 中第 9 栏。一测回观测完成后应及时进行计算，并对照检查各项限差，如有超限，应进行重测。水平角观测各项限差要求见表 3-3。

## 第五节　竖直角观测

### 一、竖直度盘结构

经纬仪的竖直度盘（简称竖盘）垂直安装在望远镜旋转轴（横轴）的一端，随望远镜一起转动，如图 3-16 所示。竖直度盘的影像通过棱镜和透镜所组成的光具组 10 成像于读数显微镜的读数窗内。光具组 10 的光轴和读数窗中测微尺的零分划线构成竖盘读数指标线，读数指标线相对于转动的度盘是固定不动的。因此，当转动望远镜照准高低不同的目标时，用指标线便可在转动的度盘上读取不同的读数。光具组 10 又和竖盘指标水准管固定在一个微动支架上，并使竖盘指标水准管轴 1 和光具组光轴 4 相垂直，当转动竖盘指标水准管时，读数指标线做微小移动；当竖盘指标水准管气泡居中时，读数指标线处于正确位置。因此，在进行竖直角观测时，每次读取竖盘读数之前都必须先使竖盘指标水准管气泡居中。

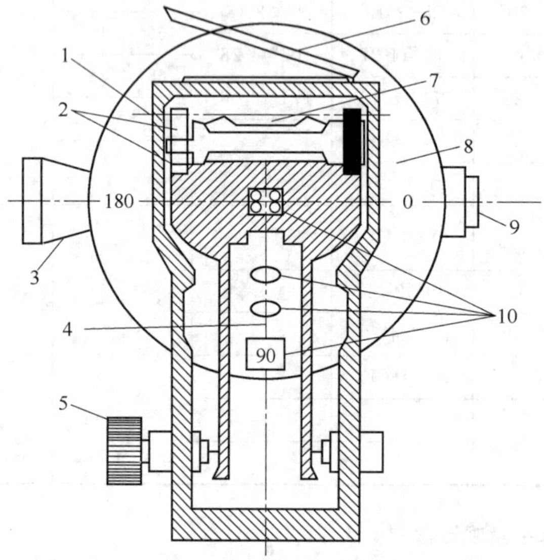


图 3-16 竖直度盘构造

1—指标水准管轴；2—水准管校正螺钉；3—望远镜；4—光具组光轴；5—指标水准管微动螺旋；6—指标水准管反光镜；7—指标水准管；8—竖直度盘；9—目镜；10—光具组（透镜和棱镜）

## 二、竖直角的计算

竖直角是测站点到目标点的倾斜视线和水平视线之间的夹角。因此，与水平角计算原理一样，竖直角也应是两个方向线的竖盘读数之差；但是，由于视线水平时的竖盘读数为一常数（90°的整数倍），故进行竖直角测量时，只需读取目标方向的竖盘读数，便可根据不同度盘注记形式相对应的计算公式计算出所测目标的竖直角。

竖盘注记形式很多，如图 3-17 所示为 DJ6 型光学经纬仪常见的两种注记形式。

如图 3-17（b）所示，设望远镜视线水平时，其竖盘读数盘左为 $L_0$，盘右为 $R_0$；望远镜照准目标时盘左、盘右竖盘读数分别为 $L$ 和 $R$。

如图 3-18 所示，其上面部分为盘左时的三种情况，如果指标线位置正确，当视线水平且竖盘指标水准管气泡居中时，读数 $L_0=90°$。当视线向上倾斜时，竖直角为仰角，读数减小；当视线向下倾斜时，竖直角为俯角，读数增大。因此，盘左时竖直角应为视线水平时读数减照准目标时读数，即

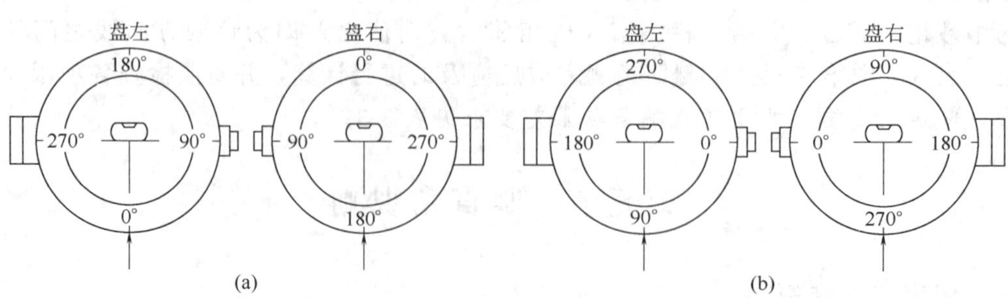


图 3-17 竖盘注记形式

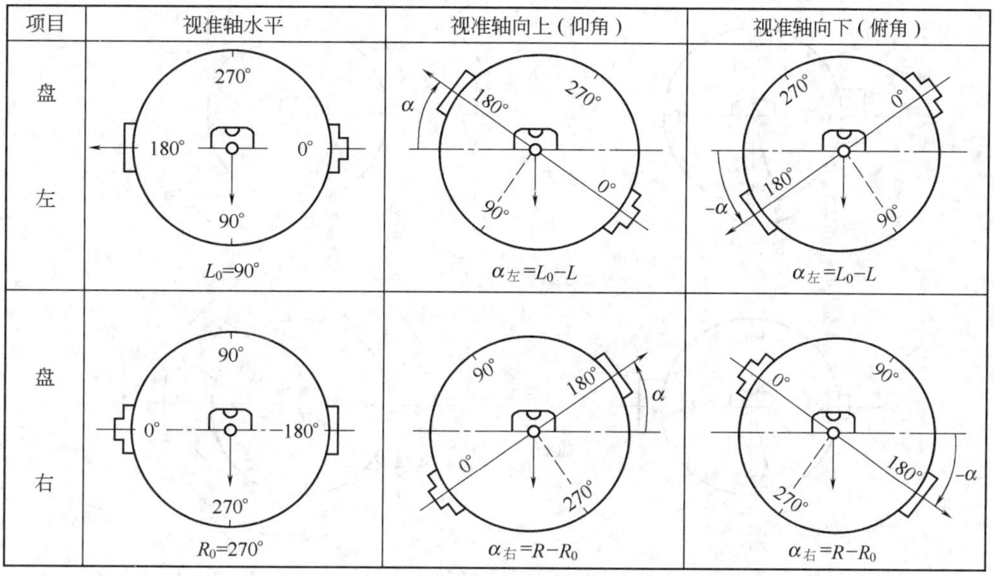


图 3-18　竖直角的计算

$$\alpha_{左}=L_0-L=90°-L \tag{3-6}$$

图 3-18 中下半部分是盘右时的三种情况，视线水平时读数 $R_0=270°$，仰角时读数增大，俯角时读数减小。因此，盘右时竖直角应为照准目标时的读数减视线水平时的读数，即

$$\alpha_{右}=R-R_0=R-270° \tag{3-7}$$

为了提高精度，盘左、盘右取中数，则竖直角计算公式为

$$\alpha=\frac{1}{2}(\alpha_{左}+\alpha_{右})=\frac{1}{2}(R-L-180°) \tag{3-8}$$

计算结果为“+”时，$\alpha$ 为仰角；为“−”时，$\alpha$ 为俯角。

根据上述公式的推导，可得确定竖直角计算公式的通用判别法如下。

（1）仪器在盘左位置，使望远镜大致水平，确定视线水平时的读数 $L$。

（2）将望远镜缓慢上仰，观察读数变化情况，若读数减小，则 $\alpha_{左}=L_0-L$，若读数增大，则 $\alpha_{左}=L-L_0$。

（3）同法确定盘右读数和竖直角的关系。

（4）取盘左、盘右的平均值即可得出竖直角计算公式。

## 三、竖盘指标差

上述竖直角计算公式的推导条件是在假定视线水平、竖盘指标水准管气泡居中，读数指标线位置正确的情况下得出的。实际工作中，读数指标线往往偏离正确位置，与正确位置相差一个小角值，该角值称为指标差，如图 3-19 所示。也就是说，竖盘指标偏离正确位置而产生的读数误差称为指标差。

指标差对竖直角的影响从图 3-19 中可以看出

盘左时
$$\alpha_{左}=90°-(L-x) \tag{3-9}$$

盘右时
$$\alpha_{右}=(R-x)-270° \tag{3-10}$$

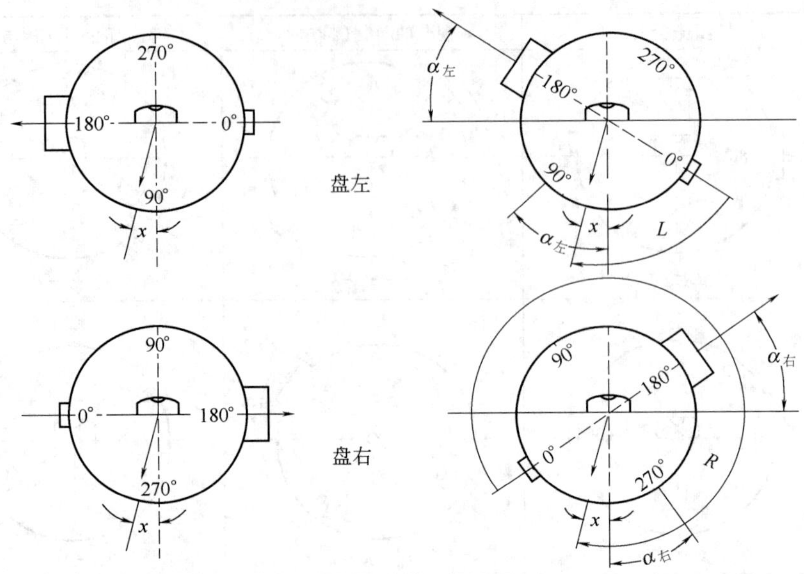


图 3-19 竖盘指标差

两式相加取平均值得
$$\alpha=\frac{1}{2}(R-L-180°) \tag{3-11}$$

两式相减得
$$x=\frac{1}{2}(L+R-360°) \tag{3-12}$$

式（3-12）即为竖盘指标差的计算公式。

通过上述分析可得到如下结论。

（1）从式（3-11）可以看出，用盘左、盘右观测取平均值可消除指标差的影响。

（2）当只用盘左或盘右观测时，应在计算竖直角时加入指标差改正。即可按式（3-12）求得 $x$ 后，再按式（3-9）或式（3-10）计算竖直角。计算时 $x$ 应带有正负号。

（3）指标差 $x$ 的值有正有负，当指标线沿度盘注记方向偏移时，造成读数偏大，则 $x$ 为正，反之 $x$ 为负。

**四、竖直角观测**

竖直角观测时应用望远镜中十字丝的横丝瞄准目标的顶部或目标的某一位置。其操作程序如下。

（1）在测站点上安置经纬仪，量取仪器高 $i$（测站点标志顶部至仪器竖盘中心位置的高度）。

（2）盘左位置用横丝中丝精确照准目标，调节竖盘指标水准管微动螺旋，使竖盘指标水准管气泡严格居中，读取竖盘读数 $L$ 并记入手簿，即为上半测回。

（3）纵转望远镜，盘右照准目标同一部位，使竖盘指标水准管气泡居中，读取竖盘读数 $R$ 并记入手簿，即为下半测回。

例如观测一个高处目标，盘左时的竖盘读数为 77°32′30″，盘右时的竖盘读数为 282°27′42″，根据式（3-11）可得

$$\alpha=\frac{1}{2}(R-L-180°)=\frac{1}{2}(282°27'42''-77°32'30''-180°)=+24°55'12''$$

其指标差　$x=\frac{1}{2}(L+R-360°)=\frac{1}{2}(77°32'30''+282°27'42''-360°)=+0°00'12''$

又如观测一个低处目标，盘左时的竖盘读数为 96°26′42″，盘右时的竖盘读数为 263°34′06″，根据式（3-11）可得

$$\alpha=\frac{1}{2}(R-L-180°)=\frac{1}{2}(263°34'06''-96°26'42''-180°)=-6°26'18''$$

其指标差　$x=\frac{1}{2}(L+R-360°)=\frac{1}{2}(96°26'42''+263°34'06''-360°)=+0°00'24''$

竖直角的记录计算格式列于表 3-4 中。

**表 3-4　竖直角观测手簿**

仪器：J6 99768　　测　站：*O*　　日期：2012 年 9 月 26 日

天气：多云　　观测者：李创新　　开始时间：10 时 23 分

成像：清晰　　记录者：杨建中　　结束时间：11 时 48 分

| 测站 | 目标 | 竖盘位置 | 竖盘读数 | 半测回竖直角 | 指标差 | 一测回竖直角 | 仪器高/m | 觇标高/m | 照准部位 |
|---|---|---|---|---|---|---|---|---|---|
| *O* | *A* | 左 | 77°32′30″ | +8°12′24″ | +12″ | +24°55′12″ | 1.53 | 1.78 | 花杆顶部 |
| | | 右 | 282°27′42″ | +8°11′30″ | | | | | |
| | *C* | 左 | 96°26′42″ | −6°26′42″ | +24″ | −6°26′18″ | 1.53 | 2.22 | 旗杆顶部 |
| | | 右 | 263°34′06″ | −6°25′54″ | | | | | |

在一个测站的观测过程中，其指标差值应该是一个固定值，但由于受外界条件和观测误差的影响，使得各方向的指标差值往往不相等，为了保证观测精度，对 DJ6 经纬仪需要规定其指标差变化的限差，一般有如下规定。

同一测回中，各方向指标差互差不应超过 24″。

同一方向各测回竖直角互差不应超过 24″。

若指标差互差和竖直角互差符合要求，则取各测回同一方向竖直角的平均值作为各方向竖直角的最后结果。

### 五、竖盘指标自动归零补偿器

在竖直角观测中，为使指标线处于正确位置，每次读数前都必须转动竖盘指标水准管微动螺旋使竖盘指标水准管气泡居中。这就降低了竖直角观测的效率，操作很不方便。

为了克服这一缺点，大部分光学经纬仪均采用竖盘指标自动归零装置代替竖盘指标水准管。当仪器竖轴偏离铅垂线的角度在一定范围内时，由于自动补偿器的作用，可使读数指标线自动居于正确位置。在进行竖直角观测时，瞄准目标即可读取竖盘读数，从而提高了竖直角观测的速度和精度。

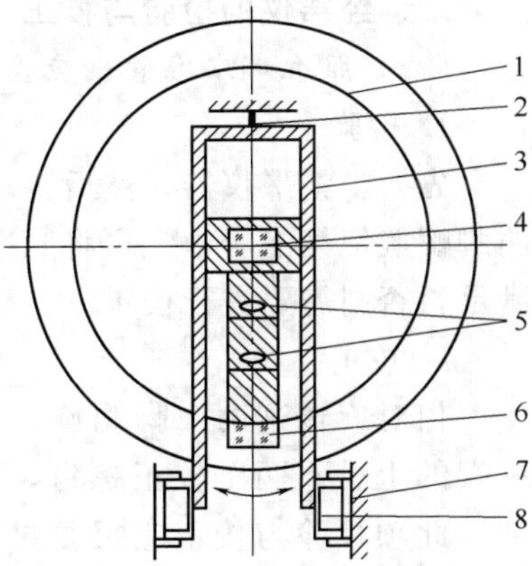

图 3-20　悬吊透镜补偿器结构

1　竖直度盘；2—弹簧片；3—垂直吊架；4—转向棱镜；5—透镜组；6—竖直度盘棱镜；7—阻尼盒；8—阻尼器

经纬仪竖盘指标自动归零装置常见结构有悬吊透镜、液体盒两种。如图 3-20 所示为悬吊透镜补偿器结构示意图。读数棱镜系统悬挂在一个弹性摆上，依靠摆的重力

和空气阻尼盒的共同作用，能使弹性摆迅速处于静止位置。此种补偿器结构简单，未增加任何光学零件，只是将原有的成像透镜进行悬吊，当仪器在±2′范围内稍倾斜时，可达到自动补偿的目的。

## 第六节 经纬仪的检验和校正

测量规范要求，在正式作业前，应对经纬仪进行检验和校正，使之满足作业要求。在经纬仪进行检验和校正前，应先进行一般的检视。如度盘和照准部的旋转是否灵活，各部位螺旋是否灵活有效；望远镜视场是否清晰；度盘分划线是否清晰；分微尺分划是否清晰；仪器及各种附件是否齐全等。这项检视非常重要，在经纬仪进行检验和校正前一定要认真检查。符合检视要求后再进行经纬仪的检验和校正。

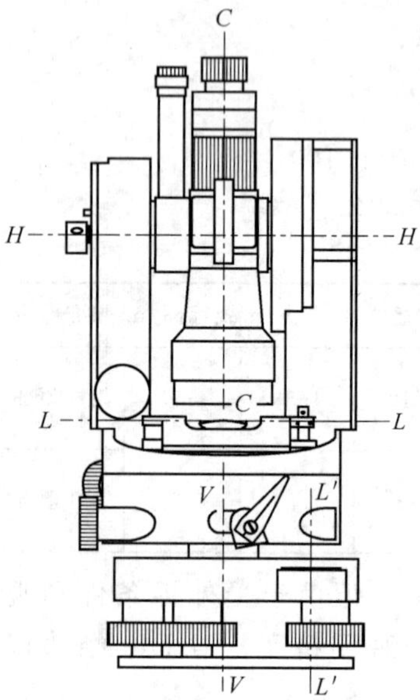

图 3-21 经纬仪的主要轴线

### 一、经纬仪应满足的几何条件

如图 3-21 所示，经纬仪的主要轴线有：横轴（或水平轴）$HH$；竖轴（或垂直轴）$VV$；望远镜视准轴（或照准轴）$CC$；照准部管水准器轴 $LL$。

为使经纬仪能正确工作，各主要轴线应满足下列条件。

（1）竖轴应垂直于水平度盘且过其中心；

（2）照准部水准管轴应垂直于仪器竖轴；

（3）视准轴应垂直于横轴；

（4）横轴应垂直于竖轴；

（5）横轴应垂直于竖盘且过其中心。

上述五项条件中，第（1），第（5）两项仪器出厂时已保证满足，作业时只检查第（2），第（3），第（4）项。另外，还要对仪器十字丝、指标差及光学对中器进行检验和校正。

### 二、经纬仪的检验与校正

#### （一）照准部水准管轴应垂直于仪器竖轴

1. 检验

先初步整平仪器，然后转动照准部使水准管轴平行于任意两个脚螺旋的连线，相对旋转两脚螺旋使气泡居中；再将照准部旋转 180°，如果气泡仍居中或偏离中心不超过 1 格，条件满足，否则需要进行校正。

2. 校正

相对旋转这两个脚螺旋，使气泡向中央移动所偏格数的一半，用校正针拨动水准管一端的上、下两个校正螺钉，使水准管一端升高或下降，改正偏移量的另一半使气泡居中。此项检验与校正应反复进行，直至照准部旋转到任意位置时气泡偏移量均不超过 1 格为止。

3. 检校原理

显然，该项条件不满足，是由于水准器两端支架不等高造成的。如图 3-22（a）所示，当照准部水准管轴水平（即气泡居中）时，水平度盘倾斜了 $\alpha$ 角，竖轴也偏离了铅垂线 $\alpha$ 角。转动照准部 180°后，由于竖轴方向不变，管水准器轴与水平度盘的夹角仍为 $\alpha$，但与水

平面的夹角则为 $2\alpha$，如图 3-22（b）所示。此时气泡偏移量 $e$ 是水准管轴倾斜 $2\alpha$ 造成的。校正时，先用脚螺旋改正气泡偏移量的一半（即 $e/2$），此时，竖轴处于铅垂位置，水准管轴仍不水平，它与水平面夹角为 $\alpha$，如图 3-22（c）所示。当用校正螺钉改正气泡偏移量的另一半使气泡居中时，水准管轴处于水平位置并且和处于铅垂状态的竖轴相垂直，如图 3-22（d）所示。

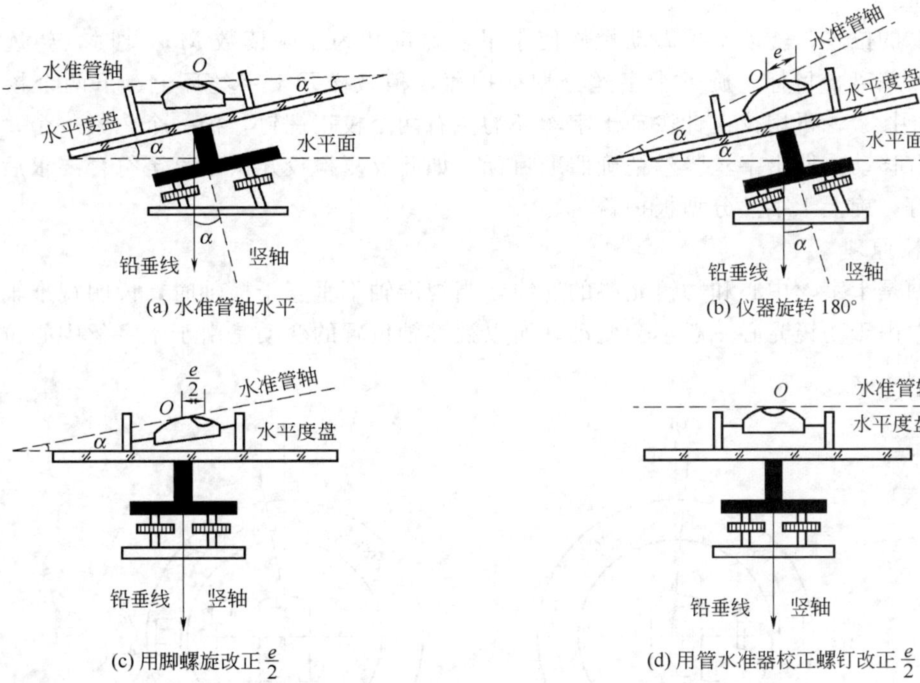


图 3-22　照准部水准管轴的检校

（二）十字丝的竖丝应垂直于横轴

1. 检验

该项检验可分别采用以下两种方法。

方法 1：整平仪器，用十字丝竖丝的上端（或下端）照准远处一清晰的固定点，旋紧照准部和望远镜制动螺旋，用望远镜微动螺旋使望远镜向上或向下慢慢移动，若竖丝和固定点始终重合，则表示该条件满足，否则，需进行校正。

方法 2：整平仪器，用十字丝竖丝照准适当距离处悬挂的稳定不动的垂球线，如果竖丝与垂球线完全重合，则条件满足，否则应进行校正。

2. 校正

打开望远镜目镜一端十字丝分划板护盖，用旋具轻轻松开四个压环螺钉（如图 3-23 中 2），缓慢转动十字丝环，使竖丝处于铅垂位置，然后拧紧四个固定螺钉，并拧上护盖。

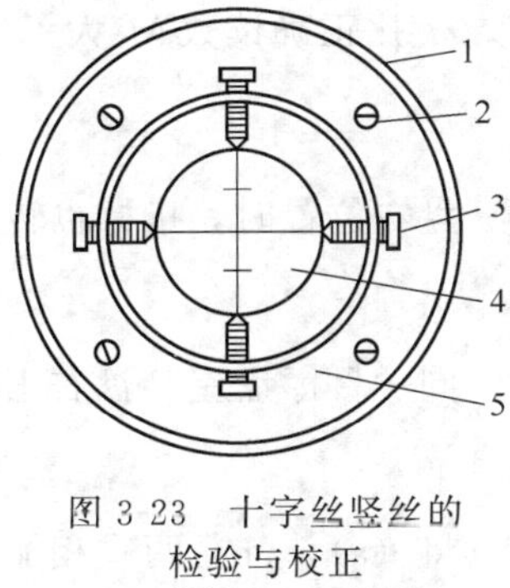


图 3 23　十字丝竖丝的检验与校正

1—望远镜筒；2—压环螺钉；3—十字丝校正螺钉；4—十字丝分划板；5—压环

（三）视准轴应垂直于横轴

1. 检验

理论上用盘左和盘右分别照准与仪器大致同高的同一目

标并读取水平度盘读数，其差值应为 180°，如果不是，则说明该项条件不满足。其差值为两倍视准轴误差，用 2C 表示。计算公式为

$$2C=\text{盘左读数}\ L-(\text{盘右读数}\ R\pm180^\circ)$$

当 2C 绝对值大于 2′时，应校正。计算的盘左和盘右正确读数应相差 180°，可作为计算结果是否正确的检核条件。

2. 校正

在盘右的位置，转动水平微动螺旋使水平度盘读数为正确读数 $M$，此时，望远镜十字丝交点必然偏离了目标。旋下十字丝分划板护盖，稍微松开十字丝环上、下两个校正螺钉（如图 3-23 中 3），再用校正针拨动十字丝环的左右两个校正螺钉，松一个，紧一个，推动十字丝环左右移动，使十字丝竖丝精确照准目标。如此反复检校几次，直至符合要求后，拧紧上下两螺钉，旋上十字丝分划板护盖。

3. 检校原理

视准轴是十字丝中心和物镜光心的连线，当视准轴不垂直于横轴时，说明视准轴位置发生了变动，由于物镜光心一般不会变动，所以视准轴位置的变动是由于十字丝中心位置不正确所引起的。

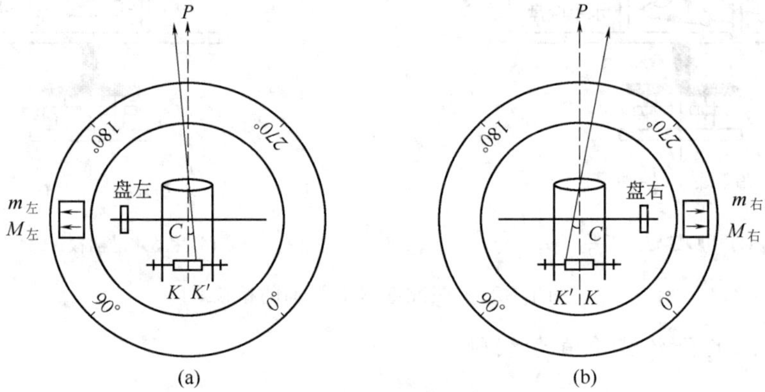


图 3-24 视准轴垂直于横轴的检校原理

如图 3-24（a）所示，盘左位置时，设十字丝交点在正确位置 $K$ 处，照准与仪器大致同高的目标 $P$ 时，水平度盘读数为 $M$，当十字丝交点偏离到 $K'$位置时，视准轴偏离正确位置一个 $C$ 角，这时，如要照准 $P$ 点，则照准部必须向右转一个 $C$ 角，设度盘读数为 $m$，显然，$m$ 比正确读数 $M$ 大了一个 $C$ 角，所以有

$$M_{左}=m_{左}-C \tag{a}$$

盘右位置时，指标也转到了右边位置，如图 3-24（b）所示，情况与盘左相反。即

$$M_{右}=m_{右}+C \tag{b}$$

同一目标盘左、盘右正确读数应相差 180°，即

$$M_{左}=M_{右}\pm180^\circ \tag{c}$$

将（a），（b）两式相加并顾及式（c）得

$$M=\frac{1}{2}(m_{左}-m_{右}\pm180^\circ) \tag{3-13}$$

将（a），（b）两式相减，得

$$2C=m_{左}-m_{右}\pm180° \tag{3-14}$$

从式（3-13）可看出，取盘左、盘右的读数平均值可以消除视准轴误差 $C$ 的影响。

（四）横轴应垂直于竖轴

1. 检验

如图 3-25 所示，在离墙壁约 20m 处安置仪器，盘左照准墙上高处一清晰的照准标志 $P$，固定照准部，然后使望远镜视准轴水平，在墙面上标出十字丝中心点 $P_1$，松开水平制动螺旋，盘右位置再次照准高点 $P$，并置平望远镜在墙上标出十字丝中心点 $P_2$，若 $P_1$，$P_2$ 两点重合，则条件满足，否则，说明横轴不水平，倾斜了一个角。设 $P_1$，$P_2$ 两点距离为 $\Delta$，则有

$$i=\frac{\Delta\cot\alpha}{2S}\rho \tag{3-15}$$

式中　$\rho=206265''$；

$\alpha$——照准高点 $P$ 的竖直角；

$S$——仪器中心至墙壁之间的距离，m。

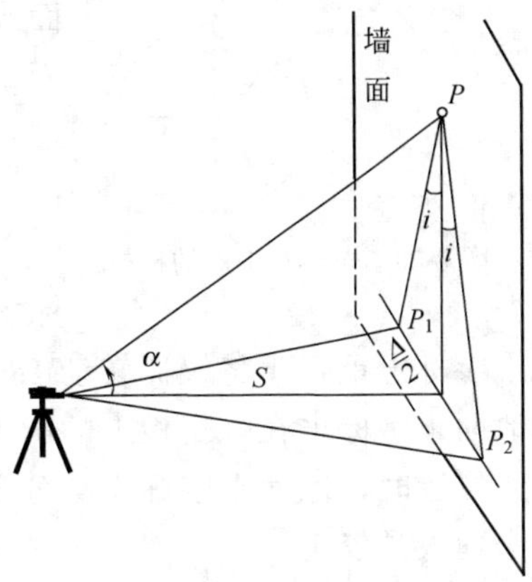


图 3-25　横轴垂直于竖轴的检验

2. 校正

当 $i$ 大于 $\pm1'$ 时，应进行校正。打开仪器支架一侧的盖板，放松有关压紧螺钉，使横轴一端升高或降低，如此反复检校几次，直至符合要求为止。因此项校正比较困难，通常由技术熟练的维修人员进行。

（五）竖盘指标差的检验与校正

1. 检验

安置仪器后，盘左、盘右分别照准同一目标，整平竖盘指标水准管，读取两个盘位的竖盘读数 $L$ 和 $R$，然后计算指标差 $x$。若指标差 $x$ 的绝对值大于 $1'$ 时，则应进行校正。

2. 校正

（1）竖盘指标水准管装置的经纬仪　对于竖盘指标水准管装置的经纬仪，主要是通过竖盘指标水准管校正螺钉来消除指标差。具体方法是：先计算盘左或盘右的正确读数（$R_0=R-x$ 或 $L_0=L-x$），再转动竖盘指标水准管微动螺旋，使竖盘指标对准正确读数（$R_0$ 或 $L_0$），此时，竖盘指标水准管气泡不居中，用校正针拨动水准管一端的上、下两个校正螺钉，使气泡居中。如此反复检校几次，直至符合要求为止。

（2）竖盘指标自动归零装置的经纬仪　竖盘指标自动归零装置的经纬仪的校正部件一般都在仪器内部，需要由专业仪器维修人员进行维修。在外业测量时，若遇到指标差 $x$ 超出规定时，也可通过调整十字丝上、下位置的方法来校正指标差 $x$。具体方法是：先求出盘左或盘右的正确读数 $R_0$ 或 $L_0$，再转动望远镜微动螺旋，使竖盘指标对准正确读数（$R_0$ 或 $L_0$），此时，望远镜目镜十字丝中心向上或向下偏离了原照准目标。此时，先拧下十字丝分划板护盖，稍微旋松十字丝分划板左右两个校正螺钉（如图 3-23 中的 3），然后，用校正针拨动上、下两个校正螺钉，一松一紧，直至十字丝中丝精确照准原目标为止。此项校正应反复进行，使指标差满足要求。

校正时应注意：左右两个校正螺钉不能松得太多，以免引起视准轴误差；若指标差过

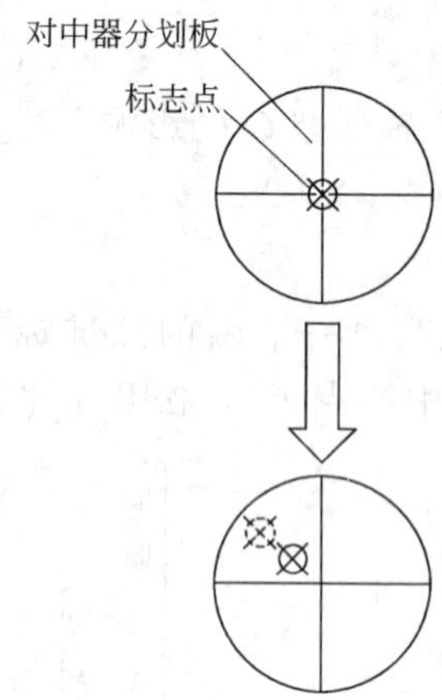


图 3-26 光学对中器的检校

大，通过调整十字丝上、下位置的方法不能消除时，应交专业仪器维修人员进行维修。

（六）光学对中器的检验与校正

1. 检验

检验的目的是使光学对中器的视准轴与通过水平度盘中心的铅垂线重合。方法是：整平仪器，在仪器的正下方水平放置一十字标志，转动仪器基座的三个脚螺钉，使对中器分划板中心与地面十字标志重合，将仪器转动180°，观察对中器分划板中心与地面十字标志是否重合；如果重合，则无需校正；若有偏移，则需进行调整（如图3-26所示）。

2. 校正

将仪器安置在三脚架上并固定好，在仪器正下方放置一十字标志，转动仪器基座的三个脚螺钉，使对中器分划板中心与地面十字标志重合，将仪器转动180°，并拧下对中器目镜护盖，用校正针调整4个调整螺钉，使地面十字标志在分划板上的影像向分划板中心移动一半，重复以上步骤，直至转动仪器到任何位置时，地面十字标志与分划板中心始终重合为止。若目标偏离超过2mm时，应交仪器修理人员校正。

## 第七节 水平角观测的误差来源及消减措施

水平角观测的误差来源大致可归纳为仪器误差、观测误差和外界条件的影响三种类型。

### 一、仪器误差

仪器误差可分为两类：一类是仪器制造加工不完善而引起的误差，主要有度盘分划不均匀误差、照准部偏心差（照准部旋转中心与度盘分划中心不一致）和水平度盘偏心差（度盘旋转中心与度盘分划中心不一致），这一类误差一般都很小，并且大多数都可以在观测过程中采取相应的措施消除或减弱它们的影响。例如：度盘分划误差的影响可通过观测多个测回，并在测回间变换度盘位置，使读数均匀地分布在度盘各个位置；水平度盘和照准部偏心差的影响则可通过盘左、盘右观测取平均值消除。另一类是检验与校正后的残余误差。它主要是仪器的三轴误差（即视准轴误差、横轴误差和竖轴误差），其中，视准轴误差和横轴误差均可通过盘左、盘右观测取平均值消除，而竖轴误差不能用正、倒镜观测消除。因此，在观测前除应认真检验、校正照准部水准管外，还应仔细地进行整平。

### 二、观测误差

1. 仪器对中误差

水平角观测时，由于仪器对中不精确，致使仪器中心没有对准测站点 $O$ 而偏于 $O'$ 点，$OO'$ 之间的距离 $e$ 称为测站点的偏心距，如图3-27所示。

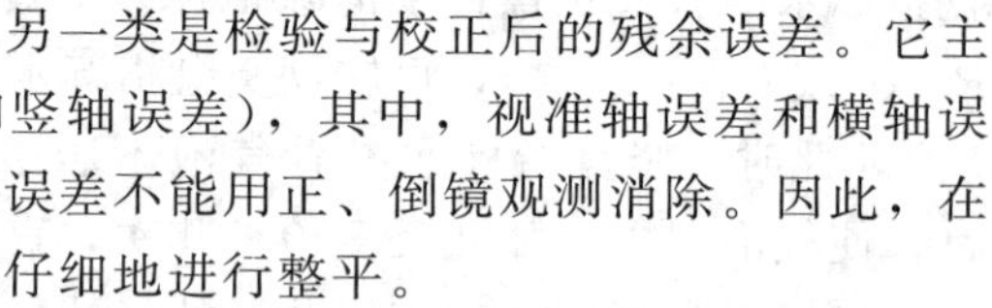


图 3-27 对中误差对水平角的影响

仪器在 $O$ 点观测的水平角应为 $\beta$，而在 $O'$ 处测得角值为 $\beta'$，过 $O'$ 点作 $O'A'//OA$，$O'B'//OB$，则对中误差对水平角的影响为

$$\Delta\beta=\beta-\beta'=\delta_1+\delta_2$$

因偏心距 $e$ 较小，故 $\delta_1$ 和 $\delta_2$ 为小角度，于是可近似地把 $e$ 看作一段小圆弧。设 $O'A=S_1$，$O'B=S_2$，则有

$$\delta_1=\frac{e}{S_1}\rho$$

$$\delta_2=\frac{e}{S_2}\rho$$

$$\Delta\beta=\delta_1+\delta_2=\left(\frac{1}{S_1}+\frac{1}{S_2}\right)e\rho \tag{3-16}$$

从式（3-16）可看出，对中误差对水平角的影响与偏心距 $e$、偏心距 $e$ 的方向、水平角大小以及测站到目标的距离有关。因此，在边长较短或观测角度接近 180°时，应特别注意对中。

2. 目标偏心误差

因照准标志没有竖直，使照准部位和地面测站点不在同一铅垂线上，将产生照准点上的目标偏心误差，如图 3-28 所示。其影响与仪器对中误差的影响类同。即

$$\Delta\beta=\beta-\beta'=\frac{d_1}{S_1}\rho \tag{3-17}$$

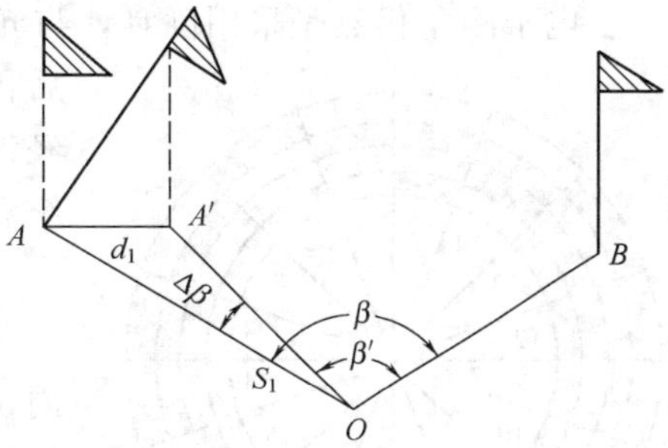


图 3-28　目标偏心误差对水平角的影响

从式（3-17）可看出，$\Delta\beta$ 与 $d_1$ 成正比，与 $S_1$ 成反比。因此，进行水平角观测时，应将观测标志竖直，并尽量照准目标底部；当边长较短时，更应特别注意精确照准。

3. 整平误差

因照准部水准管气泡不居中，将导致竖轴倾斜而引起的角度误差，该项误差不能通过正、倒镜观测消除。竖轴倾斜对水平角的影响与测站点到目标点的高差成正比。因此，在观测过程中，尤其是在山区作业时，应特别注意整平。

4. 照准误差

照准误差与人眼的分辨能力和望远镜放大率有关。一般认为，人眼的分辨率为 60″。若借助于放大率为 $V$ 倍的望远镜，则分辨能力就可以提高 $V$ 倍，故照准误差为 $60''/V$。DJ6 型经纬仪放大倍率一般为 28 倍，故照准误差大约为±2.1″。在观测过程中，若观测员操作不正确或视差没有消除，都会产生较大的照准误差。因此，观测时应仔细地做好调焦和照准工作。

5. 读数误差

读数误差与读数设备、照明情况和观测员的经验有关，其中主要取决于读数设备。DJ6 型经纬仪一般只能估读到±6″，如照明条件不好，操作不熟练或读数不仔细，读数误差可能超过±6″。

## 三、外界条件的影响

角度观测是在自然界中进行的，自然界中各种因素都会对观测的精度产生影响。例如，地面不坚实或刮风会使仪器不稳定；大气能见度的好坏和光线的强弱会影响照准和读数；温度变化使仪器各轴线几何关系发生变化；视线太靠近建筑物时引起的旁折光等。要完全消除这些影响是不可能的，只能采取一些措施，如选择成像清晰、稳定的天气条件和时间段观测，观测中给仪器打伞避免阳光对仪器直接照射等，以减弱外界不利因素的影响。

## 第八节 电子经纬仪简介

电子经纬仪是在光学经纬仪的基础上发展起来的新一代的测角仪器，是全站型电子速测仪的过渡产品，其主要特点如下。

（1）采用电子测角系统，能自动显示测量结果，减轻了外业劳动强度，提高工作效率。

（2）可与电磁波测距仪组合成全站型电子速测仪，配合适当的接口，可将观测的数据输入计算机，实现数据处理和绘图自动化。

### 一、电子经纬仪的测角系统

电子测角仍然是采用度盘，与光学测角不同的是，电子测角是从度盘上取得电信号，然后再转换成角度，并以数字的形式显示在显示器上。电子经纬仪的测角系统有编码度盘测角系统、光栅度盘测角系统和动态测角系统。

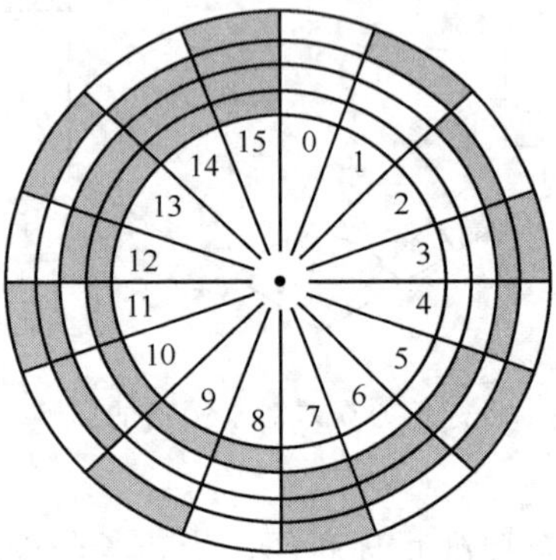

图 3-29　4 个码道的编码度盘

1. 编码度盘测角系统

如图 3-29 所示，光电编码度盘是在光学度盘刻度圈圆周设置等间隔的透光与不透光区域，称白区与黑区，由它们组成的分度圈称为码道，一个编码度盘有很多同心的码道，码道越多，编码度盘的角度分辨率越高。电子计数采用二进制编码方法，码盘上的白区与黑区分别表示二进制代码“0”和“1”。为了读取编码，需在编码度盘的每一个码道的一侧设置发光二极管，另一侧设置光敏二极管，它们严格地沿度盘半径方向成一直线。发光二极管发出的光通过码盘产生透光或不透光信号，由光敏二极管转换成电信号，经处理后以十进制或 60 进制自动显示。

2. 光栅度盘测角系统

如图 3-30 所示，在圆盘上均匀地刻有许多等间隔的狭缝，称为光栅。光栅的线条处为不透光区，缝隙处为透光区。在光栅盘上下对应位置设置发光二极管和光敏二极管，则可使计数器累计求得所移动的栅距数，从而得到转动的角度值。

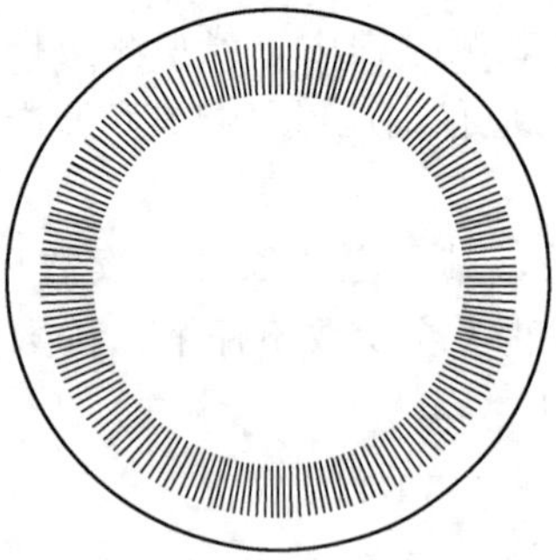
图 3-30　径向光栅

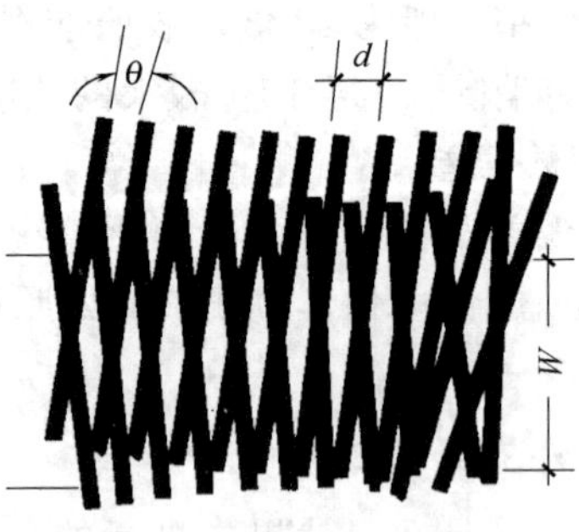

图 3-31　光栅莫尔条纹

为了提高测角精度，在光栅测角系统中采用了莫尔条纹技术，如图 3-31 所示。产生莫尔条纹的方法是：取一小块与光栅盘具有相同密度和栅距的光栅，与光栅盘以微小的间距重叠，并使其刻线互成一微小夹角 $\theta$，这时就会出现放大的明暗交替的莫尔条纹（栅距由 $d$ 放

大到 $W$)。

测角过程中，转动照准部时，产生的莫尔条纹也随之移动。设栅距和纹距的分划值均为 $\delta$，移动条纹的个数 $n$ 和计数不足整条纹距的小数为 $\Delta\delta$，则角度值 $\varphi$ 可写为

$$\varphi = n\delta + \Delta\delta$$

北京拓普康仪器有限公司生产的 DJD2 型电子经纬仪即采用光栅度盘测角系统，测角精度为 2″。

3. 动态测角系统

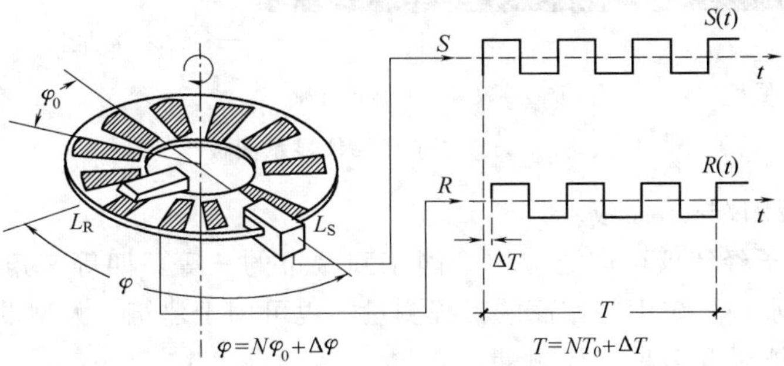


图 3-32　动态测角原理

如图 3-32 所示，在度盘上刻有 1024 个分划，两条分划条纹的角距为 $\varphi_0$，则

$$\varphi_0 = \frac{360°}{1024} = 21'05.625''$$

$\varphi_0$ 即为光栅盘的单位角度。

在光栅盘条纹圈外缘，按对径设置一对固定检测光栅 $L_S$，在靠近内缘处设置一对与照准部相固联的活动检测光栅 $L_R$（图 3-32 中仅画出其中的一个)。对径设置的检测光栅可用来消除光栅盘的偏心差。$\varphi$ 表示望远镜照准某方向后 $L_S$ 和 $L_R$ 之间的角度。由图 3-32 可以看出

$$\varphi = N\varphi_0 + \Delta\varphi \tag{3-18}$$

式中　$N$——$\varphi$ 角内所包含的条纹间隔数；

$\Delta\varphi$——不足一个单位角度 $\varphi_0$ 的小数。

测角时，光栅盘由电动机驱动绕中心轴匀速旋转，记取分划信息，经过粗测、精测处理后，从显示器中显示所测角度值。

## 二、电子经纬仪简介

电子经纬仪具有显示清晰、读数方便等优点，目前各个厂家都有不同精度的产品销售。

1. 苏州一光仪器有限公司的 DT200 系列电子经纬仪

DT200 系列电子经纬仪（如图 3-33 所示）采用光栅增量式数字角度测量系统；使用微型计算机技术进行测量、计算、显示、存储等多项功能；可同时显示水平、垂直角的测量结果；可以进行角度、坡度等多种模式的测量。最小读数为 1″，5″，10″，20″等四种，按测角精度分为 2″，5″两种型号。采用超大屏幕，全中文操作，读取数据更为方便，自动垂直补偿；有复测功能，在保证测量精度的同时减少数据的记录量；省电设计，工作时间长，四节 AA 碱性电池能让仪器连续工作 80h；支持断电数据保护，操作更安全。图

图 3-33　DT200 系列电子经纬仪

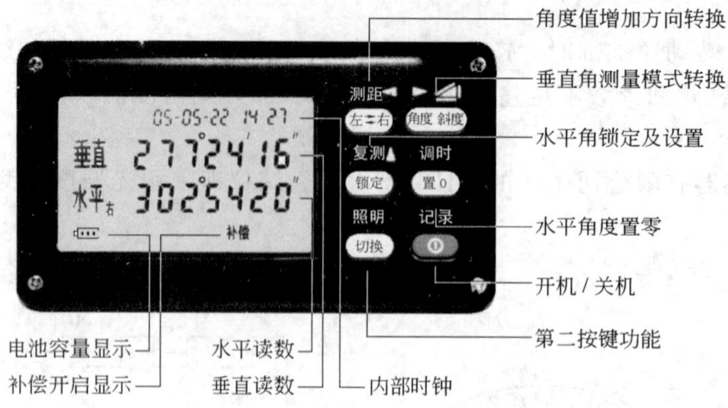


图 3-34　电子经纬仪显示面板

3-34 所示为电子经纬仪显示面板。

DT200 系列电子经纬仪可广泛应用于国家和城市的三等、四等三角控制测量，用于铁路、公路、桥梁、水利、矿山等方面的工程测量，也可用于建筑、大型设备的安装中，应用于地籍测量、地形测量和多种工程测量。

2. 宾得 ETH300 系列电子经纬仪

新型的 ETH300 系列电子经纬仪（如图 3-35 所示）不仅具有宾得仪器的安全性、可靠性，而且测角精度高，按测角精度分为 2″，5″两种型号。

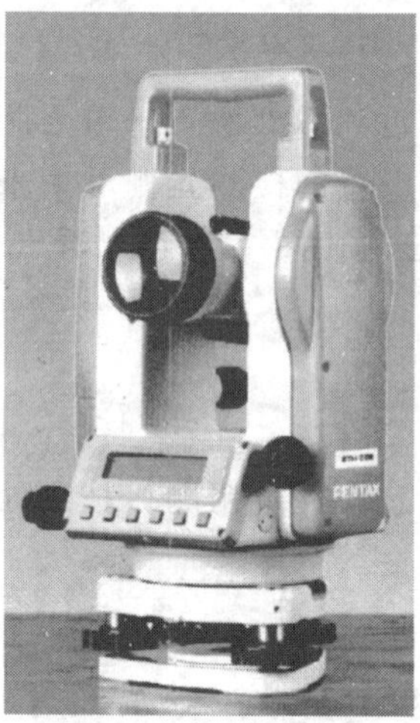

图 3-35　ETH300 系列电子经纬仪

ETH300 系列电子经纬仪读数方便，显示清晰 ，液晶显示 16 * 2 字符（LCD）的双面显示，垂直角与水平角可用度分秒显示。

方便的键盘操作，功能键可以进行快速作业；使用方便，集成化、精度高、重量轻，主机只有 4.6kg（包含电池），有自动关机功能；可使用盘左、盘右进行角度测量，垂直角可转换成坡度百分比，水平角在任何位置可置零，有水平角锁定功能，即使在光线条件不好的情况下也能清晰成像。使用 Hi-MH2000mA · h 充电式电池，一次充电可使用 20h 左右。

3. 南方测绘仪器公司 ET02 系列电子经纬仪

如图 3-36 所示为南方测绘仪器公司生产的 ET02 系列电子经纬仪，它采用液体电子传感器进行竖盘指标自动归零补偿，一测回方向观测中误差为±2″，角度最小显示为 1″，若配合该公司生产的电磁波测距仪和电子手簿，则可组成分体式全站仪。

该机设有双操作面板，每个操作面板都有完全相同的显示窗和 7 个功能键，便于正、倒镜观测，在黑暗中也可启动十字丝和显示窗的照明光源。当按下 PWR 键 2s 后可打开仪器电源；如果先按 MODE 键，然后再按其余各键，则执行该按键下方的第二功能；连按 HOLD 键两次，可将当前的水平度盘读数锁定；若想将水平度盘置零，则需按 OSET 键两次；在操作面板的右下角是十字丝和显示窗的照明光源。由于 ET02 系列电子经纬仪采用的是光栅度盘测角系统，所以，在观测员转动仪器照准部的同时，水平度盘读数和垂直度盘读数就在显示窗中自动显示，不需再按任何键，仪器操作非常简单。

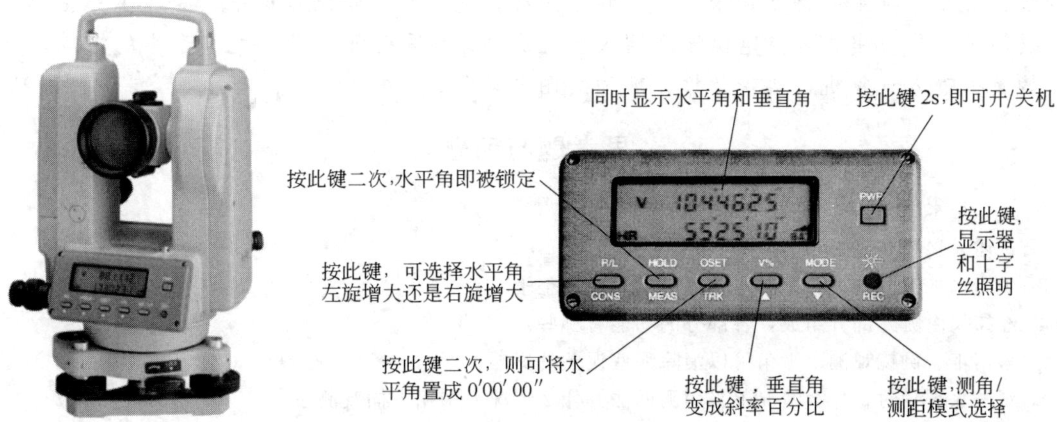


图 3-36　ET02 系列电子经纬仪

# 小　结

本章主要介绍了角度测量，目的是为了确定地面点的位置，它包括水平角测量和竖直角测量。水平角测量用于确定地面点的平面位置，竖直角测量用于间接测定地面点的高程。经纬仪就是既能测量水平角又能测量竖直角的仪器。

DJ6 型光学经纬仪是工程测量中最常用的一种测角仪器，目前，中国把经纬仪按精度不同分为 DJ07，DJ1，DJ2 和 DJ6 等几个等级，D，J 分别是“大地测量”和“经纬仪”汉语拼音的第一个字母，数字 07，1，2，6 等表示该类仪器的精度等级，以秒为单位。DJ6 型光学经纬仪由照准部、水平度盘和基座三大部分组成。

经纬仪的使用，主要包括安置经纬仪、照准目标、调焦、水平度盘配置和读数等工作。进行角度测量时，首先要在测站上安置经纬仪，即进行对中和整平。对中的目的是使仪器中心（或水平度盘中心）与测站点的标志中心位于同一铅垂线上；而整平则是为了使水平度盘处于水平位置。

水平角观测时要尽量照准目标底部。目标离仪器较近时，成像较大，可用单丝平分目标；目标离仪器较远时，可用双丝夹住目标或用单丝和目标重合。竖直角观测时应照准目标顶部或某一预定部位。

读数时要注意以下两点：一是应打开度盘照明反光镜，并调节反光镜方向使读数窗内亮度适中；二是应调节读数显微镜目镜使度盘影像清晰。

在进行竖直角观测时，每次读取竖盘读数之前都必须先使竖盘指标水准管气泡居中。

测量规范要求，在正式作业前，应对经纬仪进行检验与校正，使之满足作业要求。在经纬仪进行检验与校正前，应先进行一般的检视。符合要求后再进行经纬仪的检验与校正。

经纬仪的主要轴线有：横轴（或水平轴）$HH$；竖轴（或垂直轴）$VV$；望远镜视准轴（或照准轴）$CC$；照准部管水准器轴 $LL$。

水平角观测的误差来源大致可归纳为三种类型：仪器误差、观测误差和外界条件的影响。

电子经纬仪是在光学经纬仪的基础上发展起来的新一代的测角仪器，是全站型电子速测仪的过渡产品，其主要特点是采用电子测角系统，能自动显示测量结果，减轻了外业劳动强度，提高了工作效率。可与电磁波测距仪组合成全站型电子速测仪，配合适当的接口，可将观测的数据输入计算机，实现数据处理和绘图自动化。

## 思考题与习题

1. 什么是水平角？
2. 试述天顶距和竖直角的关系。
3. 观测水平角时，为什么要对仪器进行对中和整平？
4. 经纬仪由哪几部分组成，各部分的功能有哪些？
5. 采用正、倒镜观测水平角可以消除哪些误差的影响？
6. 观测水平角时，什么情况下采用测回法？什么情况下采用方向观测法？
7. 计算水平角时，如果被减数不够减，为什么可以再加 360°？
8. 观测竖直角时，在读数前为什么要使竖盘指标水准管气泡居中？
9. 电子经纬仪有哪些主要特点？
10. 试述用测回法测量水平角的操作步骤。
11. 经纬仪有哪些主要轴线？各轴线之间应满足什么条件？
12. 什么是竖盘指标差？如何消除？
13. 试完成表 3-5 中测回法观测水平角的计算。

**表 3-5 水平角观测手簿**（测回法）

| 测站 | 测回 | 竖盘位置 | 目标 | 水平度盘读数 | 半测回角值 (° ′ ″) | 一测回角值 (° ′ ″) | 各测回平均角值 (° ′ ″) | 备注 |
|---|---|---|---|---|---|---|---|---|
| *O* | 1 | 左 | *A* | 0°02′48″ | | | | |
| | | | *B* | 45°48′36″ | | | | |
| | | 右 | *A* | 180°02′36″ | | | | |
| | | | *B* | 225°48′30″ | | | | |
| *O* | 2 | 左 | *A* | 90°03′30″ | | | | |
| | | | *B* | 135°49′24″ | | | | |
| | | 右 | *A* | 270°03′24″ | | | | |
| | | | *B* | 315°49′24″ | | | | |

14. 试完成表 3-6 中方向观测法观测水平角的计算。

**表 3-6 水平角观测手簿**（方向观测法）

| 测站 | 测回 | 目标 | 水平度盘读数 | | 平均读数 (° ′ ″) | 一测回归零方向值 (° ′ ″) | 各测回归零方向值 (° ′ ″) | 水平角 (° ′ ″) | 备注 |
|---|---|---|---|---|---|---|---|---|---|
| | | | 盘左 | 盘右 | | | | | |
| 1 | 2 | 3 | 4 | 5 | 6 | 7 | 8 | 9 | |
| *O* | 1 | *A* | 0°02′12″ | 180°02′06″ | | | | | |
| | | *B* | 43°18′30″ | 223°18′36″ | | | | | |
| | | *C* | 121°33′18″ | 301°33′12″ | | | | | |
| | | *D* | 165°19′24″ | 345°19′18″ | | | | | |
| | | *A* | 0°02′06″ | 180°02′06″ | | | | | |
| | | | $\Delta_{左}=$ | $\Delta_{右}=$ | | | | | |

续表

| 测站 | 测回 | 目标 | 水平度盘读数 | | 平均读数 (° ′ ″) | 一测回归零方向值 (° ′ ″) | 各测回归零方向值 (° ′ ″) | 水平角 (° ′ ″) | 备注 |
|---|---|---|---|---|---|---|---|---|---|
| | | | 盘左 | 盘右 | | | | | |
| 1 | 2 | 3 | 4 | 5 | 6 | 7 | 8 | 9 | |
| $O$ | 2 | $A$ | 90°03′24″ | 270°03′30″ | | | | | |
| | | $B$ | 133°19′42″ | 313°19′54″ | | | | | |
| | | $C$ | 211°34′30″ | 31°34′24″ | | | | | |
| | | $D$ | 255°20′24″ | 75°20′36″ | | | | | |
| | | $A$ | 90°03′30″ | 270°03′36″ | | | | | |
| | | | $\Delta_{左}=$ | $\Delta_{右}=$ | | | | | |

15. 试完成表 3-7 中观测竖直角的计算。

**表 3-7 竖直角观测手簿**

| 测站 | 目标 | 竖盘位置 | 竖盘读数 | 半测回竖直角 (° ′ ″) | 指标差 (″) | 一测回竖直角 (° ′ ″) | 备 注 |
|---|---|---|---|---|---|---|---|
| $A$ | $B$ | 左 | 63°27′18″ | | | | |
| | | 右 | 296°32′24″ | | | | |
| | $C$ | 左 | 97°12′48″ | | | | |
| | | 右 | 262°47′24″ | | | | |

# 第四章　距离测量与直线定向

学习目标

• 了解距离测量是测量的三项基本工作之一。距离测量的目的就是测量地面两点之间的水平距离。直线定线的方法有两点间目测定线、过高地定线和经纬仪定线三种。

• 理解标准方向线有三种：真子午线方向、磁子午线方向、坐标纵轴方向。同理，由于采用的标准方向不同，直线的方位角也有如下三种：真方位角、磁方位角和坐标方位角。

• 掌握用钢尺进行精密量距时，在丈量前必须对所用钢尺进行检定，以便在丈量结果中加入尺长改正、温度改正、倾斜改正。掌握坐标正算和坐标反算的计算方法。

距离测量是测量的三项基本工作之一。距离测量的目的就是测量地面两点之间的水平距离。根据使用的工具和方法的不同，常用的距离测量方法有钢尺量距、视距测量、电磁波测距和 GNSS 测量等。

钢尺量距是用钢卷尺沿地面丈量距离。该方法适用于平坦地区的短距离量距，易受地形限制。

视距测量是利用经纬仪或水准仪望远镜中的视距丝及视距标尺按几何光学原理测距。这种方法能克服地形障碍，适合于低精度的近距离测量（200m 以内）。

电磁波测距是用仪器发射并接收电磁波，通过测量电磁波在待测距离上往返传播的时间计算出距离。这种方法测距精度高，测程远，一般用于高精度的远距离测量和近距离的细部测量，其测量精度由仪器的出厂精度确定。

GNSS 测量是利用两台 GNSS 接收机接收空间轨道上 4 颗以上 GNSS 卫星发射的载波信号，通过一定的测量和计算方法，求出两台 GNSS 接收机天线相位中心的距离。

本章将分别介绍前三种距离测量方法及所用仪器的有关原理和使用方法，GNSS 测量将在第六章中介绍。

地面上两点间的相对位置，除确定两点间的水平距离以外，尚需确定两点连线的方向。确定一条直线与标准方向之间的角度关系，称为直线定向。

## 第一节　钢尺量距

### 一、量距工具

1. 钢尺

钢尺量距的首要工具是钢尺，又称钢卷尺。尺的宽度约为 10～15mm，厚度约为 0.3～0.4mm，长度有 20m，30m，50m，100m 等几种。最小刻画到毫米，有的钢尺仅在 0～1dm 之间刻画到毫米，其他部分刻画到厘米。在分米和米的刻画处，注有数字注记。钢尺卷在圆形金属盒中或金属尺架内，便于携带使用，如图 4-1 所示。

钢卷尺由于尺的零点位置不同，有刻线尺和端点尺之分，如图 4-2 所示。刻线尺是在尺上刻出零点的位置；端点尺是以尺的端部、金属环的最外端为零点，从建筑物的边缘开始丈量时用端点尺很方便。

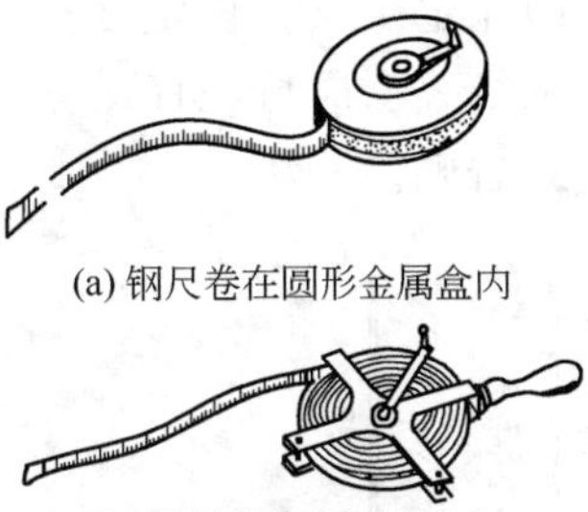
(a) 钢尺卷在圆形金属盒内

(b) 钢尺卷在金属尺架中

图 4-1 钢卷尺

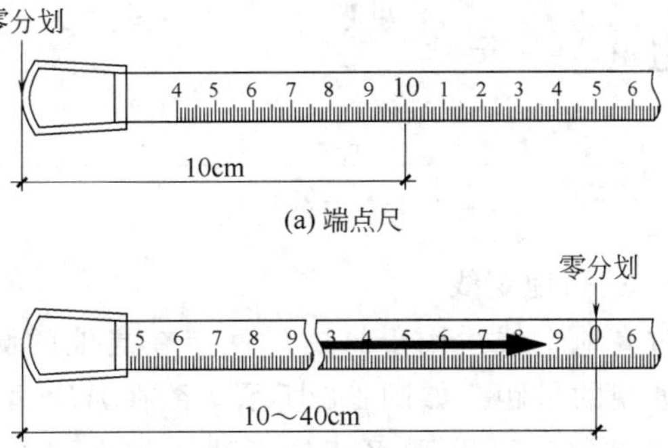

(a) 端点尺

(b) 刻线尺

图 4-2 刻线尺和端点尺

2. 钢尺量距的辅助工具

钢尺量距的辅助工具有测钎、标杆、垂球等。如图 4-3 所示，测钎亦称测针，用直径 5mm 左右的粗钢丝制成，长 30～40cm，上端弯成环形，下端磨尖，一般以 11 根为一组，穿在铁环中，用来标定尺的端点位置和计算整尺段数；标杆又称花杆，直径 3～4cm，长 2～3m，杆身涂以 20cm 间隔的红、白漆，下端装有锥形铁尖，主要用于标定直线方向；垂球用于在不平坦地面丈量时将钢尺的端点垂直投影到地面。当进行精密量距时，还需配备弹簧秤和温度计，弹簧秤用于对钢尺施加规定的拉力，温度计用于测定钢尺量距时的温度，以便对钢尺丈量的距离施加温度改正，如图 4-4 所示。

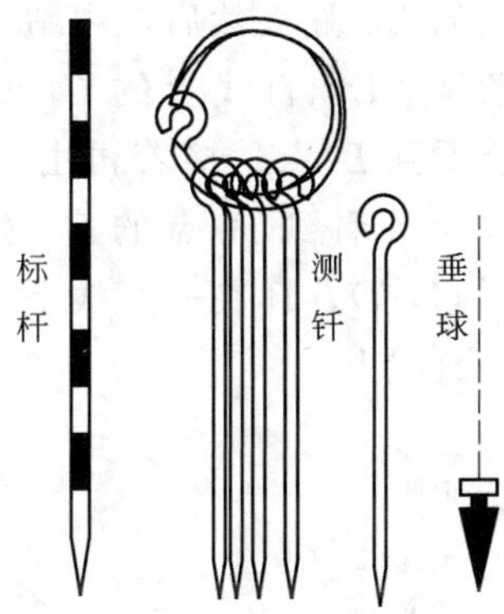

图 4-3 辅助工具

## 二、直线定线

当地面两点之间的距离大于钢尺的一个尺段或地势起伏较大时，为方便量距工作，需分成若干尺段进行丈量，这就需要在直线的方向上插上一些标杆或测钎，在同一直线上定出若干点，这项工作被称为直线定线，其方法有以下三种。

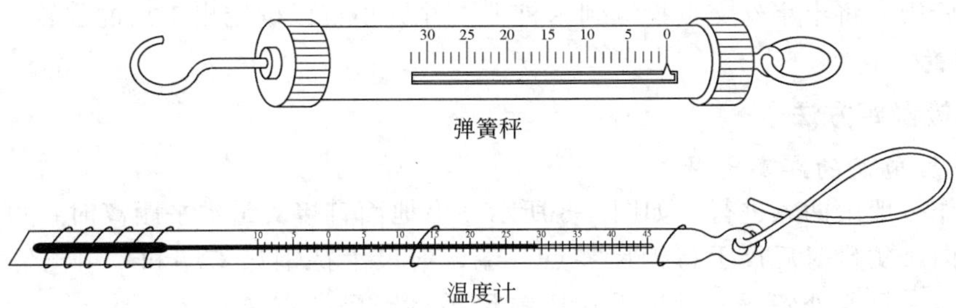
弹簧秤

温度计

图 4-4 弹簧秤和温度计

1. 两点间目测定线

目测定线适用于钢尺量距的一般方法。如图 4-5 所示，设 $A$ 和 $B$ 为地面上相互通视、待测距离的两点。现要在直线 $AB$ 上定出 1，2 等分段点。先在 $A$，$B$ 两点上竖立花杆，甲

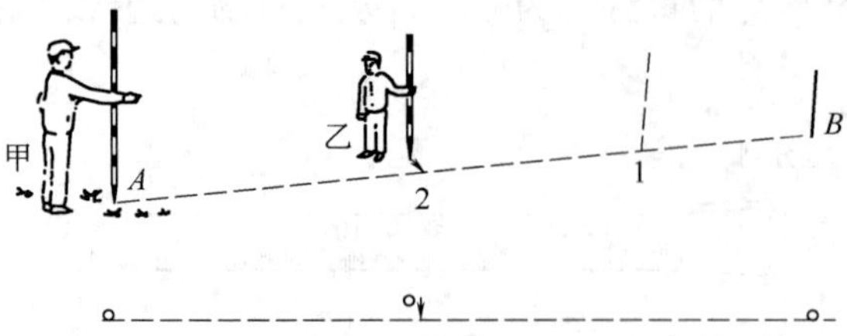

图 4-5 目测定线

站在 A 杆后约 1m 处，指挥乙左右移动花杆，直到甲在 A 点沿标杆的同一侧看见 A，1，B 三点处的花杆在同一直线上。用同样方法可定出 2 点。直线定线一般应由远到近，即先定 1 点，再定 2 点。为了不挡住甲的视线，乙应持花杆站立在直线方向的左侧或右侧。

2. 过高地定线

过高地定线适用于 A，B 两点在高地两侧，互不通视的量距。如图 4-6 所示，欲在 AB 两点间标定直线，可采用逐渐趋近法。先在 A，B 两点上竖立标杆，甲、乙两人各持标杆分别选择在 $C_1$ 和 $D_1$ 处站立，要求 B，$D_1$，$C_1$ 位于同一直线上，且甲能看到 B 点，乙能看到 A 点。可先由甲站在 $C_1$ 处指挥乙移动至 $BC_1$ 直线上的 $D_1$ 处。然后，由站在 $D_1$ 处的乙指挥甲移动至 $AD_1$ 直线上的 $C_2$ 处，要求甲站在 $C_2$ 处能看到 B 点，接着再由站在 $C_2$ 处的甲指挥乙移至能看到 A 点的 $D_2$ 处，这样逐渐趋近，直到 C，D，B 在一直线上，同时 A，C，D 也在一直线上，这时说明 A，C，D，B 均在同一直线上。

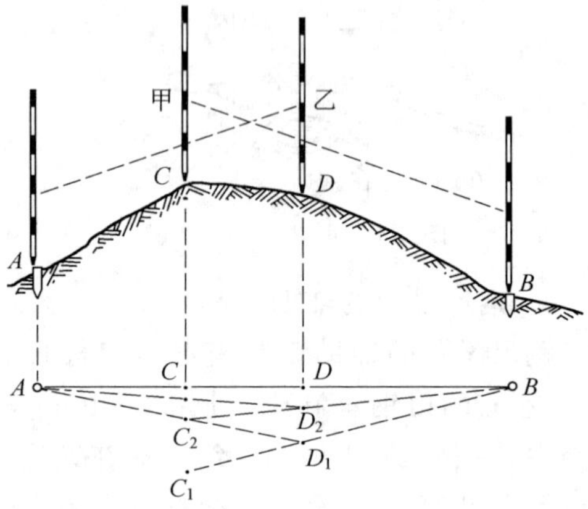

图 4-6 过高地定线

这种方法也可用于分别位于两座建筑物上的 A，B 两点间的定线。

3. 经纬仪定线

当直线定线精度要求较高时，可用经纬仪定线。如图 4-7 所示，欲在 AB 直线上精确定出 1，2，3 点的位置，可将经纬仪安置于 A 点，用望远镜照准 B 点，固定照准部制动螺旋，然后将望远镜向下俯视，将十字丝交点投测到木桩上，并钉小钉以确定出 1 点的位置。同法标定出 2，3 点的位置。

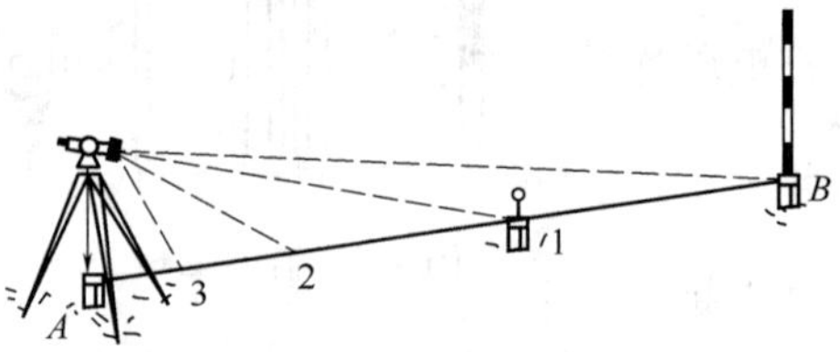

图 4-7 经纬仪定线

## 三、一般量距方法

### （一）平坦地面的距离丈量

丈量工作一般由两人进行。如图 4-8 所示，沿地面直接丈量水平距离时，可先在地面上定出直线方向，丈量时后尺手持钢尺零点一端，前尺手持钢尺末端和一组测钎沿 A，B 方向前进，行至一尺段处停下，后尺手指挥前尺手将钢尺拉在 A，B 直线上，后尺手将钢尺的零点对准 A 点，当两人同时把钢尺拉紧后，前尺手在钢尺末端的整尺段长分划处竖直插下一根测钎得到 1 点，即量完一个尺段。前、后尺手抬尺前进，当后尺手到达插测钎处时停住，再重复上述操作，量完第二尺段。后尺手拔起地上的测钎，依次前进，直到量完 AB 直线的最后一段为止。

丈量时应注意沿着直线方向进行，钢尺必须拉紧伸直且无卷曲。直线丈量时尽量以整尺

图 4-8　平坦地面的距离丈量

段丈量，最后丈量余长，以方便计算。丈量时应记清楚整尺段数，或用测钎数表示整尺段数。然后逐段丈量，则直线的水平距离 $D$ 按下式计算

$$D=nl+q \tag{4-1}$$

式中　$l$——钢尺的一整尺段长，m；

$n$——整尺段数；

$q$——不足一整尺的零尺段的长，m。

为了防止丈量中发生错误并提高量距精度，需要进行往返丈量。若合乎要求，取往返平均数作为丈量的最后结果。将往返丈量的距离之差与平均距离之比化成分子为 1 的分数，称之为相对误差 $K$，可用它来衡量丈量结果的精度。即

$$K=\frac{|D_{往}-D_{返}|}{D_{平均}}=\frac{1}{D_{平均}/|D_{往}-D_{返}|} \tag{4-2}$$

相对误差分母越大，则 $K$ 值越小，精度越高；反之，精度越低。量距精度取决于工程的要求和地面起伏的情况，在平坦地区，钢尺量距的相对误差一般不应大于 1/2000；在量距较困难的地区，其相对误差也不应大于 1/1000。

**【例 4-1】**　$A$，$B$ 的往测距离为 187.530m，返测距离为 187.580m，往返平均数为 187.555m，则相对误差 $K$ 为

$$K=\frac{|187.530-187.580|}{187.555}=\frac{1}{3751}<\frac{1}{2000}$$

（二）倾斜地面的距离丈量

1. 平量法

如图 4-9 所示，若地面高低起伏不平，可将钢尺拉平丈量。丈量由 $A$ 向 $B$ 进行，后尺手将尺的零端对准 $A$ 点，前尺手将尺抬高，并且目估使尺子水平，用垂球尖将尺段的末端投于 $AB$ 方向线的地面上，再插以测钎。依次进行，丈量 $AB$ 的水平距离。若地面倾斜较大，将钢尺整尺拉平有困难时，可将一尺段分成几段来平量。

2. 斜量法

当倾斜地面的坡度比较均匀时，如图 4-10 所示，可沿斜面直接丈量出 $AB$ 的倾斜距离 $D'$，测出地面倾斜角 $\alpha$ 或 $AB$ 两点间的高差 $h$，按下式计算 $AB$ 的水平距离 $D$

$$D=D'\cos\alpha \tag{4-3}$$

或

$$D=\sqrt{D'^2-h^2} \tag{4-4}$$

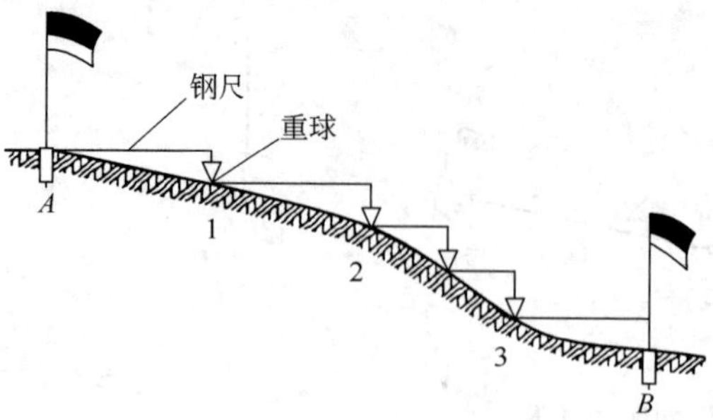


图 4-9 平量法

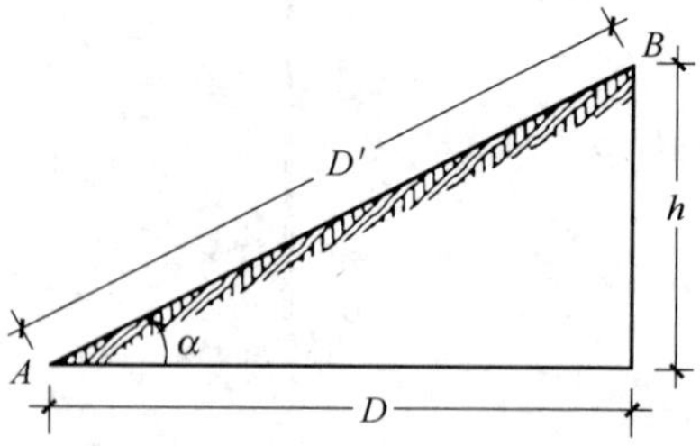


图 4-10 斜量法

## 四、钢尺的检定

由于钢尺材料的质量及制造误差等因素的影响，其实际长度和名义长度（即尺上所注的长度）往往不一样，而且钢尺在长期使用中因受外界条件变化的影响也会引起尺长的变化。因此，在精密量距中，距离丈量精度要求达到 1/40000～1/10000 时，在丈量前必须对所用钢尺进行检定，以便在丈量结果中加入尺长改正。

### （一）尺长方程式

所谓尺长方程式即在标准拉力下（30m 钢尺用 100N，50m 钢尺用 150N）钢尺的实际长度与温度的函数关系式。其形式为

$$l_t = l_0 + \Delta l + \alpha l_0 (t - t_0) \tag{4-5}$$

式中 $l_t$——钢尺在温度 $t$ 时的实际长度；

$l_0$——钢尺的名义长度；

$\Delta l$——尺长改正数，即钢尺在温度 $t_0$ 时的改正数，等于实际长度减去名义长度；

$\alpha$——钢尺的线膨胀系数，其值取为 $1.25\times10^{-5}$/℃；

$t_0$——钢尺检定时的标准温度（20℃）；

$t$——丈量时的温度。

**【例 4-2】** 某钢尺的名义长度为 50m，当温度为 20℃时，其真实长度为 49.994m。求该钢尺的尺长方程式。

**解：** 根据题意 $l_0=50$m，$t=20$℃，$\Delta l=49.994-50=-0.006$（m），则该钢尺的尺长方程式为

$$l_t = 50 - 0.006 + 1.25\times10^{-5}\times50\times(t-20)$$

这就是该钢尺的尺长方程式。

每一根钢尺都有一相应的尺长方程式，以确定其真实长度，从而求得被量距离的真实长度。尺长改正数 $\Delta l$ 因钢尺经常使用会产生不同的变化。所以作业前必须检定钢尺，以确定其尺长方程式。确定尺长方程式的过程，就称为钢尺的检定。

### （二）钢尺的检定方法

1. 比长检定法

钢尺检定最简单的方法就是比长检定法，该法是用一根已有尺长方程式的钢尺作为标准尺，使作业尺与其比较从而求得作业钢尺的尺长方程式的方法。检定时，最好选在阴天或阴凉处，将标准钢尺与作业钢尺并排伸展在平坦的地面上，两钢尺零分划端各连接弹簧秤一

支，使两尺末端分划线对齐并在一起，由一人拉着两尺，另一人辅助保持对齐状态，喊“预备”。听到口令，零分划端两人各拉一弹簧秤，当钢尺达到标准拉力时在零分划端的观测员将两尺的零分划线之间的差值 $\delta l(\delta l = l_{作} - l_{标})$ 读出，估读至 0.5mm，如此比较 3 次，若互差不超过 2mm，取中数作为最后结果。由于拉力相同，温度相同，若钢尺膨胀系数也相同，两尺长度之差值就是两尺尺长方程式的差值。这样就能根据标准钢尺的尺长方程式计算出被检定钢尺的尺长方程式。

**【例 4-3】** 设 1 号标准尺的尺长方程式为 $l_{t1} = 30 + 0.004 + 1.25 \times 10^{-5} \times 30 \times (t - 20)$。被检定的 2 号钢尺，其名义长度也为 30m，当两尺末端刻画对齐并施加标准拉力后，2 号钢尺比 1 号钢尺短 0.007m，比较时的温度为 24℃。求 2 号作业钢尺的尺长方程式。

**解**：根据比较结果，可以得出

$$l_{t2} = l_{t1} - 0.007$$

即

$$\begin{aligned} l_{t2} &= 30 + 0.004 + 1.25 \times 10^{-5} \times 30 \times (24 - 20) - 0.007 \\ &= 30 + 0.004 + (1.25 \times 10^{-5} \times 30 \times 24 - 1.25 \times 10^{-5} \times 30 \times 20) - 0.007 \\ &= 30 + 0.004 + (0.009 - 0.008) - 0.007 \\ &= 30 + 0.004 + 0.001 - 0.007 \\ &= 30 - 0.002 \end{aligned}$$

故 2 号钢尺的尺长方程式为

$$l_{t2} = 30 - 0.002 + 1.25 \times 10^{-5} \times 30 \times (t - 24)$$

若将检定温度改化成 20℃，则

$$l_{t2} = 30 + 0.004 + 1.25 \times 10^{-5} \times (t - 20) \times 30 - 0.007$$

即

$$l_{t2} = 30 - 0.003 + 1.25 \times 10^{-5} \times (t - 20) \times 30$$

2. 基线检定法

如果检定精度要求得更高一些，可在国家测绘机构已测定的已知精确长度的基线场进行量距，用欲检定的钢尺多次丈量基线长度，推算出尺长改正数及尺长方程式。

设基线长度为 $D$，丈量结果为 $D'$，钢尺名义长度为 $l_0$，则尺长改正数 $\Delta l$ 为

$$\Delta l = \frac{D - D'}{D'} l_0 \tag{4-6}$$

再将结果改化为标准温度 20℃时的尺长改正数，即得到标准尺长方程式。

**【例 4-4】** 设基线长为 120.230m，用名义长度为 30m 的作业钢尺丈量基线的结果是 120.303m，丈量时的温度为 14℃，求作业钢尺的尺长方程式。

**解**：根据题意，全长的差值为：120.230－120.303＝－0.073m，一整尺段的改正数为

$$\Delta l = \frac{-0.073}{120.303} \times 30 = -0.018\ (\mathrm{m})$$

所以，作业钢尺在检定温度为 14℃时的尺长方程式为

$$l_{作} = 30 - 0.018 + 1.25 \times 10^{-5} \times 30 \times (t - 14)$$

若将检定时的温度改为标准温度 20℃，则尺长方程式为

$$\begin{aligned} l_{作} &= 30 - 0.018 + 1.25 \times 10^{-5} \times 30 \times (20 - 14) + 1.25 \times 10^{-5} \times 30 \times (t - 20) \\ &= 30 - 0.016 + 1.25 \times 10^{-5} \times 30 \times (t - 20) \end{aligned}$$

应当指出：由于温度改正实际上往往是非线性的，因此，当丈量精度要求较高时，钢尺作业时的温度与检定时的温度就不能相差过大（规定温差限度为±15℃），若温差超过规定限度，则应重新检定钢尺。

## 五、钢尺的精密量距

当用钢尺进行精密量距时，钢尺必须经过检定并得出在检定时拉力与温度的条件下应有的尺长方程式。丈量前应先用经纬仪定线。如地势平坦或坡度均匀，可将测得的直线两端点高差作为倾斜改正的依据；若沿线地面坡度有起伏变化，标定木桩时应注意在坡度变化处两木桩间距离略短于钢尺全长，木桩顶高出地面 2～3cm，桩顶用“+”来标示点的位置，用水准仪测定各坡度变换点木桩桩顶间的高差，作为分段倾斜改正的依据。丈量时钢尺两端都对准尺段端点进行读数，如钢尺仅零点端有毫米分划，则须以尺末端某分米分划对准尺段一端以便零点端读出毫米数。每尺段丈量三次，以尺子的不同位置对准端点，其移动量一般在 1dm 以内。三次读数所得尺段长度之差视不同要求而定，一般不超过 2～5mm，若超限，须进行第四次丈量。丈量完成后还须进行成果整理，即改正数计算，最后得到精度较高的丈量成果。

1. 尺长改正 $\Delta l_1$

由于钢尺的名义长度和实际长度不一致，丈量时就产生误差。设钢尺在标准温度、标准拉力下的实际长度为 $l$，名义长度为 $l_0$，则一整尺的尺长改正数为

$$\Delta l = l - l_0$$

每量一米的尺长改正数为

$$\Delta l_{米} = \frac{l - l_0}{l_0}$$

丈量 $D'$距离的尺长改正数为

$$\Delta l_1 = \frac{l - l_0}{l_0} D' \tag{4-7}$$

钢尺的实长大于名义长度时，尺长改正数为正，反之为负。

2. 温度改正 $\Delta l_t$

丈量距离都是在一定的环境条件下进行的，温度的变化对距离将产生一定的影响。设钢尺检定时温度为 $t_0$，丈量时温度为 $t$，钢尺的线膨胀系数 $\alpha$ 一般为 $1.25\times10^{-5}$/℃，则丈量一段距离 $D'$的温度改正数 $\Delta l_t$ 为

$$\Delta l_t = \alpha(t - t_0)D' \tag{4-8}$$

若丈量时温度大于检定时温度，改正数 $\Delta l_t$ 为正；反之为负。

3. 倾斜改正 $\Delta l_h$

设量得的倾斜距离为 $D'$，两点间测得高差为 $h$，将 $D'$改算成水平距离 $D$ 需加倾斜改正 $\Delta l_h$，一般用下式计算

$$\Delta l_h = -\frac{h^2}{2D'} \tag{4-9}$$

倾斜改正数 $\Delta l_h$ 永远为负值。

4. 全长计算

将测得的结果加上上述三项改正值，即得

$$D = D' + \Delta l_1 + \Delta l_t + \Delta l_h \tag{4-10}$$

相对误差在限差范围之内，取平均值为丈量的结果，如相对误差超限，应重测。

钢尺量距记录计算手簿见表 4-1。

**表 4-1　钢尺量距记录计算手簿**

钢尺号:No. 04-3　钢尺线膨胀系数:0.0000125m/℃　检定温度:20℃　计算者:张　辉

名义尺长:30m　钢尺检定长度:30.0015m　检定拉力:10kg　日期:2012 年 9 月 19 日

| 尺段 | 丈量次数 | 前尺读数 /m | 后尺读数 /m | 尺段长度 /m | 温度 /℃ | 高差 /m | 温度改正 /mm | 高差改正 /mm | 尺长改正 /mm | 改正后尺段长 /m |
|---|---|---|---|---|---|---|---|---|---|---|
| 1 | 2 | 3 | 4 | 5 | 6 | 7 | 8 | 9 | 10 | 11 |
| A-1 | 1 | 29.9910 | 0.0700 | 29.9210 | 25.5 | −0.152 | +2.0 | −0.4 | +1.5 | 29.9249 |
| | 2 | 29.9920 | 0.0695 | 29.9225 | | | | | | |
| | 3 | 29.9910 | 0.0690 | 29.9220 | | | | | | |
| | 平均 | | · | 29.9218 | | | | | | |
| 1-2 | 1 | 29.8710 | 0.0510 | 29.8200 | 25.4 | −0.071 | +1.9 | −0.08 | +1.5 | 29.8228 |
| | 2 | 29.8705 | 0.0515 | 29.8190 | | | | | | |
| | 3 | 29.8715 | 0.0520 | 29.8195 | | | | | | |
| | 平均 | | | 29.8195 | | | | | | |
| 2-B | 1 | 24.1610 | 0.0515 | 24.1095 | 25.7 | −0.210 | +1.6 | −0.9 | +1.2 | 24.1121 |
| | 2 | 24.1625 | 0.0505 | 24.1120 | | | | | | |
| | 3 | 24.1615 | 0.0524 | 24.1091 | | | | | | |
| | 平均 | | | 24.1102 | | | | | | |
| 总和 | | | | | | | | | | 83.8598 |

对表 4-1 中 A-1 段距离进行三项改正计算。

尺长改正　$\Delta l_l=\frac{30.0015-30}{30}\times 29.9218=0.0015\ (\mathrm{m})$

温度改正　$\Delta l_t=0.0000125\times(25.5-20)\times 29.9218=0.0020\ (\mathrm{m})$

倾斜改正　$\Delta l_h=-\frac{(-0.152)^2}{2\times 29.9218}=-0.0004\ (\mathrm{m})$

经上述三项改正后的 A-1 段的水平距离为

$$D_{A\text{-}1}=29.9218+0.020+(-0.0004)+0.0015=29.9249\ (\mathrm{m})$$

其余各段改正计算与 A-1 段相同，然后将各段相加为 83.8598m。如表 4-1 中，设返测的总长度为 83.8524m，可以求出相对误差，用来检查量距的精度

$$相对误差\quad K=\frac{|D_{往}-D_{返}|}{D_{平均}}=\frac{0.0074}{83.8561}=\frac{1}{11332}$$

若将平均值保留 3 位小数，则最后结果为 83.856m。

## 六、钢尺量距的误差分析及注意事项

1. 钢尺量距的误差分析

影响钢尺量距精度的因素很多，下面简要分析产生误差的主要来源和注意事项。

（1）尺长误差　钢尺的名义长度与实际长度不符，就产生尺长误差，用该钢尺所量距离越长，则误差累积越大。因此，新购的钢尺必须进行检定，以求得尺长改正值。

（2）温度误差　钢尺丈量的温度与钢尺检定时的温度不同，将产生温度误差。尺温每变化 8.5℃，尺长将改变 1/10000，按照钢的线膨胀系数计算，温度每变化 1℃，丈量距离为 30m 时对距离的影响为 0.4mm。在一般量距时，丈量温度与标准温度之差不超过±8.5℃时，可不考虑温度误差。但精密量距时，必须进行温度改正。

（3）拉力误差　钢尺在丈量时的拉力与检定时的拉力不同而产生误差。拉力变化 68.6N，尺长将改变 1/10000。以 30m 的钢尺来说，当拉力改变 30～50N 时，引起的尺长误差将有 1～1.8mm。如果能保持拉力的变化在 30N 范围之内，这对于一般精度的丈量工作是足够的。对于精确的距离丈量，应使用弹簧秤，以保持钢尺的拉力是检定时的拉力。30m 钢尺施力 100N，50m 钢尺施力 150N。

（4）钢尺倾斜和垂曲误差　量距时钢尺两端不水平或中间下垂成曲线时，都会产生误差。因此丈量时必须注意保持尺子水平，整尺段悬空时，中间应有人托住钢尺，精密量距时须用水准仪测定两端点高差，以便进行高差改正。

（5）定线误差　由于定线不准确，所量得的距离是一组折线而产生的误差称为定线误差。丈量 30m 的距离，若要求定线误差不大于 1/2000，则钢尺尺端偏离方向线的距离就不应超过 0.47m；若要求定线误差不大于 1/10000，则钢尺的方向偏差不应超过 0.21m。在一般量距中，用标杆目估定线能满足要求。但精密量距时需用经纬仪定线。

（6）丈量误差　丈量时插测钎或垂球落点不准，前、后尺手配合不好以及读数不准等产生的误差均属于丈量误差。这种误差对丈量结果影响可正可负，大小不定。因此，在操作时应认真仔细、配合默契，以尽量减少误差。

2. 量距时的注意事项

（1）伸展钢卷尺时，要小心慢拉，钢尺不可卷扭、打结。若发现有扭曲、打结情况，应细心解开，不能用力抖动，否则容易造成折断。

（2）丈量前，应辨认清钢尺的零端和末端。丈量时，钢尺应逐渐用力拉平、拉直、拉紧，不能突然猛拉。丈量过程中，钢尺的拉力应始终保持鉴定时的拉力。

（3）转移尺段时，前、后拉尺员应将钢尺提高，不应在地面上拖拉摩擦。以免磨损尺面分划，钢尺伸展开后，不能让车辆从钢尺上通过，否则极易损坏钢尺。

（4）测钎应对准钢尺的分划并插直。如插入土中有困难，可在地面上标志一明显记号，并把测钎尖端对准记号。

（5）单程丈量完毕后，前、后尺手应检查各自手中的测钎数目，避免加错或算错整尺段数。一测回丈量完毕，应立即检查限差是否合乎要求。不合乎要求时，应重测。

（6）丈量工作结束后，要用软布擦干净尺上的泥和水。然后涂上机油，以防生锈。

## 第二节　视距测量

视距测量是用望远镜内十字丝分划板上的视距丝及刻有厘米分划的视距标尺，根据光学和三角学原理测定两点间的水平距离和高差的一种方法。特点是操作简便、速度快、不受地形的限制，但测距精度较低，一般相对误差为 1/300～1/200，高差测量的精度也低于水准测量和三角高程测量。它主要用于地形测量的碎部测量中。

### 一、视距测量原理

在经纬仪、水准仪等仪器的望远镜十字丝分划板上，有两条平行于横丝且与横丝等距的短丝，称为视距丝，也叫上下丝，利用视距丝、视距尺和竖盘可以进行视距测量，如图4-11所示。

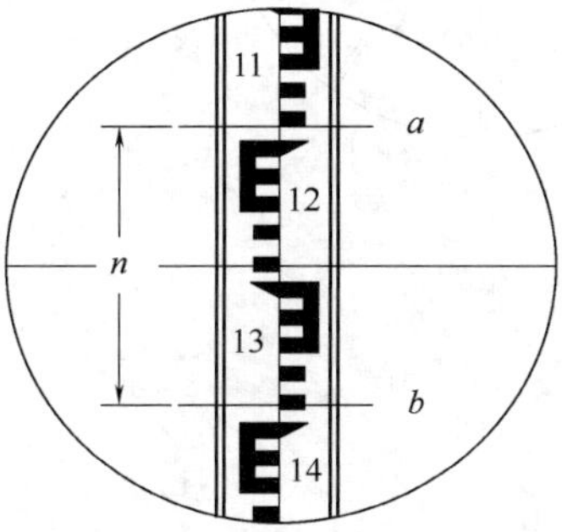


图 4-11　视距丝

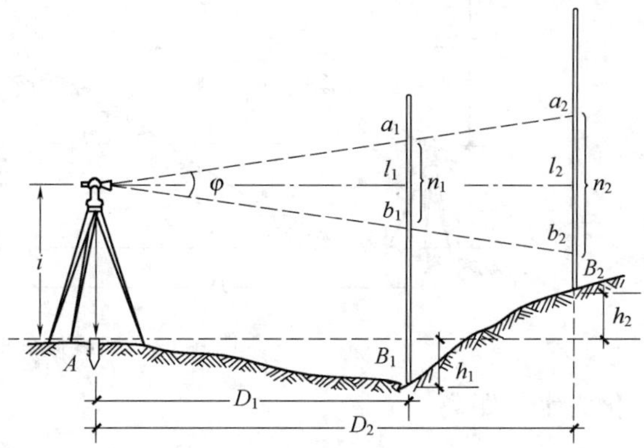


图 4-12　视线水平时的视距测量

1. 视线水平时的视距测量

如图4-12所示，要测出地面上 $A$，$B$ 两点间的水平距离及高差，先在 $A$ 点安置仪器，在 $B_i$ 点立视距尺。将望远镜视线调至水平位置并瞄准尺子，这时视线与视距尺垂直。下丝在标尺上的读数为 $a$，上丝在标尺上的读数为 $b$（设为倒像望远镜）。上、下丝读数之差称为视距间隔 $n$，则 $n=a-b$。

由于视距间隔 $n$ 为一定值，因此，从两根视距丝引出去的视线在竖直面内的夹角 $\varphi$ 也是一个固定的角值，由图4-12可知，视距间隔 $n$ 和立尺点离开测站的水平距离 $D$ 呈线性关系，即

$$D=Kn+C \tag{4-11}$$

式中，$K$ 和 $C$ 分别称为视距乘常数和视距加常数，在仪器制造时，使 $C=0$，$K=100$。因此，视线水平时，计算水平距离的公式为

$$D=Kn=100n=100(a-b) \tag{4-12}$$

从图4-12中还可看出，量取仪器高 $i$ 之后，便可根据视线水平时的横丝读数或称中丝读数 $l$，计算两点间的高差

$$h=i-l \tag{4-13}$$

式（4-13）即为视线水平时高差计算公式。

如果 $A$ 点高程 $H_A$ 为已知，则可求得 $B$ 点的高程 $H_B$ 为

$$H_B=H_A+i-l \tag{4-14}$$

2. 视线倾斜时的视距测量

当地面上 $A$，$B$ 两点的高差较大时，必须使视线倾斜一个竖直角 $\alpha$，才能在标尺上进行视距读数，这时视线不垂直于视距尺，不能用前述公式计算距离和高差。

如图4-13所示，设想将标尺以中丝读数 $l$ 这一点为中心，转动一个 $\alpha$ 角，使标尺仍与视准轴垂直，此时上、下视距丝的读数分别为 $b'$ 和 $a'$，视距间隔 $n'=a'-b'$，则倾斜距离为

$$D'=Kn'=K(a'-b') \tag{4-15}$$

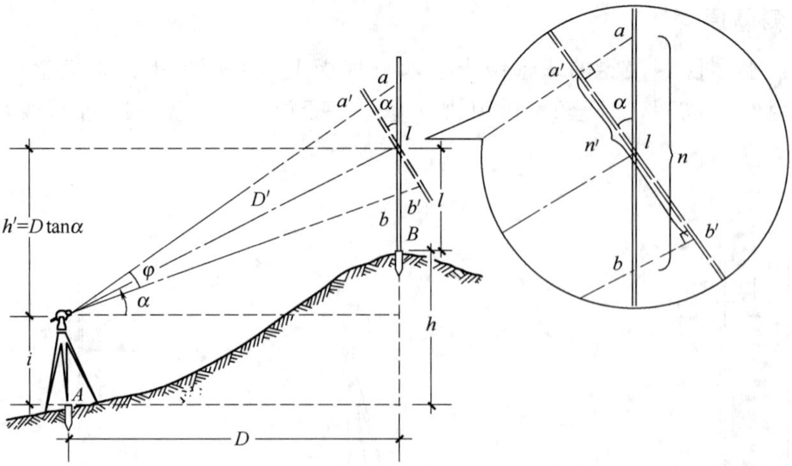


图 4-13 视线倾斜时的视距测量

化为水平距离

$$D=D'\cos\alpha=Kn'\cos\alpha \tag{4-16}$$

由于通过视距丝的两条光线的夹角 $\varphi$ 很小，故$\angle aa'l$ 和$\angle bb'l$ 可近似地看成直角，则有

$$n'=n\cos\alpha \tag{4-17}$$

将式（4-17）代入式（4-16），得到视准轴倾斜时水平距离的计算公式

$$D=Kn\cos^2\alpha \tag{4-18}$$

同理，由图 4-13 可知，$A$，$B$ 两点之间的高差为

$$h=h'+i-l=D\tan\alpha+i-l=\frac{1}{2}Kn\sin2\alpha+i-l \tag{4-19}$$

式中 $\alpha$——垂直角；

$i$——仪器高；

$l$——中丝读数。

## 二、视距测量的观测和计算

（1）如图 4-13 所示，安置经纬仪于 $A$ 点，量取仪器高 $i$，在 $B$ 点竖立视距尺。

（2）用盘左或盘右，转动照准部瞄准 $B$ 点的视距尺，分别读取上、中、下三丝在标尺上的读数 $b$，$l$，$a$，计算出视距间隔 $n=a-b$。在实际视距测量操作中，为了使计算方便，读取视距时，可使下丝或上丝对准尺上一个整分米处，直接在尺上读出尺间隔 $n$，或者在瞄准读中丝时，使中丝读数 $l$ 等于仪器高 $i$。

（3）转动竖盘指标水准管微动螺旋，使竖盘指标水准管气泡居中，读取竖盘读数，并计算竖直角 $\alpha$。

（4）将上述观测数据分别记入视距测量计算表中相应的栏内，见表 4-2。再根据视距尺间隔 $n$、竖直角 $\alpha$、仪器高 $i$ 及中丝读数 $l$，按式（4-18）和式（4-19）计算出水平距离 $D$ 和高差 $h$ 。最后根据 $A$ 点高程 $H_A$ 计算出待测点 $B$ 的高程 $H_B$。

## 三、视距测量的误差来源及消减方法

影响视距测量精度的因素主要有以下几方面。

1. 视距乘常数 $K$ 的误差

仪器出厂时视距乘常数 $K=100$，但由于视距丝间隔有误差，视距尺有系统性刻画误

表 4-2　视距测量计算表　m

测站：$F$　测站高程：72.461m　仪器高：1.533m　仪器：J6

日期：2015 年 8 月 9 日　视线高：73.994m　观测：刘晓飞　记录：王耀鹏

| 点号 | 下丝读数 | 上丝读数 | 中丝读数 | 视距间隔 | 竖盘读数 | 竖直角 | 水平距离 | 高差 | 高程 | 备注 |
|---|---|---|---|---|---|---|---|---|---|---|
| 1 | 1.718 | 1.192 | 1.455 | 0.526 | 85°32′ | +4°28′ | 52.28 | +4.06 | 10.51 | $\alpha=90°-L$ |
| 2 | 1.944 | 1.346 | 1.645 | 0.598 | 83°45′ | +6°15′ | 59.09 | +6.26 | 12.71 | |
| 3 | 2.153 | 1.627 | 1.890 | 0.526 | 92°13′ | −2°13′ | 52.52 | −2.49 | 3.96 | |
| 4 | 2.226 | 1.684 | 1.955 | 0.542 | 84°36′ | +5°24′ | 53.72 | +4.56 | 11.01 | |

差，以及仪器检定的各种因素影响，都会使 $K$ 值不一定恰好等于 100。$K$ 值的误差对视距测量的影响较大，不能用相应的观测方法予以消除，故在使用新仪器前，应检定 $K$ 值。

2. 用视距丝读取尺间隔的误差

视距丝的读数是影响视距精度的重要因素，视距丝的读数误差与尺子最小分划的宽度、距离的远近、成像清晰情况有关。在视距测量中一般根据测量精度要求来限制最远视距。

3. 标尺倾斜误差

视距计算的公式是在视距尺严格垂直的条件下得到的。若视距尺发生倾斜，将给测量带来不可忽视的误差影响，因此，测量时立尺要尽量竖直。在山区作业时，由于地表有坡度而给人以一种错觉，使视距尺不易竖直，因此，应采用带有水准器装置的视距尺。

4. 外界条件的影响

（1）大气竖直折光的影响　大气密度分布是不均匀的，特别在晴天接近地面部分密度变化更大，使视线弯曲，给视距测量带来误差。根据试验，只有在视线离地面超过 1m 时，折光影响才比较小。

（2）空气对流使视距尺的成像不稳定　空气对流的现象在晴天，视线通过水面上空和视线离地表太近时较为突出，成像不稳定造成读数误差增大，对视距精度影响很大。

（3）风力使尺子抖动　风力较大时尺子立不稳而发生抖动，分别在两根视距丝上读数又不可能严格在同一个时候进行，所以对视距间隔将产生影响。

减少外界条件影响的唯一办法是：根据对视距精度的需要而选择合适的天气作业。

## 第三节　直线定向

在测量工作中常常需要确定两点平面位置的相对关系，此时仅仅测得两点间的距离是不够的，还需要知道这条直线的方向，才能确定两点间的相对位置，在测量工作中，一条直线的方向是根据某一标准方向线来确定的，确定直线与标准方向线之间的夹角关系的工作称为直线定向。

### 一、标准方向线

1. 真子午线方向

通过地面上一点并指向地球南北极的方向线，称为该点的真子午线方向。真子午线方向是用天文测量方法或者陀螺经纬仪测定的。指向北极星的方向可近似地作为真子午线的方向。

2. 磁子午线方向

通过地面上一点的磁针，在自由静止时其轴线所指的方向（磁南北方向），称为磁子午线方向。磁子午线方向可用罗盘仪测定。

由于地磁两极与地球两极不重合，致使磁子午线与真子午线之间形成一个夹角 $\delta$，称为磁偏角。磁子午线北端偏于真子午线以东为东偏，$\delta$ 为正；以西为西偏，$\delta$ 为负。

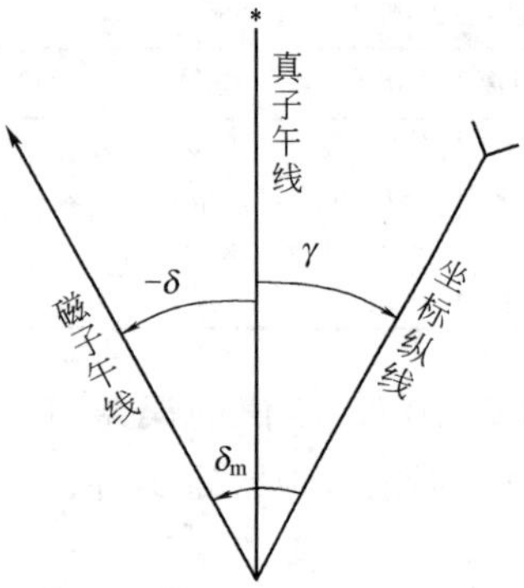


图 4-14 三种标准方向间关系

3. 坐标纵轴方向

测量中常以通过测区坐标原点的坐标纵轴为准，测区内通过任一点与坐标纵轴平行的方向线，称为该点的坐标纵轴方向。

真子午线与坐标纵轴间的夹角 $\gamma$ 称为子午线收敛角。坐标纵轴北端在真子午线以东为东偏，$\gamma$ 为正；以西为西偏，$\gamma$ 为负。

如图 4-14 所示为三种标准方向间关系的一种情况，$\delta_m$ 为磁针对坐标纵轴的偏角。

## 二、方位角

由标准方向的北端起，按顺时针方向量到某直线的水平角，称为该直线的方位角，角值范围为 0°～360°。由于采用的标准方向不同，直线的方位角有如下三种。

1. 真方位角

从真子午线方向的北端起，按顺时针方向量至某直线间的水平角，称为该真线的真方位角，用 $A$ 表示。

2. 磁方位角

从磁子午线方向的北端起，按顺时针方向量至某直线间的水平角，称为该直线的磁方位角，用 $A_m$ 表示。

3. 坐标方位角

从平行于坐标纵轴的方向线的北端起，按顺时针方向量至某直线的水平角，称为该直线的坐标方位角，以 $\alpha$ 表示，通常简称为方向角。

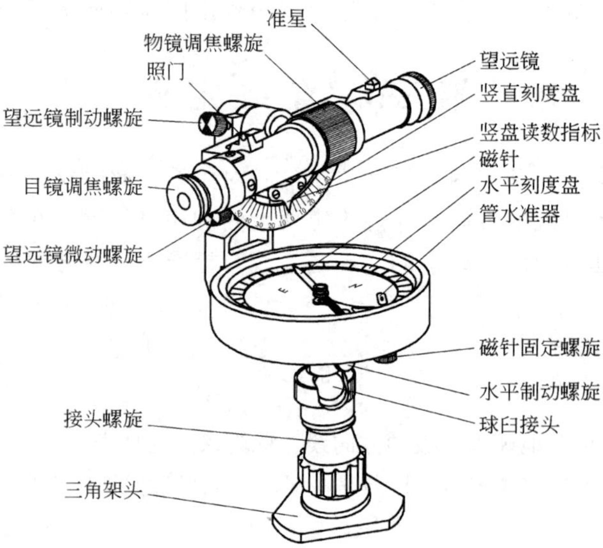


图 4-15 罗盘仪

## 三、用罗盘仪测定磁方位角

1. 罗盘仪的构造

如图 4-15 所示，罗盘仪（compass）是测量直线磁方位角的仪器，仪器构造简单，使用方便，但精度不高，外界环境对仪器的影响较大，如钢铁建筑和高压电线都会影响其精度。

当测区内没有国家控制点可用，需要在小范围内建立假定坐标系的平面控制网时，可用罗盘仪测量磁方位角，作为该控制网起始边的坐标方位角。

罗盘仪的主要部件有磁针、刻度盘、望远镜和基座，如图 4-16 所示。

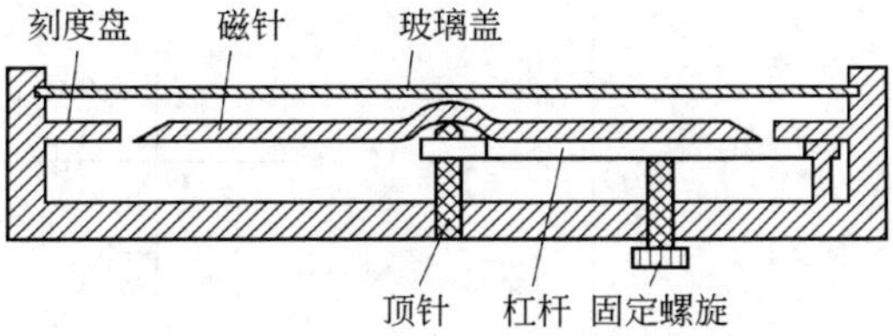

图 4-16　罗盘结构

(1) 磁针　磁针用人造磁铁制成，磁针在度盘中心的顶针尖上可自由转动。为了减轻顶针尖的磨损，在不用时，可用位于底部的固定螺旋升高杠杆，将磁针固定在玻璃盖上。

(2) 刻度盘　用钢或铝制成的圆环，随望远镜一起转动，每隔 10°有一注记，按逆时针方向从 0°注记到 360°，最小分划为 1°或 30′。刻度盘内装有一个圆水准器或者两个相互垂直的管水准器，用手控制气泡居中，使罗盘仪水平。

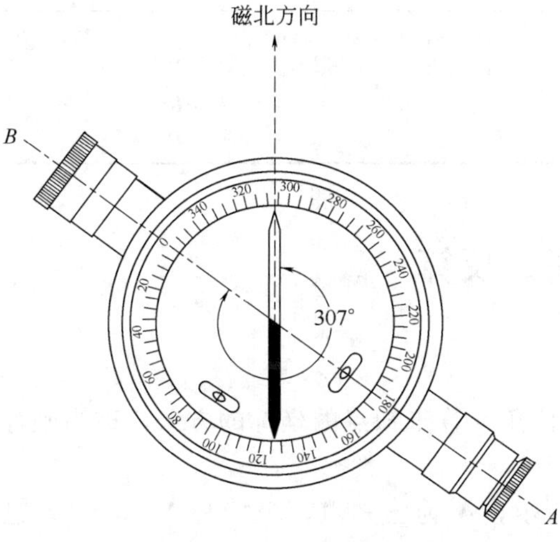

图 4-17　用罗盘仪测定直线磁方位角的原理

(3) 望远镜　与经纬仪的望远镜结构基本相似，也有物镜对光、目镜对光螺旋和十字丝分划板等，其望远镜的视准轴与刻度盘的 0°分划线共面，如图 4-17 所示。

(4) 基座　采用球臼结构，松开球臼接头螺旋，可摆动刻度盘，使水准气泡居中，度盘处于水平位置，然后拧紧接头螺旋。

2. 用罗盘仪测定直线磁方位角的方法

欲测直线 $AB$ 的磁方位角，将罗盘仪安置在直线起点 $A$，挂上垂球对中，松开球臼接头螺旋，用手前、后、左、右转动刻度盘，使水准器气泡居中，拧紧球臼接头螺旋，使仪器处于对中和整平状态。松开磁针固定螺旋，让它自由转动，然后转动罗盘，用望远镜照准 $B$ 点标志，待磁针静止后，按磁针北端（一般为黑色一端）所指的度盘分划值读数，即为直线 $AB$ 的磁方位角角值，如图 4-17 所示。

使用时，要避开高压电线并避免铁质物体接近罗盘，在测量结束后，要旋紧固定螺旋将磁针固定。

## 四、正反坐标方位角

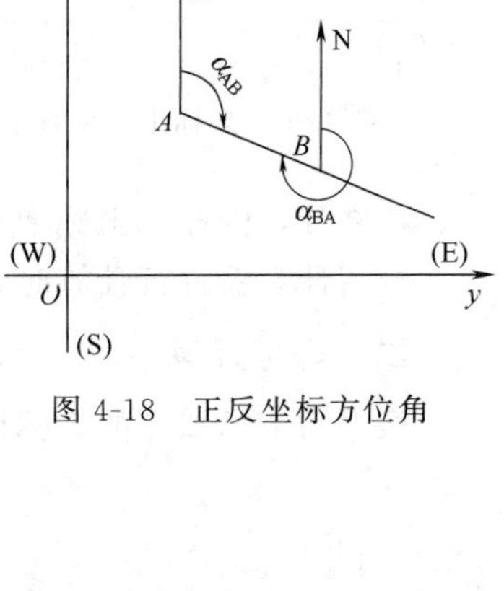

图 4-18　正反坐标方位角

测量工作中的直线都具有一定的方向，如图 4-18 所示，以 $A$ 点为起点，$B$ 点为终点的直线 $AB$ 的坐标方位角 $\alpha_{AB}$，称为直线 $AB$ 的正坐标方位角。而直线 $BA$ 的坐标方位角 $\alpha_{BA}$，称为直线 $AB$ 的反坐标方位角。同理，$\alpha_{BA}$ 为直线 $BA$ 的正坐标方位角，$\alpha_{AB}$ 为直线 $BA$ 的反坐标方位角，由图

4-18 中可以看出，正、反坐标方位角间的关系为

$$\alpha_{BA}=\alpha_{AB}\pm180° \tag{4-20}$$

### 五、象限角

如图 4-19 所示，由坐标纵轴的北端或南端起，顺时针或逆时针至某直线间所夹的锐角，并注出象限名称，称为该直线的象限角，以 $R$ 表示，角值范围为 0°～90°。直线 $O1$，$O2$，$O3$，$O4$ 的象限分别为北东 $R_{O1}$、南东 $R_{O2}$、南西 $R_{O3}$ 和北西 $R_{O4}$。坐标方位角与象限角的换算关系见表 4-3。

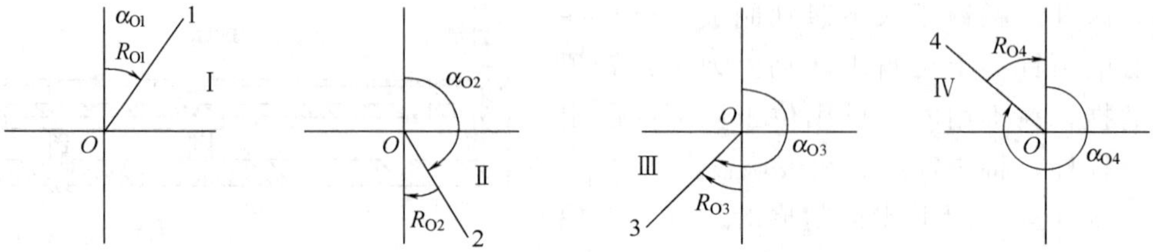


图 4-19 坐标方位角与象限角的换算关系

**表 4-3 坐标方位角与象限角的换算关系**

| 直线方向 | 由坐标方位角推算象限角 | 由象限角推算坐标方位角 |
|---|---|---|
| 北东，第Ⅰ象限 | $R=\alpha$ | $\alpha=R$ |
| 南东，第Ⅱ象限 | $R=180°-\alpha$ | $\alpha=180°-R$ |
| 南西，第Ⅲ象限 | $R=\alpha-180°$ | $\alpha=180°+R$ |
| 北西，第Ⅳ象限 | $R=360°-\alpha$ | $\alpha=360°-R$ |

## 第四节 坐标正、反算

### 一、坐标正算

根据已知点的坐标、已知边长及该边的坐标方位角计算未知点的坐标的方法，称为坐标正算。

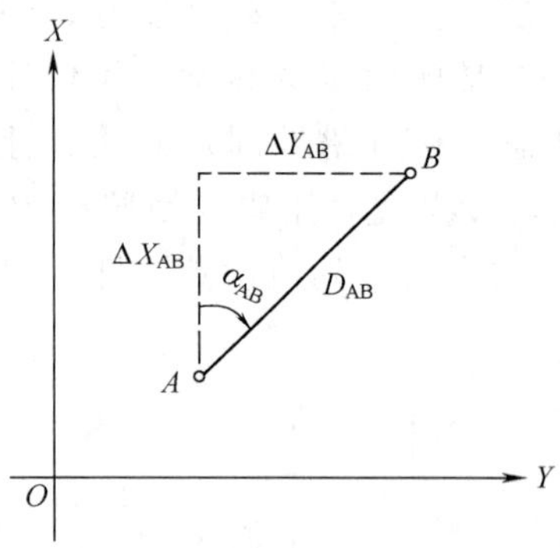


图 4-20 坐标正、反算示意

如图 4-20 所示，$A$ 为已知点，坐标为 $X_A$，$Y_A$，已知 $AB$ 边长为 $D_{AB}$，坐标方位角为 $\alpha_{AB}$，要求 $B$ 点坐标 $X_B$，$Y_B$。由图 4-20 可知

$$\left.\begin{aligned}X_B&=X_A+\Delta X_{AB}\\Y_B&=Y_A+\Delta Y_{AB}\end{aligned}\right\} \tag{4-21}$$

其中

$$\left.\begin{aligned}\Delta X_{AB}&=D_{AB}\cos\alpha_{AB}\\\Delta Y_{AB}&=D_{AB}\sin\alpha_{AB}\end{aligned}\right\} \tag{4-22}$$

式中，sin 和 cos 的函数值随着 $\alpha$ 所在象限的不同有正、负之分，因此，坐标增量同样具有正、负号。其符号与 $\alpha$ 角值的关系见表 4-4。

当用计算器进行计算时，可直接显示 sin 和 cos 的正、负号。

### 二、坐标反算

根据两个已知点的坐标计算出两点间的边长及其方位角，称为坐标反算。

表 4-4　坐标增量正负号与 $\alpha$ 角值的关系

| 象限 | 方向角 $\alpha$ | $\cos\alpha$ | $\sin\alpha$ | $\Delta X$ | $\Delta Y$ |
|---|---|---|---|---|---|
| Ⅰ | 0°～90° | + | + | + | + |
| Ⅱ | 90°～180° | − | + | − | + |
| Ⅲ | 180°～270° | − | − | − | − |
| Ⅳ | 270°～360° | + | − | + | − |

由图 4-20 可知

$$D_{AB}=\sqrt{\Delta X_{AB}^2+\Delta Y_{AB}^2}=\sqrt{(X_B-X_A)^2+(Y_B-Y_A)^2} \tag{4-23}$$

$$\alpha_{AB}=\tan^{-1}\frac{\Delta Y_{AB}}{\Delta X_{AB}}=\tan^{-1}\frac{Y_B-Y_A}{X_B-X_A} \tag{4-24}$$

【注意】 在用计算器按式（4-24）计算坐标方位角时，得到的角值只是象限角，还必须根据坐标增量的正负，按表 4-4 决定坐标方位角所在的象限，再按表 4-3 将象限角换算为坐标方位角。

## 第五节　电磁波测距

1948 年，瑞典 AGA 公司研制成功了世界上第一台电磁波测距仪，它采用白炽灯发射的光波作载波，仪器相当笨重且功耗大。为避开白天太阳光对测距信号的干扰，只能在夜间作业，测距操作和计算都比较复杂。

1967 年 AGA 公司又推出了世界上第一台商品化的激光测距仪 AGA-8。该仪器采用 5mW 的氦-氖激光器作发光元件，白天测程为 40km，夜间测程达 60km，测距精度为（5mm＋1ppm），主机质量为 23kg。

虽然电磁波测距仪又大又笨重，但与传统测距工具和方法相比，它具有高精度、高效率、测程长、作业快、工作强度低、几乎不受地形限制等优点。随着半导体技术的发展，从 20 世纪 60 年代末 70 年代初起，采用砷化镓发光二极管作发光元件的红外测距仪逐渐在世界上流行起来。

与激光测距仪比较，红外测距仪有体积小、重量轻、功耗小、测距快、自动化程度高等优点。由于红外光的发散角比激光大，所以红外测距仪的测程一般小于 15km。

现在的红外测距仪已经和电子经纬仪及计算机软硬件制造在一起，形成了全站仪，并向着自动化、智能化和利用蓝牙技术实现测量数据的无线传输方向飞速发展。

电磁波测距仪分为微波测距仪和光电测距仪，以微波作为载波的测距仪称微波测距仪，以激光作为载波的称激光测距仪，以砷化镓（GaAs）发光二极管发出的红外光作载波的红外测距仪和其他光源作为载波的测距仪统称为电磁波测距仪。本节主要介绍红外测距仪的基本原理和测距方法。

### 一、测距原理

目前测距仪品种和型号繁多，但其测距原理基本相同，分为脉冲式和相位式两种。

1. 脉冲式光电测距仪测距原理

如图 4-21 所示，脉冲式光电测距仪是通过直接测定光脉冲在待测距离两点间往返传播的时间 $t$，来测定测站至目标的距离 $D$。用测距仪测定两点间的距离 $D$，在 $A$ 点安置测距仪，在 $B$ 点安置反射棱镜。由测距仪发射的光脉冲经过距离 $D$ 到达反射棱镜，再反射回仪

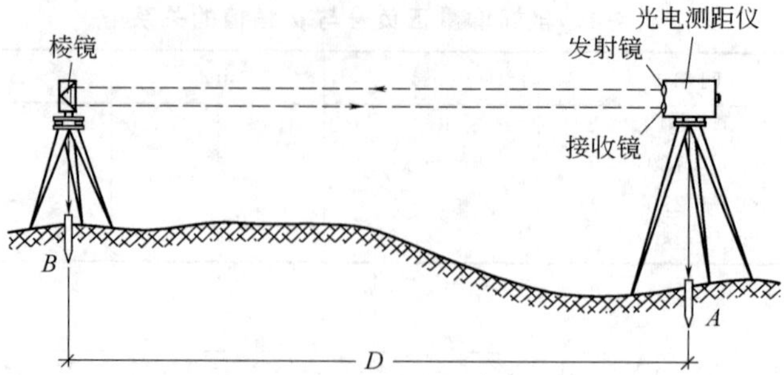


图 4-21 脉冲式光电测距原理

器接收系统，所需时间为 $t$，则距离 $D$ 即可按下式求得

$$D=\frac{1}{2}Ct \tag{4-25}$$

式中，$C$ 为光波在大气中的传播速度，根据物理学的基本公式有

$$C=\frac{C_0}{n} \tag{4-26}$$

$C_0$ 为光波在真空中的传播速度，为一常数，$C_0=(299792458\text{m}\pm1.2\text{m})/\text{s}$；$n$ 为大气的折射率，是温度、湿度、气压和工作波长的函数，即 $n=f(t_1,e_1,p_1,\lambda)$。因而有

$$D=\frac{C_0}{2n}t \tag{4-27}$$

由上式可看出，在能精确测定大气折射率 $n$ 的条件下，光电测距仪的精度取决于测定光波的往返传播时间的精确度。由于精确测定光波的往返传播时间较困难，因此脉冲式测距仪的精度难以提高，目前市场上计时脉冲测距仪多为厘米级精度范围，要提高精度，必须采用相位式光电测距仪测距。

2. 相位式光电测距仪测距原理

相位式光电测距仪是通过光源发出连续的调制光，通过往返传播产生相位差，间接计算出传播时间，从而计算距离。

红外测距仪以砷化镓（GaAs）发光二极管作为光源。若给砷化镓发光二极管注入一定的恒定电流。它发出的红外光光强恒定不变；若改变注入电流的大小，砷化镓发光二极管发射的光强也随之变化，注入电流大，光强就强，注入电流小，光强就弱。若在发光二极管上注入的是频率为 $f$ 的交变电流，则其光强也按频率 $f$ 发生变化，这种光称为调制光。相位法测距发出的光就是连续的调制光。

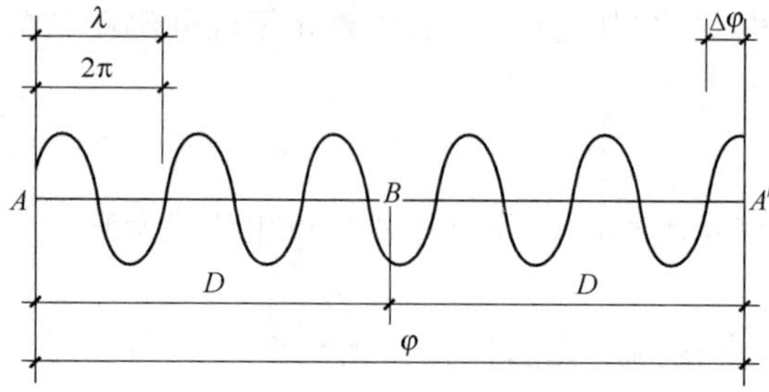


图 4-22 相位式光电测距原理

调制光波在待测距离上往返传播，其光强变化一个整周期的相位差为 2π，将仪器从 $A$ 点发出的光波在测距方向上展开，如图 4-22 所示，显然，返回 $A$ 点时的相位比发射时延迟了 $\varphi$ 角，其中包含了 $N$ 个整周（$2\pi N$）和不足一个整周的尾数 $\Delta\varphi$，即

$$\varphi=2\pi N+\Delta\varphi \tag{4-28}$$

若调制光波的频率为 $f$ ，波长为 $\lambda=\frac{C}{f}$，则有

$$\varphi=2\pi f\ t=\frac{2\pi Ct}{\lambda} \tag{4-29}$$

将式（4-28）代入式（4-29），可得

$$t=\frac{\lambda}{C}\left(N+\frac{\Delta\varphi}{2\pi}\right) \tag{4-30}$$

将式（4-30）代入式（4-25），得

$$D=\frac{\lambda}{2}\left(N+\frac{\Delta\varphi}{2\pi}\right) \tag{4-31}$$

与钢尺量距公式相比，若把 $\lambda/2$ 视为整尺长，则 $N$ 为整尺段数，$(\lambda/2)\times(\Delta\varphi/2\pi)$ 为不足一个整尺的余数，所以通常就把 $\lambda/2$ 称为“光尺”长度。

由于测距仪的测相装置只能测定不足一个整周期的相位差 $\Delta\varphi$ ，不能测出整周数 $N$ 的值，因此只有当光尺长度大于待测距离时，此时 $N=0$，距离方可以确定，否则就存在多值解的问题。换句话说，测程与光尺长度有关。要想使仪器具有较大的测程，就应选用较长的“光尺”。例如用 10m 的“光尺”，只能测定小于 10m 的数据；若用 1000m 的“光尺”，则能测定小于 1000m 的距离。但是，由于仪器存在测距误差，其误差值与“光尺”长度成正比，约为 1/1000 的光尺长度，因此“光尺”长度越长，测距误差就越大。10m 的“光尺”测距误差为±10mm，而 1000m 的“光尺”测距误差则达到±1m。为解决测程产生的误差问题，目前多采用两把“光尺”配合使用。一把的调制频率为 15MHz，“光尺”长度为 10m，用来确定分米、厘米、毫米位数，以保证测距精度，称为“精尺”；一把的调制频率为 150kHz，“光尺”长度为 1000m，用来确定米、十米、百米位数，以满足测程要求，称为“粗尺”。把两尺所测数值组合起来，即可直接显示精确的测距数字。

## 二、红外测距仪及使用

目前国内外生产的红外测距仪型号很多，虽然它们的基本工作原理和结构大致相同，但具体的操作方法还是有所差异的。因此，使用时应认真阅读说明书，严格按照仪器的使用手册进行操作。

### （一）ND 3000 红外相位式测距仪

如图 4-23 所示是南方测绘公司生产的 ND 3000 红外相位式测距仪，它自带望远镜，望远镜的视准轴、发射光轴和接收光轴同轴，有垂直制动螺旋和微动螺旋，可以安装在光学经纬仪上或电子经纬仪上。

测距时，测距仪瞄准棱镜测距，经纬仪瞄准棱镜测量竖直角，通过测距仪面板上的键盘，将经纬仪测量出的天顶距输入到测距仪中，可以计算出水平距离和高差。

ND 3000 测距仪具有单次、连续、平均、跟踪等功能，仪器的测距精度为 5mm+3ppm $D$，跟踪测量 0.8s，连续测量 3s。

输入温度和气压，仪器可自动进行气象修正，大气折光和地球曲率的影响可以在平距和高差测量中自动补偿。

ND 3000 红外相位式测距仪键盘操作见表 4-5。

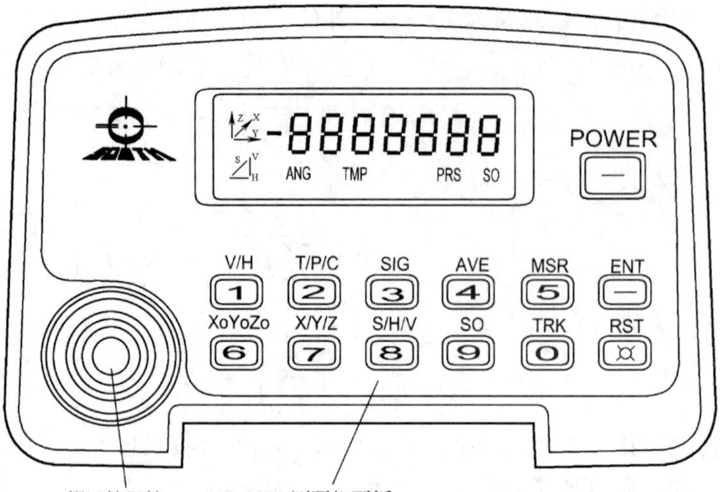


图 4-23　ND 3000 红外相位式测距仪

**表 4-5　ND 3000 红外相位式测距仪键盘操作**

| 键 | 功　　能 | 说　明 |
|---|---|---|
| V/H 1 | 数字“1”置数键、竖直角、水平角输入 | |
| T/P/C 2 | 数字“2”置数键、温度、气压、棱镜常数、手动减光“－” | |
| SIG 3 | 数字“3”置数键、电池电压、光强 | |
| AVE 4 | 数字“4”置数键、平均测距、手动减光“＋” | |
| MSR 5 | 数字“5”置数键、连续测距 | |
| ENT － | 送负号、置数、清除输入键 | |
| POWER － | 开机、关机 | |
| $X_0Y_0Z_0$ 6 | 数字“6”置数键、输入测站坐标 | |
| X/Y/Z 7 | 数字“7”置数键、显示未知点坐标(以测站为参考点) | |
| S/H/V 8 | 数字“8”置数键、斜距 $S$、平距 $H$、高差 $V$ 转换 | |
| SO 9 | 数字“9”置数键、定线放样 | |
| TRK 0 | 数字“0”置数键、跟踪测量 | |
| RST ¤ | 照明开关、复位 | |

（二）REDmini2 测距仪

1. 仪器构造

日本索佳 REDmini2 仪器的各操作部件如图 4-24 所示。测距仪常安置在经纬仪上同时使用。测距仪的支架座下有插孔及制紧螺旋，可使测距仪牢固地安装在经纬仪的支架上。测距仪的支架上有垂直制动螺旋和微动螺旋，可以使测距仪在竖直面内俯、仰转动。测距仪的发射接收目镜内有十字丝分划板，用以瞄准反射棱镜。

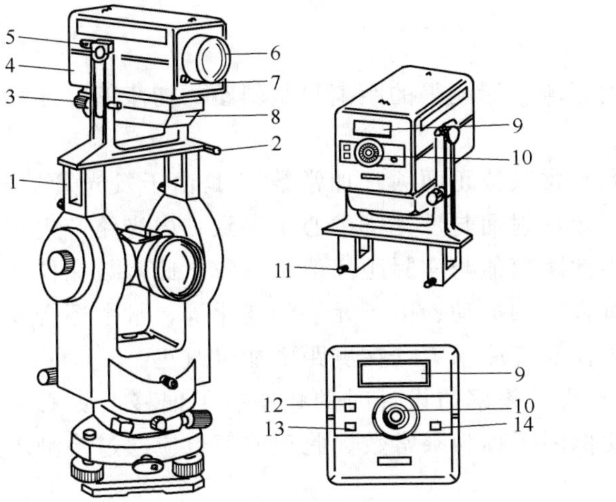


图 4-24　REDmini2 测距仪

1—支架座；2—水平方向调节螺旋；3—垂直微动螺旋；4—测距仪主机；5—垂直制动螺旋；6—发射接收镜物镜；7—数据传输接口；8—电池；9—显示窗；10—发射接收镜目镜；11—支架固定螺旋；12—测距模式键；13—电源开关；14—测量键

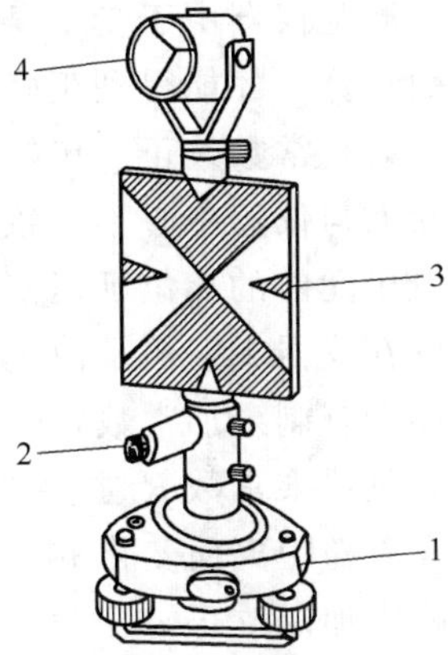


图 4-25　反射棱镜与觇牌

1—基座；2—光学对中目镜；3—照准觇牌；4—反射棱镜

反射棱镜通常与照准觇牌一起安置在单独的基座上，如图 4-25 所示，测程较近时（通常在 500m 以内）用单棱镜，当测程较远时可换三棱镜组。

2. 仪器安置

（1）在测站点上安置经纬仪，其高度应比单纯测角度时低约 25cm。

（2）将测距仪安装到经纬仪上，要将支架座上的插孔对准经纬仪支架上的插栓，并拧紧固定螺旋。

（3）在主机底部的电池夹内装入电池盒，按下电源开关键，显示窗内显示“8888888”约 2s，此时为仪器自检，当显示“－30.000”时，表示自检结果正常。

（4）在待测点上安置反射棱境，用基座上的光学对中器对中，整平基座，使觇牌面和棱镜面对准测距仪所在方向。

3. 距离测量

（1）用经纬仪望远镜中的十字丝中心瞄准目标点上的觇牌中心，读取竖盘读数，计算出竖直角 $\alpha$。

（2）上、下转动测距仪，使其望远镜的十字丝中心对准棱镜中心，左、右方向如果不对准棱镜中心，则调整支架上的水平方向调节螺旋，使其对准。

（3）开机后，若仪器收到足够的回光量，则显示窗下方显示“＊”。若“＊”不显示，或显示暗淡，或忽隐忽现，则表示未收到回光，或回光不足，应重新瞄准棱镜。

（4）显示窗显示“*”后，按测量键，发生短促音响，表示正在进行测量，显示测量记号“Δ”，并不断闪烁，测量结束时，又发生短促音响，显示测得斜距。

（5）初次测距显示后，继续进行距离测量和斜距数值显示，直至再次按测量键，即停止测量。

（6）如果要进行跟踪测距，则在按下电源开关键后，再按测距模式键，则每0.3s显示一次斜距值（最小显示单位为cm），再次按测距模式键，则停止跟踪测量。

（7）当测距精度要求较高时（例如相对精度为1/10000以上），则测距的同时应测定气温和气压，以便进行气象改正。

4. 距离计算

测距仪器由于受本身和外界因素的影响，所测得的距离只是斜距的初步值，还需进行改正数计算，才能得到正确的水平距离。

（1）常数改正　包括加常数改正和乘常数改正两项。加常数 $C$ 是由于发光管的发射面、接收面与仪器中心不一致；反光镜的等效反射面与反光镜中心不一致；内光路产生相位延迟及电子元件的相位延迟使得测距仪测出的距离值与实际距离值不一致。此常数在仪器出厂时预置在仪器中。但是由于仪器在搬运过程中的振动、电子元件的老化等，常数还会变化，因此还会有剩余加常数，这个常数要经过仪器检测求定，在测距中加以改正。

仪器乘常数 $R$ 主要是指仪器实际的测尺频率与设计时的频率有了偏移，使测出的距离存在着随距离而变化的系统误差，其比例因子称为乘常数。此项差值也应通过检测求定，在测距中加以改正。

（2）气象改正　当距离大于2km或温度变化较大时，要求进行气象改正计算。由于各类仪器采用的波长及标准温度不尽相同，因此气象改正公式中个别系数也略有不同。REDmini2红外测距仪以 $t=15℃$，$p=101.3\text{kPa}$ 为标准状态。在一般大气状态下，其改正公式为

$$\Delta D=\left[\frac{278.96-0.3872p}{1+0.00366t}\right]D \tag{4-32}$$

式中　$p$——气压值，mmHg（1mmHg=133.3224Pa）；

$t$——摄氏温度，℃；

$D$——测量的斜距，km；

$\Delta D$——距离改正值，mm。

（3）平距计算　利用测定的斜距和天顶距用下式计算平距

$$D=D_{斜}\sin z \tag{4-33}$$

### 三、使用测距仪的注意事项

（1）仪器在运输时必须注意防潮、防振和防高温。测距完毕立即关机。迁站时应先切断电源，切忌带电搬动。电池要经常进行充、放电保养。

（2）测距仪物镜不可对着太阳或其他强光源（如探照灯等），以免损坏光敏二极管，在阳光下作业必须撑伞。

（3）防止雨淋湿仪器，以免发生短路，烧毁电气元件。

（4）测站应远离变压器、高压线等，以防强电磁场的干扰。

（5）应避免测线两侧及镜站后方有反光物体（如房屋玻璃窗、汽车挡风玻璃等），以免背景干扰产生较大测量误差。

（6）测线应高出地面和离开障碍物1.3m以上。

（7）选择有利的观测时间，一天中，上午日出后0.5～1.5h，下午日落前3h至0.5h为

最佳观测时间，阴天、有微风时，全天都可以观测。

## 第六节　全站型电子速测仪

### 一、电子速测仪分类

电子速测仪又称全站型电子速测仪，简称全站仪，是光电测距仪与电子经纬仪及数据终端机（数据记录兼数据处理）结合的仪器。人工设站瞄准目标后，按仪器上的操作按钮键即可自动显示并记录被测距离、角度及计算数据。全站仪有整体式和组合式两种。

整体式全站仪是测距部分和测角部分设计成一体的仪器。它可同时进行水平角、垂直角测量和距离测量；望远镜的光轴（视准轴）和光波测距部分的光轴是同轴的，并可通过电子处理记录和传输测量数据。整体式全站仪系列型号很多，国内外生产的高、中、低各等级精度的仪器达几十种。普遍使用的较典型的全站仪有：瑞士徕卡系列、美国天宝系列、日本尼康系列、日本拓普康系列、日本宾得系列、日本索佳系列、苏州一光系列、中国南方系列、北京博飞系列等。

因整体式全站仪有使用方便、功能强大、自动化程度高、兼容性强等诸多优点，已作为常用测量仪器普遍使用。

组合式全站仪是将电子经纬仪和光电测距仪及电子手簿组合成一体，并通过电子经纬仪两个数据输入、输出接口与测距仪相连接组成的仪器。它也可以将测距部分和测角部分分开使用。

全站仪是一种多功能仪器，除能自动测距、测角和测高差三个基本要素外，还能直接测定坐标以及放样等。具有高速、高精度和多功能的特点。因此，它既能完成一般的控制测量，又能进行建筑施工放样和地形图的测绘。

### 二、尼康 DTM-532C 电子全站仪

#### （一）仪器的基本构造和主要特点

1. 仪器结构

尼康 DTM-532C 全站仪的外貌和结构如图 4-26 所示。该仪器属于整体式结构，测角测距等使用同一望远镜和同一微处理系统，盘左和盘右各设一组键盘和液晶显示器，以方便操作。在基座下方设有 RS-232C 串行信号接口，用于仪器与外部设备间的数据互传。仪器采用中文显示，DTM-532C 的测角精度为±2″，一般气象条件下测程为 3.6km，测距精度为 2mm＋2ppm。

2. 键盘设置

仪器共设置有 21 个键，其键盘设置及主要功能见表 4-6。

3. 主要特点

（1）重量轻，主机及电池重量仅 5.5kg。

（2）电池使用时间长，连续测距/测角可达 10.5h，如果间隔 30s 测角/测距可连续使用 24h。

（3）操作简便，直接面谈操作，数字和字母输入方便，适合外业工作；简洁的屏幕数据显示，可任意切换显示画面。

（4）高密度集成 EDM，测距更快、更稳健，精确测距仅需 1.0s，跟踪测距需 0.5s。

（5）国际标准 IPX4 级防水设计，适应全天候作业。

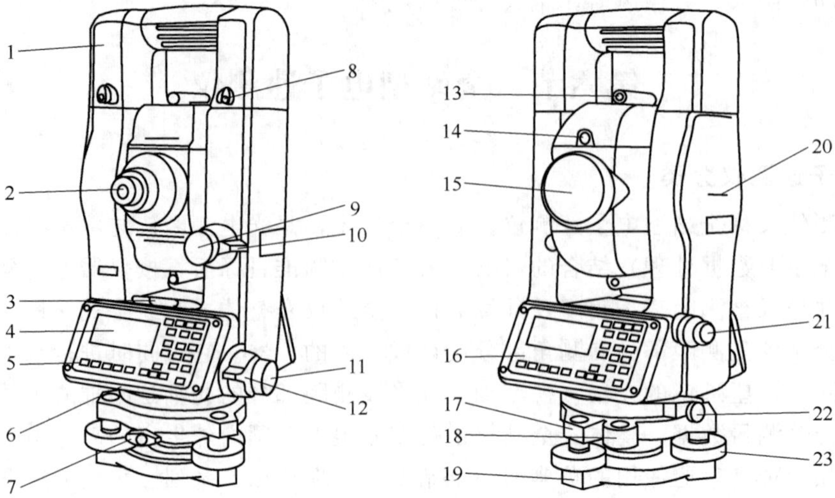


图 4-26 尼康 DTM-532C 全站仪的外貌和结构

1—C-80 电池；2—望远镜目镜；3—管水准器；4—显示屏；5—盘左键盘；6—存储标记；7—基座固定钮；8—电池安装按钮；9—垂直微动螺旋；10—垂直制动钮；11—水平微动螺旋；12—水平制动钮；13—光学瞄准器；14—红光导向发生器；15—望远镜物镜；16—盘右键盘；17—三角基座；18—圆水准器；19—基座底板；20—水平轴指示标记；21—光学对中器；22—RS-232C 接口；23—脚螺旋

**表 4-6 键盘设置及主要功能**

| 键 | 功 能 说 明 |
|---|---|
| PWR | 电源开关 |
|  | 背景照明开关 |
| MENU | 显示功能菜单：1—工作；2—坐标几何；3—设置；4—数据；5—通讯；6—快捷键；7—校正；8—时间 |
| MODE | 改变输入键的模式：字母，数字或列表/堆栈；在基本测量屏中调用快速代码模式 |
| REC/ENT | 接受输入或记录数据：在基本测量屏中按此键 1s 可将数据作为 CP 存储而不是 SS 记录。在基本测量屏和放样中可通过 COM 口输出数据 |
| ESC | 返回上一屏幕：取消输入数据 |
| MSR1 | 基于对该键的设置，开始测距。按此键 1s |
| MSR2 | 可进入对该键的测量模式设置 |
| DSP | 换屏显示键：如按 1s 可改变 DSP1/4，2/4，3/4 以及 S-O3/7，S-O4/7，S-O5/7 的显示内容 |
| ANG | 显示测角菜单：水平角置零；重复角度观测；F1/F2 测角；保持水平角 |

续表

| 键 | 功 能 说 明 |
|---|---|
| STN<br>ABC 7 | 显示建站菜单：以及输入数字 7，字母 A，B，C |
| S-O<br>DEF 8 | 显示放样菜单：按此键 1s，显示与 S-O 有关的设置；以及输入数字 8，字母 D，E，F |
| O/S<br>GHI 9 | 显示偏心测量菜单：输入 9，G，H，I |
| PRG<br>JKL 4 | 显示附加的测量程序菜单：输入 4，J，K，L |
| MNO 5 | 输入 5，m，n，o |
| DAT<br>PQR 6 | 根据设置，显示 RAW/XYZ 或站点 STN 数据；输入 P，Q，R，6 |
| USR<br>STU 1<br>USR<br>VWX 2 | 执行赋予 USR 键的测量功能：输入 S，T，U，1 和 V，W，X，2 |
| COD<br>YZ 3 | 打开 CD(代码)输入窗口：上一次输入的 CD 将作为缺省的 CD 值被显示；用于输入 Y，Z，3 及空格 |
| HOT<br>−+ . | 显示 HOT(热键)菜单：用于输入－，＋，· |
| */= 0 | 显示电子气泡指示：用于输入 *，/，＝和 0 |

(6) 独有的红光导向系统，带有前、后、左、右四个方向指示。

(二) 仪器操作和使用

1. 测前的准备工作

首先安装电力充足的配套电池，也可使用外部电源。对中、整平工作与普通经纬仪操作方法相同，如要测距离等则需在目标处设置反光棱镜。

2. 开机

| 操 作 步 骤 | 操作键 | 显 示 屏 | 说　明 |
|---|---|---|---|
| ①按[PWR](开/关)键，打开仪器 | [PWR] | 上下转动望远镜<br>温度 20℃<br>气压 1011hpa | 用上/下键和[ENT]可以改变“温度”、“气压”的数值 |
| ②上下转动望远镜，出现基本测量屏幕 | | HA：180°03′24″<br>VA：89°45′56″<br>SDX：345.1230m<br>PT：3<br>HT：2.000m | HA：水平角读数<br>VA：竖直角读数<br>SDX：平均斜距<br>PT：点号<br>HT：目标高 |

3. 角度测量

| 操作步骤 | 操作键 | 显示屏 | 说明 |
| --- | --- | --- | --- |
| ①仪器瞄准角度起始方向目标，按[ANG](角度)键显示角度菜单屏幕 | [ANG] | 角度<br>HA:45°00′00″<br>1. 置零　4. F1/F2<br>2. 输入　5. 保持<br>3. 重复 | 按相应的数字键[1],[2],[3],[4],[5]可选择所需的功能 |
| ②按[1]键可将水平角读数 HA 设置为 0°00′00″，然后返回基本测量屏 | [1] | HA:0°00′00″<br>VA:89°45′56″<br>SD:m<br>PT:3<br>HT:2.000m | |
| ③照准目标方向即显示角度值 | | HA:78°54′28″<br>VA:93°30′42″<br>SD:m<br>PT:3<br>HT:2.000m | |

若要将起始目标的读数设置一个 0 度以外的度数可按［2］键输入；选择［3］键可重复测同一角度取平均值；选择［4］键可进行盘左、盘右测量。

4. 距离测量

| 操作步骤 | 操作键 | 显示屏 | 说明 |
| --- | --- | --- | --- |
| ①在任何观测屏按[MSR1](测量1)键或[SMR2](测量2)键即可进行距离测量 | [MSR1]<br>或[MSR2] | HA:45°00′00″<br>VA:58°36′48″<br>SD　－<0mm>m<br>PT:A 106<br>HT:2.3600m | 其中第三行显示的是当前使用的棱镜常数 |
| ②按住[MSR1]或[MSR2]1s 后进入设置屏，可对棱镜常数、测量模式和次数等进行设置 | [MSR1]<br>或[MSR2] | 目标:棱镜<br>常数:0mm<br>模式:精确 0.1mm<br>平均:3<br>记录模式:仅测量 | 用上/下箭头和左/右箭头进行改变设置如测距平均次数为 1～99，测完后显示的是平均距离，如果平均次数设为 0，则不断测量更新距离，直至按下[MSR1]或[MSR2] |
| ③设置完成后按[ESC]或[ENT]回到基本测量屏。照准目标棱镜后按[MSR1]或[MSR2]即可得到测量结果 | [ESC]<br>或[ENT]<br>[MSR1]<br>或[MSR2] | HA:45°00′00″<br>VA:58°36′48″<br>SDX:425.726m<br>PT:A106<br>HT:2.3600m | |

若在测量中想要改变目标高 HT 或温度、气压等，按［HOT］热键进行选择输入。

5. 坐标测量

实际上坐标测量也是测量角度和距离（如图 4-27 所示），再通过机内软件由已知点坐标计算未知点坐标，因此坐标测量须先输入测站点坐标和后视点坐标或已知方位角，现以直接输入测站点和后视点坐标为例说明。

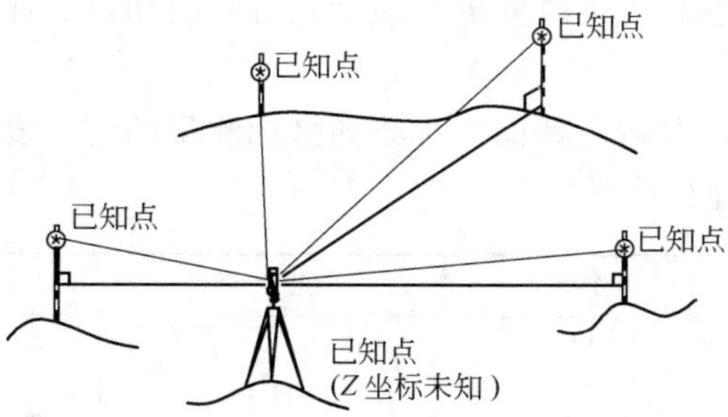


图 4-27 坐标测量

| 操作步骤 | 操作键 | 显示屏 | 说明 |
|---|---|---|---|
| ①在基本测量屏中,按[STN](建站)键进入建站菜单 | [STN] | 建站<br>1. 已知<br>2. 后交<br>3. 快速<br>4. 远程水准点<br>5. BS检查 | 1,2,3为建站方式,4为遥测高程确定站点高程,5为后视检查 |
| ②按[1]键,可输入点名或点号 | [1] | 输入站<br>ST:<br>HI:0.0000m<br>CD: | ST:站点<br>HI:仪器高<br>CD:代码 |
| ③若输入点为已存在点,屏幕直接显示坐标并自动进入仪器高栏,若输入新点,则必须输入坐标和代码,并按[ENT]输入和存储 | [ENT] | X:<br>Y:<br>Z:<br>PT:A-123<br>CD: | PT:点<br>A-123为输入的点名 |
|  | [ENT] | ST:A-123<br>HI:0.0000m<br>CD:1 |  |
| ④输入仪器高[HI]后按[ENT],可选择后视点输入坐标还是方位角 | [ENT] | 后视:<br>1. 坐标<br>2. 角度 |  |
| ⑤按[1]键可输入后视点坐标,方法步骤同③ | [1] | 输入后视点:<br>BS:<br>HI:<br>CD: | BS:后视点<br>HT:目标高<br>CD:代码 |
| ⑥用盘左位置照准后视点,按[ENT],完成设置。若需观测后视点,按测量键,否则按回车键返回基本测量屏 | [ENT] | AZ:56°18′36″<br>HD:<br>SD: | AZ:方位角<br>HD:平距<br>SD:斜距 |
| ⑦照准未知点,即可进行坐标测量,按[MSR1]键或[MSR2]键,其操作步骤与距离测量相同 | [MSR1]或[MSR2] | HA:316°52′30″<br>VA:296°36′48″<br>SDX:723.148m<br>PT:A-221<br>HT:2.0600m |  |

按［DSP］换屏显示键 1s，可改变屏幕显示内容，有角度、距离、坐标等，按需选择。

6. 放样测量

进行放样测量前亦需先设站，其操作步骤同坐标测量的①～⑥。

(1) 按水平角和距离进行放样

| 操作步骤 | 操作键 | 显示屏 | 说明 |
|---|---|---|---|
| ①按[S-O]放样键，可显示放样菜单 | [S-O] | 放样：<br>1. HA-HD<br>2. XYZ<br>3. 分割线放样<br>4. 参考线放样 | 1 为用角度和距离放样<br>2 为用坐标放样 |
| ②按[1]键，可输入目标点的水平角 HA 和距离 HD | [1] | 角度 & 距离<br>HD：0.000m<br>dVD：　m<br>HA： | HD：从站点到放样点的水平距离<br>dVD：从站点到放样点的垂距 |
| ③数据输入后按[ENT]键，旋转仪器直至 dHA 闭合至 0°00′00″ | [ENT] | S-O<br>dHA：0°00′00″<br>HD：154.0000m<br>照准目标<br>并按[测量]键 | HA：至放样点的水平角<br>[测量]键即[MSR1]或[MSR2] |
| ④照准目标按[MSR1]键或[MSR2]键，显示目标点与放样点的差值<br>⑤根据各项差值调整棱镜位置，再次按[MSR1]或[MSR2]进行量测，直至满足要求 | [MSR1]<br>或[MSR2] | S-O<br>dHA：0°00′00″<br>左：0.0000m<br>近↓4.0473m<br>挖↓0.1947m | dHA：至目标点的水平角之差<br>左或右：横向差值<br>近或远：远近差值<br>挖或填：高低差值 |

(2) 按坐标进行放样　如图 4-28 所示。

| 操作步骤 | 操作键 | 显示屏 | 说明 |
|---|---|---|---|
| ①在放样菜单中选择 2 即按[2]键即可进入坐标放样 | [2] | 输入点：<br>PT：A100*<br>Rad：　m<br>CD： | PT：点号<br>Rad：半径<br>CD：代码 |
| ②输入要放样的点名或点号后按[ENT]键。也可输入代码或距仪器的半径来指定放样点。如果找到了多个点，会列表显示 | [ENT] | UP，A 100，FENCE<br>UP，A 101<br>UP，A 100-1，MA<br>NHO<br>UP，A 100-2<br>UP，A 100-3<br>UP，A 100-4 | 点的列表 |
| ③用左/右和上/下箭头键选中所需的点后按[ENT]，会显示一个角度误差 dHA 和目标的距离 HD | [ENT] | 点：1<br>dHA→74°54′16″<br>HD：472.2976m<br>照准目标<br>并按[测量]键 | |

续表

| 操作步骤 | 操作键 | 显示屏 | 说　明 |
|---|---|---|---|
| ④旋转仪器直至 dHA 接近 0°00′00″，余下操作同按水平角放样中的④，⑤ | | S-O<br>dHA：0°00′00″<br>HD：72.0150m<br>照准目标<br>并按[测量]键 | |

在放样中，亦可用［DSP］键切换屏幕显示内容。

(3) 按距离进行放样　适用于道路放样中在控制桩间加插等距桩，也适用于在已知角度、距离时的极坐标放样（如图 4-29 所示）。

以上只是介绍了尼康 DTM-532C 全站仪的一些基本操作，另外还有数据采集、后方交会、遥测悬高、对边测量、面积测量、自由设站、方位角、角度偏心、距离偏心、圆柱偏心、平面偏心等许多其他功能，可参阅随机的操作手册进行操作。

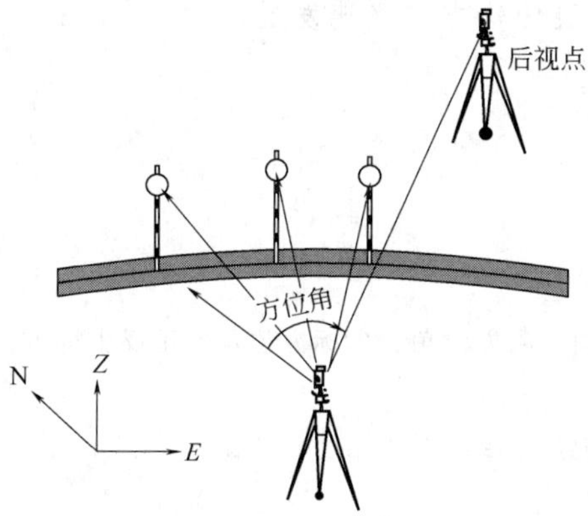

图 4-28　坐标放样

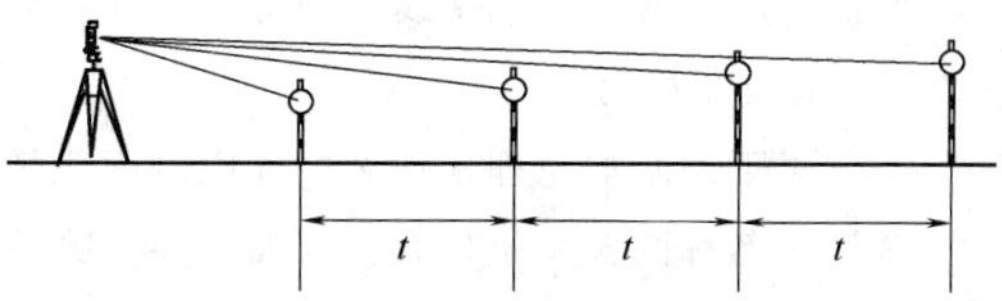

图 4-29　距离放样

## 小　结

本章主要介绍了常用的距离测量方法，有钢尺量距、视距测量、电磁波测距和 GNSS 测量等四种。钢尺量距适用于平坦地区的短距离量距，易受地形限制。视距测量是利用经纬仪或水准仪望远镜中的视距丝及视距标尺按几何光学原理测距。这种方法能克服地形障碍，适合于 200 m 以内低精度的近距离测量。电磁波测距是用仪器发射并接收电磁波，通过测量电磁波在待测距离上往返传播的时间计算出距离。这种方法测距精度高，测程远，一般用于高精度的远距离测量和近距离的细部测量。GNSS 测量是利用两台 GNSS 接收机接收空间轨道上 4 颗以上 GNSS 卫星发射的载波信号，通过一定的测量和计算方法，求出两台 GNSS 接收机天线相位中心的距离。

当用钢尺进行精密量距时，距离丈量精度要求达到 1/40000～1/10000 时，在丈量前必须对所用钢尺进行检定，以便在丈量结果中加入尺长改正。另外还需配备弹簧秤和温度计，以便对钢尺丈量的距离施加温度改正。若为倾斜距离时，还需加倾斜改正。

在对钢尺量距进行误差分析时，要注意尺长误差、温度误差、拉力误差、钢尺倾斜和垂曲误差、定线误差、丈量误差的影响。

视距测量主要用于地形测量的碎部测量中，分为视线水平时的视距测量、视线倾斜时的视距测量两种。在观测中需注意用视距丝读取尺间隔的误差、标尺倾斜误差、大气竖直折光的影响并选择合适的天气作业。

确定直线与标准方向线之间的夹角关系的工作称为直线定向。标准方向线有三种：真子午线方向、磁子午线方向、坐标纵轴方向。同理，由于采用的标准方向不同，直线的方位角也有如下三种：真方位角、磁方位角和坐标方位角。

根据已知点的坐标、已知边长及该边的坐标方位角计算未知点的坐标的方法，称为坐标正算。根据两个已知点的坐标计算出两点间的边长及其方位角，称为坐标反算。

电磁波测距仪与传统测距工具和方法相比，它具有高精度、高效率、测程长、作业快、工作强度低、几乎不受地形限制等优点。

现在的红外测距仪已经和电子经纬仪及计算机软硬件制造在一起，形成了全站仪，并向着自动化、智能化和利用蓝牙技术实现测量数据的无线传输方向飞速发展。

## 思考题与习题

1. 量距时为什么要进行直线定线？如何进行直线定线？

2. 测量中的水平距离指的是什么？如何计算相对误差？

3. 哪些因素会对钢尺量距产生误差？应注意哪些事项？

4. 何谓真子午线、磁子午线、坐标子午线？何谓真方位角、磁方位角、坐标方位角？正反坐标方位角关系如何？试绘图说明。

5. 光电测距的基本原理是什么？光电测距成果计算时，要进行哪些改正？

6. 全站仪名称的含义是什么？仪器主要由哪些部分组成？

7. 使用一根30m的钢尺，其实际长度为29.985m，现用该钢尺丈量两段距离，使用拉力为100N，$\alpha=0.0000125/℃$，丈量结果见表4-7，试进行尺长、温度及倾斜改正，求出各段的实际长度。

**表4-7 丈量结果**

| 尺 段 | 丈量结果/m | 温度/℃ | 高差/m |
|---|---|---|---|
| 1 | 29.997 | 6 | 1.71 |
| 2 | 29.902 | 15 | 0.56 |

8. 用一把尺长方程式为 $30\text{m}+0.0032\text{m}+1.25\times10^{-5}\times30\times(t-20)\text{m}$ 的钢尺，量得 $AB$ 两点间的倾斜距离 $D'=143.9987\text{m}$，量距时测得钢尺平均温度为16℃，两点间高差为1.2m，试求该段距离的实际水平长度。

9. 由1，2，3，…点所组成的一条导线，已知第一条边的方位角 $\alpha_{12}=75°18'$，各导线的左转角见表4-8，求 $\alpha_{23}$，$\alpha_{34}$，$\alpha_{45}$ 和 $\alpha_{56}$ 各边的方位角，并绘图表示。

10. 已知 $A$ 点的磁偏角为西偏 $21'$，过点 $A$ 的真子午线与中央子午线的收敛角为东偏 $3'$，直线 $AB$ 的方向角为 $60°20'$，求 $AB$ 直线的真方位角与磁方位角，并绘图表示。

11. 已知下列各直线的坐标方位角 $\alpha_{AB}=38°30'$，$\alpha_{CD}=175°35'$，$\alpha_{EF}=230°20'$，$\alpha_{GH}=330°58'$，试分别求出它们的象限角和反坐标方位角。

12. 用经纬仪进行距离测量的记录表见表4-9，仪器高 $i=1.532\text{m}$，测站点高程为7.481m。试计算测站点至各照准点的水平距离及各照准点的高程。

**表 4-8　各导线的左转角**

| 点　号 | 左　转　角 |
| --- | --- |
| 1 | |
| 2 | 75°18′ |
| 3 | 206°23′ |
| 4 | 256°14′ |
| 5 | 138°52′ |
| 6 | 137°38′ |

**表 4-9　距离测量记录**

| 点号 | 下丝读数 | 上丝读数 | 中丝读数 | 视距间隔 | 竖盘读数 | 竖直角（° ′） | 水平距离 | 高差 | 高程 | 备 注 |
| --- | --- | --- | --- | --- | --- | --- | --- | --- | --- | --- |
| 1 | 1.766 | 0.902 | 1.383 | | 84°32′ | | | | | $\alpha=90°-L$ |
| 2 | 2.165 | 0.555 | 1.360 | | 87°25′ | | | | | |
| 3 | 2.570 | 1.428 | 2.000 | | 93°45′ | | | | | |
| 4 | 2.871 | 1.128 | 2.000 | | 86°13′ | | | | | |

13. 用红外测距仪测得某一导线边的斜距为 150.143m，竖直角 $\alpha=2°17'24''$，量得仪器高 $i=1.575$m，棱镜高 $I=2.150$m，丈量时温度为 24℃，大气压为 765mmHg（1mmHg=133.3224Pa），试计算水平距离 $D$ 及高差 $\Delta h$。

# 第五章　测量误差的基本知识

**学习目标**

• 了解测量误差产生的原因。概括起来有仪器误差、观测者和外界条件的影响三个方面。在测量工作中，无论使用的测量仪器多么精密，观测时操作多么仔细，而获得的各次观测结果之间总是存在着差异。

• 理解按获得观测值的方式、观测值之间的关系、观测值的可靠程度可分为直接观测与间接观测、独立观测与相关观测、必要观测与多余观测、等精度观测与不等精度观测等四个类型。

• 掌握产生系统误差的原因和偶然误差的产生。为了提高观测成果的质量，常用的方法是采用多余观测结果的算术平均值作为最后观测结果。当系统误差设法消除和减弱后，决定观测精度的关键就是偶然误差，中国采用中误差作为评定观测精度的标准；对于观测次数较少的测量工作，多数采用二倍中误差作为极限误差。对于某些观测成果，用中误差还不能完全判断测量精度的优劣。为了能客观反映实际精度，通常用相对误差来表达边长观测值的精度。

## 第一节　测量误差及其分类

在测量工作中，无论使用的测量仪器多么精密，观测时操作多么仔细，而获得的各次观测结果之间总是存在着差异。例如，对同一段距离重复丈量若干次、对同一个角度进行多次观测、对两点之间的高差进行往返观测，所得的结果总会有差异。另一种情况是，当对若干量进行观测时，如果已经知道在这些量之间应该满足某一理论值，例如一平面三角形三内角之和应等于180°，但对这一平面三角形三内角之和进行观测的结果，其和通常不等于180°，而是有一微小的差异。称此差异为不符值。测量工作中经常出现这种现象，这种现象的产生说明观测结果存在着各种测量误差。

观测误差就是对某量进行测量时，测量结果与该量客观存在的真值或理论上应满足的数值之间的差异，即

观测误差＝观测值－真值

若以$\Delta$表示观测误差，$l$表示观测值，$X$表示真值，则上式可写为

$$\Delta = l - X \tag{5-1}$$

### 一、测量误差产生的原因

测量误差产生的原因概括起来有仪器误差、观测者和外界条件的影响三个方面。

1. 仪器误差

测量工作是通过仪器进行的，而任何一种仪器都具有一定限度的精度，因而使观测结果的精度受到一定的限制，尽管仪器通过检验和校正，但都会有一些剩余误差。例如水准仪的视准轴难以绝对平行于水准管轴，水准尺有分划误差等，因此，使观测结果受到影响。

2．观测者

观测者是通过自身的感觉器官来进行工作的，由于人的感觉器官鉴别能力有一定的局限性，使得在安置仪器、瞄准、读数等方面都会产生误差。此外，观测者的技术熟练程度、工作态度也会直接影响观测成果的质量。

3．外界条件的影响

由于观测时所处的外界自然环境与仪器所要求的标准状态不一致，引起测量仪器和被测物体本身的变化，这些环境因素与温度、湿度、风力、日照、气压、振动、电磁场、空气的透明度、空气的含尘量、大气折光等有关，必然使观测结果带有误差。

通常把观测误差来源的三个方面称为观测条件，观测条件的好坏与观测成果的质量有着密切的联系。一般情况下，观测误差的大小受观测条件的制约。观测条件好时，误差就小，所获得的观测结果的质量就高；反之，误差就大，观测结果的质量就低。因此，评定观测结果的质量高低，应根据观测条件的好坏和观测误差的大小进行综合考虑。

在测量中，除了误差之外，有时还可能发生错误。例如测错、读错、算错等，这是由于观测者的疏忽大意造成的。例如，一个三角形三个内角和的理论值等于180°，为了确定该三角形的形状，只要测量其中的任意两个内角，第三个内角就可以用180°减去已测得的两个内角和求得，因此确定一个三角形形状的必要观测个数为2，但是如果测某个内角时经纬仪对中对错了点，则测得的内角就存在粗差，因没有检核条件，则该粗差不可能被发现，也不可能被消除。如果测量了第三个内角，则第三个内角就是多余观测，这时三个内角之和就构成了一个检核条件，若存在粗差，测量成果必然超过限差要求，因此，粗差可以通过多余观测来发现，并通过重新观测含有粗差的观测量来消除。只要观测者认真、仔细地作业并采取必要的检核措施，错误就可以避免。

规范规定：测量仪器在使用前都应进行检验和校正，操作时必须严格按照规范的要求进行，一般认为，当严格按照规范的要求进行测量工作时，系统误差和粗差是可以消除的，即使不能完全消除，也可以将其影响减弱到最小。

## 二、观测类型

测量工作中，经常遇到各种类型的观测。可按获得观测值的方式、观测值之间的关系、观测值的可靠程度将其分为下列四种类型。

1．直接观测与间接观测

为了确定某未知量，用测量仪器直接测定该量的值称为直接观测。如用钢尺丈量某段直线的距离；用经纬仪观测水平角并读数等都是直接观测。

若某未知量是通过某种函数关系求得的，则称为间接观测。例如水平角观测时，用两方向值计算的角值；水准测量时，用两标尺读数计算的高差等都是间接观测。

2．独立观测与相关观测

与其他量没有联系的量称为独立量，对独立量进行直接观测叫独立观测。其观测结果称为独立观测值。与独立观测值有某种联系的量叫相关量，对相关量的观测叫相关观测，其观测结果称为相关观测值。

3．必要观测与多余观测

为了确定某些未知量而进行的必要数量的观测称为必要观测。超过必要数量以外的观测称为多余观测。

4．等精度观测与不等精度观测

测量中把相同条件下进行的观测称为等精度观测。一般认为，由同一个观测者（或相同技术水平的观测者），用一台仪器（或相同精度的仪器），以同样的观测方法、观测次数和注意力，在相同的外界条件下所测得的观测值是等精度观测值；测量中把不同条件下进行的观测称为不等精度观测。实际上，测量中完全相同的观测条件是不存在的，确定观测结果是等精度还是不等精度的，主要是根据测量仪器精度、等级、测量方法、测量次数和观测条件来确定，上述各项只要有一项不相同，则可认为是不等精度观测。

### 三、测量误差的分类

测量误差按其性质可分为系统误差和偶然误差两类。

1. 系统误差

在相同观测条件下，对某量进行一系列的观测，如果观测误差的大小和符号表现出一致性倾向，即按一定的规律变化或保持为常数，这种误差就称为系统误差。

产生系统误差的原因一般有以下三个方面。

(1) 仪器、工具制造不完善引起的系统误差；例如，用一把名义长度为 30m，而实际长度为 30.010m 的钢尺丈量距离，每量一尺段就要少量 0.010m，这 0.010m 的误差在数值上和符号上都是固定的，丈量距离愈长，误差也就愈大。

(2) 观测者的习惯性影响引起的系统误差。

(3) 外界条件的影响引起的系统误差。

系统误差具有累积性，对测量成果影响较大，应设法消除或减弱。常用的方法有：对观测结果加改正数；对仪器检验与校正；采用适当的观测方法。

2. 偶然误差

在相同观测条件下，对某量进行一系列的观测，如果误差的大小及符号都没有表现出一致性的倾向，表面上看没有任何规律，这种误差称为偶然误差。例如，瞄准目标的照准误差；读数的估读误差等。

偶然误差是不可避免的。为了提高观测成果的质量，常用的方法是采用多余观测结果的算术平均值作为最后观测结果。

在观测中，系统误差和偶然误差通常总是同时产生的。当系统误差设法消除和减弱后，决定观测精度的关键就是偶然误差。因此，在测量误差理论中主要是讨论偶然误差。

## 第二节　偶然误差的特性

对单个偶然误差而言，其大小和符号没有规律性，只有大量的偶然误差才呈现出一定的统计规律性。所以，要分析偶然误差的统计规律，需要得到一系列的偶然误差 $\Delta_i$。例如，在相同观测条件下，对一个三角形的内角进行观测，由于观测带有误差，其内角和（观测值 $l_i$）不等于它的真值（$X=180°$），两者之差称为真误差（$\Delta_i$），即

$$\Delta_i = l_i - X \tag{5-2}$$

式中　$\Delta_i$——观测值的真误差；

$l_i$——观测值，$i=1, 2, \cdots, n$；

$X$——真值。

某一测区，在相同观测条件下观测了 162 个三角形的全部三个内角，将其真误差按绝对值大小排列组成，列于表 5-1 中。

表 5-1　真误差绝对值大小统计结果

| 误差区间/(″) | 正误差 | | 负误差 | | 合计 | |
|---|---|---|---|---|---|---|
| | 个数 $k$ | 频率 $k/n$ | 个数 $k$ | 频率 $k/n$ | 个数 $k$ | 频率 $k/n$ |
| 0～3 | 21 | 0.130 | 21 | 0.130 | 42 | 0.260 |
| 3～6 | 19 | 0.117 | 19 | 0.117 | 38 | 0.234 |
| 6～9 | 12 | 0.074 | 15 | 0.093 | 27 | 0.167 |
| 9～12 | 11 | 0.068 | 9 | 0.056 | 20 | 0.124 |
| 12～15 | 8 | 0.049 | 9 | 0.056 | 17 | 0.105 |
| 15～18 | 6 | 0.037 | 5 | 0.030 | 11 | 0.067 |
| 18～21 | 3 | 0.019 | 1 | 0.006 | 4 | 0.025 |
| 21～24 | 2 | 0.012 | 1 | 0.006 | 3 | 0.018 |
| 24 以上 | 0 | 0 | 0 | 0 | 0 | 0 |
| Σ | 82 | 0.506 | 80 | 0.494 | 162 | 1.000 |

从表 5-1 可以看出，偶然误差表现出某种共同的规律性，这一规律性不是表现在每一单个误差上，而是表现在一组观测误差列上，在误差理论中称这种规律性为统计规律性。通过对大量观测数据的误差分析，可以总结出偶然误差具有以下四个特性。

（1）有限性　在一定的观测条件下，偶然误差的绝对值不会超过一定的限值；

（2）聚中性　绝对值小的误差比绝对值较大的误差出现的机会多；

（3）对称性　绝对值相等的正、负误差出现的可能性相等；

（4）抵消性　随着观测次数的无限增加，偶然误差的算术平均值趋近于零。即

$$\lim_{n\to\infty}\frac{[\Delta]}{n}=0 \tag{5-3}$$

式中，$[\Delta]=\Delta_1+\Delta_2+\cdots+\Delta_n$。在测量平差中，常用［］表示括号中数值的代数和；$n$ 为观测次数。

由偶然误差特性可知：当对某量有足够的观测次数，其正、负误差是可以相互抵消的。

## 第三节　衡量精度的标准

在相同观测条件下进行一组观测，它对应着一种确定的误差分布。如果误差在零附近分布较为密集，则表示该组观测质量较好，也可以说该组观测精度较高；反之，误差分布较为离散，该组观测质量较差，也就是该组观测精度较低。因此，所谓精度，就是指误差分布密集或离散的程度。精度的高低，是对不同的观测组而言的，对于同一组的若干个观测值，每个观测值的精度都相同。在实际工作中，采用误差分布统计表和误差分布密度曲线的方法，可以对观测值的精度进行定性分析；但不便直接得到观测值精度的具体数字指标，而且整理误差分布统计表和绘制误差分布密度曲线也较麻烦。为此，精度评定应以偶然误差的特性为基础，从而得到一个能代表整个观测列质量的综合量。在评定观测值精度的方法中，中国采用中误差作为评定观测精度的标准。

### 一、中误差

在相同观测条件下，对同一未知量进行 $n$ 次观测，各次观测值为 $l_1$，$l_2$，…，$l_n$，其观

测值的真误差分别为$\Delta_1$，$\Delta_2$，…，$\Delta_n$。取其真误差平方和的平均值的极限值，称为中误差的平方或称方差，即

$$m^2=\lim_{n\to\infty}\frac{\Delta_1^2+\Delta_2^2+\cdots+\Delta_n^2}{n}$$

或

$$m^2=\lim_{n\to\infty}\frac{[\Delta\Delta]}{n} \tag{5-4}$$

实际测量工作中，观测次数$n$不可能无限多，所以，实际上用下面的公式来计算观测值的中误差

$$m=\pm\sqrt{\frac{[\Delta\Delta]}{n}} \tag{5-5}$$

由上式可见，中误差不等于真误差，它仅是一组真误差的代表值，中误差的大小反映了该组观测值精度的高低。因此，通常称中误差为观测值的中误差。

**【例 5-1】** 甲、乙两人在相同的观测条件下，观测同样 10 个三角形的所有内角，得到两列三角形闭合差，见表 5-2，试计算两列闭合差的中误差。

**解：** 表 5-2 中所列三角形闭合差属于真误差，按式（5-5）来计算各自的中误差得

$$m_{甲}=\pm\sqrt{\frac{72}{10}}=\pm2.7''$$

$$m_{乙}=\pm\sqrt{\frac{130}{10}}=\pm3.6''$$

**表 5-2 三角形编号及闭合差**

| 观测者 | 三角形编号 | | | | | | | | | |
|---|---|---|---|---|---|---|---|---|---|---|
| | 1 | 2 | 3 | 4 | 5 | 6 | 7 | 8 | 9 | 10 |
| | 闭合差Δ/(″) | | | | | | | | | |
| 甲 | +3 | −2 | −4 | +2 | +1 | 0 | +4 | −3 | −2 | +3 |
| 乙 | 0 | +1 | −7 | −2 | +1 | −1 | +8 | 0 | −3 | +1 |

因为$m_{甲}<m_{乙}$，显然$m_{乙}$反映出第二列观测值中含有较大的误差，故第二列观测精度比第一列要低。用中误差评定精度能灵敏地反映较大误差的影响，且比较稳定，通常需要不太多的观测次数就能得到比较可靠的数据来评定观测值的精度。

**【例 5-2】** 某段距离是由铟瓦基线尺丈量而成的，长度为 49.984m，可视为真值。现使用 50m 的钢尺丈量 6 次，其观测值及计算见表 5-3，试求该钢尺一次丈量 50m 的中误差。

因为是等精度独立观测，所以 6 次距离观测值中每个观测值的中误差都是±5.02mm。

## 二、极限误差

由偶然误差特性可知，在一定观测条件下，偶然误差的绝对值不会超过一定的限度。根据概率理论及多次实验统计表明：在一组大量等精度观测的一列偶然误差中，绝对值大于一倍中误差的偶然误差出现的频数约占总数的 32%；绝对值大于二倍中误差的偶然误差出现的频数约占总数的 5%；而绝对值大于三倍中误差的偶然误差出现的频数占总数的 0.3%，

表 5-3　钢尺丈量的观测值及计算

| 观测次序 | 观测值/m | $\Delta$/mm | $\Delta\Delta$ | 计　算 |
|---|---|---|---|---|
| 1 | 49.988 | +4 | 16 | $m=\pm\sqrt{\frac{[\Delta\Delta]}{n}}=\pm\sqrt{\frac{151}{6}}=\pm5.02(\text{mm})$ |
| 2 | 49.975 | −9 | 81 | |
| 3 | 49.981 | −3 | 9 | |
| 4 | 49.978 | −6 | 36 | |
| 5 | 49.987 | +3 | 9 | |
| 6 | 49.984 | 0 | 0 | |
| $\Sigma$ | | | 151 | |

即大约在 300 次观测中，才可能出现一个大于三倍中误差的偶然误差。在实际工作中，观测次数不会太多，因此，可以认为，在实践中绝对值大于三倍中误差的偶然误差是不大可能出现的。因此，根据偶然误差出现的规律，通常以三倍中误差作为偶然误差的极限值，称为极限误差，用 $\Delta_{限}$ 表示，即

$$\Delta_{限}=3m \tag{5-6}$$

对于观测次数较少的测量工作，多数采用二倍中误差作为极限误差，即

$$\Delta_{限}=2m \tag{5-7}$$

在实际测量工作中，极限误差是检验观测值中粗差的标准。如在一列等精度观测值中，若发现该列中某个误差超过三倍中误差，可以认为该误差属于粗差，相应的观测值应舍去。极限误差也是制定测量规范和各种测量作业主要技术要求的限差依据。

### 三、相对误差

中误差和真误差都是绝对误差。对于某些观测成果，用中误差还不能完全判断测量精度的优劣。例如，用钢尺丈量 100m 和 20m 两段距离，观测值的中误差均为±0.01m，但不能认为两者的测量精度是相同的，因为量距误差与其长度有关。此外，为了能客观反映实际精度，通常用相对误差来表达边长观测值的精度。相对误差 $K$ 就是观测值中误差 $m$ 的绝对值与相应观测值 $D$ 的比值，并将其化成分子为 1 的形式，即

$$K=\frac{|m|}{D}=\frac{1}{D/|m|} \tag{5-8}$$

式中　$K$——相对误差；

$m$——观测值中误差；

$D$——边长观测值。

在上例中，则有

$$K_1=\frac{0.01}{100}=\frac{1}{10000}$$

$$K_2=\frac{0.01}{20}=\frac{1}{2000}$$

上述丈量两段距离的相对中误差分别为 1/10000 和 1/2000，显然前者比后者的测量精度高。

## 第四节　算术平均值及其观测值的中误差

### 一、算术平均值

设在相同观测条件下，对某量等精度观测了 $n$ 次，其观测值为 $l_1$，$l_2$，…，$l_n$，则该量

的算术平均值为

$$L=\frac{l_1+l_2+\cdots+l_n}{n}=\frac{[l]}{n} \tag{5-9}$$

设该量的真值为 $X$，其等精度观测值为 $l_1$，$l_2$，…，$l_n$，相应的真误差为 $\Delta_1$，$\Delta_2$，…，$\Delta_n$，根据真误差的定义，得

$$\begin{aligned}\Delta_1&=l_1-X\\ \Delta_2&=l_2-X\\ &\vdots\\ \Delta_n&=l_n-X\end{aligned}$$

将上列等式两端相加得

$$\Delta_1+\Delta_2+\cdots+\Delta_n=l_1+l_2+\cdots+l_n-nX$$

也可写成

$$[\Delta]=[l]-nX$$

将上式等号两端除以 $n$，得

$$\frac{[\Delta]}{n}=\frac{[l]}{n}-X$$

将式（5-9）代入上式并移项得

$$L=\frac{[\Delta]}{n}+X$$

根据偶然误差的第四个特性

$$\lim_{n\to\infty}\frac{[\Delta]}{n}=0$$

则有

$$\lim_{n\to\infty}L=X$$

由此可知，当观测次数趋于无限时，算术平均值趋近于该量的真值。在实际工作中，观测次数总是有限的，而算术平均值不是最接近于真值，但比每一个观测值更接近于真值。因此，通常总是把有限次观测值的算术平均值称为该量的最可靠值或最或然值，并且把算术平均值作为最终观测结果。

当观测值的位数较多，为了便于计算和检核，可以选定一个与观测值接近的数作为观测值的近似值，用 $l_0$ 表示，其改正数用 $\delta l_i$ 表示，于是有

$$\left.\begin{aligned}l_1&=l_0+\delta l_1\\ l_2&=l_0+\delta l_2\\ &\vdots\\ l_n&=l_0+\delta l_n\end{aligned}\right\} \tag{5-10}$$

将上列各式等号两端相加，得

$$[l]=nl_0+[\delta l]$$

两端各除以观测次数 $n$，得

$$\frac{[l]}{n}=l_0+\frac{[\delta l]}{n}$$

即

$$L=l_0+\frac{[\delta l]}{n} \tag{5-11}$$

**【例 5-3】** 利用表 5-4 的数据，先计算观测角的近似值，然后再计算观测角的最或然值。

表 5-4　用近似值计算最或然值

| 观测次序 | 观测值 $l_i$ | 改正数 $\delta l_i/('')$ | 观测次序 | 观测值 $l_i$ | 改正数 $\delta l_i/('')$ |
|---|---|---|---|---|---|
| 1 | 86°32′10″ | −5 | 7 | 86°32′16″ | +1 |
| 2 | 86°32′15″ | 0 | 8 | 86°32′13″ | −2 |
| 3 | 86°32′12″ | −3 | 9 | 86°32′10″ | −5 |
| 4 | 86°32′20″ | +5 | $l_0$ | 86°32′15″ | $[\delta l]=-9$ |
| 5 | 86°32′18″ | +3 | $L$ | 86°32′14″ | |
| 6 | 86°32′12″ | −3 | | | |

**解**：用引入观测角近似值的方法计算。取 $l_0=86°32'15''$（通常取观测值的平均数），按式（5-10）计算 $\delta l_i$，列于表 5-4 中，最后求得 $[\delta l]=-9''$，则观测角的最或然值为

$$L=l_0+\frac{[\delta l]}{n}=86°32'15''+\frac{-9''}{9}=86°32'14''$$

## 二、观测值的中误差

在前面讲到中误差 $m$ 的定义时，需要用到已知观测值的真误差 $\Delta_i$，但在实际工作中，由于未知量的真值往往是未知的，所以真误差也就无法求得，因此不能直接利用式（5-5）求得中误差。但未知量的算术平均值是可以求得的，可用算术平均值代替真值，将算术平均值与各次观测值之差作为改正数代替真误差，由此推导出用改正数表示的中误差计算公式。

设对某量进行等精度观测，观测值为 $l_1$，$l_2$，…，$l_n$。观测值的算术平均值为 $L$，$V$ 表示改正数，则有

$$\left.\begin{aligned}V_1&=L-l_1\\V_2&=L-l_2\\&\vdots\\V_n&=L-l_n\end{aligned}\right\}\tag{5-12}$$

将上列各式等号两端相加，得

$$[V]=nL-[l]$$

把式（5-9）代入上式得

$$[V]=0\tag{5-13}$$

因此，在相同观测条件下，一组观测值的改正数之和恒等于零。这个结论常用于检核计算。

从改正数 $V_i$ 和真误差 $\Delta_i$ 之间的关系，导出用 $V_i$ 表示的观测值中误差的公式。由式（5-2）得

$$\left.\begin{aligned}\Delta_1&=l_1-X\\\Delta_2&=l_2-X\\&\vdots\\\Delta_n&=l_n-X\end{aligned}\right\}\tag{5-14}$$

将式（5-12）和式（5-14）对应项相加得

$$\Delta_i+V_i=L-X(i=1,2,\cdots,n)$$

设 $L-X=\delta$，代入上式并移项后得

$$\Delta_i=-V_i+\delta$$

再将上式的两端平方，求其和得

$$[\Delta\Delta]=[VV]-2[V]\delta+n\delta^2$$

将式（5-13）代入上式得

$$[\Delta\Delta]=[VV]+n\delta^2 \tag{5-15}$$

又因为

$$\delta=L-X=\frac{[l]}{n}-X=\frac{[l-X]}{n}=\frac{[\Delta]}{n}$$

所以

$$\begin{aligned}\delta^2&=\frac{1}{n^2}(\Delta_1^2+\Delta_2^2+\cdots+\Delta_n^2+2\Delta_1\Delta_2+2\Delta_1\Delta_3+\cdots+2\Delta_{n-1}\Delta_n)\\&=\frac{[\Delta\Delta]}{n^2}+\frac{2}{n^2}(\Delta_1\Delta_2+\Delta_1\Delta_3+\cdots+\Delta_{n-1}\Delta_n)\end{aligned}$$

由于 $\Delta_1$，$\Delta_2$，…，$\Delta_n$ 是彼此独立的偶然误差，故 $\Delta_i\Delta_j$（$i\neq j$）为两个偶然误差的乘积，具有偶然误差的特性，当观测次数无限增大时，有

$$\lim_{n\to\infty}\frac{2}{n^2}(\Delta_1\Delta_2+\Delta_1\Delta_3+\cdots+\Delta_{n-1}\Delta_n)=0$$

所以

$$\delta^2=\frac{[\Delta\Delta]}{n^2}$$

将上式代入式（5-15），得

$$[\Delta\Delta]=[VV]+n\frac{[\Delta\Delta]}{n^2}=[VV]+\frac{[\Delta\Delta]}{n}$$

将上式两端除以 $n$ 得

$$\frac{[\Delta\Delta]}{n}=\frac{[VV]}{n}+\frac{[\Delta\Delta]}{n^2}$$

根据中误差定义 $m^2=\frac{[\Delta\Delta]}{n}$，得

$$m=\pm\sqrt{\frac{[VV]}{n-1}} \tag{5-16}$$

上式就是利用观测值的改正数计算等精度观测值中误差的公式，也称为贝塞尔公式。$m$ 代表每一次观测值的精度，故称为观测值中误差。

**【例 5-4】** 在例 5-2 中，假设其距离的真值未知，试用贝塞尔公式计算该 50m 钢尺一次丈量的中误差。

**解：** 先计算出 6 次丈量距离的算术平均值为 $L=49.9822$m，观测值列于表 5-5，其余计算过程均在表 5-5 中进行。

$$L=\frac{(49.988+49.975+49.981+49.978+49.987+49.984)}{6}=49.9822(\text{m})$$

$$\begin{aligned}V_1&=L-l_1=49.9822-49.988=-0.0058(\text{m})=-5.8\text{mm}\\V_2&=L-l_2=49.9822-49.975=+0.0072(\text{m})=+7.2\text{mm}\\V_3&=L-l_3=49.9822-49.981=+0.0012(\text{m})=+1.2\text{mm}\\V_4&=L-l_4=49.9822-49.978=+0.0041(\text{m})=+4.1\text{mm}\\V_5&=L-l_5=49.9822-49.987=-0.0048(\text{m})=-4.8\text{mm}\\V_6&=L-l_6=49.9822-49.984=-0.0018(\text{m})=-1.8\text{mm}\end{aligned}$$

表 5-5　钢尺丈量的观测值及计算

| 观测次序 | 观测值/m | $V$/mm | $VV$ | 计　　算 |
|---|---|---|---|---|
| 1 | 49.988 | −5.8 | 33.64 | |
| 2 | 49.975 | +7.2 | 51.84 | |
| 3 | 49.981 | +1.2 | 1.44 | |
| 4 | 49.978 | +4.1 | 16.81 | $m=\pm\sqrt{\frac{[VV]}{n-1}}=\pm\sqrt{\frac{131.01}{5}}=\pm5.1(\text{mm})$ |
| 5 | 49.987 | −4.8 | 23.04 | |
| 6 | 49.984 | −1.8 | 3.24 | |
| Σ | | | 131.01 | |

## 三、算术平均值中误差的计算公式

在衡量观测结果的精度时，除了要求出观测值中误差之外，还要求出观测值的算术平均值的中误差，作为评定观测值最后结果的精度，由前所述算术平均值为

$$L=\frac{[l]}{n}=\frac{1}{n}l_1+\frac{1}{n}l_2+\cdots+\frac{1}{n}l_n$$

因为是等精度观测，各观测值的中误差相同，即 $m_1=m_2=\cdots=m_n=m$，则根据算术平均值和线性函数中误差的公式，得出算术平均值中误差的计算公式。

$$M=\pm\sqrt{\frac{1}{n^2}m_1^2+\frac{1}{n^2}m_2^2+\cdots+\frac{1}{n^2}m_n^2}=\pm\sqrt{\frac{m^2}{n}}=\pm\frac{m}{\sqrt{n}}=\pm\sqrt{\frac{[VV]}{n(n-1)}}\tag{5-17}$$

由上式可知，算术平均值的精度比观测值的精度提高了 $\sqrt{n}$ 倍。

**【例 5-5】**　等精度观测了某段距离 5 次，各次观测值均列于表 5-6 中。试求该段距离的观测值的中误差及算术平均值的中误差。

**解：**先根据各次观测值计算出改正数 $V$，再计算出改正数的平方，最后计算出该段距离的观测值的中误差及算术平均值的中误差。一切计算过程均在表 5-6 中完成。

表 5-6　观测值及算术平均值的中误差计算

| 观测次数 | 观测值 $l$/m | $V$/mm | $VV$ | 计　　算 |
|---|---|---|---|---|
| 1 | 148.641 | −14 | 196 | |
| 2 | 148.628 | −1 | 1 | |
| 3 | 148.635 | −8 | 64 | $m=\pm\sqrt{\frac{[VV]}{n-1}}=\pm12.1(\text{mm})$ |
| 4 | 148.610 | +17 | 289 | $M=\pm\frac{m}{\sqrt{n}}=\pm5.4(\text{mm})$ |
| 5 | 148.621 | +6 | 36 | |
| Σ | 743.135 | 0 | 586 | |

**【例 5-6】**　对一水平角观测了 5 个测回，各次观测值均列于表 5-7 中。试求该角的算术平均值，每一测回角值的观测值的中误差及算术平均值的中误差。

**解：**先根据各次观测值计算出改正数 $V$，再计算出改正数的平方，最后计算出该段距离的观测值的中误差及算术平均值的中误差。一切计算过程均在表 5-7 中完成。

**【例 5-7】**　用某台经纬仪测量水平角，每测回角度中误差为 ±8″。现在用这台经纬仪测量一个角度，要求测角中误差不超过 ±4″，问需要观测几个测回？

表 5-7 观测值及算术平均值的中误差计算

| 测 回 | 观测值 | $V/('')$ | $VV$ | 计 算 |
|---|---|---|---|---|
| 1 | 78°21′20″ | −14 | 196 | $m=\pm\sqrt{\frac{[VV]}{n-1}}=\pm19.5''$<br>$M=\pm\frac{m}{\sqrt{n}}=\pm8.7''$ |
| 2 | 78°20′40″ | +26 | 676 | |
| 3 | 78°21′00″ | +6 | 36 | |
| 4 | 78°21′30″ | −24 | 576 | |
| 5 | 78°21′00″ | +6 | 36 | |
| Σ | 78°21′06″ | 0 | 1520 | |

**解**：按式（5-17） $M=\pm\frac{m}{\sqrt{n}}$

根据题意 $m=\pm8''$，$M=\pm4''$

所以 $n=\frac{m^2}{M^2}=\frac{8^2}{4^2}=4$，即 4 测回

## 第五节 误差传播定律

在测量工作中，有一些未知量不能直接测定，而且与观测值有一定的函数关系，通过间接计算求得。例如：高差 $h=a-b$，是独立观测值后视读数 $a$ 和前视读数 $b$ 的函数。建立独立观测值中误差与观测值函数中误差之间的关系式，测量上称为误差传播定律。

### 一、线性函数

1. 倍数函数

设有线性函数 $$Z=kx$$

式中，$k$ 为常数；$x$ 为独立观测值；$Z$ 为 $x$ 的函数。当观测值 $x$ 含有真误差 $\Delta x$ 时，使函数 $Z$ 也将产生相应的真误差 $\Delta Z$，设 $x$ 值观测了 $n$ 次，则

$$\Delta Z_n=k\Delta x_n$$

将上式两端平方，求其总和，并除以 $n$，得

$$\frac{[\Delta Z\Delta Z]}{n}=k^2\frac{[\Delta x\Delta x]}{n}$$

根据中误差的定义，则有

$$m_Z^2=k^2m_x^2$$

或 $$m_Z=km_x \tag{5-18}$$

由此得出结论：倍数函数的中误差等于倍数与观测值中误差的乘积。

**【例 5-8】** 在 1∶500 的图上，量得某两点间的距离 $d=123.4\text{mm}$，$d$ 的测量中误差 $m_d=\pm0.2\text{mm}$。试求实地两点间的距离 $D$ 及其中误差 $m_D$。

**解**：因为 $D=500\times123.4\text{mm}=61.7\text{m}$

$$m_D=500\times(\pm0.2)\text{mm}=\pm0.1\text{m}$$

所以 $$D=61.7\text{m}\pm0.1\text{m}$$

2. 和差函数

设有函数 $$Z=x\pm y$$

式中 $x$ 和 $y$ 均为独立观测值，$Z$ 是 $x$ 和 $y$ 的函数。当独立观测值 $x$，$y$ 含有真误差 $\Delta x$，$\Delta y$ 时，函数 $Z$ 也将产生相应的真误差 $\Delta Z$，如果对 $x$，$y$ 观测了 $n$ 次，则

$$\Delta Z_{\mathrm{n}}=\Delta x_{\mathrm{n}}+\Delta y_{\mathrm{n}}$$

将上式两端平方，求其总和，并除以 $n$，得

$$\frac{[\Delta z \Delta z]}{n}=\frac{[\Delta x \Delta x]}{n}+\frac{[\Delta y \Delta y]}{n}+\frac{2[\Delta x \Delta y]}{n}$$

根据偶然误差的抵消性和中误差定义，得

$$m_z^2=m_x^2+m_y^2$$

或
$$m_z=\pm\sqrt{m_x^2+m_y^2} \tag{5-19}$$

由此得出结论：和差函数的中误差等于各个观测值中误差平方和的平方根。

**【例 5-9】** 分段丈量一直线上两段距离 $AB$，$BC$，丈量结果及其中误差为：$AB=180.15\mathrm{m}\pm0.01\mathrm{m}$，$BC=200.18\mathrm{m}\pm0.13\mathrm{m}$。试求直线全长 $AC$ 及其中误差。

**解**：$AC=180.15\mathrm{m}+200.18\quad m=380.33\mathrm{m}$

$$m_{\mathrm{AC}}=\pm\sqrt{0.10^2+0.13^2}=\pm0.17\ (\mathrm{m})$$

3. 一般线性函数

设有线性函数
$$Z=k_1x_1+k_2x_2+\cdots+k_{\mathrm{n}}x_{\mathrm{n}}$$

式中 $x_1$，$x_2$，…，$x_{\mathrm{n}}$ 为独立观测值；$k_1$，$k_2$，…，$k_{\mathrm{n}}$ 为常数，根据式（5-18）和式（5-19）可得

$$m_{\mathrm{Z}}^2=(k_1m_1)^2+(k_2m_2)^2+\cdots+(k_{\mathrm{n}}m_{\mathrm{n}})^2 \tag{5-20}$$

式中，$m_1$，$m_2$，…，$m_{\mathrm{n}}$ 分别是 $x_1$，$x_2$，…，$x_{\mathrm{n}}$ 观测值的中误差。

## 二、非线性函数

设有函数
$$Z=f(x_1,x_2,\cdots,x_{\mathrm{n}})$$

式中，$x_1$，$x_2$，…，$x_{\mathrm{n}}$ 为独立观测值，其中误差为 $m_1$，$m_2$，…，$m_{\mathrm{n}}$。当观测值 $x_{\mathrm{i}}$ 含有真误差 $\Delta x_{\mathrm{i}}$ 时，函数 $Z$ 也必然产生真误差 $\Delta Z$，但这些真误差都是很小的值，故对上式全微分，并以真误差代替微分，即

$$\Delta Z=\frac{\partial f}{\partial x_1}\Delta x_1+\frac{\partial f}{\partial x_2}\Delta x_2+\cdots+\frac{\partial f}{\partial x_{\mathrm{n}}}\Delta x_{\mathrm{n}}$$

式中，$\frac{\partial f}{\partial x_1}$，$\frac{\partial f}{\partial x_2}$，…，$\frac{\partial f}{\partial x_{\mathrm{n}}}$ 是函数 $Z$ 对 $x_1$，$x_2$，…，$x_{\mathrm{n}}$ 的偏导数，当函数值确定后，则偏导数值恒为常数，故上式可以认为是线性函数，于是有

$$m_{\mathrm{Z}}=\pm\sqrt{\left(\frac{\partial F}{\partial x_1}\right)^2 m_{x_1}^2+\left(\frac{\partial F}{\partial x_2}\right)^2 m_{x_2}^2+\cdots+\left(\frac{\partial F}{\partial x_{\mathrm{n}}}\right)^2 m_{x_{\mathrm{n}}}^2} \tag{5-21}$$

由此得出结论：非线性函数中误差等于该函数按每个观测值所求得的偏导数与相应观测值中误差乘积之和的平方根。

**【例 5-10】** 测量一矩形面积，测出边长 $a=40\mathrm{m}$，$m_{\mathrm{a}}=\pm0.02\mathrm{m}$，边长 $b=60\mathrm{m}$，$m_{\mathrm{b}}=\pm0.04\mathrm{m}$，试求该矩形面积 $A$ 和其中误差 $M_{\mathrm{A}}$。

**解**：面积 $A=ab=40\times60=2400(\mathrm{m}^2)$

因为
$$\frac{\partial A}{\partial a}=b=60\mathrm{m}$$

$$\frac{\partial A}{\partial b}=a=40\mathrm{m}$$

所以

$$m_{\mathrm{A}}=\pm\sqrt{\left(\frac{\partial A}{\partial a}\right)^2 m_{\mathrm{a}}^2+\left(\frac{\partial F}{\partial b}\right)^2 m_{\mathrm{b}}^2}=\pm\sqrt{60^2\times0.02^2+40^2\times0.04^2}=\pm2\ (\mathrm{mm})$$

## 小　结

本章主要介绍了在测量工作中存在的各种测量误差。测量误差产生的原因概括起来有仪器误差、观测者和外界条件的影响三个方面。

通常把观测误差来源的三个方面称为观测条件，观测条件的好坏与观测成果的质量有着密切的联系。一般情况下，观测误差的大小受观测条件的制约。观测条件好时，误差就小，所获得的观测结果的质量就高；反之，误差就大，观测结果的质量就低。

按获得观测值的方式、观测值之间的关系、观测值的可靠程度可将观测分为直接观测与间接观测、独立观测与相关观测、必要观测与多余观测和等精度观测与不等精度观测四个类型。

测量误差按其性质可分为系统误差和偶然误差两类。在相同观测条件下，对某量进行一系列的观测，如果观测误差的大小和符号表现出一致性倾向，这种误差就称为系统误差。在相同观测条件下，对某量进行一系列的观测，如果误差的大小及符号都没有表现出一致性的倾向，表面上看没有任何规律，这种误差称为偶然误差。在观测中，系统误差和偶然误差通常总是同时产生的。当系统误差设法消除和减弱后，决定观测精度的关键就是偶然误差。因此，在测量误差理论中主要是讨论偶然误差。偶然误差具有以下四个特性：有限性，聚中性，对称性，抵消性。

中国采用中误差作为评定观测精度的标准；对于观测次数较少的测量工作，多数采用二倍中误差作为极限误差。对于某些观测成果，用中误差还不能完全判断测量精度的优劣。为了能客观反映实际精度，通常用相对误差来表达边长观测值的精度。

当观测次数趋于无限时，算术平均值趋近于该量的真值。在实际工作中，观测次数总是有限的，而算术平均值不是最接近于真值，但比每一个观测值更接近于真值。因此，通常总是把有限次观测值的算术平均值称为该量的最可靠值或最或然值，并且把算术平均值作为最终观测结果。

当观测值的位数较多，为了便于计算和检核，可以选定一个与观测值接近的数作为观测值的近似值。然后利用观测值的改正数计算等精度观测值的中误差。

在测量工作中，有一些未知量不能直接测定，但与观测值有一定的函数关系，通过间接计算求得。建立独立观测值中误差与观测值函数中误差之间的关系式，测量上称为误差传播定律。

### 思考题与习题

1. 观测值中为什么会存在误差？如何发现？
2. 偶然误差与系统误差有何区别？偶然误差具有哪些特性？
3. 什么叫中误差？容许误差？相对误差？

4. 为什么说观测值的算术平均值是最或然值？

5. 在一组等精度观测中，观测值中误差与算术平均值中误差有什么区别？

6. 在水准测量中，设每个测站的观测值中误差为±5mm，若从已知点到待定点一共测10个测站，试求其高差中误差。

7. 同精度观测了某角四个测回，各测回观测值分别为：128°17′24″，128°17′48″，128°17′54″，128°17′30″。试求该角度的算术平均值、一测回观测值的中误差和算术平均值的中误差。

8. 同精度丈量了某段距离5次，各次长度分别为：121.314m，121.330m，121.320m，121.327m，121.335m。试求该段距离的算术平均值、观测值的中误差、算术平均值的中误差及其相对误差。

9. 设在图上量得某一圆的半径 $R=31.33$mm，中误差为±0.5mm。试求圆周长的中误差。

10. 有一长方形，测得其边长为15m±0.003m和20m±0.004m。试求该长方形面积及其中误差。

# 第六章 GNSS 全球卫星定位系统简介

学习目标

• 了解 GNSS 全球导航卫星系统是一个全球性的位置和时间测定系统，目前，GNSS 包含了美国的 GPS、俄罗斯的 GLONASS、中国的 Compass（北斗）、欧盟的 Galileo（伽利略）系统，可用的卫星数目达到 100 颗以上。它可提供实时的三维位置、三维速度和高精度的时间信息，给测绘领域带来一场深刻的技术革命，它标志着测量工程技术的重大突破和深刻变革，对测量科学和技术的发展，具有划时代的意义。

• 理解 GPS 计划已经历了方案论证（1974～1978 年）、系统论证（1979～1987 年）、生产实验（1988～1993 年）三个阶段，并将逐步实施 GPS 现代化。

• 掌握 GPS 定位的基本原理，GPS 定位测量的技术设计，GPS 控制网的图形设计，GPS 测量的外业实施以及实时动态（RTK）定位技术和连续运行参考站系统。

GNSS 是 Global Navigation Satellite System 的缩写。中文译名为全球导航卫星系统。它是一个全球性的位置和时间测定系统，GNSS 主要有三大组成部分，即空间星座、地面监控和用户设备部分，下面以 GPS 系统为例说明 GNSS 的构成。

全球定位系统（global positioning system——GPS）是美国国防部研制的全球性、全天候、连续的卫星无线电导航系统，在 1994 年 3 月 28 日全面建成，它可提供实时的三维位置、三维速度和高精度的时间信息。近年来，GPS 定位技术给测绘领域带来一场深刻的技术革命，它标志着测量工程技术的重大突破和深刻变革，对测量科学和技术的发展，具有划时代的意义。目前，GPS 技术的应用已遍及国民经济各个部门，并逐步深入人们的日常生活。

由于 GPS 定位技术具有精度高、速度快、成本低的显著优点，因而在城市控制网与工程控制网的建立、更新与改造中得到了日益广泛的应用。尤其是实时动态（GPS-RTK）测量技术的应用，更显示了全球卫星定位系统的强大生命力，本章仅大概介绍 GPS 定位技术的有关情况。

## 第一节 GPS 全球定位系统的建立

美国海军导航卫星系统（Navy Navigation Satellite System——NNSS）是美国第一代卫星导航系统，于 1964 年建成。由于该系统卫星轨道都通过地球南北极构成的子午面，故也称“子午（transit）卫星导航系统”。该系统充分显示了利用人造地球卫星进行导航定位的优越性。该系统由空间部分、地面监控部分和用户部分组成。其空间部分由 6 颗高约 1070km 的卫星组成，分布在 6 个轨道平面内，每个轨道平面相对于地球赤道的倾角约为 90°，轨道近于圆形，运行周期约 107min，对于同一颗子午卫星，每天通过次数最多为 13 次。卫星播发 400MHz 和 150MHz 两种频率的载波供用户和监测站接收，其使用的卫星接收机称为多普勒接收机。

NNSS系统只能提供二维导航解，且是单星多普勒法，须卫星运行一个时间段后才能获得一次导航解，精度也只优于40m。又由于卫星较低，覆盖面积小，卫星数又少，必须相隔0.8～1.6h左右才能进行一次定位。可见子午卫星导航系统虽显示了导航的优越性，但又存在着精度低、不能实时导航和只能提供二维导航解等缺陷。这些缺陷是由子午卫星导航系统的“单星、低轨、测速”体制决定了的。

为了实现全天候、全球性和高精度的连续导航与定位，第二代的卫星导航系统——GPS卫星全球定位系统便应运而生。卫星定位技术发展到了一个辉煌的历史阶段，使测量定位技术产生了质的改变。随着GPS的投入使用，NNSS于1996年12月停止使用。

1973年12月，美国国防部批准它的陆海空三军联合研制GPS全球定位系统。该系统的英文全称为“Navigation by satellite Timing And Ranging/Global Positioning System (NAVSTAR/GPS)”，其中文意思为“用卫星定时和测距进行导航/全球定位系统”，简称GPS。自1974年以来，GPS计划已经历了方案论证（1974～1978年）、系统论证（1979～1987年）、生产实验（1988～1993年）三个阶段。总投资超过300亿美元。整个系统分为卫星星座、地面控制和监测站、用户设备三大部分。

## 一、GPS卫星星座

GPS卫星星座的基本参数是：卫星颗数为（21＋3）（21颗工作卫星，3颗备用卫星），6个卫星轨道面，卫星高度为20200km，轨道倾角为55°，卫星运行周期为11小时58分（12恒星时），载波频率为1.575GHz和1.227GHz。

2010年1月，美国空军宣布执行（24＋3）星座布局方案，这种新的星座布局方案目的是增加可见卫星数量，从而提高定位精度以便能满足用户尤其是使用实时动态差分技术（RTK）用户的定位需求。GPS卫星星座如图6-1所示。其基本参数是：卫星颗数为（24＋3）（24颗工作卫星，3颗备用卫星），6个卫星轨道面，卫星高度为20200km，轨道倾角为55°，卫星运行周期为11小时58分（12恒星时），载波频率为1.575GHz和1.227GHz。卫星通过天顶时，卫星的可见时间为5小时，在地球表面上任何地点任何时刻，在卫星高度角15°以上，平均可同时观测到7颗卫星，最多可达12颗卫星。截止2012年3月，正在运行的组网工作GPS卫星有31颗，包括11颗Block ⅡA卫星、12颗Block ⅡR卫星、7颗Block ⅡR-M卫星和1颗Block ⅡF卫星，以利于我国用户进行连续不断的导航定位测量。GPS卫星的发射情况如表6-1所示。

图6-1 GPS卫星星座

如图6-2所示，GPS工作卫星的主体呈圆柱形，直径为1.5m，在轨重量为843.68kg，两侧安装有4片拼接成的双叶太阳能电池翼板，总面积为7.2m$^2$，设计寿命为7.5年（Block ⅡF卫星预计寿命达12年），实际上均能超过该设计寿命而正常工作。卫星上安设有4台高精度的原子钟（1台使用，3台备用），2台铷原子钟（频率稳定度为$1\times10^{-12}$），2台铯原子钟（频率稳定度为$1\times10^{-13}$），以减少时间误差引起的站星距离误差。卫星姿态采用三轴稳定方式，致使螺旋天线阵列所辐射的电磁波束对准卫星的可见地面。

GPS工作卫星的作用可概括为如下几点。

**表 6-1 GPS卫星的发射情况**

| 顺 序 | 卫星类型 | 卫星数量/颗 | 发射时间/年 | 用 途 |
|---|---|---|---|---|
| 第一代 | BLOCK Ⅰ | 11 | 1978～1985 | 试验 |
| 第二代 | BLOCK Ⅱ、Ⅱ A | 9、15 | 1989～1996 | 正式工作 |
| 第三代 | BLOCK ⅡR、ⅡF | 33 | 1997～2010 | 改进GPS系统 |
| 第四代 | GPS ⅢA<br>GPS ⅢB<br>GPS ⅢC | 12<br>8<br>16 | 2014～ | 增强GPS系统 |

注：BLOCKⅡA(A=Advanced)，ⅡR(R=Replacement)，ⅡF(F=Follow on)。

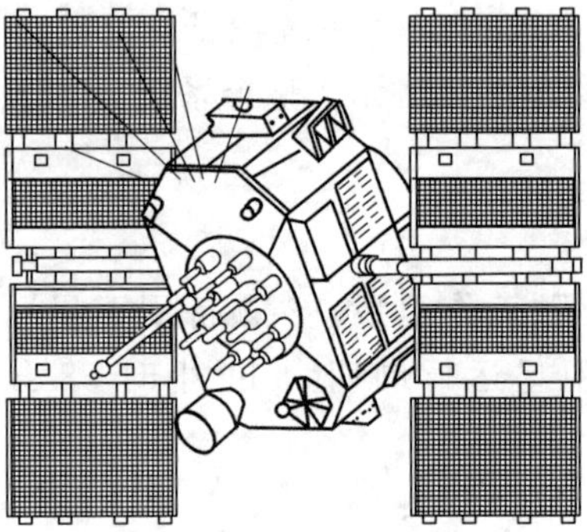

图 6-2 GPS工作卫星

(1) 用L波段的两个无线载波（19cm和24cm波段）向地面用户连续不断地发送导航定位信号（简称GPS信号），并用导航电文报告自己的现势位置以及其他在轨卫星的大概位置。

(2) 在飞越地面注入站上空时，接受由地面注入站用S波段（10cm波段）发送的导航电文和其他有关信息，适时地发送给广大用户。

(3) 接受由地面主控站通过注入站发送的卫星调度命令，适时地改正运行偏差或启用备用时钟等。

## 二、GPS地面监控系统

如图6-3所示，GPS的地面监控系统目前主要由分布在全球的5个地面站所组成，其中包括卫星主控站、监测站和注入站。

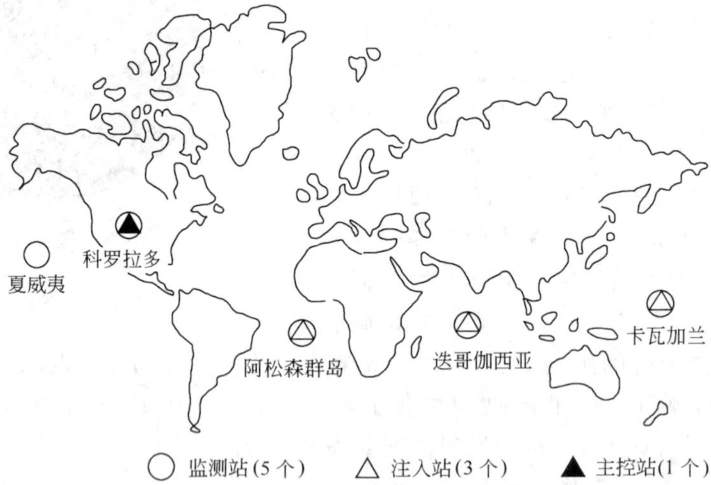


图 6-3 地面监控系统分布

1. 主控站（1个）

主控站位于美国科罗拉多州（Colorado）斯普林斯市范登堡空军基地，其主要任务是：根据所有观测资料编算各卫星的星历、卫星钟差和大气层的修正参数，提供全球定位系统的时间基准，调整卫星运行姿态，启用备用卫星。

2. 监测站（5 个）

监测站位于夏威夷（Hawaii）、范登堡空军基地（Vandenberg AFB）、大西洋的阿松森岛（Ascencion）、印度洋的迭哥加西亚（Diego Garcia）空军基地以及太平洋的卡瓦加兰岛（Kwajalein）。其主要任务是：对 GPS 卫星进行连续观测，以采集数据和监测卫星的工作状况，经计算机初步处理后，将数据传输到主控站。

3. 注入站（3 个）

注入站分别设在大西洋的阿松森岛（Ascencion）、印度洋的迭哥加西亚（Diego Garcia）空军基地和太平洋的卡瓦加兰岛（Kwajalein）。其主要任务是：在主控站的控制下，将主控站编算的卫星星历、钟差、导航电文和其他控制指令等，注入到相应的卫星存储系统，并监测注入信息的正确性。

## 三、GPS 用户设备部分

用户接收部分的基本设备，就是 GPS 信号接收机、机内软件以及 GPS 数据的后处理软件包。GPS 接收机的硬件一般包括主机、天线和电源，也有的将主机和天线制作成一个整体，观测时将其安置在测站点上。

GPS 用户设备主要包括有 GPS 接收机及其天线，微处理机及其终端设备和电源等。其中接收机和天线是用户设备的核心部分，它们的基本结构如图 6-4 所示。

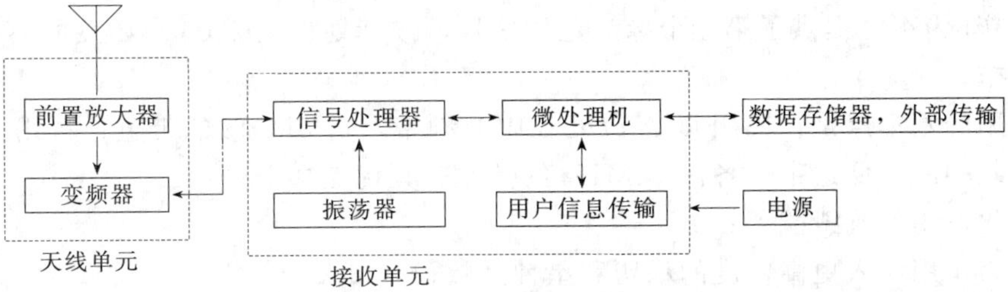


图 6-4 GPS 信号接收系统的结构

如果把 GPS 信号接收设备作为一个用户测量系统，按其结构和作用可以分为如下各部分。

（1）天线（带前置放大器）；

（2）信号处理器，用于信号接收、识别和处理；

（3）微处理器，用于接收机的控制、数据采集和导航计算；

（4）用户信息传输，包括操作板、显示板和数据存储器；

（5）精密振荡器，用以产生标准频率；

（6）电源。

GPS 信号接收机的任务是：跟踪可见卫星的运行，捕获一定卫星高度截止角的待测卫星信号，并对 GPS 信号进行变换、放大和处理，解译出 GPS 卫星所发送的导航电文，测量出 GPS 信号从卫星到接收机天线的传播时间，实时地计算出测站的三维位置、三维速度和时间。

GPS 接收机一般用蓄电池作电源。同时采用机内、机外两种直流电源。设置机内电池的目的在于更换外电池时不中断连续观测。在用机外电池的过程中，机内电池自动充电。关机后，机内电池为 RAM 存储器供电，以防止丢失数据。

近年来，国内引进了许多种类型的GPS测地型接收机。各种类型的GPS测地型接收机用于精密相对定位时，其双频接收机精度可达5mm+1ppm $D$，单频接收机在一定距离内精度可达10mm+2ppm$D$。用于差分定位时其精度可达亚米级至厘米级。GPS和Compass兼容的全球导航定位系统接收机也已经被一些部门采用，这些兼容接收机和GPS接收机一样也被称为GNSS接收机。

目前，各种类型的GNSS信号接收机体积越来越小，重量越来越小，便于野外观测。它们按用途的不同，可分为导航型、测地型和授时型三种；按携带形式的不同可分为袖珍式、背负式、车载式、舰用式、空（飞机）载式、弹载式和星载式七种；按工作原理可分为码接收机和无码接收机，前者动态、静态定位都能用，后者只能用于静态定位。按使用载波频率的多少可分为单频接收机（用一个载波频率$L_1$）和双频接收机（用两个载波频率$L_1$、$L_2$），以双频接收机为今后精度定位的主要用机。按型号分，种类就更多。

**四、GPS现代化**

GPS现代化的主要目的是：军民分离，强化军用。其政策是：保护战区内的美方军用；防止敌方开拓GPS军用；保护战区外的GPS民用。

1. 分离军民用户伪噪声码的频带，增强军用伪噪声码的发射功率

GPS系统的建设初衷是为美国的陆海空三军服务的，用于民用，只是一种后续开发的意外结果。从有限资料分析可知，军民分离，复用频谱，将成为首选技术。第三民用信号（$L_5$）的设立亦为军方提供了第三个导航定位信号，按计划将在2005年始发的Block ⅡF卫星上付诸实施。

频谱复用的基本点是：民用C/A码处在中心频带，占8MHz的带宽；军用Y码和$M_E$码位居远离载频的高低边带，各占12MHz的带宽。其优点如下。

（1）强化军用的抗毁能力；

（2）可为军用注入更高精度的星历和星钟系数；

（3）可增强军用GPS信号接收机的抗电子干扰能力；

（4）GPS信号接收机的大部分部件可以军民共用。

2. GPS新型工作卫星在轨自主更新星历，提高GPS系统的抗毁能力

2003年开始发射的Block ⅡR-M卫星具有下列特点。

（1）能够进行GPS卫星之间的距离测量；

（2）能够在轨自主更新和精化GPS卫星的广播星历和星钟参数；

（3）能够进行GPS卫星之间的在轨数据通信；

（4）无需地面监控系统的干预，Block ⅡR-M卫星能够自主运行180d作导航定位服务，且在180d时，用户测距误差仍可达到±7.4m；比Block ⅡA卫星的测距误差小1350倍。

（5）在180d的自主运行周期内，为了使测距误差达到±5.3m，每隔30d由地面监控系统作210d的星历和星钟参数的更新。

3. 第二导航定位信号增设C/A码和军用$M_E$码

2003年开始发射的Block ⅡR-M卫星，其第二导航定位信号（L2）将增设C/A码，并在第一、第二导航定位信号上各增设一个军用伪噪声码。当用L1-C/A码和L2-C/A码作导航定位时，民间用户将能实现精确实时的电离层改正数，从而提高定位、测速和定时的精度。

在军事上还能进行导弹截击前期预警、航天器速度控制、停航辅助、航路变更和行驶状态改进。

4. Block ⅡF 卫星增设第三导航定位信号（$L_5$）

2010 年 5 月 27 日发射的 Block ⅡF 卫星首次传输了第三民用信号（L5），其载波频率为 1176.45MHz。分为载波频道和数据频道，该信号既提供民用，又提供军用。

5. 第四代 GPS　Black Ⅲ工作卫星

第四代 GPS Black Ⅲ卫星于 2001 年开始研制，除了具有现行 GPS 卫星的全部功能以外，还将增强下列作用：①维护航空、航天和火车行驶的安全；②提供飞机精密着陆导航服务；③跟踪货物安全运输；④精细农业；⑤城市规划；⑥矿藏开采。

预计在 2014 年将发射首颗 GPS Black Ⅲ卫星，按计划，将耗资 35.7 亿美元研制 36 颗 A、B、C 三种类型的 GPS Black Ⅲ卫星，即 12 颗 GPS Black ⅢA 卫星、8 颗 GPS Black ⅢB 卫星和 16 颗 GPS Black ⅢC 卫星。当 GPS Black Ⅲ卫星全部投入运行后，将改变现行的六轨道 24 颗 GPSⅡ/ⅡA/ⅡR 卫星星座的布局和结构，用 33 颗卫星构建成高椭圆轨道（HEO）和地球静止轨道（GEO）相结合的新型 GPS 混合星座。将大大改善现有的定位精度和定位速度，使测量工作提高到一个崭新的阶段。

## 第二节　GPS 定位的基本原理

利用 GPS 进行定位，就是把卫星视为“动态”的控制点，在已知其瞬时坐标（可根据卫星轨道参数计算）的条件下，以 GPS 卫星和用户接收机天线之间的距离（或距离差）为观测量，进行空间距离后方交会，从而确定用户接收机天线所处的位置。

### 一、静态定位与动态定位

静态定位是指 GPS 接收机在进行定位时，待定点的位置相对其周围的点位没有发生变化，其天线位置处于固定不动的静止状态。此时接收机可以连续地在不同历元同步观测不同的卫星，获得充分的多余观测量，根据 GPS 卫星的已知瞬间位置，解算出接收机天线相位中心的三维坐标。由于接收机的位置固定不动，就可以进行大量的重复观测，所以静态定位可靠性强，定位精度高，在大地测量、工程测量中得到了广泛的应用，是精密定位中的基本模式。

准静态定位是指静止不动只是相对的。在卫星大地测量学中，在两次观测之间（一般为几十天到几个月）才能反映出发生的变化。

动态定位是指在定位过程中，接收机位于运动着的载体上，天线也处于运动状态的定位。动态定位是用 GPS 信号实时地测得运动载体的位置。如果按照接收机载体的运行速度，还可将动态定位分为低动态（几十米/秒）、中等动态（几百米/秒）、高动态（几公里/秒）三种形式。其特点是测定一个动点的实时位置，多余观测量少、定位精度较低。

### 二、单点定位和相对定位

众所周知，测量工作的直接目的是要确定地面点在空间的位置。早期解决这一问题都是采用天文测量的方法，即通过测定北极星、太阳或其他天体的高度角和方位角以及观测时间，进而确定地面点在该时间的经纬度位置和某一方向的方位角。这种方法受到气候条件的制约，而且定位精度较低。

20 世纪 60 年代以后，随着空间技术的发展和人造卫星的相继升空，人们设想，如果在绕地球运行的人造卫星上装置有无线电信号发射机，则在接收机钟的控制下，可以测定信号

到达接收机的时间 $\Delta t$，进而求出卫星和接收机之间的距离

$$S=c\Delta t+\sum\delta_i \quad (6\text{-}1)$$

式中 $c$——信号传播的速度；

$\delta_i$——各项改正数。

但是，卫星上的原子钟和地面上接收机的钟不会严格同步，假如卫星的钟差为 $v_t$，接收机的钟差为 $v_T$，则由于卫星上的原子钟和地面上接收机的钟不同步对距离的影响为

$$\Delta S=c(v_t-v_T) \quad (6\text{-}2)$$

现在欲确定待定点 $P$ 的位置，可以在该处安置一台 GPS 接收机。如果在某一时刻 $t_i$ 同时测得了 4 颗 GPS 卫星（$A$，$B$，$C$，$D$）的距离 $S_{AP}$，$S_{BP}$，$S_{CP}$，$S_{DP}$，则可列出 4 个观测方程为

$$\begin{aligned}
S_{AP}&=[(x_P-x_A)^2+(y_P-y_A)^2+(z_P-z_A)^2]^{\frac{1}{2}}+c(v_{tA}-v_T)\\
S_{BP}&=[(x_P-x_B)^2+(y_P-y_B)^2+(z_P-z_B)^2]^{\frac{1}{2}}+c(v_{tB}-v_T)\\
S_{CP}&=[(x_P-x_C)^2+(y_P-y_C)^2+(z_P-z_C)^2]^{\frac{1}{2}}+c(v_{tC}-v_T)\\
S_{DP}&=[(x_P-x_D)^2+(y_P-y_D)^2+(z_P-z_D)^2]^{\frac{1}{2}}+c(v_{tD}-v_T)
\end{aligned} \quad (6\text{-}3)$$

式中，$(x_A, y_A, z_A)$，$(x_B, y_B, z_B)$，$(x_C, y_C, z_C)$，$(x_D, y_D, z_D)$ 分别为卫星（$A$，$B$，$C$，$D$）在 $t_i$ 时刻的空间直角坐标；$(v_{tA}, v_{tB}, v_{tC}, v_{tD})$ 分别为 $t_i$ 时刻 4 颗卫星的钟差，它们均由卫星所广播的卫星星历来提供。

求解上列方程，即得待定点 $P$ 的空间直角坐标 $x_P$，$y_P$，$z_P$。

由此可见，GPS 定位的实质就是根据高速运动的卫星瞬间位置作为已知的起算数据，采取空间距离后方交会的方法，确定待定点的空间位置。

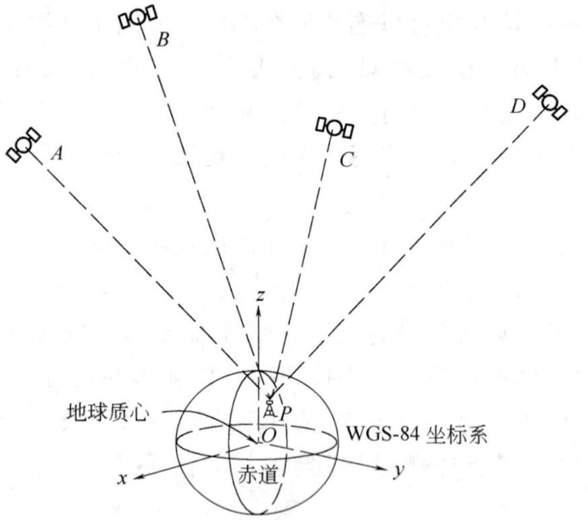


图 6-5 GPS 绝对定位示意

GPS 单点定位也叫绝对定位，就是采用一台接收机进行定位的模式，它所确定的是接收机天线相位中心在 WGS-84 世界大地坐标系统中的绝对位置，所以单点定位的结果也属于该坐标系统。GPS 绝对定位示意图如图 6-5 所示，其基本原理是以 GPS 卫星和用户接收机天线之间的距离（或距离差）观测量为基础，并根据已知可见卫星的瞬时坐标来确定用户接收机天线相位中心的位置。该定位方法广泛地应用于导航和测量中的单点定位工作。

GPS 单点定位的实质即是空间距离后方交会。对此，在一个测站上观测 3 颗卫星获取 3 个独立的距离观测量就够了。但是由于 GPS 采用了单程测距原理，此时卫星钟与用户接收机钟不能保持同步，所以实际的观测距离均含有卫星钟和接收机钟不同步的误差影响，习惯上称之为伪距。其中卫星钟差可以用卫星电文中提供的钟差参数加以修正，而接收机的钟差只能作为一个未知参数，与测站的坐标在数据的处理中一并求解。因此，在一个测站上为了求解出 4 个未知参数（3 个点位坐标分量和 1 个钟差系数），至少需要 4 个同步伪

距观测值。也就是说，至少必须同时观测 4 颗卫星。

单点定位的优点是只需一台接收机即可独立定位，外业观测的组织及实施较为方便，数据处理也较为简单。缺点是定位精度较低，受卫星轨道误差、钟同步误差及信号传播误差等因素的影响，精度只能达到米级。所以该定位模式不能满足大地测量精密定位的要求。但它在地质矿产勘查等低精度的测量领域仍然有着广泛的应用前景。

GPS 相对定位又称为差分 GPS 定位，是采用两台以上的接收机（含两台）同步观测相同的 GPS 卫星，以确定接收机天线间的相互位置关系的一种方法。其最基本的情况是用两台接收机分别安置在基线的两端（如图 6-6 所示），同步观测相同的 GPS 卫星，确定基线端点在世界大地坐标系统中的相对位置或坐标差（基线向量），在一个端点坐标已知的情况下，用基线向量推求另一待定点的坐标。相对定位可以推广到多台接收机安置在若干条基线的端点，通过同步观测 GPS 卫星确定多条基线向量。

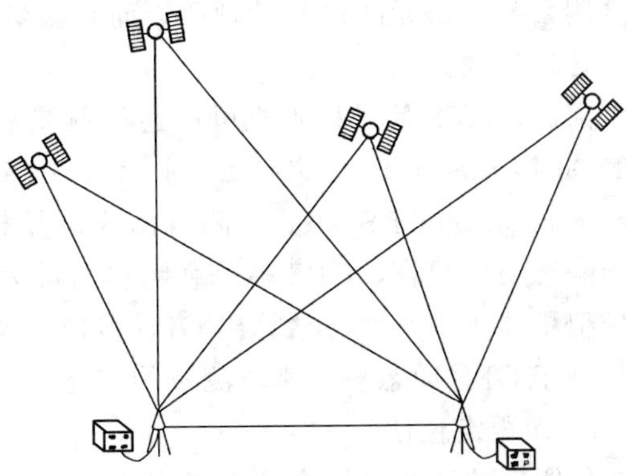

图 6-6　GPS 相对定位示意

由于同步观测值之间有着多种误差，其影响是相同的或大体相同的，这些误差在相对定位过程中可以得到消除或减弱，从而使相对定位获得极高的精度。当然，相对定位时需要多台（至少两台以上）接收机进行同步观测。故增加了外业观测组织和实施的难度。

在单点定位和相对定位中，又都可能包括静态定位和动态定位两种方式。其中静态相对定位一般均采用载波相位观测值为基本观测量。这种定位方法是当前 GPS 测量定位中精度最高的一种方法，在大地测量、精密工程测量、地球动力学研究和精密导航等精度要求较高的测量工作中被普遍采用。

**三、用 GPS 定位的基本方法**

前面所述的静态定位或动态定位，所依据的观测量都是所测的卫星至接收机天线的伪距。但是，伪距的基本观测量又区分为码相位观测（简称测码伪距）和载波相位观测（简称测相伪距）。这样，根据 GPS 信号的不同观测量，可以分为四种定位方法。

1. 卫星射电干涉测量

以银河系以外的类星体作为射电源的甚长基线干涉测量（VLBI）具有精度高、基线长度几乎不受限制等优点。因类星体离地球十分遥远，射电信号十分微弱，因而必须采用笨重、昂贵的大口径抛物面天线、高精度的原子钟和高质量的记录设备，所需的设备比较昂贵，数据处理较为复杂，从而限制了该技术的应用。GPS 卫星的信号强度比类星体的信号强度大 10 万倍，利用 GPS 卫星射电信号具有白噪声的特性，由两个测站同时观测一颗 GPS 卫星，通过测量这颗卫星的射电信号到达两个测站的时间差，可以求得站间距离。由于在进行干涉测量时只把 GPS 卫星信号当作噪声信号来使用，因而无需了解信号的结构，所以这种方法对于无法获得 P 码的用户是很有吸引力的。其模型与在接收机间求一次差的载波相位测量定位模型十分相似。

2. 多普勒定位法

多普勒效应是 1942 年奥地利物理学家多普勒首先发现的。它的具体内容是：当波源与观测者做相对运动时，观测者接收到的信号频率与波源发射的信号频率不相同。这种由于波源相对于观测者运动而引起的信号频率的移动称为多普勒频移，其现象称为多普勒效应。根据多普勒效应原理，利用 GPS 卫星较高的射电频率，由积分多普勒计数得出伪距差。当采用积分多普勒计数法进行测量时，所需观测时间一般较长（数小时），同时在观测过程中接收机的振荡器要求保持高度稳定。为了提高多普勒频移的测量精度，卫星多普勒接收机不是直接测量某一历元的多普勒频移，而是测量在一定时间间隔内多普勒频移的积累数值，称之为多普勒计数。

因此，GPS 信号接收机可以通过测量载波相位变化率而测定 GPS 信号的多普勒频移，在 2000 年 5 月 1 日以前有 SA 技术的作用下，且用 DGPS（GPS 差分定位，Differential Global Positioning System）测量模式，其相应的距离变率测量精度可达 2mm/s～5cm/s。对于静态用户而言，GPS 多普勒频移的最大值约为±4.5kHz。如果知道用户的大概位置和可见卫星的历书，便可估算出 GPS 多普勒频移，而实现对 GPS 信号的快速捕获和跟踪，这很有利于 GPS 动态载波相位测量的实施。

3. 伪距定位法

伪距定位法是利用全球卫星定位系统进行导航定位的最基本的方法，其基本原理是：在某一瞬间利用 GPS 接收机同时测定至少四颗卫星的伪距，根据已知的卫星位置和伪距观测值，采用距离交会法求出接收机的三维坐标和时钟改正数。伪距定位法定一次位的精度并不高，但定位速度快，经几小时的定位也可达米级的精度，若再增加观测时间，精度还可提高。

4. 载波相位测量

载波信号的波长很短，$L_1$ 载波信号波长为 19cm，$L_2$ 载波信号波长为 24.4cm。若把载波作为量测信号，对载波进行相位测量可以达到很高的精度。通过测量载波的相位而求得接收机到 GPS 卫星的距离，是目前大地测量和工程测量中的主要测量方法。

在载波相位测量基本方程中，包含着两类不同的未知数：一类是必要参数，如测站的坐标；另一类是多余参数，如卫星钟和接收机的钟差、电离层和对流层延迟等。并且多余参数在观测期间随时间变化，给平差计算带来麻烦。

解决这个问题有两种办法：一种是找出多余参数与时空关系的数学模型，给载波相位测量方程一个约束条件，使多余参数大幅度减小；另一种更有效、精度更高的办法是按一定规律对载波相位测量值进行线性组合，通过求差达到消除多余参数的目的。

例如，对某一观测瞬间 $n$ 颗卫星进行了载波相位测量，就可以列出 $n$ 个观测方程，方程中都含有相同的接收机钟差未知数。若选择一颗卫星作为基准，将其余 $n-1$ 颗卫星的观测方程与基准卫星对应的观测方程相减，就可以在 $n-1$ 个方程中消去钟差未知数。它可以大大减少计算工作量。目前 GPS 接收机的软件基本上都采用了这种差分法的模型。

考虑到 GPS 定位时的误差源，常用的差分法有如下三种：在接收机间求一次差；在接收机和卫星间求二次差；在接收机、卫星和观测历元间求三次差。

本章所讲的接收机位置实际是指接收机天线相位中心的位置，而标石中心位置尚需进行归算。为了方便，有时简称为测站位置。

## 第三节　GPS 定位测量的设计

GPS 测量与常规测量类似，在实际工作中也可划分为方案设计、外业实施及内业处理三个阶段。

## 一、GPS定位测量的技术设计

GPS测量的技术设计是进行GPS定位的基本工作，它是依据国家有关规范及GPS网的用途、用户的要求等对测量工作的网形、精度及基准等的具体设计。

在GPS方案设计时，一般首先依据测量任务书提出的GPS网的精度、密度和经济指标，再结合规范（规程）规定并现场勘察具体确定各点间的连接方法，各点设站观测的次数、时段长短等布网观测方案。

中华人民共和国国家质量监督检验检疫总局、中国国家标准化管理委员会于2009年2月6日发布，2009年6月1日实施的《全球定位系统（GPS）测量规范》[Specifications for global positioning system (GPS) surveys]，以下简称《国家规范》。

中华人民共和国住房和城乡建设部在2010年3月15日发布并于2010年10月1日实施的中华人民共和国行业标准《卫星定位城市测量技术规范》(CJJ/T 73—2010)(Technical Code for Urban Surveying Using Satellite Positioning System)，以下简称《城市规范》。

## 二、《国家规范》和《城市规范》规定的技术指标

由于卫星的轨道运动和地球的自转，卫星相对于测站的几何图形在不断变化。一些卫星可以投入观测作业，另一些卫星无法继续观测。考虑到作业中尽可能选取图形强度较好的卫星进行观测，因而在一个观测时段要更换几次跟踪的卫星。

试验表明，在静态相对定位环境下进行载波相位测量，对于3000km以内的站间距离D，可以达到($5mm+10^{-8}D$)的精度，三维位置精度能够达到±3cm。因此，以载波相位观测量为根据的静态相对定位是建立GPS控制网的基本方式。《国家规范》中的各项规定就是针对这一基本方式做出的。

《城市规范》主要是为了适应城市各等级GPS测量技术的要求，突出了城市测量与工程测量应用的特点。《国家规范》是从全国范围考虑，故规范和规程之间没有矛盾。

《国家规范》规定的各级GPS测量精度分级见表6-2；《国家规范》规定的各级GPS测量基本技术要求见表6-3。

《城市规范》规定的各级GNSS测量精度分级见表6-4；《城市规范》规定的各级GNSS测量各等级的作业的基本技术要求见表6-5。

由于《国家规范》比《城市规范》出台早，故两规范对导航卫星定位系统的称呼不一样，如《国家规范》称GPS为单指GPS系统，也可选用GNSS接收机；而《城市规范》称之为GNSS，它包含了GPS、GLONASS、Compass、Galileo系统。

**表6-2 《国家规范》规定的GPS测量精度分级**

| 级别 | 相邻点基线分量中误差 | | 平均距离/km |
|---|---|---|---|
| | 水平分量/mm | 垂直分量/mm | |
| A | 2 | 3 | 由卫星定位连续运行基准站构成 |
| B | 5 | 10 | 50 |
| C | 10 | 20 | 20 |
| D | 20 | 40 | 5 |
| E | 20 | 40 | 3 |

表 6-3 《国家规范》规定的各级 GPS 测量基本技术要求

| 项目＼级别 | B | C | D | E |
|---|---|---|---|---|
| 卫星截止高度角/(°) | 10 | 15 | 15 | 15 |
| 同时观测有效卫星数 | ≥4 | ≥4 | ≥4 | ≥4 |
| 有效观测卫星总数 | ≥20 | ≥6 | ≥4 | ≥4 |
| 观测时段数 | ≥3 | ≥2 | ≥1.6 | ≥1.6 |
| 时段长度 | ≥23h | ≥4h | ≥69min | ≥40min |
| 采样间隔/s | 30 | 10～30 | 5～15 | 5～15 |

注 1. 计算有效观测卫星总数时，应将各时段的效观测卫星数扣除其间的重复卫星数。

2. 观测时段长度，应为开始记录数据到结束记录的时间段。

3. 观测时段数≥1.6，指采用网观测模式时，每站至少观测一时段，其中二次设站点数应不少于 GPS 网总点数的 60%。

4. 采用基于卫星定位连续运行基准站点观测模式时，可连续观测，但观测时间应不低于表中规定的各时段观测时间的和。

表 6-4 《城市规范》规定的 GNSS 测量精度分级

| 等级 | 平均边长/km | 异步环或附合线路边数/条 | $a$/mm | $b/(1\times10^{-6})$ | 最弱边相对中误差 |
|---|---|---|---|---|---|
| 二等 | 9 | ≤6 | ≤5 | ≤2 | 1/120000 |
| 三等 | 5 | ≤8 | ≤5 | ≤2 | 1/80000 |
| 四等 | 2 | ≤10 | ≤10 | ≤5 | 1/45000 |
| 一级 | 1 | ≤10 | ≤10 | ≤5 | 1/20000 |
| 二级 | <1 | ≤10 | ≤10 | ≤5 | 1/10000 |

注：表中 $a$ 表示固定误差，$b$ 表示比例误差系数。

表 6-5 《城市规范》规定的 GNSS 测量各等级的作业的基本技术要求

| 项目 | 观测方法＼等级 | 二等 | 三等 | 四等 | 一级 | 二级 |
|---|---|---|---|---|---|---|
| 卫星高度角/(°) | 静态 | ≥15 | ≥15 | ≥15 | ≥15 | ≥15 |
| 有效观测同类卫星数 | 静态 | ≥4 | ≥4 | ≥4 | ≥4 | ≥4 |
| 平均重复设站数 | 静态 | ≥2 | ≥2 | ≥1.6 | ≥1.6 | ≥1.6 |
| 时段长度/min | 静态 | ≥90 | ≥60 | ≥45 | ≥45 | ≥45 |
| 数据采样间隔/s | 静态 | 10～30 | 10～30 | 10～30 | 10～30 | 10～30 |
| PDOP 值 | 静态 | <6 | <6 | <6 | <6 | <6 |

## 三、GPS 控制网的图形设计

常规测量中对控制网的图形设计是一项非常重要的工作。而在 GPS 图形设计时，因其观测时不要求通视，故有较大的灵活性。GPS 网的图形设计主要取决于用户的要求、经费、时间、人力以及接收机的类型、数量和后勤保障条件等。

根据不同的用途，GPS 网的图形布设有下列四种基本方式。

1. 点连式

如图 6-7（a）所示，点连式是指相邻同步图形之间仅有一个公共点的连接，其图形几何强度很弱，没有或极少有非同步图形闭合条件，一般不单独使用。

2. 边连式

如图 6-7（b）所示，边连式是指同步图形之间由一条公共基线连接，网的图形几何强度较高，有较多的复测边和非同步图形闭合条件，其几何强度和可靠性均优于点连式。

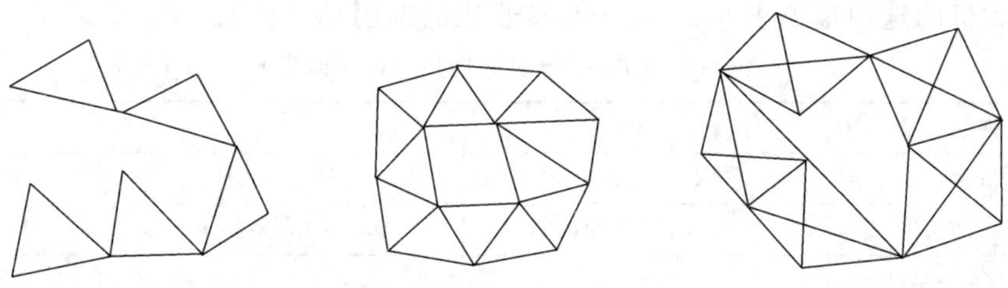

(a) 点连式　(b) 边连式　(c) 混连式

图 6-7 GPS 网的图形布设形式

3. 混连式

如图 6-7（c）所示，混连式是指把点连式与边连式有机地结合起来，组成 GPS 网，既能保证网的几何精度，提高网的可靠指标，又能减少外业工作量，降低成本，是一种较为理想的布网方法。

4. 网连式

网连式是指相邻同步图形之间有两个以上的公共点相连接，需 4 台以上的接收机，网的图形几何强度和可靠性相当高，花费的经费和时间较多，一般仅适于较高精度的控制测量。

## 第四节 GPS 测量的外业实施

### 一、外业选点与埋石

由于 GPS 测量观测站之间不要求相互通视，网的图形结构也比较灵活，故选点工作比常规控制测量的选点要简便。在选点工作开始前，应先了解测区的地理情况和原有控制点的分布及标石完好情况，决定其适宜的点位外，选点工作还应遵守以下原则。

（1）点位应选设在交通方便、视野开阔的地点上，视场周围 15°以上不应有障碍物，地面基础稳定，易于点的保存。

（2）点位应远离大功率无线电发射源，其距离应不小于 200m；离高压线的距离不得小于 50m。以避免电磁场对 GPS 信号的干扰。

（3）点位附近不应有大面积水域或不应有强烈干扰卫星信号接收的物体，以减弱多路径效应的影响。

（4）利用旧点时，应对旧点的稳定性、完好性进行检查，符合要求方可利用。

GPS 网点一般应埋设具有中心标志的标石，以精确标志点位，点的标石和标志必须稳定、坚固以利长久保存和使用。标石埋设结束后，应填写点位记录并提交选点网图、选点与埋石的工作技术总结。

### 二、外业观测工作

GPS 观测与常规测量在技术要求上有很大差别，对城市及工程 GPS 控制网在作业中应按表 6-5 的有关技术指标执行。

一般在观测前，应先拟定外业观测计划。外业观测计划的拟定对于顺利完成数据采集任务，保证测量精度，提高工作效益都是极为重要的。拟定观测计划的主要依据是：GPS 网的规模大小；点位精度要求；GPS 卫星星座几何图形强度；参加作业的接收机数量；交通、通信及后勤保障（食宿、供电等）。

GPS 接收机的选用参见表 6-6，GNSS 接收机的选用见表 6-7。

**表 6-6 GPS 接收机的选用《国家规范》**

| 级别 | B | C | D、E |
|---|---|---|---|
| 单频/双频 | 双频/全波长 | 双频/全波长 | 双频或单频 |
| 观测量至少有 | $L_1$、$L_2$ 载波相位 | $L_1$、$L_2$ 载波相位 | $L_1$ 载波相位 |
| 同步观测接收机数 | ≥4 | ≥3 | ≥2 |

**表 6-7 GNSS 接收机的选用《城市规范》**

| 项目＼等级 | 二等 | 三等 | 四等 | 一级 | 二级 |
|---|---|---|---|---|---|
| 接收机类型 | 双频 | 双频或单频 | 双频或单频 | 双频或单频 | 双频或单频 |
| 标称精度 | $\leqslant(5mm+2\times10^{-6}\times d)$ | $\leqslant(5mm+5\times10^{-6}\times d)$ | $\leqslant(10mm+5\times10^{-6}\times d)$ | $\leqslant(10mm+5\times10^{-6}\times d)$ | $\leqslant(10mm+5\times10^{-6}\times d)$ |
| 同步观测接收机数 | ≥4 | ≥3 | ≥3 | ≥3 | ≥3 |

观测计划的主要任务应包括如下。

（1）编制 GPS 卫星的可见性预报图　在高度角＞15°的限制下，输入测区中心某一测站的概略坐标，输入日期和时间，使用不超过 20 天的星历文件编制 GPS 卫星的可见性预报图。可从 http：//www. navcen. uscg. gov/ftp/gps/almanacs/yuma 网站上下载最新的星历。

（2）选择卫星的几何图形强度　在 GPS 定位中，所测卫星与观测站所组成的几何图形，其强度因子可用空间位置因子（PDOP）来代表，无论是绝对定位还是相对定位，PDOP 值不应大于 6。

（3）选择最佳的观测时段　在卫星不少于 4 颗且分布均匀，PDOP 值小于 6 的时段就是最佳时段。

（4）观测区域的设计与划分　当 GPS 网的点数较多，网的规模较大，可实行分区观测。为了增强网的整体性，提高网的精度，相邻分区设置公共观测点的数量不得少于 3 个。

（5）编制作业调度表　作业组在观测前应根据测区的地形、交通状况、网的大小、精度的高低、仪器的数量、GPS 网的设计、卫星预报表和测区的天时、地理环境等编制作业调度表，以提高工作效益，GPS 作业调度表见表 6-8。作业调度表包括观测时段、测站号、测站名称及接收机号等。

外业观测开始后，观测员应严格按照作业调度表的规定进行，安置接收机天线时，圆水准气泡必须整平，天线的定向标志线应指向正北，以减弱相位中心偏差的影响。天线架设好后，在天线间隔 120°的三个方向分别量取天线高，其差值应小于 3mm，取平均值记入手簿中（见表 6-9）。天线高一定要按规定始末各测量一次，并及时记入手簿，GPS 外业观测手簿见表 6-9。

表 6-8 GPS 作业调度表

| 时段编号 | 观测时段 | 测站号/名 | 测站号/名 | 测站号/名 | 测站号/名 | 测站号/名 |
|---|---|---|---|---|---|---|
| | | 机 号 | 机 号 | 机 号 | 机 号 | 机 号 |
| 0 | | | | | | |
| | | | | | | |
| 1 | | | | | | |
| | | | | | | |
| 2 | | | | | | |
| | | | | | | |
| 3 | | | | | | |
| | | | | | | |
| 4 | | | | | | |
| | | | | | | |
| 5 | | | | | | |
| | | | | | | |
| 6 | | | | | | |
| | | | | | | |

表 6-9 GPS 外业观测手簿（城市规范）

| | | |
|---|---|---|
| 观 测 者 | 日 期 | 年 月 日 |
| 测 站 名 | 测 站 号 | 时段号 |
| 本测站为:已知点 □ | 待定点 □ | |
| 记录时间:北京时间 □ | UTC □ | 区时 □ |
| 开机时间: | 结束时间: | |
| 接收机号: | 天线号: | |
| 天线高/m:<br>1. 2. | 3. | 平均值 |
| 备注 | | |

接收机开机后，应注意查看观测卫星数量、卫星号、信噪比、相位测量残差及存储介质记录情况。观测完全部预定作业项目，经检查均已按规定完成，且记录与资料完整无误后方可迁站。

# 第五节 GPS 测量的内业计算

GPS 测量的内业计算分基线解算和网平差两个阶段。

## 一、基线解算

基线解算的过程：数据传输、按顺序输入点名和天线高。基线解算出来后，还必须检查 Ratio 值（必须≥3）、基线闭合差，使其必须在规范规定的范围内。

### 二、GPS 网平差

在各项质量检核符合要求后，即可进行 GPS 网平差，平差一般选用随机商用软件，如美国 Trimble 导航公司使用的后处理软件 GPSurvey，Trimble Geomatics Office（TGO），南方测绘仪器有限公司使用的南方 GPS 数据处理软件，中海达卫星导航技术股份有限公司 GPS 数据处理软件，上海华测导航技术有限公司 GPS 数据处理软件，苏州一光 GPS 数据处理软件等。

## 第六节　实时动态（RTK）定位技术简介

实时动态（Real Time Kinematic-RTK）测量技术是以载波相位观测量为根据的实时差分 GNSS（RTD GPS）测量技术，它是 GNSS 测量技术发展中的一个新突破。

### 一、RTK 的工作原理

RTK 的原理很容易理解（如图 6-8 所示），在基准站上安置一台 GPS 接收机，对所有可见 GPS 卫星进行连续地观测，实时地发送给流动站。在流动站上，GPS 接收机在接收 GPS 卫星信号的同时，通过无线电接收设备，接收基准站传输的观测数据，然后根据相对定位的原理，实时地计算并显示用户站的三维坐标及其精度。

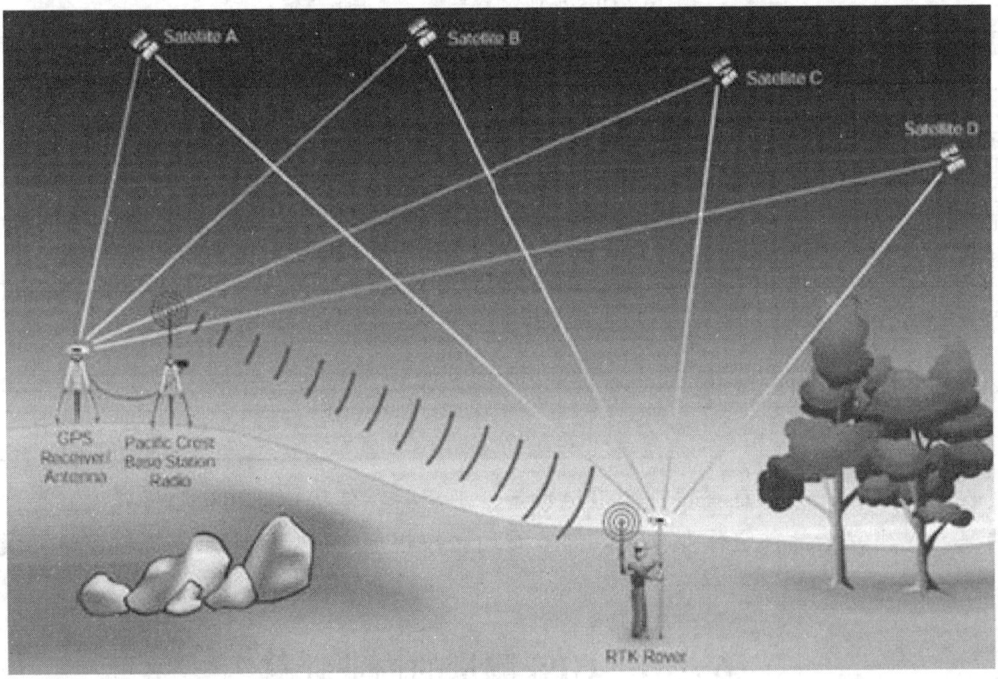


图 6-8　RTK 的工作原理

实时动态（RTK）定位技术既具有静态测量的精度，又能够实时地提供测站点在指定坐标系中的三维坐标，并达到厘米级的高精度。

精密 GPS 定位都采用相对技术。无论是在几点间进行同步观测的后处理（RTK），还是从基准站将改正值及时地传输给流动站（DGPS）都称为相对技术。以采用值的类型为依据可分为4类，即：实时差分GPS，精度为1～3m；广域实时差分GPS，精度为1～2m；精密差分GPS，精度为1～5cm；实时精密差分GPS，精度为1～3cm。

差分的数据类型有伪距差分、坐标差分和相位差分三类，前两类定位误差的相关性会随基准站与流动站的空间距离的增加其定位精度迅速降低。故RTK采用第三种方法。

RTK的观测模型为

$$\Phi=\rho+c(d_T-d_t)+\lambda N+d_{trop}-d_{ion}+d_{\rho ral}+\varepsilon(\Phi) \tag{6-4}$$

式中 $\Phi$——相位测量值，m；

$\rho$——星站间的几何距离，m；

$c$——光速；

$d_T$——接收机钟差；

$d_t$——卫星钟差；

$\lambda$——载波相位波长；

$N$——整周未知数；

$d_{trop}$——对流层折射影响；

$d_{ion}$——电离层折射影响；

$d_{\rho ral}$——相对论效应；

$\varepsilon(\Phi)$——观测噪声参数。

因轨道误差、钟差、电离层折射及对流层折射影响难于精确模型化，所以实际的数据处理中常用双差观测值方程来解算，在定位前需先确定整周未知数，这一过程称为动态定位的“初始化”（On The Fly即OTF）。实现OTF的方法有很多种，美国天宝导航有限公司的做法是：采用伪距和相位相结合的方法。首先用伪距求出整周未知数的搜索范围，再用L1和L2相位组合与后继观测历元解算和精化。利用伪距估计初始位置和搜索空间，快速定出精确的初始位置。

## 二、RTK的系统组成

图6-9为美国天宝导航有限公司生产的Trimble 5800型GPS全站仪流动站配置，下面以5800GPS双频接收机为例，说明RTK的系统组成，天宝RTK系统由下列两部分组成。

RTK系统的组成
- 基准站
  - a. 基准站GPS接收机及接收天线
  - b. 无线电数据链电台及发射天线
  - c. 12V60A直流电源
- 流动站
  - a. 流动站GPS接收机及接收天线
  - b. 无线电数据链接收机及天线
  - c. TSC1控制器及软件

## 三、RTK的作业方法

RTK定位测量实施的具体方法如下。

将基准站GPS接收机安置在开阔的地方，架设脚架、安置基座和卫星天线，对中整平，用天线高量尺在天线相隔120°的三个位置量取天线高，并记录，如图6-10所示。

连上电缆后开机，先启动基准站，在TSC1控制器中进行；再启动流动站；开始测量，可以分为几种形式。

（1）测量点（measure points）；

(2) 连续的碎部点的采集 (continuous topo);

(3) 输入方位、距离、计算不可到达的点位 (offsets);

(4) 放样 (stakeout):

图 6-9 流动站

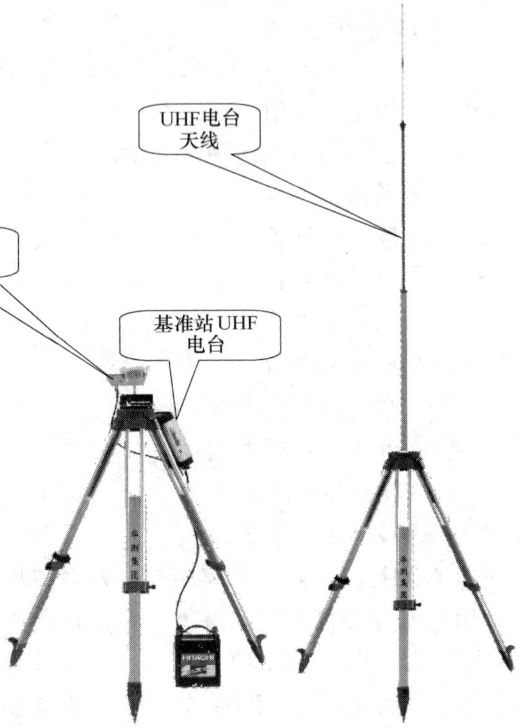


图 6-10 基准站

① 点的放样;

② 直线的放样;

③ 道路的放样。

测量结束后，在 (Survey) 测量菜单中选 End Survey (结束测量)。

目前，RTK 技术的最大基线距离为 10～20km。Trimble 5700 接收机采用 eRTK (增强 RTK) 技术，单基准站就可覆盖常规 RTK 区域的 4 倍，达 1250km$^2$，所以不用移动基准站就能够完成整个测量作业项目。如还想扩大作业区域，应用该技术可以让多个基准站按比例共用一个电台频道。如果采用虚拟参考站 (VRS) 技术则可以覆盖一个县、一个城市、一个省甚至整个国家，并在更广阔的范围内像 eRTK 技术那样得到厘米级定位结果。

《城市规范》规定：RTK 测量可采用单基站 RTK 测量和网络 RTK 测量两种方法进行，已建立 CORS 系统的城市，宜采用网络 RTK 测量。GNSS RTK 平面测量按精度应划分为一级、二级、三级、图根和碎部。各等级的技术要求应符合表 6-10 的规定。

RTK 测量时，GNSS 卫星的状况应符合表 6-11 的规定。

RTK 控制测量应符合下列规定：①控制点应布设不少于 3 个或不少于 2 对相互通视的点；②控制点测量应采用三脚支架方式架设天线进行作业，测量过程中仪器的圆气泡应严格稳定居中；③控制点应采用常规方法进行边长、角度或导线联测检核，RTK 平面控制点检核测量技术要求应符合表 6-12 的规定。

**表 6-10 GNSS RTK 平面测量技术要求**

| 等级 | 相邻点间距离/m | 点位中误差/cm | 边长相对中误差 | 起算点等级 | 流动站到单基准站间距离/km | 测回数 |
|---|---|---|---|---|---|---|
| 一级 | ≥500 | 5 | ≤1/20000 | — | — | ≥4 |
| 二级 | ≥300 | 5 | ≤1/10000 | 四等及以上 | ≤6 | ≥3 |
| 三级 | ≥200 | 5 | ≤1/6000 | 四等及以上 | ≤6 | ≥3 |
| | | | | 二级及以上 | ≤3 | |
| 图根 | ≥100 | 5 | ≤1/4000 | 四等及以上 | ≤6 | ≥2 |
| | | | | 三级及以上 | ≤3 | |
| 碎部 | — | 图上0.5mm | — | 四等及以上 | ≤15 | ≥1 |
| | | | | 三级及以上 | ≤10 | |

注：1. 一级 GNSS 控制点应采用网络 RTK 测量技术。

2. 网络 RTK 测量可不受起算点等级、流动站到基准站间距离的限制。

3. 困难地区相邻点间距离缩短至表中的 2/3，边长较差不应大于 2cm。

**表 6-11 GNSS 卫星状况的基本要求**

| 观测窗口状态 | 15°以上的卫星个数 | PDOP |
|---|---|---|
| 良好 | ≥6 | <4 |
| 可用 | 5 | <6 |
| 不可用 | <5 | ≥6 |

**表 6-12 RTK 平面控制点检核测量技术要求**

| 等级 | 边长检核 | | 角度检核 | | 导线联测检核 | |
|---|---|---|---|---|---|---|
| | 测距中误差/mm | 边长较差的相对中误差 | 测角中误差(″) | 角度较差限差(″) | 角度闭合差(″) | 边长相对闭合差 |
| 一级 | 15 | 1/14000 | 5 | 14 | $16\sqrt{n}$ | 1/10000 |
| 二级 | 15 | 1/7000 | 8 | 20 | $24\sqrt{n}$ | 1/6000 |
| 三级 | 15 | 1/4000 | 12 | 30 | $40\sqrt{n}$ | 1/4000 |
| 图根 | 20 | 1/2500 | 20 | 60 | $60\sqrt{n}$ | 1/2000 |

用 RTK 进行定桩测量时应符合规定。

① 规划道路中线、建筑物边线测量定桩的起算点等级不应低于二级；

② 规划红线、拨地测量定桩的起算点等级不应低于三级；

③ 作业前后应进行已知点检核：在控制点上检核，平面位置较差不应大于 5cm；在碎部点上检核，平面位置较差不应大于图上 0.5mm。

GNSS 高程测量可与 GNSS 控制测量同时进行，也可单独进行，GNSS 高程测量按精度等级可划分为四等、图根和碎部。GNSS 高程测量主要技术要求见表 6-13。

**表 6-13 GNSS 高程测量主要技术要求**

| 地形 / 等级 | 平地、丘陵 | | | 山 地 | | |
|---|---|---|---|---|---|---|
| | 模型内符合中误差 | 高程中误差 | 检测较差 | 模型内符合中误差 | 高程中误差 | 检测较差 |
| 四等 | 2.0 | 3.0 | 6.0 | — | — | — |
| 图根 | 3.0 | 5.0 | 10.0 | 4.5 | 7.5 | 15.0 |
| 碎部 | 10.0 | 15.0 | 30.0 | 15.0 | 22.5 | 45.0 |

GNSS高程测量按作业过程应分为高程异常模型的建立、GNSS测量和数据处理。在区域面积小，地形平坦及重力异常变化平缓地区，可利用水准测量和GNSS测量资料，通过数学拟合方法，获取该区域的高程异常模型。

GNSS水准点的布设应符合以下规定：①点位应均匀分布于测区范围内；②平原地区点间距不宜超过5km；③地形起伏大时，应按测区地形特征增加点位；④计算选取的拟合点数不应少于5个。GNSS水准点观测技术要求见表6-14，GNSS高程测量的观测方法和等级见表6-15。测量时可选用固定误差不超过20mm、比例误差系数不超过2mm/km接收机。

**表6-14 GNSS水准点观测技术要求**

| 等级 | 水准联测等级 | GNSS联测等级 |
|---|---|---|
| 图根 | 四等 | 四等 |
| 碎部 | 图根 | 一级 |

**表6-15 GNSS高程测量的观测方法和等级**

| 等级 | 观测方法 | GNSS观测等级 |
|---|---|---|
| 四等 | 静态 | 四等 |
| 图根 | 静态/RTK | 二级 |
| 碎部 | 静态/RTK | 三级 |

RTK测量系统的开发成功，为GNSS测量工作的可靠性和高效率提供了保障。是GNSS定位技术发展史上又一个辉煌的里程碑。

# 第七节 连续运行参考站技术

GNSS实时差分定位RTK技术是目前广泛使用的测量技术之一，但它的应用受到电离层延迟和对流层延迟的影响，使原始数据产生了系统误差并导致以下缺点：

（1）用户需要架设本地参考站；

（2）误差随距离的增加而增长；

（3）误差增长使流动站和参考站的距离受到限制，一般小于15公里；

（4）精度为1cm＋1ppm，可靠性随距离增大而降低。

连续运行参考站系统（continuously operating reference station，CORS）可以定义为一个或若干个固定的、连续运行的GNSS参考站，利用现代计算机、数据通信和互联网（LAN/WAN）技术组成的网络，实时地向不同类型、不同需求、不同层次的用户自动地提供经过检验的不同类型的GNSS观测值（载波相位，伪距），各种改正数、状态信息，以及其他有关GNSS服务项目的系统。

CORS系统彻底改变了传统RTK测量作业方式，其主要优势体现在：改进了初始化时间、扩大了有效工作的范围；采用连续基站，用户随时可以观测，使用方便，提高了工作效率；用户不需架设参考站，真正实现单机作业；使用固定可靠的数据链通信方式；提供远程INTERNET服务，实现了数据的共享；扩大了GNSS在动态领域的应用范围，为建设数字化城市提供了新的契机。自1998年深圳市建立我国第一个连续运行参考站系统（SZCORS）以来，CORS的应用得到迅速发展。截至2011年11月，全国除贵州、宁夏和西藏未建立省级CORS系统外，其余省和直辖市都已经建成。连续运行参考站系统代表了未来GNSS发展的方向。目前应用于GNSS网络RTK数据处理的方法有：虚拟参考站法（Virtual Reference Station，VRS)、区域改正数法（FKP）和主辅站技术（MAX)，其各自的数学模型和定位方法有一定的差异，但是基准站架设和改正模型的建立方面基本原理是相同的。

## 一、虚拟参考站（VRS）技术

如图 6-11 所示，虚拟参考站法的实施将使一个地区的测绘工作成为一个有机的整体，同时它使 GNSS 技术的应用更为广泛，精度和可靠性得到进一步的提高，成本反而降低了很多。所有参考站与控制中心相连接，控制中心的计算机运行 GNSS-Network 的软件，它也是整个概念的神经中枢。GNSS-Network 连接网络中所有的接收机，它将执行导入原始数据并进行质量检查；存储和压缩 RINEX 数据；改正天线相位中心（IGS 模式)；系统误差的模型化及估算；产生数据，为流动站接收机创建虚拟基站位置；产生流动站在位置上的 RTK 改正数据流；发送 RTK 改正数据到野外的流动站的重要任务。

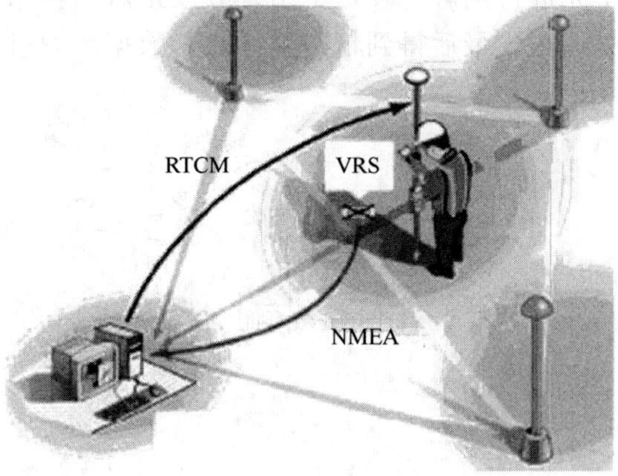

图 6-11 虚拟参考站

RTK 数据将以 RTCM 或者 Trimble CMR 格式传播。GNSS-Network 将使用这些参数重新计算所有 GNSS 数据、内插到与流动站相匹配的位置，流动站可以位于网络中任何地点。这样，RTK 的系统误差就被相应的消除掉。可以看出，VRS 系统实际上是一种多基站技术。它在处理上利用了多个参考站的联合数据。

与传统的 RTK 相比，VRS 系统的优势有以下几点。

(1) VRS 系统的覆盖范围大。VRS 网络可以有多个站，但最少需要 3 个。若按边长 70km 计算，一个三角形可覆盖面积为 $2200km^2$。

(2) 相对传统 RTK，提高了精度。传统的 RTK 随着测量距离的增加，误差会随之增大，而在 VRS 系统的网络控制范围内，精度始终可以保持在 1～2cm。

(3) 可靠性也随之提高。采用了多个参考站的联合数据，大大提高可靠性。

(4) 更广的应用范围。可适用于城市规划，市政建设，交通管理，机械控制，气象，环保，农业以及所有在室外进行的勘测工作。

VRS 技术的出现，标志着高精度 GNSS 的发展进入了一个新的阶段。这种网络 RTK 技术应用了最先进的多基站 RTK 算法，是 GNSS 技术的突破。它将使 GNSS 的应用领域极大的扩展，代表着 GNSS 发展的方向。

## 二、区域改正数法（FKP）技术

FKP 方法要求所有参考站将每一个观测瞬间所采集的未经差分处理的同步观测值，实时地传输给中心控制站，通过中心参考站的实时处理，产生一个称为 FKP 的空间误差改正参数，然后将这种 FKP 参数通过扩展的 RTCM 信息，发送给所有服务区内的流动站。系统传输的 FKP 参数能够比较理想地支持流动站的应用软件，但是流动站系统必须知道有关的数学模型，才能利用 FKP 参数生成相应的改正数。

## 三、主辅站技术（MAX）

主辅站技术是基于最新多基站、多系统、多频（$L_1$，$L_2$，$L_5$）和多信号非差处理算法，其基本概念是将所有相关的代表整周未知数水平的观测数据，作为网络的改正数播发给流动站，它本质上是区域改正数（FKP）的一种优化，选择距离流动站最近的一些有效参考站作为单元进行网解，发送主站差分改正数和辅站与主站改正数的差值给流动站，对流动站进行加权改正，最后得到精确坐标。其数据传输过程如图 6-12 所示。

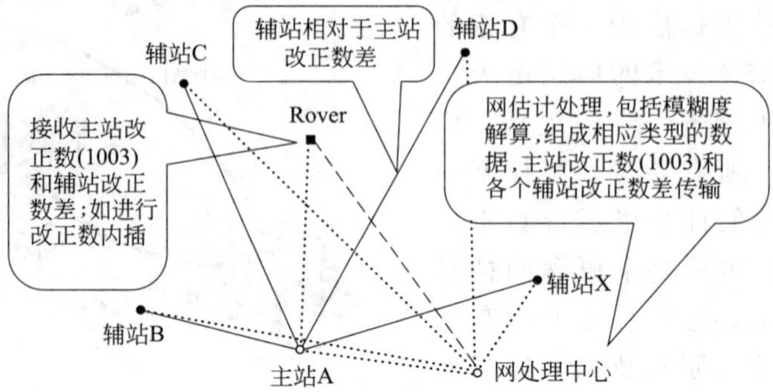


图 6-12　主辅站技术

图 6-12 中，5 个基准站（A，B，C，D，X）组成一个网络单元，其中主站为 A，其他为辅站，一个数据处理中心和一个流动站。整个处理过程为数据处理中心首先进行基准网的数据处理如模糊度解算，辅站相对于主站改正数差的计算，然后把主站改正数和辅主与主站改正数差发送给流动站。主辅站技术可以使用单向数据通信和双向数据通信两种方式。单向数据通信方式下的主辅站技术 LEICA（徕卡）称为 MAX 技术，双向数据通信方式下的主辅站技术称为 i-MAX 技术。MAX 技术中同一个网络单元中发播同一组数据。i-MAX 技术与 VRS 技术一样，流动站必须播发自己的概略位置给数据处理中心，数据处理中心根据其位置计算出流动站的改正数，再以标准差分协议格式发播给流动站，流动站可以是各种支持标准差分协议格式的接收机。目前，江苏省 CORS 系统使用的是主辅站技术。

### 四、CORS 在各种工程中的应用

当前全国各地众多测绘任务中，测区控制点的收集相对比较麻烦，有了 CORS，无需再联测已知控制点，只要申请相关时段的 CORS 数据即可。所以基于 CORS 的 GNSS 工程控制网所取得的成果满足规范的要求。同时，CORS 的优势和重要性还体现在以下几个方面：

（1）可以大大提高测绘精度、速度与效率，降低测绘劳动强度和成本，省去测量标志保护与修复的费用，节省各项测绘工程实施过程中约 30% 的控制测量费用。连续运行参考站系统能够全年 365 天，每天 24 小时连续不间断地运行，全面取代常规大地测量控制网。用户只需一台 GNSS 接收机即可进行毫米级、厘米级、分米级、米级的实时、准实时的快速定位或事后定位。全天候地支持各种类型的 GNSS 测量、定位、变形监测和放样作业。

（2）可以对工程建设进行实时、有效、长期的变形监测。CORS 系统将为城市诸多领域如气象、车船导航定位、物体跟踪、公安消防、测绘、建筑、GIS 应用等提供精度达厘米级的动态实时 GPS 定位服务，将极大地加快该城市基础地理信息的建设。

（3）CORS 将是城市信息化的重要组成部分，并由此建立起城市空间基础设施的三维、动态、地心坐标参考框架，从而从实时的空间位置信息面上实现城市真正的数字化。能使更多的部门和更多的人使用 GNSS 高精度服务，必将在城市经济建设中发挥重要作用。

### 五、如何申请使用 CORS 系统

（1）程序。行政相对人申请→××省测绘局行政服务中心受理→局成果处审核→主管局

长批准→局 CORS 管理中心按有关规定提供使用。

(2) 条件

①《××省首次申请使用基础测绘成果注册登记表》，同时提供单位注册登记证书、测绘资质证书副本、组织机构代码证原件和复印件及法人代表身份证复印件；

②《××省测绘成果资料使用证明函》，到所在省辖市国土资源局（测绘局）或本系统测绘成果归口管理单位办理；

③《××省卫星定位连续运行参考系统数据使用申请审批表》；

④ 经办人的有效身份证件及复印件；

⑤ 相关证明材料，即能够证明确需使用该区域 CORS 数据的有关材料。

## 小　结

本章主要介绍了 GPS 全球定位系统自 1974 年以来已经历了方案论证、系统论证、生产试验三个阶段。总投资超过 300 亿美元。整个系统分为卫星星座、地面控制和监测站、用户设备三大部分。

最新 GPS 卫星星座的基本参数是：卫星颗数为（24＋3），6 个卫星轨道面，卫星高度为 20200km，轨道倾角为 55°，卫星运行周期为 11 小时 58 分，载波频率为 1.575GHz 和 1.227GHz。卫星通过天顶时，卫星的可见时间为 5 小时，在地球表面上任何地点任何时刻，在卫星高度角 15°以上，平均可同时观测到 7 颗卫星，最多可达 12 颗卫星。截至 2012 年 3 月，现在正在运行的组网工作 GPS 卫星有 31 颗。

GPS 的地面监控系统，目前主要由分布在全球的 5 个地面站所组成，其中包括 1 个主控站、5 个监测站和 3 个注入站。

GPS 现代化的主要目的是：军民分离，强化军用。其政策是：①保护战区内的美方军用；②防止敌方开拓 GPS 军用；③保护战区外的 GPS 民用。

用户接收部分的基本设备，是 GPS 接收机（也称 GNSS 接收机），机内软件以及 GNSS 数据的后处理软件包。GPS 接收机硬件一般包括主机、天线和电源，也有的将主机和天线制作成一个整体，观测时将其安置在测站点上。其中接收机和天线是用户设备的核心部分。

利用 GPS 进行定位，就是把卫星视为“动态”的控制点，在已知其瞬时坐标的条件下，以 GPS 卫星和用户接收机天线之间的距离为观测量，进行空间距离后方交会，从而确定用户接收机天线所处的位置。

常规测量中对控制网的图形设计是一项非常重要的工作。而在 GPS 图形设计时，因其观测时不要求通视，故有较大的灵活性。选点工作比常规控制测量的选点要简便。

RTK 的工作原理是，在基准站上安置一台 GPS 接收机，对所有可见 GPS 卫星进行连续地观测，实时地发送给流动站。在流动站上，GPS 接收机在接收 GPS 卫星信号的同时，通过无线电接收设备，接收基准站传输的观测数据，然后根据相对定位的原理，实时地计算并显示用户站的三维坐标及其精度。

连续运行参考站系统可以定义为一个或若干个固定的、连续运行的 GNSS 参考站，利用现代计算机、数据通信和互联网技术组成的网络，实时地向不同类型、不同需求、不同层次的用户自动地提供经过检验的不同类型的 GNSS 观测值，各种改正数、状态信息，以及其他有关 GNSS 服务项目的系统。

## 思考题与习题

1. 试述 GPS 工作卫星的作用。
2. GPS 地面监控系统有哪些？各有什么作用？
3. GPS 网的图形布设有哪几种基本方式？
4. GPS 选点工作应遵守什么原则？
5. 为什么要实现 GPS 现代化？

# 第七章　小区域控制测量

**学习目标**

• 了解国家平面控制网和高程控制网是根据国家规范，按照“先高级后低级，逐级加密”的原则而建立的。按精度分为四个等级，即一、二、三、四等，它是全国各种比例尺测图的基本控制，并为确定地球的形状和大小提供研究资料和信息。

• 理解导线测量是建立小区域平面控制网的一种常用方法，它适用于地物分布较复杂的建筑区和平坦而通视条件较差的隐蔽区。根据测区的不同情况和要求，导线的布设形式有闭合导线、附合导线、支导线、无定向附合导线四种。由于 GNSS-RTK 测量的普及，近年来小区域平面控制网均用 GNSS-RTK 测量代替。

• 掌握闭合导线、附合导线、支导线的计算方法和国家三、四等水准测量的观测、记录和计算。导线测量的外业工作结束后，首先要对外业观测成果进行全面检查和整理，应检查观测数据有无遗漏，记录计算是否正确，成果是否符合限差要求，然后进行导线内业计算，其目的就是根据已知的起始数据和外业观测成果，通过误差调整，计算出各导线点的平面坐标。

## 第一节　控制测量概述

在建筑工程规划设计中，需要一定比例尺的地形图和其他测绘资料，建筑工程施工中也需要进行施工测量。为了限制误差的累积和传播，保证测图和施工的精度及速度，测量工作必须遵循“从整体到局部，先控制后碎部”的原则。即先进行整个测区的控制测量，然后再进行碎部测量。控制测量的实质就是在测区内选定若干个有控制作用的控制点，按一定的规律和要求布设成几何图形或折线，测定控制点的平面位置和高程。

在全国范围内建立的控制网称为国家控制网。它采用精密测量仪器和方法，依照《国家三角测量和精密导线测量规范》、《全球定位系统（GPS）测量规范》、《卫星定位城市测量技术规范》、《国家一、二等水准测量规范》和《国家三、四等水准测量规范》施测，按精度分为四个等级，即一、二、三、四等，按照“先高级后低级，逐级加密”的原则而建立。它是全国各种比例尺测图的基本控制，并为确定地球的形状和大小提供研究资料和信息。

城市（厂矿）控制网是在国家控制网的基础上，为满足城市（厂矿）建设工程需要而建立的不同等级的控制网，以供城市和工程建设中测图和规划设计使用，也是施工放样的依据。

在小范围（面积一般在 15km$^2$ 以内）建立的控制网称为小区域控制网，它是为满足大比例尺测图和建设工程需要而建立的控制网。小区域控制网应尽可能与国家或城市（厂矿）控制网联测，若不便联测，也可以建立独立控制网。直接为测图建立的控制网称为图根控制网。

测定控制点平面位置的工作称为平面控制测量；测定控制点的高程工作称为高程控制

测量。

## 一、平面控制测量

1. 三角形网测量

三角形网测量是按规范要求在地面上选择一系列具有控制作用的控制点，组成互相连接的三角形，用精密仪器观测所有三角形中的内角，并精确测定起始边的边长和方位角，按三角形的边角关系逐一推算其余边长和方位角，最后计算出各点的坐标。若三角形排列成条状，称为三角锁，如图 7-1 所示；若扩展成网状，称为三角网，如图 7-2 所示。构成三角锁、网的各三角形顶点称为三角点，也称为大地点。

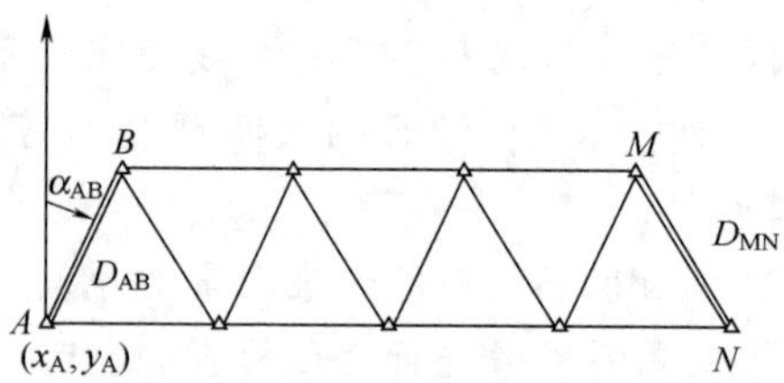


图 7-1 三角锁

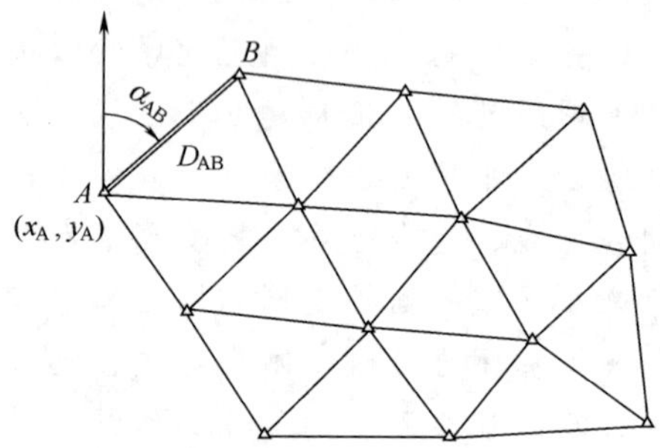


图 7-2 三角网

在全国范围内建立的三角网称为国家平面控制网。按“逐级控制，分级布网”的原则分为四个等级，即一、二、三、四等，一等精度最高，由高级到低级逐级控制，构成全国基本平面控制网。一等三角锁沿经纬线方向布设，由近似于等边的三角形组成，边长为 20～25km，每条锁长为 200～250km，是国家平面控制网的骨干；二等三角网是国家平面控制网的全面基础，布设在一等三角锁环内，有两种布网形式：一种是由纵横交叉的两条二等三角基本锁将一等三角锁划分为四个大致相等的部分，边长为 20～25km，其空白部分由二等补充网填充，称为纵横锁系布网方案；另一种是在一等三角锁环内布设全面二等三角网，平均边长为 13km 左右，称为全面布网方案。因为一等三角锁的两端和二等三角网的中间都要测定起算边长、天文经纬度和方位角，所以，国家一、二等锁、网也合称为天文大地网。中国天文大地网于 1951 年开始布设，1961 年基本完成，1975 年修测和补测工作全部结束，大地点约有 5 万个。

三、四等三角网是二等网的进一步加密，其中三等三角网边长 8km 左右，四等三角网边长为 2～6km，以满足测图和施工的需要。

表 7-1 是《工程测量规范》(GB 50026—2007) 中规定的三角形网测量的主要技术要求。

**表 7-1 三角形网测量的主要技术要求**

| 等级 | 平均边长/km | 测角中误差/(″) | 测边相对中误差 | 最弱边边长相对中误差 | 测回数 | | | 三角形最大闭合差/(″) |
|---|---|---|---|---|---|---|---|---|
| | | | | | 1″级仪器 | 2″级仪器 | 6″级仪器 | |
| 二等 | 9.0 | ±1.0 | ≤1/250000 | ≤1/120000 | 12 | — | — | ±3.5 |
| 三等 | 4.5 | ±1.8 | ≤1/150000 | ≤1/70000 | 6 | 9 | — | ±7.0 |
| 四等 | 2.0 | ±2.5 | ≤1/100000 | ≤1/40000 | 4 | 6 | — | ±9.0 |
| 一级 | 1.0 | ±5.0 | ≤1/40000 | ≤1/20000 | — | 2 | 4 | ±15.0 |
| 二级 | 0.5 | ±10.0 | ≤1/20000 | ≤1/10000 | — | 1 | 2 | ±30.0 |

注：当测区测图的最大比例尺为 1∶1000 时，一、二级网的平均边长可适当放长，但不应大于表中规定长度的 2 倍。

2. 导线测量

在通视比较困难的地区，常用精密导线测量代替相应等级的三角测量。特别是电磁波测距仪和全站仪的出现，为精密导线测量创造了便利条件。导线测量是在地面上选择一系列控制点，将相邻点连成直线而构成折线形，称为导线，如图 7-3 所示。在控制点上，用精密仪器依次测定所有折线的边长和转折角，根据解析几何的知识计算出各点的坐标。用导线测量方法确定的平面控制点称为导线点。

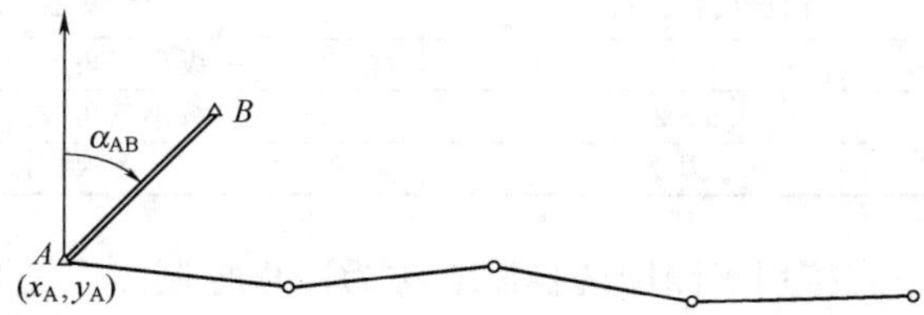


图 7-3　导线测量

在全国范围内建立三角网时，在某些局部地区采用三角测量有困难的情况下，亦可采用同等级的导线测量来代替。导线测量也分为四个等级，即一、二、三、四等。其中一、二等导线又称为精密导线测量。

表 7-2 是《工程测量规范》(GB 50026—2007) 中规定的三、四等导线测量的主要技术要求。

**表 7-2　导线测量的主要技术要求**

| 等级 | 导线长度/km | 平均边长/km | 测角中误差/(″) | 测距中误差/mm | 测距相对中误差 | 测回数 | | | 方位角闭合差/(″) | 导线全长相对闭合差 |
|---|---|---|---|---|---|---|---|---|---|---|
| | | | | | | 1″级仪器 | 2″级仪器 | 6″级仪器 | | |
| 三等 | 14 | 3 | 1.8 | 20 | 1/150000 | 6 | 10 | — | $3.6\sqrt{n}$ | ≤1/55000 |
| 四等 | 9 | 2.5 | 2.5 | 18 | 1/80000 | 4 | 6 | — | $5\sqrt{n}$ | ≤1/35000 |

注：表中 $n$ 为导线转折角的个数。

## 二、高程控制测量

高程控制测量的主要方法是水准测量。在全国范围内测定一系列统一而精确的地面点的高程所构成的网称为高程控制网。国家高程控制网的建立也是按照由高级到低级，由整体到局部的原则进行的。按施测次序和施测精度同样分为四个等级，即一、二、三、四等。一等水准网是国家高程控制的骨干，沿地质构造稳定和坡度平缓的交通线布满全国，全长约 93000km，包括 100 个闭合环，环的周长为 800～1500km；二等水准网是国家高程控制网的全面基础，全长 137000km，有 822 个闭合环，每个环的周长为 300～700km，二等水准环线沿铁路、公路和河流布设在一等水准环内；三、四等水准网是在二等水准网的基础上进一步加密，直接为测图和工程提供必要的高程控制。三等水准环不超过 300km；四等水准环一般布设为附合水准路线，其长度不超过 80km。

用于小区域的高程控制网应根据测区面积的大小和工程的需要，采用分级建立。通常是先以国家水准点为基础，在测区内建立三、四等水准路线，再以三、四等水准点为基础，测定等外（图根）水准点的高程。水准点的间距，一般地区为 2～3km，城市建筑区为 1～2km，工业区小于 1km。一个测区至少设立三个水准点。

## 三、小区域平面控制测量

为满足小区域测图和施工需要而建立的平面控制网称为小区域平面控制网。小区域平面控制网亦应由高级到低级分级建立。测区范围内建立最高一级的控制网，称为首级控制网；最低一级的即直接为测图而建立的控制网，称为图根控制网。首级控制与图根控制的关系见表 7-3。

表 7-3 首级控制与图根控制的关系

| 测区面积/km² | 首级控制 | 图根控制 |
|---|---|---|
| 1～10 | 一级小三角或一级导线 | 两级图根 |
| 0.5～2 | 二级小三角或二级导线 | 两级图根 |
| 0.5 以下 | 图根控制 | |

直接用于测图的控制点称为图根控制点。图根点的密度取决于地形条件和测图比例尺，见表 7-4。

表 7-4 一般地区解析图根点的数量

| 测图比例尺 | 图幅尺寸/cm | 解析图根点数量/个 | | |
|---|---|---|---|---|
| | | 全站仪测图 | GNSS-RTK 测图 | 平板测图 |
| 1∶500 | 50×50 | 2 | 1 | 8 |
| 1∶1000 | 50×50 | 3 | 1～2 | 12 |
| 1∶2000 | 50×50 | 4 | 2 | 15 |
| 1∶5000 | 40×40 | 6 | 3 | 30 |

下面着重介绍用导线测量和三角高程测量建立小区域平面控制网和高程控制网的方法。此外，还简要介绍交会法测量进行单个平面控制点加密的方法。

## 第二节 导线测量的外业观测

导线测量是建立小区域平面控制网的一种常用方法，它适用于地物分布较复杂的建筑区和平坦而通视条件较差的隐蔽区。若用经纬仪测量导线转折角，用钢尺丈量导线边长，称为经纬仪量距导线。若用测距仪或全站仪测量导线转折角和边长，则称为电磁波测距导线。

### 一、导线的布设形式

根据测区的不同情况和要求，导线的布设形式有下列四种。

1. 闭合导线

如图 7-4 所示，从一个已知高级控制点 $B$ 和已知方向 $BA$ 出发，经过若干个导线点 2，3，4，5，又返回到原已知高级控制点 $B$ 上，形成一个闭合多边形，称为闭合导线。它有三个检核条件：一个多边形内角和条件、两个坐标增量条件。

2. 附合导线

如图 7-5 所示，从一个已知高级控制点 $B$ 和已知方向 $AB$ 出发，经过若干个导线点 2，3，4，最后附合到另一个已知高级控制点 $C$ 和已知方向 $CD$ 上，称为附合导线。它有三个检核条件：一个坐标方位角条件、两个坐标增量条件。

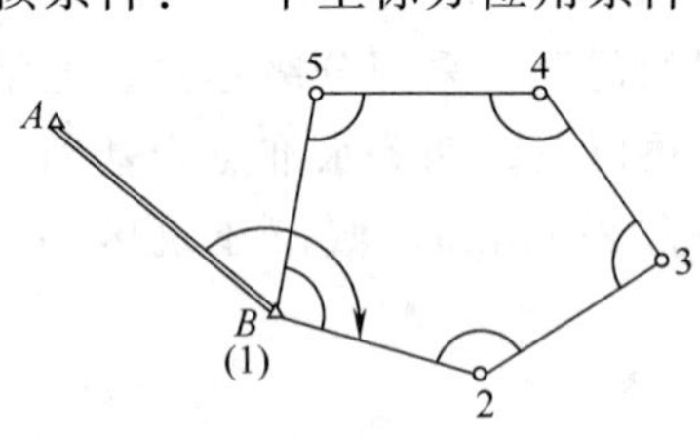


图 7-4 闭合导线

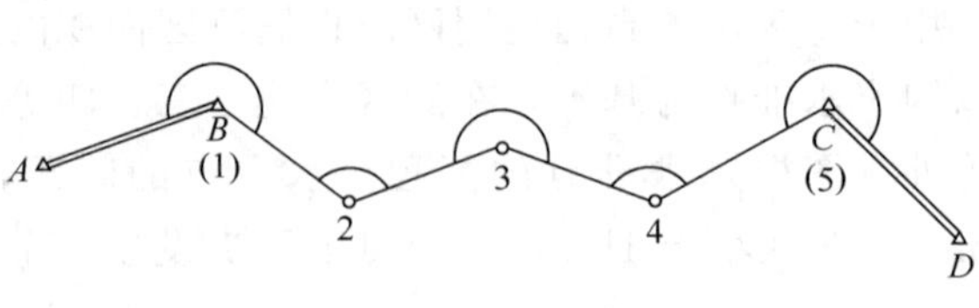


图 7-5 附合导线

3. 支导线

如图 7-6 所示，导线从一个已知高级控制点和已知方向 $AB$ 出发，经过 1～2 个导线点，既不回到原已知高级控制点上，又不附合到另一已知高级控制点上，称为支导线。由于支导线只有必要的起算数据，没有检核条件，故导线点的个数不宜超过 3 个。

4. 无定向附合导线

在密集的城镇建筑区以及平坦隐蔽地区的地形控制测量中，由于受通视条件和已知高级控制点个数的限制，给附合导线观测连接角带来很多困难，有时甚至是不可能的。根据实际作业的需要，提出了无定向附合导线的方法。

如图 7-7 所示，由一个已知高级控制点 $A$ 出发，经过若干个导线点 1，2，3，最后附合到另一个已知高级控制点 $B$ 上，但起始边方位角不知道，且起点 $A$、终点 $B$ 不通视，只能假设起始方位角，建立自由坐标系，计算出该坐标系中的各边方位角，各点假定坐标，最后经旋转、平移后获得各导线点的最后坐标值。

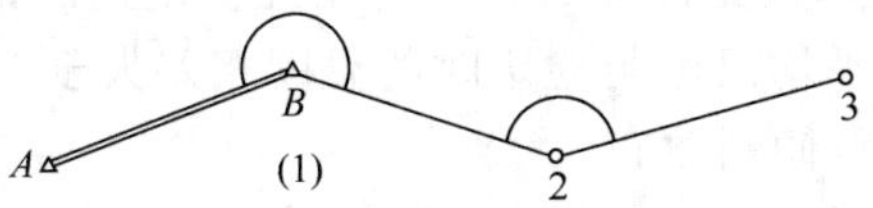


图 7-6　支导线

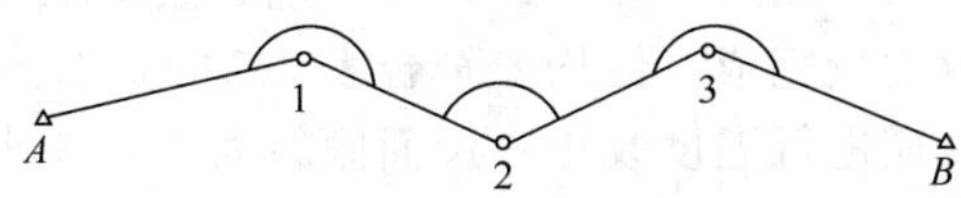


图 7-7　无定向附合导线

用导线测量的方法建立小区域平面控制网，通常分为一级导线、二级导线、三级导线导线和图根级导线，表 7-5 是《工程测量规范》（GB 50026—2007）中规定的导线测量的主要技术要求。

**表 7-5　导线测量的主要技术要求**

| 等级 | 导线长度/km | 平均边长/km | 测角中误差/(″) | 测距中误差/mm | 测距相对中误差 | 测回数 | | | 方位角闭合差/(″) | 导线全长相对闭合差 |
|---|---|---|---|---|---|---|---|---|---|---|
| | | | | | | 1″级仪器 | 2″级仪器 | 6″级仪器 | | |
| 一级 | 4 | 0.5 | 5.0 | 15 | 1/30000 | — | 2 | 4 | $10\sqrt{n}$ | ≤1/15000 |
| 二级 | 2.4 | 0.25 | 8.0 | 15 | 1/14000 | — | 1 | 3 | $16\sqrt{n}$ | ≤1/10000 |
| 三级 | 1.2 | 0.1 | 12.0 | 15 | 1/7000 | — | 1 | 2 | $24\sqrt{n}$ | ≤1/5000 |
| 图根 | $\alpha M$ | — | 首级 20<br>一般 30 | 15 | 1/4000 | — | 1 | 1 | $40\sqrt{n}$<br>$60\sqrt{n}$ | ≤1/(2000$\alpha$) |

注：1. 表中 $n$ 为导线转折角的个数；$M$ 为测图比例尺分母，对于工矿区现状图测量，不论测图比例尺大小，$M$ 均应取值为 500；$\alpha$ 为比例系数；取值宜为 1。

2. 当采用 1∶500、1∶1000 比例尺测图时，$n$ 的值在 1～2 之间选用。

3. 当测区测图的最大比例尺为 1∶1000 时，一、二、三级导线的导线长度、平均边长可适当放长，但不应大于表中规定长度的 2 倍。

## 二、导线测量的外业工作

导线测量的外业工作包括踏勘选点、建立标志、测边和测角。

1. 踏勘选点，建立标志

导线点的选择直接影响到导线测量的精度和速度以及导线点的使用和保存。因此，在踏勘选点之前，首先要调查和收集测区已有的地形图及高等级控制点的成果资料，依据测图和施工的需要，在地形图上拟定导线的布设方案，然后到野外现场踏勘、核对、修改、落实点位并建立标志。如果测区没有以前的地形资料，则需要现场实地踏勘，根据实际情况，直接拟定导线的路线和形式，选定导线点的点位并建立标志。选点时应注意以下几方面。

（1）相邻点间要通视，地势也要较平坦，以便于量边和测角。

（2）点位应选在土质坚实，视野开阔处，以便于保存点的标志和安置仪器，同时也便于碎部测量和施工放样。

（3）导线边长应大致相等，相邻边长度之比不要超过 3 倍，其平均边长要符合表 7-5 的规定。

（4）导线点要有足够的密度，便于控制整个测区。

确定导线点的位置后，应根据需要做好标志。若导线点需要长期保存，就要埋设桩顶刻凿“十”字的石桩或在桩顶上端预埋刻有“十”字的钢筋混凝土桩；在沥青或碎石路面上，也可用顶上刻有“十”字的大铁钉代替；若导线点为短期保存，只要在地面上打下一个大木桩，在桩顶钉上一个小钉作为导线点的临时标志。为了避免混乱，导线点要分等级统一编号，以便于测量资料的统一管理，为了在使用时利于寻找，可以在点位附近的房角、电线杆等明显地物上用红漆标明指示导线点与该明显地物的方向和距离。并绘制选点略图，即“点之记”，在点之记上应注记地名、道路名、导线点编号以及导线点距离最近的明显地物点的距离，最少两个以上。以便于今后寻找和使用。

2. 边、角观测和定向

(1) 测边　导线边长可用电磁波测距仪或全站仪单向施测完成，也可用经检定过的钢尺往返丈量完成，但均要符合表 7-5 的要求。量距时，平均尺温与检定时的温度相差大于 10℃时，应进行温度改正；尺面倾斜大于 1.5%时，应进行倾斜改正。

(2) 测角　导线的转折角有左、右之分，以导线为界，按编号顺序方向前进，在前进方向左侧的角称为左角，在前进方向右侧的角称为右角。对于附合导线，可测其左角，也可测其右角，但全线要统一。对于闭合导线，可测其内角，也可测其外角，若测其内角并按逆时针方向编号，其内角均为左角，反之均为右角。角度观测采用测回法。各等级导线的测角要求均应满足表 7-5 的规定。

(3) 定向　为了控制导线的方向，在导线起、止的已知控制点上必须测定连接角，该项工作称为导线定向，或称导线连接测量。定向的目的是为了确定每条导线边的方位角。

导线的定向有两种情况：一种是布设独立导线，只要用罗盘仪测定起始边的方位角，整个导线的每条边的方位角就可确定了；另一种情况是布设成与高一级控制点相连接的导线，先要测出连接角，再根据高一级控制点的方位角推算出各边的方位角。连接角要精确测定。

# 第三节　导线测量的内业计算

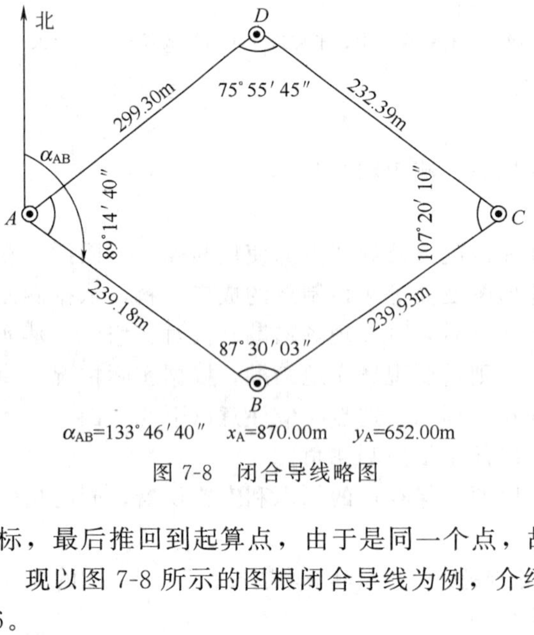


图 7-8　闭合导线略图

导线测量外业结束后，就要进行导线内业计算，其目的就是根据已知的起始数据和外业观测成果，通过误差调整，计算出各导线点的平面坐标。

计算之前，首先要对外业观测成果进行全面检查和整理，应检查观测数据有无遗漏，记录计算是否正确，成果是否符合限差要求，然后绘制导线略图，并把各项数据标注在略图上，如图 7-8 所示。

## 一、闭合导线计算

闭合导线是由折线组成的多边形，必须满足多边形内角和条件和坐标条件，即从起算点开始，逐点推算各待定导线点的坐标，最后推回到起算点，由于是同一个点，故推算出的坐标应该等于该点的已知坐标。

现以图 7-8 所示的图根闭合导线为例，介绍闭合导线计算步骤，闭合导线坐标计算见表 7-6。

**表 7-6　闭合导线坐标计算**

| 点 号 | 观测角 | 改正数/(″) | 改正后角值 | 坐标方位角 | 边长/m | 坐标增量计算值/m | | 改正后坐标增量/m | | 坐标/m | | 点 号 |
|---|---|---|---|---|---|---|---|---|---|---|---|---|
| | | | | | | $\Delta x'$ | $\Delta y'$ | $\Delta x$ | $\Delta y$ | $x$ | $y$ | |
| 1 | 2 | 3 | 4 | 5 | 6 | 7 | 8 | 9 | 10 | 11 | 12 | 13 |
| A | | | | | | | | | | 870.00 | 652.00 | A |
| | | | | 133°46′40″ | 239.18 | +0.06<br>−165.48 | +0.02<br>+172.69 | −165.42 | +172.71 | | | |
| B | 87°30′03″ | −9 | 87°29′54″ | | | | | | | 704.58 | 824.71 | B |
| | | | | 41°16′34″ | 239.73 | +0.07<br>+180.17 | +0.02<br>+158.18 | +180.24 | +158.20 | | | |
| C | 107°20′10″ | −10 | 107°20′00″ | | | | | | | 884.82 | 982.91 | C |
| | | | | 328°36′34″ | 232.39 | +0.06<br>+198.38 | +0.02<br>−121.04 | +198.44 | −121.02 | | | |
| D | 75°55′45″ | −10 | 75°55′35″ | | | | | | | 1083.26 | 861.89 | D |
| | | | | 224°32′09″ | 299.30 | +0.08<br>−213.34 | +0.03<br>−209.92 | −213.26 | −209.89 | | | |
| A | 89°14′40″ | −9 | 89°14′31″ | | | | | | | 870.00 | 652.00 | A |
| | | | | 133°46′40″ | | | | | | | | |
| B | | | | | | | | | | | | B |
| Σ | 360°00′38″ | −38 | 360°00′00″ | | 1010.60 | −0.27 | −0.09 | 0 | 0 | | | |
| 辅助计算 | $f_\beta=+38''$　$f_{\beta允}=\pm60\sqrt{4}=\pm120''$<br>$f_\beta \leqslant f_{\beta允}$ | | | | | $f_x=-0.27\text{m}$<br>$f_y=-0.09\text{m}$ | | $f_D=\sqrt{f_x^2+f_y^2}=0.28(\text{m})$<br>$k=\dfrac{f_D}{\sum D}=\dfrac{0.28}{1010.60}\approx\dfrac{1}{3600}$ | | | | |

1. 在表中填入已知数据

将导线略图中的点号、观测角、边长、起始点坐标、起始边方位角填入表 7-6 中。

2. 计算、调整角度闭合差

由平面几何知识可知，$n$ 边形闭合导线的内角和的理论值应为

$$\sum\beta_{理}=(n-2)\times180° \tag{7-1}$$

在实际观测中，由于误差的存在，使实测的内角和$\sum\beta_{测}$不等于理论值$\sum\beta_{理}$，两者之差称为闭合导线的角度闭合差 $f_\beta$。即

$$f_\beta=\sum\beta_{测}-\sum\beta_{理}=\sum\beta_{测}-(n-2)\times180° \tag{7-2}$$

如图 7-8 所示的闭合导线，其角度闭合差 $f_\beta=360°00'38''-360°=+38''$。根据图根导线测量的限差要求，其闭合差的允许值为

$$f_{\beta允}=\pm60\sqrt{n} \tag{7-3}$$

式中 $f_{\beta允}$——容许角度闭合差，($''$)；

$n$——闭合导线的内角个数。

各等级导线角度闭合差的允许值列于表 7-5 中。若 $f_\beta>f_{\beta允}$，则说明角度闭合差超限，应返工重测；若 $f_\beta<f_{\beta允}$，则说明所测角度满足精度要求，可将角度闭合差进行调整。每个角度的改正数用 $V_\beta$ 表示，则有

$$V_\beta=-\frac{f_\beta}{n} \tag{7-4}$$

式中 $f_\beta$——角度闭合差，($''$)；

$n$——闭合导线的内角个数。

角度闭合差的调整原则是：将 $f_\beta$ 反符号平均分配到各观测角中，如果不能均分，则将余数分配给短边的夹角。调整后的内角和应等于理论值$\sum\beta_{理}$。

3. 计算各边的坐标方位角

从图 7-8 中可以看出，推算方位角的路线方向为：北 $A\rightarrow AB\rightarrow BC\rightarrow CD\rightarrow DA\rightarrow A$ 北，根据起始边的已知坐标方位角及调整后的各内角值，按下列公式计算各边坐标方位角。

$$\alpha_{前}=\alpha_{后}+180°\pm\beta \tag{7-5}$$

在计算时要注意以下几点。

(1) 上式中的$\pm\beta$，若 $\beta$ 是左角，则取$+\beta$；若 $\beta$ 是右角，则取$-\beta$。

(2) 计算出来的 $\alpha_{前}$，若大于 360°，应减去 360°，若小于 0°时，则加上 360°，即保证坐标方位角在 0°～360°的取值范围。

(3) 起始边的坐标方位角最后推算出来，其推算值应与已知值相等，否则推算过程有错。

4. 坐标增量闭合差的计算与调整

如图 7-9 所示，根据已推算出的坐标方位角和相应边的边长，按下式计算坐标增量，即

$$\left.\begin{aligned}\Delta x'_i&=D_i\cos\alpha_i\\\Delta y'_i&=D_i\sin\alpha_i\end{aligned}\right\} \tag{7-6}$$

例如算例中 $BC$ 边的坐标增量为

$$\left.\begin{aligned}\Delta x_{BC}&=D_{BC}\cos\alpha_{BC}=239.73\times\cos(41°16'34'')=+180.17\ (m)\\\Delta y_{BC}&=D_{BC}\sin\alpha_{BC}=239.73\times\sin(41°16'34'')=+158.18\ (m)\end{aligned}\right\}$$

根据闭合导线的定义，闭合导线纵、横坐标增量之和的理论值应为零，即

$$\left.\begin{array}{l}\sum \Delta x_{\mathrm{i}}=0 \\ \sum \Delta y_{\mathrm{i}}=0\end{array}\right\} \tag{7-7}$$

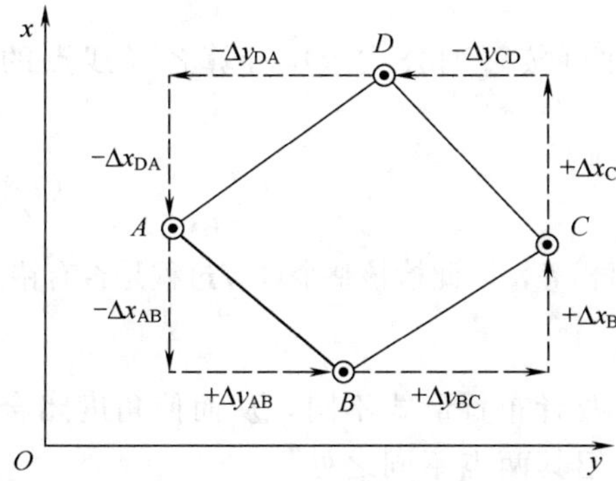


图 7-9　闭合导线理论闭合差

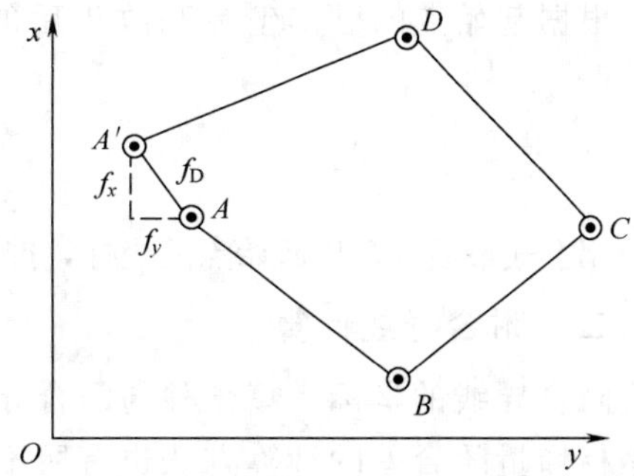


图 7-10　闭合导线坐标闭合差

实际上，测量边长的误差和角度闭合差调整后的残余误差使纵、横坐标增量的代数和不能等于零，则产生了纵、横坐标增量闭合差，即

$$\left.\begin{array}{l}f_x=\sum \Delta x'_{测} \\ f_y=\sum \Delta y'_{测}\end{array}\right\} \tag{7-8}$$

由于坐标增量闭合差的存在，使导线不能闭合，如图 7-10 所示，$A—A'$这段距离 $f_{\mathrm{D}}$ 称为导线全长闭合差。按几何关系得

$$f_{\mathrm{D}}=\sqrt{f_x^2+f_y^2} \tag{7-9}$$

顾及导线愈长，误差累积愈大，因此衡量导线的精度通常用导线全长相对闭合差来表示，即

$$K=\frac{f_{\mathrm{D}}}{\sum D}=\frac{1}{\frac{\sum D}{f_{\mathrm{D}}}} \tag{7-10}$$

式中　$\sum D$——导线边长总和，m。

对于不同等级的导线全长相对闭合差的允许值 $K_{允}$ 可查阅表 7-5 的规定。若 $K \leqslant K_{允}$，则说明导线测量结果满足精度要求，可进行调整。坐标增量闭合差的调整原则是：将 $f_x$，$f_y$ 反符号按与边长成正比的方法分配到各坐标增量上去，将计算凑整残余的不符值分配到长边的坐标增量上，则坐标增量的改正数为

$$\left.\begin{array}{l}v_{\Delta x_{\mathrm{i}}}=-\dfrac{f_x}{\sum D} D_{\mathrm{ij}} \\ v_{\Delta y_{\mathrm{i}}}=-\dfrac{f_y}{\sum D} D_{\mathrm{ij}}\end{array}\right\} \tag{7-11}$$

式中　$v_{\Delta x_{\mathrm{i}}}$——第 $i$ 边的纵坐标增量，m；

$v_{\Delta y_{\mathrm{i}}}$——第 $i$ 边的横坐标增量，m；

$\sum D$——导线边长总和，m。

为作计算校核，坐标增量改正数之和应满足下式，即

$$\left.\begin{array}{l}\sum v_{\Delta x}=-f_x \\ \sum v_{\Delta y}=-f_y\end{array}\right\} \tag{7-12}$$

改正后的坐标增量为

$$\left.\begin{aligned}\Delta x_{ij}=\Delta x'_{ij测}+v_{\Delta x_{ij}}\\\Delta y_{ij}=\Delta y'_{ij测}+v_{\Delta y_{ij}}\end{aligned}\right\}\tag{7-13}$$

5. 导线点坐标的计算

根据起始点的已知坐标和改正后的坐标增量，即可按下列公式依次计算各导线点的坐标，即

$$\left.\begin{aligned}x_{前}=x_{后}+\Delta x_{ij}\\y_{前}=y_{后}+\Delta y_{ij}\end{aligned}\right\}\tag{7-14}$$

用上式最后推算出起始点的坐标，推算值应与已知值相等，以此检核整个计算过程是否有错。

## 二、附合导线计算

附合导线的坐标计算步骤与闭合导线相同。由于两者布置形式不同，从而使角度闭合差和坐标增量闭合差的计算方法也有所不同。下面仅介绍其两点不同之处。

如图 7-11 所示，附合导线中 $B$，$C$ 为已知控制点，$AB$，$CD$ 为已知方向，$B$，$C$ 之间布设一附合导线。图中观测角为左角。

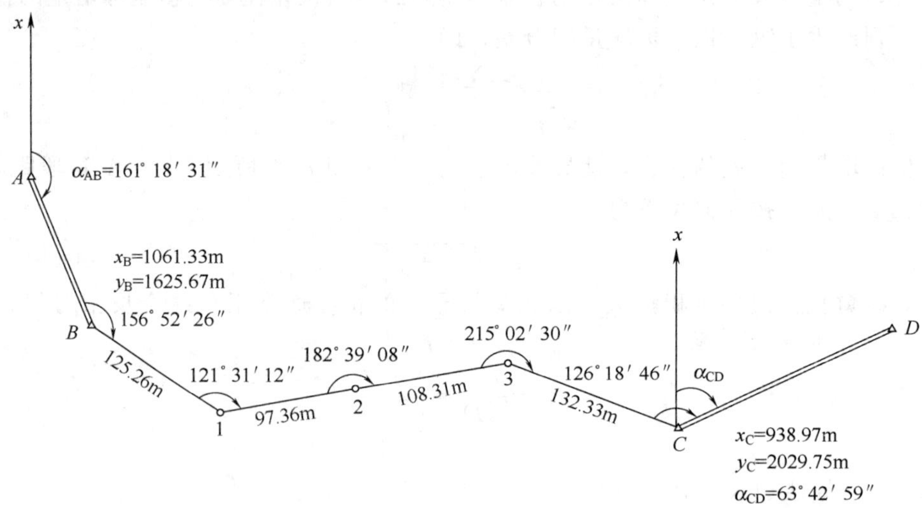


图 7-11 附合导线略图

1. 角度闭合差的计算

由于附合导线两端方向已知，则由起始边的坐标方位角和测定的导线各转折角就可推算出导线终边的坐标方位角。但测角带有误差，致使导线终边坐标方位角的推算值 $\alpha'_{终}$ 不等于已知终边坐标方位角 $\alpha_{终}$，其差值即为附合导线的角度闭合差 $f_\beta$，即

$$f_\beta=\alpha'_{终}-\alpha_{终}=\alpha'_{始}+\sum\beta_{测}-n\times180°-\alpha_{终}\tag{7-15}$$

式中 $\alpha'_{始}$——附合导线的起算边方位角，(°)；

$\alpha_{终}$——附合导线的终边方位角，(°)；

$f_\beta$——方位角闭合差，(″)；

$n$——附合导线的折角个数。

如图 7-11 所示的附合导线，已知起算边 $AB$ 的方位角 $\alpha_{AB}=161°18'31''$，终边 $CD$ 的方位角 $\alpha_{CD}=63°42'59''$，五个观测角的总和 $\sum\beta=802°24'02''$，则

$$f_\beta=161°18'31''+802°24'02''-5\times180°-63°42'59''=-26''$$

附合导线方位角闭合差允许值的计算和调整与闭合导线相同。

**表 7-7　附合导线坐标计算过程**

<table>
<tr><th rowspan="2">点　号</th><th rowspan="2">观测角</th><th rowspan="2">改正数<br>/(″)</th><th rowspan="2">改正后角值</th><th rowspan="2">坐标方位角</th><th rowspan="2">边长<br>/m</th><th colspan="2">坐标增量计算值/m</th><th colspan="2">改正后坐标增量/m</th><th colspan="2">坐标/m</th><th rowspan="2">点　号</th></tr>
<tr><th>Δx′</th><th>Δy′</th><th>Δx</th><th>Δy</th><th>x</th><th>y</th></tr>
<tr><td>1</td><td>2</td><td>3</td><td>4</td><td>5</td><td>6</td><td>7</td><td>8</td><td>9</td><td>10</td><td>11</td><td>12</td><td>13</td></tr>
<tr><td>A</td><td></td><td></td><td></td><td></td><td></td><td></td><td></td><td></td><td></td><td></td><td></td><td>A</td></tr>
<tr><td></td><td></td><td></td><td></td><td>161°18′31″</td><td></td><td></td><td></td><td></td><td></td><td></td><td></td><td></td></tr>
<tr><td>B</td><td>156°52′26″</td><td>+5</td><td>156°52′31″</td><td></td><td></td><td></td><td></td><td></td><td></td><td>1061.33</td><td>1625.67</td><td>B</td></tr>
<tr><td></td><td></td><td></td><td></td><td>138°11′02″</td><td>125.26</td><td>+0.02<br>−93.35</td><td>−0.02<br>+83.52</td><td>−93.33</td><td>+83.50</td><td></td><td></td><td></td></tr>
<tr><td>1</td><td>121°31′12″</td><td>+5</td><td>121°31′17″</td><td></td><td></td><td></td><td></td><td></td><td></td><td>968.00</td><td>1709.17</td><td>1</td></tr>
<tr><td></td><td></td><td></td><td></td><td>79°42′19″</td><td>97.36</td><td>+0.02<br>+17.40</td><td>−0.01<br>+95.79</td><td>+17.42</td><td>+95.78</td><td></td><td></td><td></td></tr>
<tr><td>2</td><td>182°39′08″</td><td>+6</td><td>182°39′14″</td><td></td><td></td><td></td><td></td><td></td><td></td><td>985.42</td><td>1804.95</td><td>2</td></tr>
<tr><td></td><td></td><td></td><td></td><td>82°21′33″</td><td>108.31</td><td>+0.02<br>+14.40</td><td>−0.01<br>+107.35</td><td>+14.42</td><td>+107.34</td><td></td><td></td><td></td></tr>
<tr><td>3</td><td>215°02′30″</td><td>+5</td><td>215°02′35″</td><td></td><td></td><td></td><td></td><td></td><td></td><td>999.84</td><td>1912.29</td><td>3</td></tr>
<tr><td></td><td></td><td></td><td></td><td>117°24′08″</td><td>132.33</td><td>+0.03<br>−60.90</td><td>−0.02<br>+117.48</td><td>−60.87</td><td>+117.46</td><td></td><td></td><td></td></tr>
<tr><td>C</td><td>126°18′46″</td><td>+5</td><td>126°18′51″</td><td></td><td></td><td></td><td></td><td></td><td></td><td>938.97</td><td>2029.75</td><td>C</td></tr>
<tr><td></td><td></td><td></td><td></td><td>63°42′59″</td><td></td><td></td><td></td><td></td><td></td><td></td><td></td><td></td></tr>
<tr><td>D</td><td></td><td></td><td></td><td></td><td></td><td></td><td></td><td></td><td></td><td></td><td></td><td>D</td></tr>
<tr><td>Σ</td><td>802°24′02″</td><td>+26</td><td>802°24′28″</td><td></td><td>463.26</td><td>−122.45</td><td>+404.14</td><td>−122.36</td><td>+404.08</td><td></td><td></td><td></td></tr>
</table>

$\alpha'_{CD}=\alpha_{AB}+n\times180°+\sum\beta=63°42'33''$

$f_\beta=\alpha'_{CD}-\alpha_{CD}=-26''$　　$f_x=\sum\Delta x'-(x_C-x_B)=-0.09(\text{m})$　　$f_D=\sqrt{f_x^2+f_y^2}=0.10(\text{m})$

$f_{\beta允}=\pm60\sqrt{n}=\pm134''$　　$f_y=\sum\Delta y'-(y_C-y_B)=+0.06(\text{m})$　　$k=\frac{f_D}{\sum D}=\frac{0.10}{463.26}\approx\frac{1}{4600}$

2. 坐标增量闭合差的计算

附合导线各边坐标增量代数和的理论值应等于终、始两已知点的坐标之差。若不等，其差值为坐标增量闭合差，即

$$\left.\begin{aligned}\sum\Delta x_{理}=x_{终}-x_{始}\\ \sum\Delta y_{理}=y_{终}-y_{始}\end{aligned}\right\} \tag{7-16}$$

由于推算的各边坐标增量代数和与理论值不符，二者之差即为附合导线纵、横坐标增量闭合差，即

$$\left.\begin{aligned}f_x=\sum\Delta x_{测}-\sum\Delta x_{理}=\sum\Delta x_{测}-(x_{终}-x_{始})\\ f_y=\sum\Delta y_{测}-\sum\Delta y_{理}=\sum\Delta y_{测}-(y_{终}-y_{始})\end{aligned}\right\} \tag{7-17}$$

附合导线全长闭合差、全长相对闭合差和允许相对闭合差的计算，以及坐标增量闭合差的调整，与闭合导线相同。附合导线坐标计算过程见表7-7。

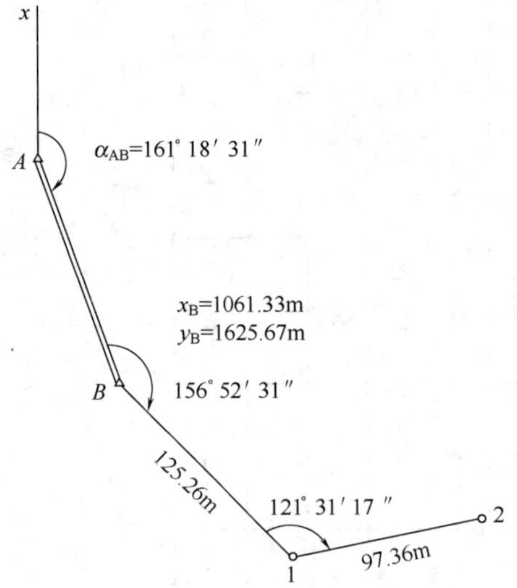


图7-12 支导线略图

## 三、支导线计算

由于电磁波测距仪和全站仪的发展和普及，测距和测角精度大大提高，当测区内已有控制点的数量不能满足测图或施工放样的需要时，可用支导线的方法来代替交会法来加密控制点。

由于支导线既不回到原起始点上，又不附合到另一个已知点上，故支导线没有检核限制条件，也就不需要计算角度闭合差和坐标增量闭合差，只要根据已知边的坐标方位角和已知点的坐标，由外业测定的转折角和转折边长，直接计算出各边方位角及各边坐标增量，最后推算出待定导线点的坐标即可。

如图7-12所示，为一支导线，所有的起算数据都已标在图中，其计算过程见表7-8。

表7-8 支导线计算

| 点号 | 观测角 | 坐标方位角 | 边长/m | 坐标增量/m | | 坐标/m | | 点号 |
|---|---|---|---|---|---|---|---|---|
| | | | | Δx | Δy | x | y | |
| 1 | 2 | 3 | 4 | 5 | 6 | 7 | 8 | 9 |
| A | | | | | | | | A |
| | | 161°18′31″ | | | | | | |
| B | 156°52′31″ | | | | | 1061.33 | 1625.67 | B |
| | | 138°11′02″ | 125.26 | −93.35 | +83.52 | | | |
| 1 | 121°31′17″ | | | | | 967.98 | 1709.19 | 1 |
| | | 79°42′19″ | 97.36 | +17.40 | +95.79 | | | |
| 2 | | | | | | 985.38 | 1804.98 | 2 |

# 第四节 交会法测量

在进行平面控制测量时，如果导线点的密度不能满足测图和工程的要求时，则需要进行控制点的加密。控制点的加密可以采用导线测量，也可以采用交会定点法。根据测角、测边

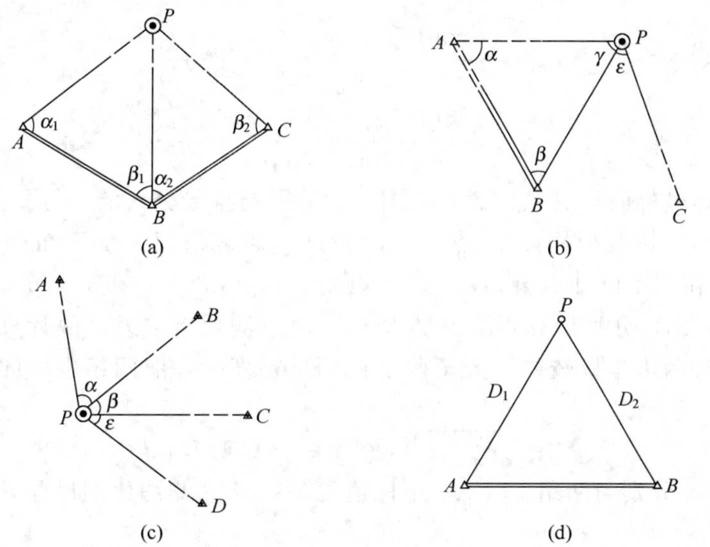


图 7-13　各种交会图形

的不同，如图 7-13 所示，交会定点可分为：图（a）为测角前方交会；图（b）为测角侧方交会；图（c）为测角后方交会；图（d）为测边交会等几种方法。

在选用交会法时，必须注意交会角不应小于 30°或大于 150°，交会角是指待定点至两相邻已知点方向的夹角。交会定点的外业工作与导线测量外业类同，下面重点介绍测角前方交会和测角后方交会的内业计算。

## 一、前方交会

如图 7-14 所示为前方交会基本图形。已知 $A$ 点坐标为 $x_A$，$y_A$，$B$ 点坐标为 $x_B$，$y_B$，在 $A$，$B$ 两点上设站，观测出 $\alpha$ 和 $\beta$，通过三角形的余切公式求出加密点 $P$ 的坐标，这种方法称为测角前方交会法，简称前方交会。

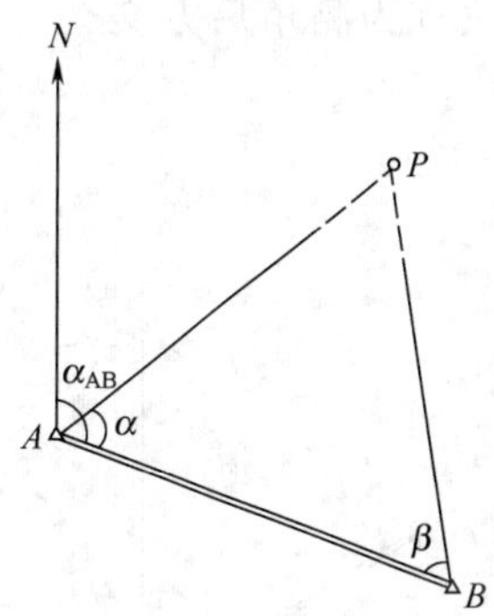


图 7-14　前方交会基本图形

按导线计算公式，由图 7-14 可见

因
$$x_P = x_A + \Delta x_{AP} = x_A + D_{AP}\cos\alpha_{AP}$$

而
$$\alpha_{AP} = \alpha_{AB} - \alpha,\ D_{AP} = D_{AB}\sin\beta / \sin(\alpha+\beta)$$

则
$$\begin{aligned}
x_P &= x_A + D_{AP}\cos\alpha_{AP} = x_A + \frac{D_{AB}\sin\beta\cos(\alpha_{AB}-\alpha)}{\sin(\alpha+\beta)} \\
&= x_A + \frac{D_{AB}\sin\beta(\cos\alpha_{AB}\cos\alpha + \sin\alpha_{AB}\sin\alpha)}{\sin\alpha\cos\beta + \cos\alpha\sin\beta} \\
&= x_A + \frac{D_{AB}\sin\beta(\cos\alpha_{AB}\cos\alpha + \sin\alpha_{AB}\sin\alpha)/(\sin\alpha/\sin\beta)}{(\sin\alpha\cos\beta + \sin\beta\cos\alpha)/(\sin\alpha\sin\beta)} \\
&= x_A + \frac{D_{AB}\cos\alpha_{AB}\cot\alpha + D_{AB}\sin\alpha_{AB}}{\cot\alpha + \cot\beta} \\
&= x_A + \frac{(x_B - x_A)\cot\alpha + (y_B - y_A)}{\cot\alpha + \cot\beta}
\end{aligned}$$

同理得

$$\left.\begin{aligned}x_P&=\frac{x_A\cot\beta+x_B\cot\alpha+(y_B-y_A)}{\cot\alpha+\cot\beta}\\y_P&=\frac{y_A\cot\beta+y_B\cot\alpha+(x_A-x_B)}{\cot\alpha+\cot\beta}\end{aligned}\right\}\tag{7-18}$$

应用上式计算坐标时，必须注意实测图形的编号与推导公式的编号要一致。

在实践中，为了校核和提高 $P$ 点坐标的精度，通常采用三个已知点的前方交会图形。如图 7-15 所示，在三个已知点 $A$，$B$，$C$ 上设站，测定 $\alpha_1$，$\beta_1$ 和 $\alpha_2$，$\beta_2$，构成两组前方交会，然后按式（7-18）分别计算两组 $P$ 点坐标。由于测角有误差，故计算得到的两组 $P$ 点坐标不能相等，若两组坐标较差不大于两倍比例尺精度时，取两组坐标的平均值作为 $P$ 点最后的坐标。即

$$f_D=\sqrt{\delta_x^2+\delta_y^2}\leqslant f_{允}=2\times0.1M(\text{mm})\tag{7-19}$$

式中，$\delta_x$，$\delta_y$ 分别为两组 $x_P$，$y_P$ 坐标值之差；$M$ 为测图比例尺分母。

## 二、后方交会

如图 7-16 所示为后方交会基本图形。$A$，$B$，$C$，$D$ 为已知点，在待定点 $P$ 上设站，分别观测已知点 $A$，$B$，$C$，观测出 $\alpha$ 和 $\beta$，然后根据已知点的坐标计算出 $P$ 点的坐标，这种方法称为测角后方交会，简称后方交会。

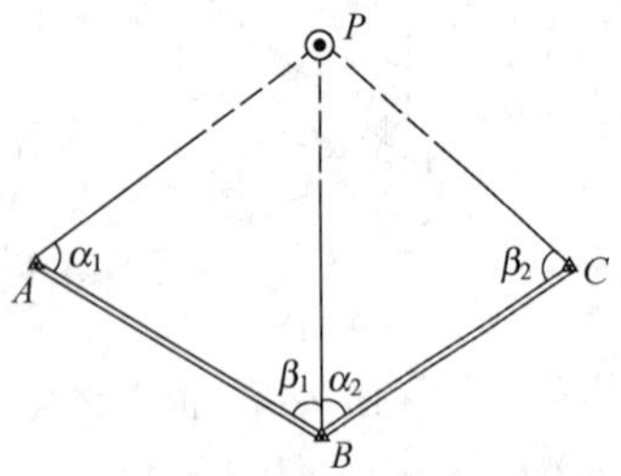

图 7-15 三个已知点的前方交会

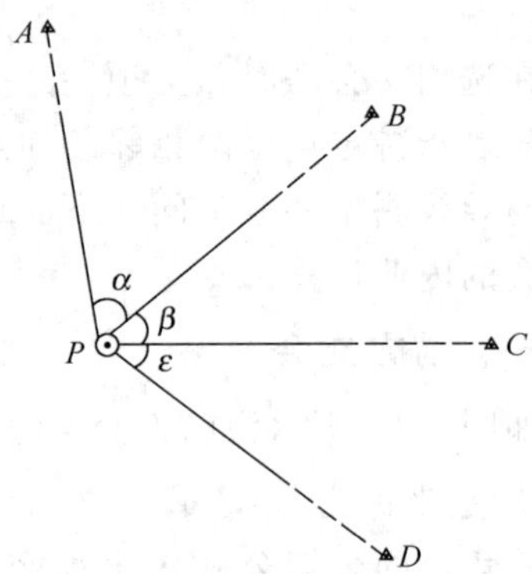

图 7-16 后方交会

后方交会的计算方法有多种，现只介绍一种，即 $P$ 点位于 $A$，$B$，$C$ 三点组成的三角形之外时的简便计算方法，可用下列公式求得

$$\begin{aligned}a&=(x_A-x_B)+(y_A-y_B)\cot\alpha\\b&=(y_A-y_B)-(x_A-x_B)\cot\alpha\\c&=(x_C-x_B)-(y_C-y_B)\cot\beta\\d&=(y_C-y_B)+(x_C-x_B)\cot\beta\\k&=\tan\alpha_{BP}=\frac{c-a}{b-d}\\\Delta x_{BP}&=\frac{a+bk}{1+k^2}\\\Delta y_{BP}&=k\Delta x_{BP}\\x_P&=x_B+\Delta x_{BP}\\y_P&=y_B+\Delta y_{BP}\end{aligned}\tag{7-20}$$

为了保证 $P$ 点的坐标精度，后方交会还应该用第四个已知点进行检核。如图 7-16，在 $P$ 点观测 $A$，$B$，$C$ 点的同时，还应观测 $D$ 点，测定检核角 $\varepsilon_{测}$，在算得 $P$ 点坐标后，可求出 $\alpha_{PB}$ 与 $\alpha_{PD}$，由此得 $\varepsilon_{计}=\alpha_{PD}-\alpha_{PB}$。若角度观测和计算无误时，则应有 $\varepsilon_{测}=\varepsilon_{计}$。

但由于观测误差的存在，使 $\varepsilon_{计}\neq\varepsilon_{测}$，二者之差为检核角较差，即

$$\Delta\varepsilon=\varepsilon_{测}-\varepsilon_{计}$$

$\Delta\varepsilon$ 的允许值可用下式计算

$$\Delta\varepsilon_{允}=\pm\frac{M}{10^4 S_{PB}}\rho \tag{7-21}$$

式中 $M$——测图比例尺分母。

如果选定的交会点 $P$ 与 $A$，$B$，$C$ 三点恰好在同一圆周上时，则 $P$ 点无定解，此圆称为危险圆。在后方交会中，要避免 $P$ 点处在危险圆上或危险圆附近，一般要求 $P$ 点至危险圆的距离应大于该圆半径的 1/5。

## 第五节 三、四等水准测量

三、四等水准测量除了应用于国家高程控制网的加密外，还能够应用于建立小区域首级高程控制网。三、四等水准测量的起算点高程应尽量从附近的一、二等级水准点引测，若测区附近没有国家一、二等水准点，则在小区域范围内可采用闭合水准路线建立独立的首级高程控制网，假定起算点的高程。三、四等水准测量及等外水准测量的主要技术要求见表 7-9。

**表 7-9 水准测量的主要技术要求**

| 等级 | 路线长度/km | 水准仪 | 水准尺 | 观测次数 | | 往返较差、闭合差 | |
|---|---|---|---|---|---|---|---|
| | | | | 与已知点联测 | 附合或环线 | 平地/mm | 山地/mm |
| 三等 | ≤45 | DS1 | 铟瓦 | 往返各一次 | 往一次 | $\pm12\sqrt{L}$ | $\pm4\sqrt{n}$ |
| | | DS3 | 双面 | | 往返各一次 | | |
| 四等 | ≤16 | DS3 | 双面 | 往返各一次 | 往一次 | $\pm20\sqrt{L}$ | $\pm6\sqrt{n}$ |
| 等外 | ≤5 | DS3 | 单面 | 往返各一次 | 往一次 | $\pm40\sqrt{L}$ | $\pm12\sqrt{n}$ |

注：$L$ 为路线长度，km；$n$ 为测站数。

三、四等水准测量一般采用双面尺法观测，其在一个测站上的主要技术要求见表 7-10。

**表 7-10 水准观测的主要技术要求**

| 等级 | 水准仪的型号 | 视线长度/m | 前后视较差/m | 前后视累积差/m | 视线离地面最低高度/m | 黑红面读数较差/mm | 黑红面高差较差/mm |
|---|---|---|---|---|---|---|---|
| 二等 | DS1 | 100 | 3 | 6 | 0.3 | 1.0 | 1.5 |
| | DS3 | 75 | | | | 2.0 | 3.0 |
| 四等 | DS3 | 100 | 5 | 10 | 0.2 | 3.0 | 5.0 |
| 等外 | DS3 | 100 | 大致相等 | — | — | — | — |

## 一、三、四等水准测量的观测程序和记录方法

1. 三等水准测量每测站照准标尺分划顺序

(1) 后视标尺黑面，精平，读取上、下、中丝读数，记为 (1)，(2)，(3)。

(2) 前视标尺黑面，精平，读取上、下、中丝读数，记为 (4)，(5)，(6)。

(3) 前视标尺红面，精平，读取中丝读数，记为 (7)。

(4) 后视标尺红面，精平，读取中丝读数，记为 (8)。

三等水准测量测站观测顺序简称为：“后—前—前—后”（或黑—黑—红—红），其优点是可消除或减弱仪器和尺垫下沉误差的影响。

2. 四等水准测量每测站照准标尺分划顺序

(1) 后视标尺黑面，精平，读取上、下、中丝读数，记为 (1)，(2)，(3)。

(2) 后视标尺红面，精平，读取中丝读数，记为 (4)。

(3) 前视标尺黑面，精平，读取上、下、中丝读数，记为 (5)，(6)，(7)。

(4) 前视标尺红面，精平，读取中丝读数，记为 (8)。

四等水准测量测站观测顺序简称为：“后—后—前—前”（或黑—红—黑—红）。

下面以三等水准测量一个测段为例介绍双面尺法观测的程序（四等水准测量也可以采用），其记录与计算参见表 7-11。

## 二、测站计算与校核

### (一) 视距计算

后视距离：(9)＝[(1)－(2)]×100

前视距离：(10)＝[(4)－(5)]×100

前、后视距差：(11)＝(9)－(10)

前、后视距累积差：本站(12)＝本站(11)＋上站(12)

### (二) 同一水准尺黑、红面中丝读数校核

前尺：(13)＝(6)＋$K_1$－(7)

后尺：(14)＝(3)＋$K_2$－(8)

### (三) 高差计算及校核

黑面高差：(15)＝(3)－(6)

红面高差：(16)＝(8)－(7)

校核计算：红、黑面高差之差(17)＝(15)－[(16)±0.100]

或(17)＝(14)－(13)

高差中数：(18)＝[(15)＋(16)±0.100]/2

在测站上，当后尺红面起点为 4.687m，前尺红面起点为 4.787m 时，取＋0.100；反之，取－0.100。

### (四) 每页计算校核

1. 高差部分

每页上，后视红、黑面读数总和与前视红、黑面读数总和之差，应等于红、黑面高差之和，还应等于该页平均高差总和的两倍。

(1) 对于测站数为偶数的页

$$\sum[(3)+(8)]-\sum[(6)+(7)]=\sum[(15)+(16)]=2\sum(18)$$

表 7-11　三、四等水准测量观测手簿

| 测站编号 | 测点编号 | 后尺 下丝 / 上丝 | 前尺 下丝 / 上丝 | 方向及尺号 | 标尺读数/m | | $K$ 加黑减红 /mm | 高差中数 /m | 备　注 |
|---|---|---|---|---|---|---|---|---|---|
| | | 后距 | 前距 | | 黑面 | 红面 | | | |
| | | 视距差 $d$/m | $\Sigma d$/m | | | | | | |
| | | (1) | (4) | 后 | (3) | (8) | (14) | | |
| | | (2) | (5) | 前 | (6) | (7) | (13) | | |
| | | (9) | (10) | 后—前 | (15) | (16) | (17) | | |
| | | (11) | (12) | | | | | (18) | |
| 1 | $BM_1$-$Z_1$ | 1.691 | 1.137 | 后 01 | 1.523 | 6.309 | +1 | | |
| | | 1.355 | 0.798 | 前 02 | 0.968 | 5.655 | 0 | | |
| | | 33.6 | 33.9 | 后—前 | +0.555 | +0.654 | +1 | | |
| | | −0.3 | −0.3 | | | | | +0.5545 | |
| 2 | $Z_1$-$Z_2$ | 1.937 | 2.113 | 后 02 | 1.676 | 6.364 | −1 | | |
| | | 1.415 | 1.589 | 前 01 | 1.851 | 6.637 | +1 | | $K_{01}$=4.787m |
| | | 52.2 | 52.4 | 后—前 | −0.175 | −0.273 | −2 | | $K_{02}$=4.687m |
| | | −0.2 | −0.5 | | | | | −0.1740 | |
| 3 | $Z_2$-$Z_3$ | 1.887 | 1.757 | 后 01 | 1.612 | 6.399 | 0 | | |
| | | 1.336 | 1.209 | 前 02 | 1.483 | 6.169 | +1 | | |
| | | 55.1 | 54.8 | 后—前 | +0.129 | +0.230 | −1 | | |
| | | +0.3 | −0.2 | | | | | +0.1295 | |
| 4 | $Z_3$-$BM_2$ | 2.208 | 1.965 | 后 02 | 1.878 | 6.565 | 0 | | |
| | | 1.547 | 1.303 | 前 01 | 1.634 | 6.422 | −1 | | |
| | | 66.1 | 66.2 | 后—前 | +0.244 | +0.143 | +1 | | |
| | | −0.1 | −0.3 | | | | | +0.2435 | |
| 每页校核 | Σ(9)=207.0<br>−)Σ(10)=207.3<br>=−0.3<br>总视距=Σ(9)+Σ(10)=414.3(m) | | Σ[(3)+(8)]=32.326<br>−)Σ[(6)+(7)]=30.819<br>=+1.507 | | Σ[(15)+(16)]<br>=+1.507 | | | Σ(18)=+0.7535<br>2Σ(18)=+1.507 | |

(2) 对于测站数为奇数的页

$$\Sigma[(3)+(8)]-\Sigma[(6)+(7)]=\Sigma[(15)+(16)]=2\Sigma(18)\pm 0.100$$

2. 视距部分

末站视距累积差值：末站(12)＝Σ(9)－Σ(10)

总视距＝Σ(9)＋Σ(10)

## 三、成果计算与校核

在每个测站计算无误后，并且各项数值都在相应的限差范围之内时，根据每个测站的平均高差，利用已知点的高程，推算出各水准点的高程，其计算与高差闭合差的调整方法，可参见第二章。至此完成了三、四等水准测量的整个过程。

## 四、等外水准测量

等外水准测量用于工程水准测量或测定图根控制点的高程，其精度低于四等水准测量，故称为等外水准测量（也叫五等水准测量），其施测方法参见第二章。

## 第六节 三角高程测量

在山区或高层建筑物上，若用水准测量作高程控制，则困难大且速度慢，这时可考虑采用三角高程测量的方法测定两点间的高差和点的高程，根据测量距离方法的不同，三角高程测量分为测距仪三角高程测量和经纬仪三角高程测量两种，前者可以代替四等水准测量，后者主要用于山区或丘陵地区的图根高程控制。

### 一、三角高程测量的主要技术要求

三角高程测量的主要技术要求，针对竖直角测量的技术要求，一般分为两个等级，即四、五等，其可作为测区的首级控制，电磁波测距三角高程测量的主要技术要求见表 7-12。

表 7-12 电磁波测距三角高程测量的主要技术要求

| 等级 | 仪器 | 测距边测回数 | 竖直角测回数 | | 指标差较差/(″) | 竖直角较差/(″) | 对向观测高差较差/mm | 附合或环线闭合差/mm |
|---|---|---|---|---|---|---|---|---|
| | | | 三丝法 | 中丝法 | | | | |
| 四等 | DJ2 | 往返各一次 | — | 3 | ≤7 | ≤7 | $40\sqrt{D}$ | $20\sqrt{\sum D}$ |
| 五等 | DJ2 | 1 | 1 | 2 | ≤10 | ≤10 | $60\sqrt{D}$ | $30\sqrt{\sum D}$ |

注：$D$ 为电磁波测距边长度，km。

### 二、三角高程测量的原理

三角高程测量是根据两点间的水平距离和竖直角计算两点的高差，然后求出所求点的高程。

如图 7-17 所示，在 $A$ 点安置仪器，用望远镜中丝瞄准 $B$ 点觇标的顶点，测得竖直角 $\alpha$，并量取仪器高 $i$ 和觇标高 $v$，若测出 $A$，$B$ 两点间的水平距离 $D$，则可求得 $A$，$B$ 两点间的高差，即

$$h_{AB}=D\tan\alpha+i-v \tag{7-22}$$

$B$ 点高程为

$$H_B=H_A+D\tan\alpha+i-v \tag{7-23}$$

三角高程测量一般应采用对向观测法，即由 $A$ 向 $B$ 观测称为直觇，再由 $B$ 向 $A$ 观测称为反觇，直觇和反觇称为对向观测。采用对向观测的方法可以减弱地球曲率和大气折光的影响。当对向观测所求得的高差较差不应大于 $0.1D$（m），（$D$ 为水平距离，以 km 为单位），则取对向观测的高差中数为最后结果，即

$$h_{中}=\frac{1}{2}(h_{AB}-h_{BA}) \tag{7-24}$$

式（7-24）适用于 $A$，$B$ 两点距离较近（小于 300m）的三角高程测量，此时水准面可近似看成平面，视线视为直线。当距离超过 300m 时，就要考虑地球曲率及观测视线受大气折光的影响。

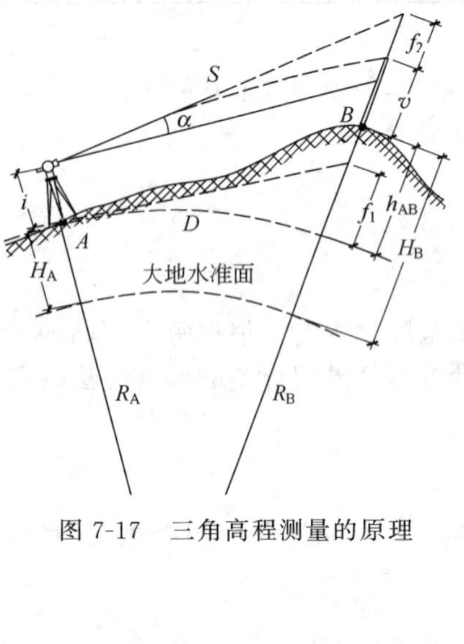


图 7-17 三角高程测量的原理

### 三、三角高程测量的观测与计算

三角高程测量的观测与计算应按以下步骤进行。

（1）安置仪器于测站上，量出仪器高 $i$；觇标立于

测点上，量出觇标高 $v$。

(2) 用经纬仪或测距仪采用测回法观测竖直角 $\alpha$，取其平均值为最后观测成果。

(3) 采用对向观测，其方法同前两步。

(4) 用式 (7-22) 和式 (7-23) 计算高差和高程。

《城市测量规范》规定，代替四等水准测量的电磁波测距三角高程导线观测应符合下列规定。

(1) 边长观测应采用不低于Ⅱ级精度的电磁波测距仪往返各测一测回，在测距的同时，还要测定气温和气压值，并对所测距离进行气象改正；

(2) 竖直角观测应采用觇牌为照准目标，用 DJ2 级经纬仪按中丝法观测三测回，竖直角测回差和指标差均≤7″。对向观测高差较差≤$\pm 40\sqrt{D}$ (mm) ($D$ 为以 km 为单位的水平距离)，附合路线或环线闭合差同四等水准测量的要求；

(3) 仪器高和觇牌高应在观测前后用经过检验的量杆各量测一次，精确读数至 1mm，当较差不大于 2mm 时，取中数作为最后的结果。

三角高程路线应组成闭合测量路线或附合测量路线，并尽可能起闭于高一等级的水准点上。若闭合差 $f_h$ 在表 7-11 所规定的容许范围内，则将 $f_h$ 反符号按照与各边边长成正比例的关系分配到各段高差中，最后根据起始点的高程和改正后的高差计算出各待求点的高程。

## 小 结

本章主要介绍了国家平面和高程控制网，采用精密测量仪器和方法，依照国家规范施测，按精度分为四个等级，即一、二、三、四等，按照“先高级后低级，逐级加密”的原则而建立。它是全国各种比例尺测图的基本控制，并为确定地球的形状和大小提供研究资料和信息。

导线测量是建立小区域平面控制网的一种常用方法，它适用于地物分布较复杂的建筑区和平坦而通视条件较差的隐蔽区。若用经纬仪测量导线转折角，用钢尺丈量导线边长，称为经纬仪量距导线。若用测距仪或全站仪测量导线转折角和边长，则称为电磁波测距导线。

导线测量的外业工作结束后，首先要对外业观测成果进行全面检查和整理，应检查观测数据有无遗漏，记录计算是否正确，成果是否符合限差要求，然后进行导线内业计算，其目的就是根据已知的起始数据和外业观测成果，通过误差调整，计算出各导线点的平面坐标。计算时，先在表中填入已知数据，然后计算、调整角度闭合差，计算各边的坐标方位角，再进行坐标增量闭合差的计算与调整，最后进行导线点的坐标计算。在计算中，要经常进行检查，以保证计算无误。

在进行平面控制测量时，如果导线点的密度不能满足测图和工程的要求时，则需要进行控制点的加密。控制点的加密可以采用导线测量，也可以采用交会定点法。根据测角、测边的方法不同，交会定点可分为：测角前方交会；测角侧方交会；测角后方交会；测边交会等几种方法。

三、四等水准测量除了应用于国家高程控制网的加密外，还能够应用于建立小区域首级高程控制网。三等水准测量每测站的观测顺序简称为：“后—前—前—后”，其优点是可消除或减弱仪器和尺垫下沉误差的影响。四等水准测量每测站的观测顺序简称为：“后—后—前—前”。

在每个测站计算无误后，并且各项数值都在相应的限差范围之内时，根据每个测站的平均高差，利用已知点的高程，推算出各水准点的高程，第二章中介绍了其计算与高差闭合差的调整方法。

在山区或高层建筑物上，若用于较低精度的高程测量，可考虑采用三角高程测量的方法测定两点间的高差和点的高程，根据测量距离方法的不同，三角高程测量分为测距仪三角高程测量和经纬仪三角高程测量两种，前者可以代替四等水准测量，后者主要用于山区或丘陵地区的图根高程控制。

## 思考题与习题

1. 控制测量的目的是什么？小区域平面、高程控制网是如何建立的？
2. 导线布设形式有哪几种？试绘图说明。
3. 简述导线计算的步骤，并说明闭合导线与附合导线在计算中的异同点。
4. 闭合导线的点号按顺时针方向编号与按逆时针方向编号时，其方位角的计算有何不同？
5. 进行三、四等水准测量时，一测站的观测程序如何？怎样计算？
6. 在什么情况下采用三角高程测量？为什么要采用对向观测？
7. 闭合导线的计算见表 7-13，试计算闭合导线各点的坐标。导线点号为逆时针编号。

**表 7-13　闭合导线的计算**

| 点　号 | 观测角 | 坐标方位角 | 边长/m | 坐标/m | |
|---|---|---|---|---|---|
| | | | | $x$ | $y$ |
| 1 | 125°52′04″ | | | 870.00 | 690.00 |
| | | 123°22′51″ | 100.31 | | |
| 2 | 82°46′29″ | | | | |
| | | | 78.88 | | |
| 3 | 91°08′23″ | | | | |
| | | | 137.26 | | |
| 4 | 60°14′02″ | | | | |
| | | | 78.62 | | |
| 1 | | | | | |

8. 附合导线的计算见表 7-14，试计算附合导线各点的坐标。

**表 7-14　附合导线的计算**

| 点　号 | 左角观测角 | 坐标方位角 | 边长/m | 坐标/m | |
|---|---|---|---|---|---|
| | | | | $x$ | $y$ |
| $A$ | | | | | |
| | | 50°00′00″ | | | |
| $B$ | 253°34′54″ | | | 1000.00 | 1000.00 |
| | | | 125.37 | | |
| 1 | 114°52′36″ | | | | |
| | | | 109.84 | | |
| 2 | 240°18′48″ | | | | |
| | | | 106.26 | | |
| $C$ | 227°16′12″ | | | 936.97 | 1291.22 |
| | | 166°02′54″ | | | |
| $D$ | | | | | |

9. 已知 $A$ 点高程为 258.26m，$A$，$B$ 两点间水平距离为 624.42m，在 $A$ 点观测 $B$ 点：$\alpha=+2°38'07''$，$i=1.62$m，$v=3.65$m；在 $B$ 点观测 $A$ 点：$\alpha=-2°23'15''$，$i=1.51$m，$v=2.26$m，求 $B$ 点的高程。

# 第八章　大比例尺地形图的基本知识

**学习目标**

• 了解地形图、平面图和地图的概念，比例尺的种类及精度和地形图分幅的方法。自然地貌的形态可归结为几种典型地貌的综合，了解和熟悉这些典型地貌等高线的特征，有助于识读、应用和测绘地形图。

• 理解在城市和建筑工程建设的规划、设计和施工中，需要用到不同比例尺的地形图；等高距与等高线平距在工程建设中的作用。

• 掌握根据测图比例尺推算出测量地物时需要精确的程度；大比例尺大面积测图时，矩形或正方形图幅的编号法以及等高线的特性。

## 第一节　地形图和比例尺

### 一、地形图、平面图、地图

地物是指地面上天然或人工形成的物体，如海洋、河流、湖泊、道路、房屋、桥梁等；地面高低起伏的自然形态，比如高山、丘陵、平原、洼地等，统称为地貌。地物和地貌总称为地形。

地形图是通过实地测量，将地面上各种地物、地貌的平面位置按一定的比例尺，用《地形图图式》统一规定的符号和注记，缩绘在图纸上的正射投影图。它既表示地物的平面位置，又表示地貌形态。如果图上只反映地物的平面位置，而不反映地貌形态，则称为平面图。将地球上的自然、社会、经济等若干现象按一定的数学法则并采用制图综合原则绘成的图称为地图。

地形图是地球表面实际情况的客观反映，各项经济建设和国防工程建设都需要首先在地形图上进行规划、设计，特别是大比例尺（常用的有 1∶500，1∶1000，1∶2000，1∶5000 等几种）地形图，是城乡建设和各项建筑工程进行规划、设计、施工的重要基础资料之一。

### 二、比例尺的种类

地形图上任一线段的长度 $d$ 与地面上相应线段的实际水平距离 $D$ 之比称为地形图的比例尺。按表示方法的不同，比例尺又分为数字比例尺、直线比例尺和复式比例尺三种形式，现分述如下。

1. 数字比例尺

数字比例尺即在地形图上直接用数字表示的比例尺，地形图比例尺通常用分子为 1 的分数式 $1/M$（或 $1:M$）来表示，其中“$M$”称为比例尺分母。显然有

$$\frac{1}{M}=\frac{\text{图上距离 }d}{\text{实地水平距离 }D}=\frac{1}{\dfrac{D}{d}}=1:M \tag{8-1}$$

式中，$M$ 越小，比例尺的值就愈大，图上所表示的地物、地貌越详尽；相反，$M$ 越大，比例尺的值就越小，图上所表示的地物、地貌越粗略。如数字比例尺 1∶500>1∶1000。通常称 1∶500，1∶1000，1∶2000，1∶5000 的地形图为大比例尺地形图；称比例尺为 1∶1 万、1∶2.5 万、1∶5 万、1∶10 万的地形图为中比例尺地形图；称比例尺为 1∶20 万、1∶50 万、1∶100 万的地形图为小比例尺地形图。

中国规定 1∶1 万、1∶2.5 万、1∶5 万、1∶10 万、1∶20 万（现为 1∶25 万)、1∶50 万、1∶100 万 7 种比例尺地形图为国家基本比例尺地形图。地形图的数字比例尺通常写在地形图南图廓的下方正中处，如图 8-1 所示。建筑工程的规划设计和施工通常使用大比例尺地形图。

中比例尺地形图由国家专业测绘部门负责测绘，目前均用航空摄影测量方法成图，小比例尺地形图一般由中比例尺地形图缩小编绘而成。

1∶500 和 1∶1000 的大比例尺地形图一般用平板仪、经纬仪、全站仪或 GPS 测绘；1∶2000 和 1∶5000 的地形图一般由 1∶500 或 1∶1000 的地形图缩小编绘而成。若测图面积较大，也可用航空摄影测量方法成图。

例如在 1∶1000 的大比例尺地形图中，实地水平距离为 75m，则图上长度为

$$d=\frac{D}{M}=\frac{75\text{m}}{1000}=0.075\text{m}=75\text{mm}$$

如果已知图上长度为 100mm，则实地水平距离为

$$D=Md=1000\times 100\text{mm}=100000\text{mm}=100\text{m}$$

2. 直线比例尺

如图 8-2 所示，直线比例尺又称图式比例尺。使用数字比例尺时要经常进行计算，为了直接而方便地进行图上与实地相应水平距离的换算、减少由于图纸伸缩引起的误差，常在地形图图廓下方绘制一直线比例尺，用以直接度量图内直线的实际水平距离。

直线比例尺是在图纸上画出两条间距为 2mm 的平行直线，再以 2cm 为基本单位，将直线等分为若干大格，然后把左端的一个基本单位分成十等份，以量取不足整数部分的数，在小格和大格的分界处注以 0，其他大格分划上注以 0 至该分划按比例尺计算的实际水平距离。如图 8-2（a)，(b)，(c）分别表示 1∶500，1∶1000，1∶2000 三种比例尺。

使用时，先将两脚规的脚尖对准地形图上要量测的两点，然后将两脚规移到直线比例尺上，使右脚尖对准零点右边一个适当的整分划线，使左脚尖落在零点左边的毫米分划小格内以便读数，如图 8-2（a）中，右脚尖对准 30m 分划线上，左脚尖落在左边 7.3m 分划上，则该线段所表示的实际水平距离为 30＋7.3＝37.3（m）。

直线比例尺换算距离的速度较快，但它仅能估读到最小格值的十分之一，换算距离的精度较低，故只能作为一般的量算工具。如地形图下方所绘制的直线比例尺，可供用图时量算距离之用。

直线比例尺的优点是：量距直接、方便而不必再进行换算；比例尺随图纸按同一比例伸缩，从而明显减小因图纸伸缩而引起的量距误差。地形图绘制时所采用的三棱比例尺也属于直线比例尺。

三棱比例尺就属于直线比例尺，如图 8-3 所示，可用于地形图的绘制。

3. 复式比例尺

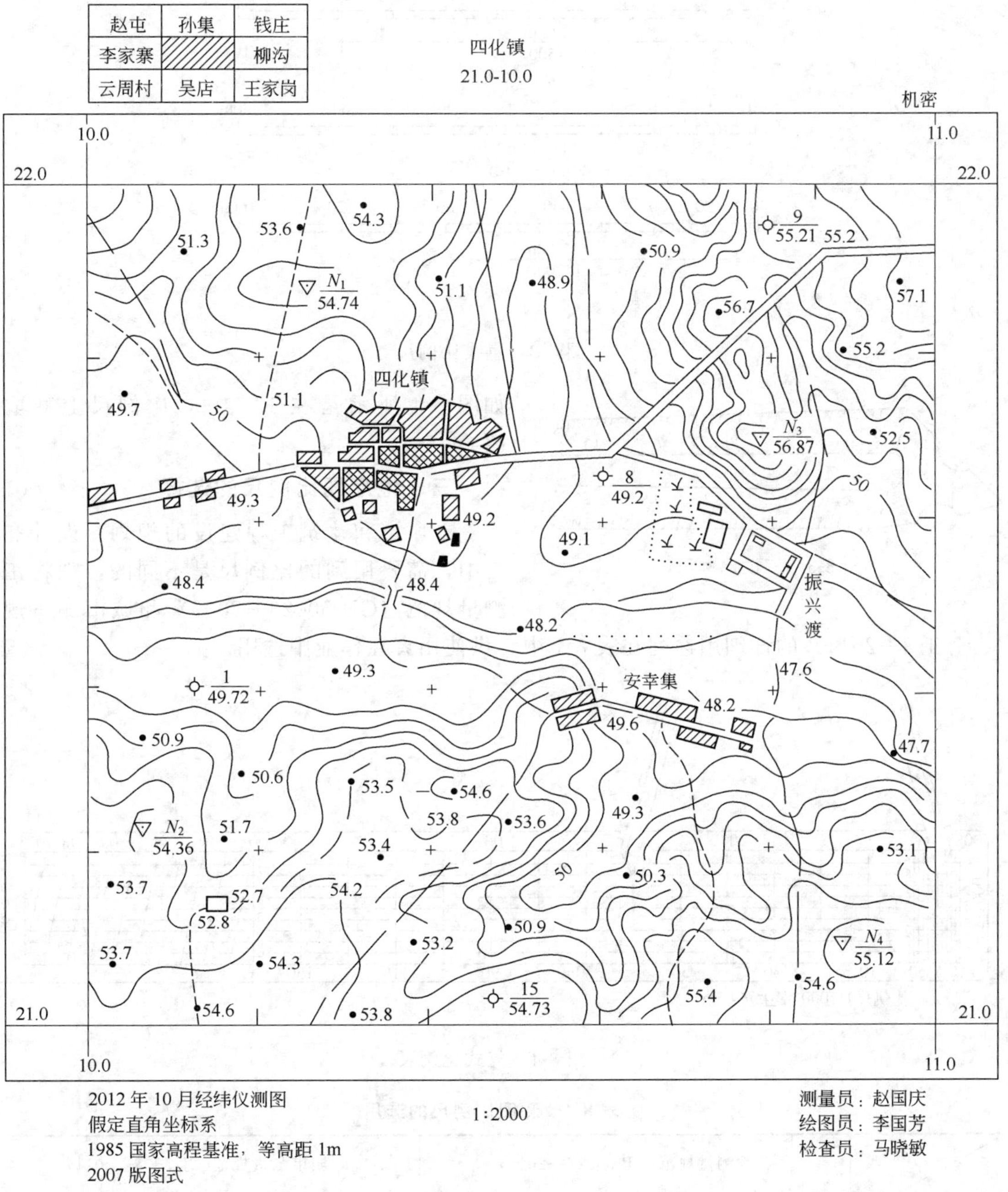


图 8-1　四化镇地形图

为了提高量测精度，可使用复式比例尺，如图 8-4 所示，复式比例尺又称为斜线比例尺，它是直线比例尺的一种扩展，可以减少读数误差，其最小分划值为直线比例尺的十分之一，可估读到最小分划值的百分之一，是大比例尺地形测图中常见的工具，它弥补了直线比例尺精度不高的缺点。通常制作在受温度影响较小的金属板上。

使用时，在复式比例尺上选择与测图比例尺相同的比例尺面，用分规在上面截取距离，

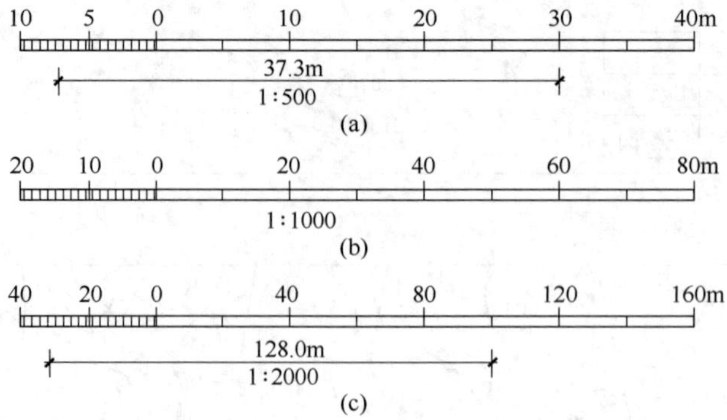


图 8-2 直线比例尺

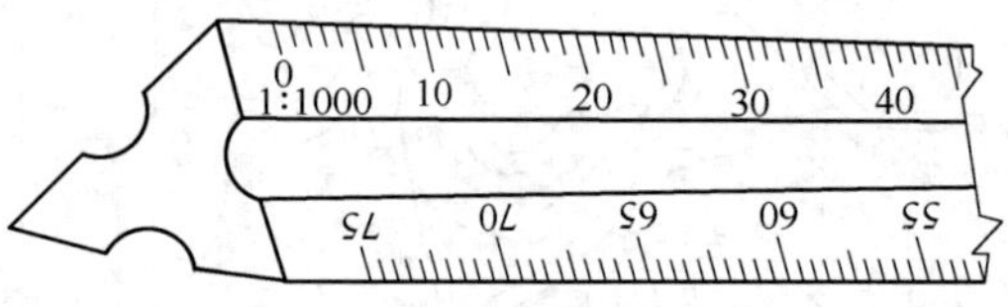


图 8-3 三棱比例尺

如图 8-4 所示是在 1∶1000 比例尺上截取距离 64.5m。

## 三、地形图比例尺的选择

在城市和建筑工程建设的规划、设计和施工中，需要用到的比例尺是不同的，现将工程测量规范（GB 50026—2007）和城市测量规范（CJJ/T 8—2011）的详细用途列在表 8-1 中，供使用者在作业中选用。

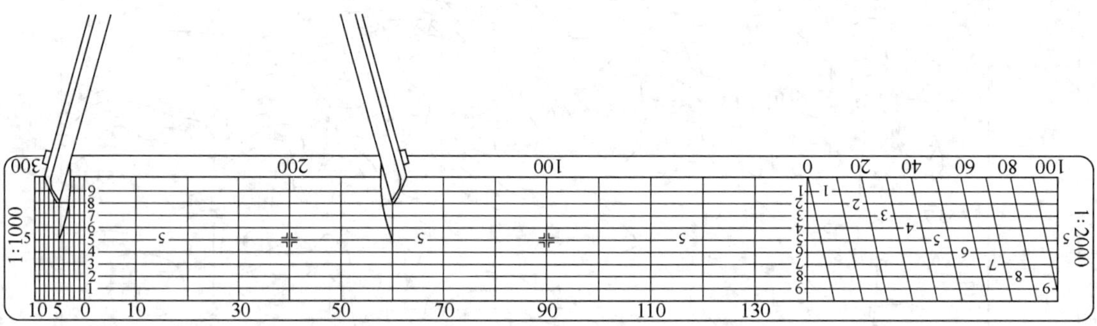


图 8-4 复式比例尺

**表 8-1 测图比例尺的选用**

| 比例尺 \ 规范 | 工程测量规范(GB 50026—2007) 用途 | 城市测量规范(CJJ/T 8—2011) 用途 |
|---|---|---|
| 1∶10000 | — | 城市规划设计(城市总体规划、厂址选择、区域位置、方案比较)等 |
| 1∶5000 | 可行性研究、总体规划、厂址选择、初步设计等 | |
| 1∶2000 | 可行性研究、初步设计、矿山总图管理、城镇详细规划等 | 城市详细规划和工程项目的初步设计等 |
| 1∶1000 | 初步设计、施工图设计；城镇、工矿总图管理；竣工验收等 | 城市详细规划、管理、地下管线和地下普通建(构)筑工程的现状图、施工图 |
| 1∶500 | | |

如图 8-5 所示是 1∶1000 比例尺地形图样图，其内容主要是以城市开发区域的丘陵地区为主。如图 8-6 所示是 1∶1000 工厂区地形图样图，其内容主要是以工厂内部为主。

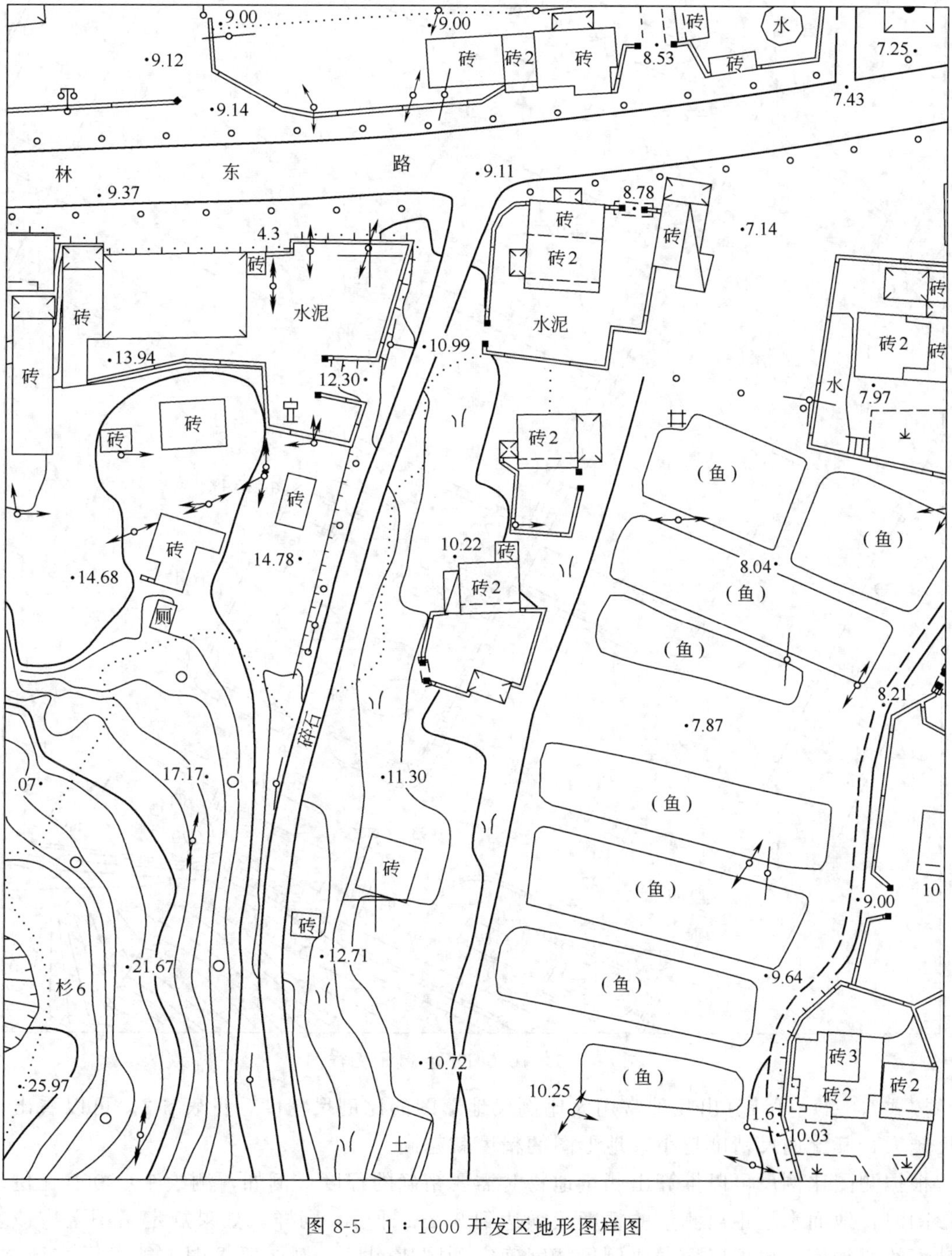


图 8-5　1∶1000 开发区地形图样图

## 四、比例尺精度

通常认为，人们用肉眼能分辨的图上最小距离是 0.1mm。所以，地形图上 0.1mm 所代表的实地水平距离，称为比例尺精度。若用 $\delta$ 表示比例尺精度，$M$ 表示比例尺分母，显然

$$\delta = 0.1 \times M\ (\text{mm}) \tag{8-2}$$

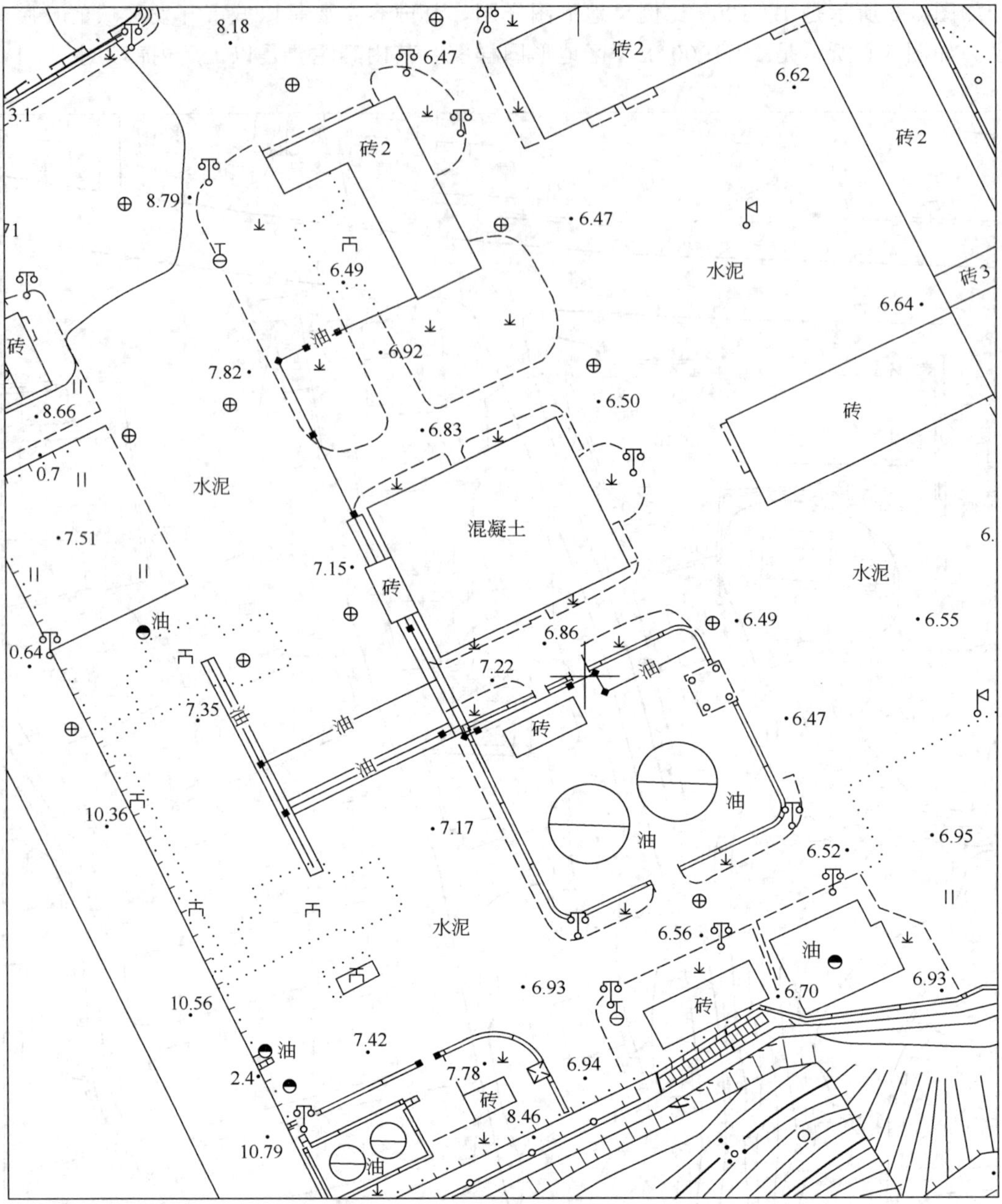

图 8-6 1∶1000 工厂区地形图样图

按式（8-2）可计算出几种常用大比例尺地形图的比例尺精度，见表 8-2。可以看出，比例尺越大，其比例尺精度越小，地形图的精度就越高。

根据测图比例尺可以推算出测量地物时需要精确的程度。例如，测绘 1∶2000 比例尺的地形图时，地面水平距离测量的精度只须达到 0.2m 即可。同样，如果规定了图上应该表示的地面线段精度，也可以根据比例尺精度确定测图比例尺。例如要求图上能显示实地 0.5m 的精度时，则采用的测图比例尺应不小于$\frac{0.1\text{mm}}{0.5\text{m}}=\frac{1}{5000}$。

从表 8-2 可知，比例尺越大，精度越高，地形图上表示地物、地貌的情况也越详细，但同一幅图所能包含的地面面积也越小，同时测绘工作量会成倍增加。因此，应根据实际工作

表 8-2　大比例尺地形图的比例尺精度

| 比 例 尺 | 1∶500 | 1∶1000 | 1∶2000 | 1∶5000 |
|---|---|---|---|---|
| 比例尺精度 | 0.05 | 0.10 | 0.20 | 0.50 |

需要，选择适当的比例尺，不应盲目追求大比例尺的地形图，避免不必要的浪费。

## 第二节　大比例尺地形图的分幅与编号

为了管理好中国的土地资源，不重复、不遗漏地测绘地形图，同时也为了能更科学地管理和使用地形图，需要将各种比例尺的地形图进行统一的分幅与编号。地形图分幅的方法有两种：一种是按经纬线分幅的梯形分幅法（又称国际分幅法）；另一种是按坐标网格分幅的矩形分幅法。国家基本比例尺地形图的分幅与编号采用前者，工程建设大比例尺地形图的分幅与编号采用后者。

### 一、梯形分幅和老图号编号方法

1. 1∶100 万比例尺地形图的分幅与编号

1∶100 万比例尺地形图的分幅与编号采用的是国际通用的分幅编号法。它是中国基本比例尺地形图分幅与编号的基础。它是将整个地球表面用子午线分成 60 个 6°的纵列，由经度 180°起，自西向东用阿拉伯数字 1～60 编排列号。同时由赤道起分别向南北直至 88°止，按纬差 4°分成横列，每列依次用序号 A，B，C，D，…表示，如图 8-7 所示。这样，每幅 1∶100 万地形图就是由经差 6°和纬差 4°的经纬线所分成的梯形图幅。显然每幅图的编号就是由该幅图所在的横列字母和纵列行号数所组成的。为了区分南北两半球，故在编号前应加注 N 或 S 以示区别。由于中国的疆域整体位于北半球，故编号时省去了 N，如图 8-8 所示为中国 1∶100 万比例尺地形图的分幅与编号示意图。例如，位于第 J 列（北纬纬度 36°～40°）、第 50 行（经度 114°～120°）的 1∶100 万图幅编号 J-50 就是北京地区所在范围的图幅编号。

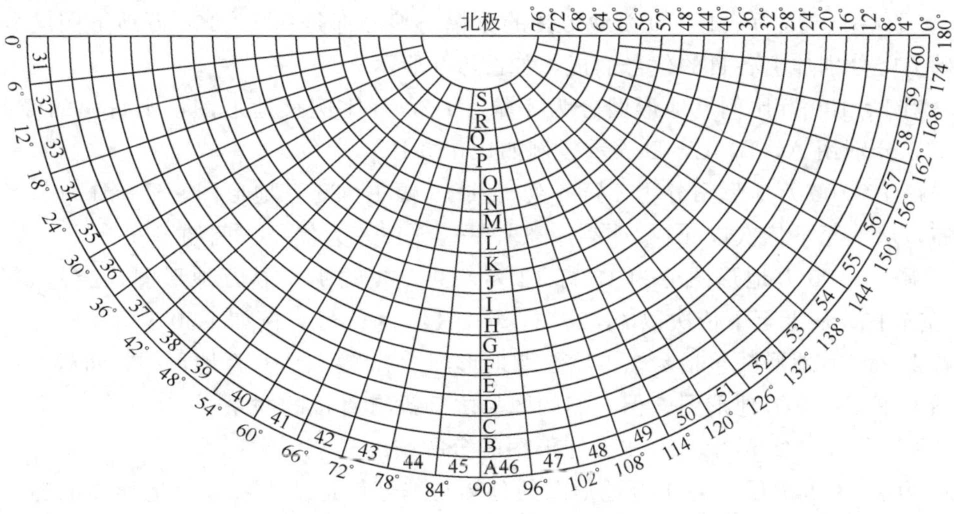


图 8-7　东半球北纬 1∶100 万地图的国际分幅与编号

随着纬度的增高，地形图面积迅速缩小。因此，规定在纬度 60°～76°之间双幅合并，即每幅图经差 12°，纬差 4°；在 76°～88°之间四幅合并，即每幅图经差 24°，纬差 4°；纬度 88°以上单独为一幅。

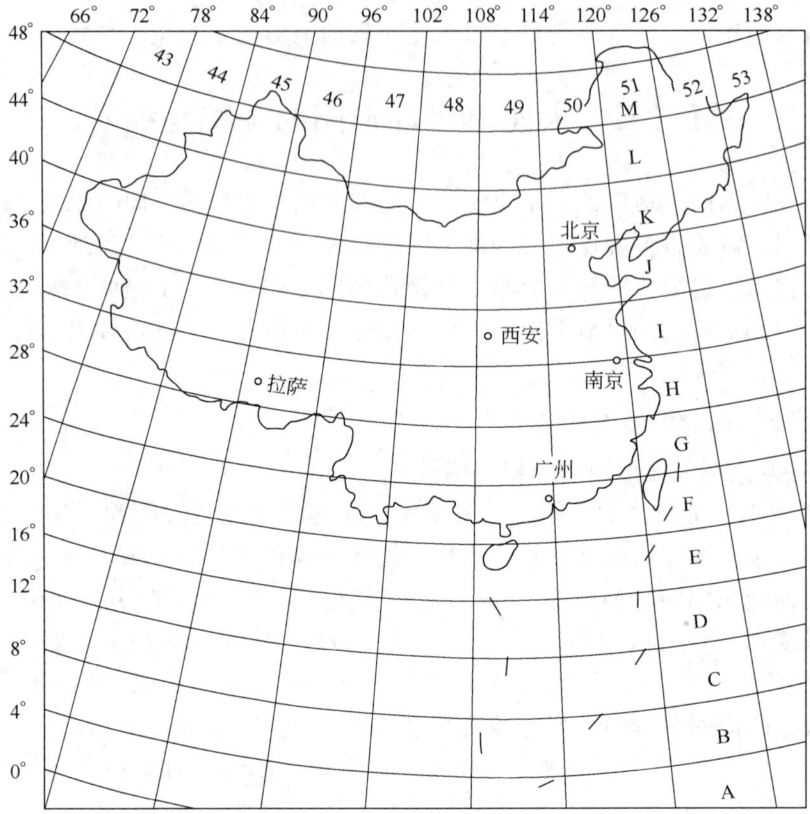


图 8-8 中国 1∶100 万比例尺地形图的分幅与编号

2. 1∶50 万、1∶25 万、1∶10 万地形图的分幅与编号

1∶50 万、1∶25 万、1∶10 万地形图的分幅与编号都是在 1∶100 万地形图的分幅与编号的基础上，分别加上各自的代号而成，如图 8-9 所示。

将一幅 1∶100 万比例尺地形图分为 4 幅 1∶50 万比例尺地形图，则每幅的经差为 3°，纬差为 2°，分别用 A，B，C，D 表示。例如，J-50-B。

将一幅 1∶100 万地形图分为 4 行 4 列，共 16 幅 1∶25 万地形图，经差 1°30′，纬差 1°，从左至右，从上至下依次以［1］，［2］，［3］，…，［16］为代号。例如 J-50-［3］。

将一幅 1∶100 万地形图分为 12 行 12 列，共 144 幅 1∶10 万地形图，经差 30′，纬差 20′，从左至右，从上至下依次以 1，2，3，…，144 为代号。例如 J-50-5。

每幅 1∶50 万地形图包括 4 幅 1∶25 万地形图、36 幅 1∶10 万地形图；每幅 1∶25 万地形图包括 9 幅 1∶10 万地形图。但它们的图号之间没有直接的联系。

3. 1∶5 万、1∶2.5 万、1∶1 万地形图的分幅与编号

1∶5 万、1∶2.5 万、1∶1 万地形图的分幅与编号都是从 1∶10 万地形图的图号基础上延伸出来的。

将一幅 1∶10 万地形图分为 2 行 2 列，共 4 幅 1∶5 万地形图，经差 15′，纬差 10′，分

别以 A，B，C，D 为代号，其编号是在 1∶10 万地形图图号后加上各自的代号而成，例如 J-50-5-B。如图 8-10 所示。

将一幅 1∶5 万地形图分为 2 行 2 列，共 4 幅 1∶2.5 万地形图，经差 7′30″，纬差 5′，分别以 1，2，3，4 为代号，其编号是在 1∶5 万地形图图号后加上各自的代号而成，例如 J-50-5-B-3。如图 8-10 所示。

将一幅 1∶10 万地形图分为 8 行 8 列，共 64 幅 1∶1 万地形图，经差 3′45″，纬差 2′30″，分别以（1），（2），（3），…，（64）为代号，其编号是在 1∶10 万地形图图号后加上各自的代号而成，例如 J-50-5-(24)。如图 8-11 所示。

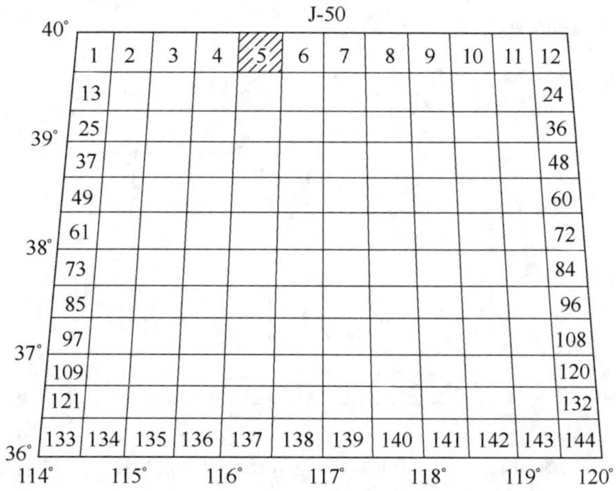


图 8-9　1∶10 万地形图分幅与编号

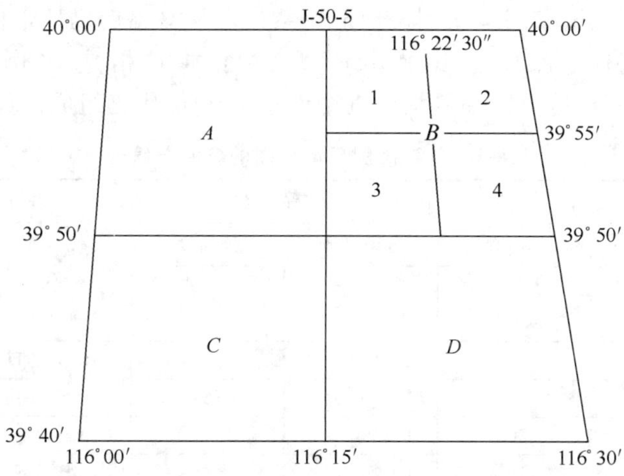


图 8-10　1∶5 万、1∶2.5 万地形图分幅与编号

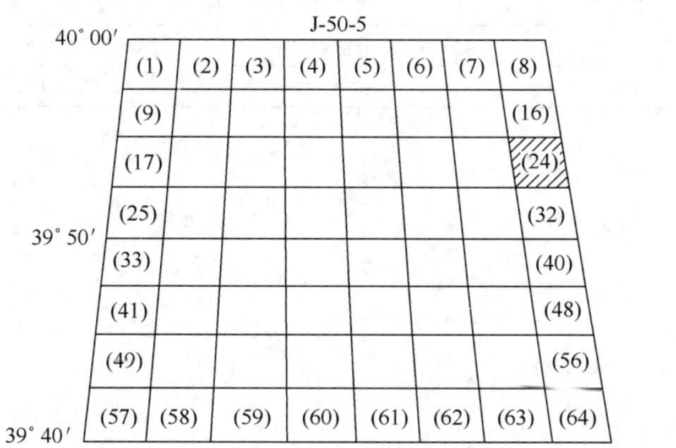


图 8-11　1∶1 万地形图分幅与编号

4. 1∶5000，1∶2000 地形图的分幅与编号

1∶5000，1∶2000 地形图的分幅与编号都是在 1∶1 万地形图图号的基础上延伸出来的。如图 8-12 所示，将一幅 1∶1 万地形图分为 2 行 2 列，共 4 幅 1∶5000 地形图，经差 1′52.5″，纬差 1′15″，分别以 a，b，c，d 为代号，其编号是在 1∶1 万地形图图号后加上各自的代号而成，例如 J-50-5-(24)-b。

将一幅 1∶5000 地形图分为 3

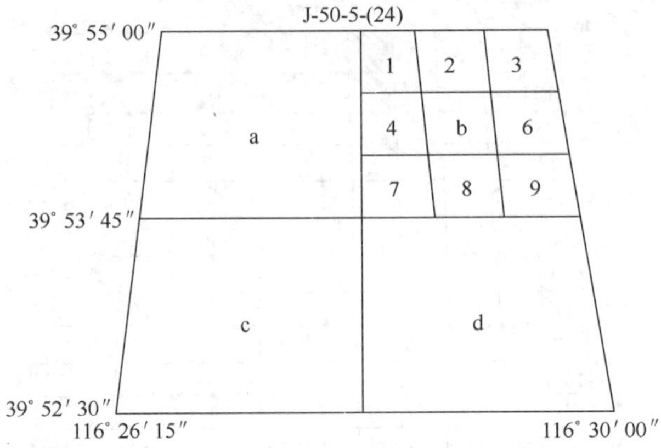


图 8-12　1∶5000，1∶2000 地形图分幅与编号

行 3 列，共 9 幅的 1∶2000 地形图，经差 37.5″，纬差 25″，分别以 1，2，3，…，9 为代号，其编号是在 1∶5000 地形图图号后加上各自的代号而成，例如 J-50-5-(24)-b，见表 8-3。

## 二、国家基本比例尺地形图的分幅和编号

1992 年 12 月，中国发布了《国家基本比例尺地形图分幅和编号》(GB/T 13989—92) 的国家标准，自 1993 年 3 月起实施。新测和更新的基本比例尺地形图均按 GB/T 13989—92 进行分幅和编号。新的分幅和编号方法的特点是：经、纬差没有改变，但划分方法不同，即全部由 1∶100 万地形图逐次加密划分而成；另外，过去的列、行现在改为行、列。

1∶5000 地形图列入国家基本比例尺地形图系列，基本比例尺地形图增至 8 种。编号在 1∶100 万地形图编号后加上比例尺代码，再加上相应比例尺的行、列代码。1∶5000～1∶50 万比例尺地形图编号均由五个元素、10 位代码组成。如某图新的编号如下。

**表 8-3　各种比例尺地形图的分幅与编号**

| 比例尺 | 图幅大小 | | 分幅方法 | | 基本地形图的编号方法 | |
|---|---|---|---|---|---|---|
| | 经　差 | 纬　差 | 分幅基础 | 分幅数 | 代　号 | 举例(北京) |
| 1∶100 万 | 6° | 4° | | | 纬列 A～V<br>经列 1～60 | J-50 |
| 1∶50 万 | 3° | 2° | 1∶100 万 | 4 | A,B,C,D | J-50-B |
| 1∶25 万 | 1°30′ | 1° | 1∶100 万 | 16 | [1]～[16] | J-50-[3] |
| 1∶10 万 | 30′ | 20′ | 1∶100 万 | 144 | 1～144 | J-50-5 |
| 1∶5 万 | 15′ | 10′ | 1∶10 万 | 4 | A,B,C,D | J-50-5-B |
| 1∶2.5 万 | 7′30″ | 5′ | 1∶5 万 | 4 | 1,2,3,4 | J-50-5-B-3 |
| 1∶1 万 | 3′45″ | 2′30″ | 1∶10 万 | 64 | (1)～(64) | J-50-5-(24) |
| 1∶5000 | 1′52.5″ | 1′15″ | 1∶1 万 | 4 | a,b,c,d | J-50-5-(24)-b |
| 1∶2000 | 37.5″ | 25″ | 1∶5000 | 9 | 1～9 | J-50-5-(24)-b-6 |

1∶50 万地形图编号：J50 B 001 002

1∶5 万地形图编号：J50 E 016 020

1∶5000 地形图编号：

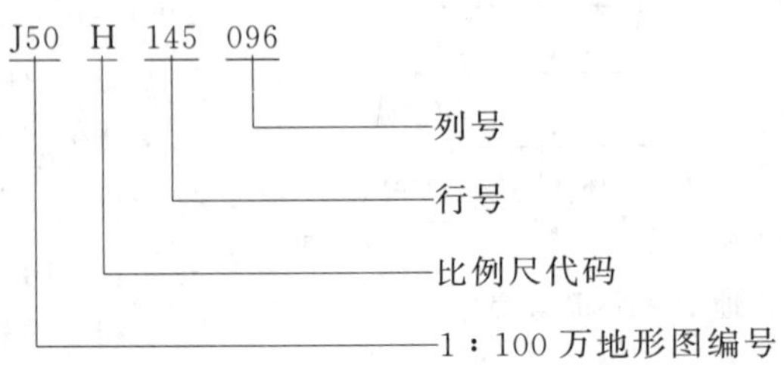

中国基本比例尺代码见表 8-4。各种比例尺地形图的分幅和编号见表 8-5。

表 8-4 中国基本比例尺代码

| 比例尺 | 1∶50 万 | 1∶25 万 | 1∶10 万 | 1∶5 万 | 1∶2.5 万 | 1∶1 万 | 1∶5000 |
|---|---|---|---|---|---|---|---|
| 代 码 | B | C | D | E | F | G | H |

表 8-5 各种比例尺地形图的分幅和编号

| 比例尺 | 图幅大小 | | 分幅方法 | | | | 基本地形图的编号 |
|---|---|---|---|---|---|---|---|
| | 经 差 | 纬 差 | 分幅基础 | 行 数 | 列 数 | 分幅数 | 举 例 |
| 1∶100 万 | 6° | 4° | 1∶100 万 | | | | J50 |
| 1∶50 万 | 3° | 2° | 1∶100 万 | 2 | 2 | 4 | J50B001002 |
| 1∶25 万 | 1°30′ | 1° | 1∶100 万 | 4 | 4 | 16 | J50C002004 |
| 1∶10 万 | 30′ | 20′ | 1∶100 万 | 12 | 12 | 144 | J50D009010 |
| 1∶5 万 | 15′ | 10′ | 1∶100 万 | 24 | 24 | 576 | J50E021012 |
| 1∶2.5 万 | 7′30″ | 5′ | 1∶100 万 | 48 | 48 | 2304 | J50F036045 |
| 1∶1 万 | 3′45″ | 2′30″ | 1∶100 万 | 96 | 96 | 9216 | J50G060080 |
| 1∶5000 | 1′52.5″ | 1′15″ | 1∶100 万 | 192 | 192 | 36864 | J50H180160 |

## 三、矩形或正方形分幅和编号

矩形或正方形分幅及面积见表 8-6。大面积测图时，矩形或正方形图幅的编号一般采用坐标编号法。即由图幅西南角的纵、横坐标（用阿拉伯数字，以千米为单位）作为它的图号，表示为“$x$-$y$”。1∶5000，1∶2000 地形图，坐标取至 1km；1∶1000 的地形图，坐标取至 0.1km；1∶500 的地形图，坐标取至 0.01km；例如，西南角坐标为 $x=82600$m，$y=48600$m 的不同比例尺图幅号为：1∶2000，82-48；1∶1000，82.6-48.6；1∶500，82.60-48.60。对于较大测区，测区内有多种测图比例尺时，应进行统一编号。

表 8-6 矩形或正方形分幅及面积

| 比例尺 | 矩形分幅 | | 正方形分幅 | | |
|---|---|---|---|---|---|
| | 图幅大小/(cm×cm) | 实地面积/km² | 图幅大小/(cm×cm) | 实地面积/km² | 一幅 1∶5000 图所含幅数 |
| 1∶5000 | 50×40 | 5 | 40×40 | 4 | 1 |
| 1∶2000 | 50×40 | 0.8 | 50×50 | 1 | 4 |
| 1∶1000 | 50×40 | 0.2 | 50×50 | 0.25 | 16 |
| 1∶500 | 50×40 | 0.05 | 50×50 | 0.0625 | 64 |

小面积测图，可采用自然序数法或行列编号法。自然序数法是将测区各图幅按某种规律，如从左到右，自上而下用阿拉伯数字顺序编号。行列编号法是从左到右，从上到下给横列和纵列编号，用“行-列”表示图幅编号，例如 A-2，B-3，…，C-4，D-1 等。

另外，如图 8-1 所示，在地形图的正上方标上图名，图名一般以本幅图内最著名、最重要的地名来命名，如图中四化镇。在地形图的左上方标明接合图表，用以标明本幅图周围图幅的图名或编号。在地形图的左下方还应标明地形图所采用的坐标系统、高程系统、测绘方法和时间等。

## 第三节 地物、地貌在图上的表示方法

《地形图图式》是测绘、出版地形图的基本依据之一，是识读和使用地形图的重要工具。它的内容概括了地物、地貌在地形图上表示的符号和方法，表 8-7 是国家标准 GB/T 20257.1—2007《1∶500、1∶1000、1∶2000 地形图图式》所规定的部分地物、地貌符号。

**表 8-7 1∶500、1∶1000、1∶2000 地形图图式符号与注记**

| 编号 | 符号名称 | 符号式样 1∶500 | 1∶1000 | 1∶2000 |
|---|---|---|---|---|
| 1 | 导线点<br>a. 土堆上的<br>I16、I23——等级、点号<br>84.46、94.40——高程<br>2.4——比高 | 2.0 ⊙ I16/84.46<br>a 2.4 I23/94.40 | | |
| 2 | 埋石图根点<br>a. 土堆上的<br>12、16——点号<br>275.46、175.64——高程<br>2.5——比高 | 2.0 12/275.46<br>a 2.5 16/175.64 | | |
| 3 | 不埋石图根点<br>19——点号<br>84.47——高程 | 2.0 ⊡ 19/84.47 | | |
| 4 | 水准点<br>Ⅱ——等级<br>京石 5——点名点号<br>32.805——高程 | 2.0 ⊗ Ⅱ京石5/32.805 | | |
| 5 | 卫星定位等级点<br>B——等级<br>14——点号<br>495.263——高程 | 3.0 B14/495.263 | | |
| 6 | 单幢房屋<br>a. 一般房屋<br>b. 有地下室的房屋<br>c. 突出房屋<br>d. 简易房屋<br>混、钢——房屋结构<br>1、3、28——房屋层数<br>2——地下房屋层数 | a 混1　b 混3-2 0.5 2.0 1.0<br>c 钢28　d 简 | 3<br>c 28 1.0 | |
| 7 | 建筑中房屋 | 建 | | |
| 8 | 棚房<br>a. 四边有墙的<br>b. 一边有墙的<br>c. 无墙的 | a 1.0<br>b 1.0<br>c 1.0<br>1.0 0.5 | | |
| 9 | 破坏房屋 | 破<br>2.0 1.0 | | |
| 10 | 体育馆、科技馆、博物馆、展览馆 | 混凝土5 科 0.6 | | |
| 11 | 宾馆、饭店 | 混凝土5 H | | |
| 12 | 商场、超市 | 混凝土4 M | | |
| 13 | 剧院、电影院 | 混凝土2 | | |
| 14 | 露天体育场、网球场、运动场、球场<br>a. 有看台的<br>a1. 主席台<br>a2. 门洞<br>b. 无看台的 | a 工人体育场 a2 45 1.0 a1<br>b 体育场　球 | | |
| 15 | 露天舞台、观礼台 | 台 | | |
| 16 | 游泳场(池) | 泳　泳 | | |
| 17 | 电话亭 | | | |
| 18 | 厕所 | 厕 | | |
| 19 | 垃圾场 | 垃圾场 | | |
| 20 | 垃圾台<br>a. 依比例尺的<br>b. 不依比例尺的 | a　b | | |
| 21 | 亭<br>a. 依比例尺的<br>b. 不依比例尺的 | a 亼　2.0 1.0 | | b 2.4 亼 |

续表

| 编号 | 符号名称 | 符号式样 | | |
|---|---|---|---|---|
| | | 1∶500 | 1∶1000 | 1∶2000 |
| 22 | 旗杆 | 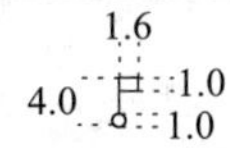 | | |
| 23 | 塑像、雕塑<br>a. 依比例尺的<br>b. 不依比例尺的 | 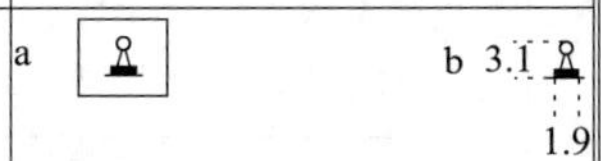 | | |
| 24 | 路灯 |  | | |
| 25 | 照射灯<br>a. 杆式<br>b. 桥式<br>c. 塔式 | 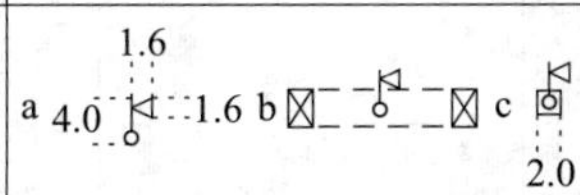 | | |
| 26 | 岗亭、岗楼<br>a. 依比例尺的<br>b. 不依比例尺的 |  | | |
| 27 | 宣传橱窗、广告牌<br>a. 双柱或多柱的<br>b. 单柱的 | 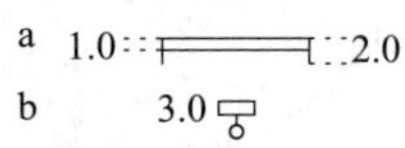 | | |
| 28 | 喷水池 |  | | |
| 29 | 围墙<br>a. 依比例尺<br>b. 不依比例尺 | 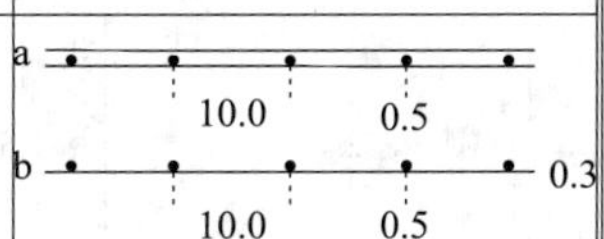 | | |
| 30 | 栅栏、栏杆 | 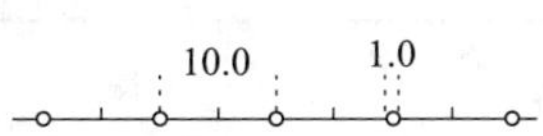 | | |
| 31 | 篱笆 | 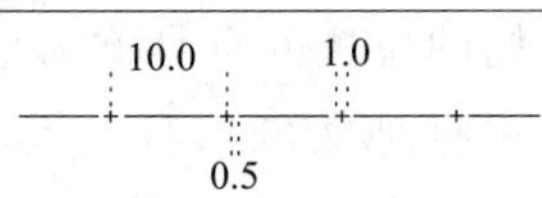 | | |
| 32 | 活树篱笆 | 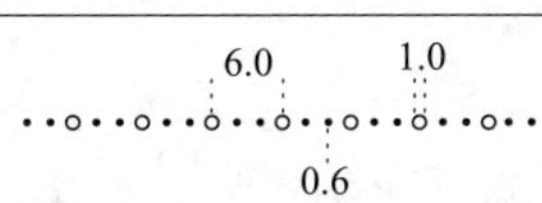 | | |
| 33 | 台阶 | 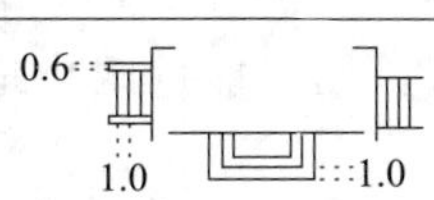 | | |
| 34 | 室外楼梯<br>a. 上楼方向 | 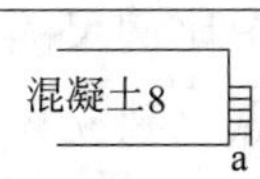 | | |
| 35 | 院门<br>a. 围墙门<br>b. 有门房的 | 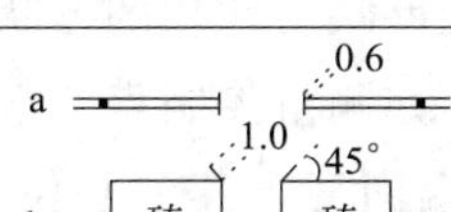 | | |
| 36 | 门墩<br>a. 依比例尺的<br>b. 不依比例尺的 | 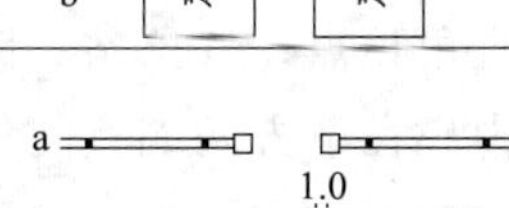 | | |
| 37 | 街道<br>a. 主干路<br>b. 次干路<br>c. 支路 | 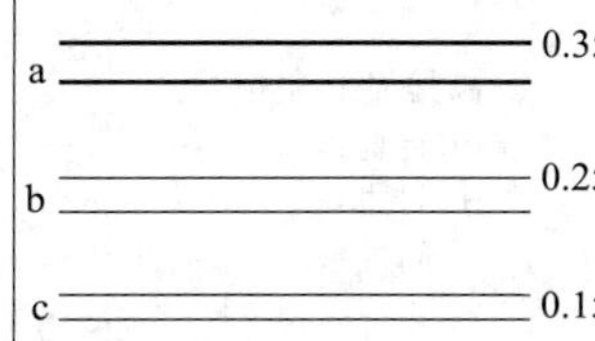 | | |
| 38 | 内部道路 | 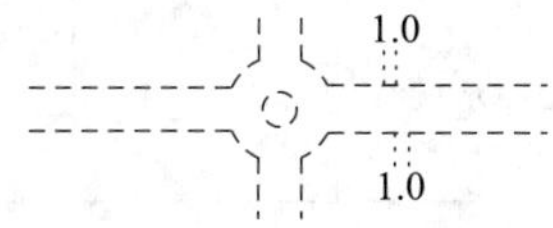 | | |
| 39 | 停车场 | 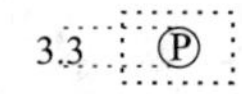 | | |
| 40 | 街道信号灯<br>a. 车道信号灯<br>b. 人行横道信号灯 | 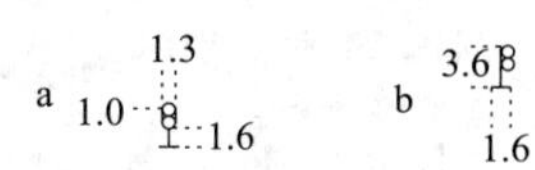 | | |
| 41 | 配电线<br>架空的<br>a. 电杆<br>地面下的<br>b. 电缆标 | 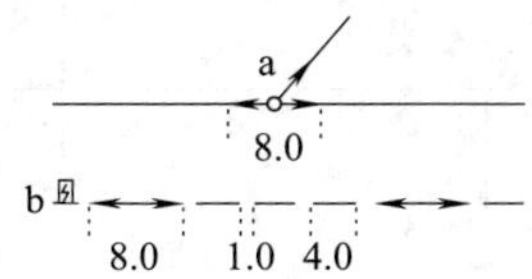 | | |
| 42 | 陆地通信线<br>地面上的<br>a. 电杆 | 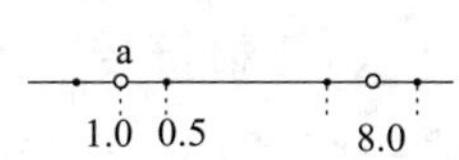 | | |
| 43 | 管道检修井孔<br>a. 给水检修井孔<br>b. 排水(污水)检修井孔<br>c. 排水暗井<br>d. 煤气、天然气、液化气检修井孔<br>e. 热力检修井孔<br>f. 工业、石油检修井孔<br>g. 不明用途的井孔 | 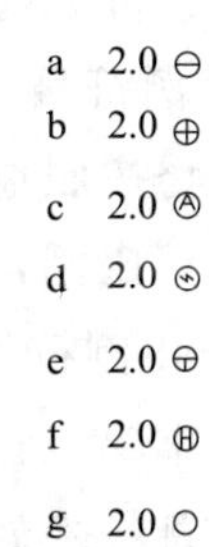 | | |
| 44 | 管道其他附属设施<br>a. 水龙头<br>b. 消火栓<br>c. 阀门<br>d. 污水、雨水箅子 | 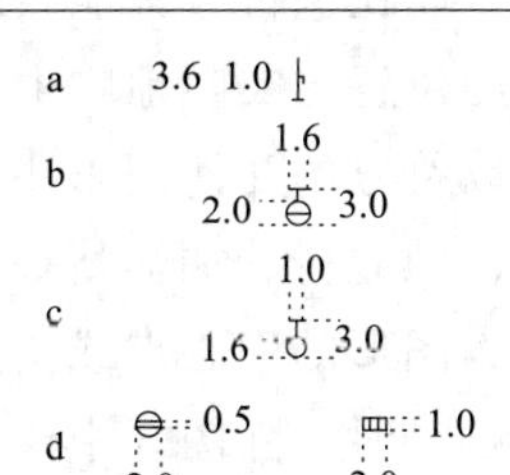 | | |

续表

| 编号 | 符号名称 | 符号式样 1∶500 | 符号式样 1∶1000 | 符号式样 1∶2000 |
|---|---|---|---|---|
| 45 | 等高线及其注记<br>a. 首曲线<br>b. 计曲线<br>c. 间曲线<br>25——高程 | 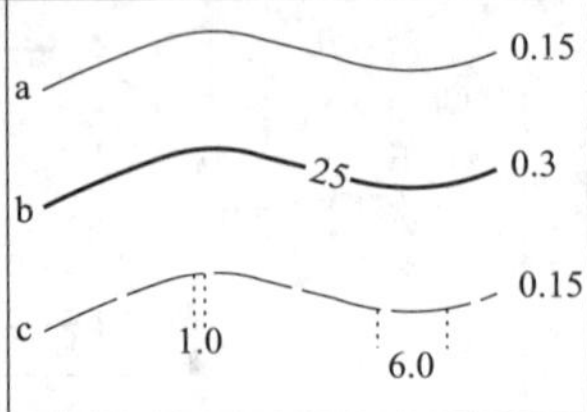  | | |
| 46 | 示坡线 |   | | |
| 47 | 高程点及其注记<br>1520.3、−15.3——高程 | 0.5 • 1520.3　　• −15.3 | | |
| 48 | 居民地名称说明注记<br>a. 政府机关<br>b. 企业、事业、工矿、农场<br>c. 高层建筑、居住小区、公共设施 | a 市民正局 宋体(3.5)<br>b 日光岩幼儿园 兴隆农场 宋体(2.5 3.0)<br>c 二七纪念塔 兴庆广场 宋体(2.5～3.5) | | |
| 49 | 旱地 | 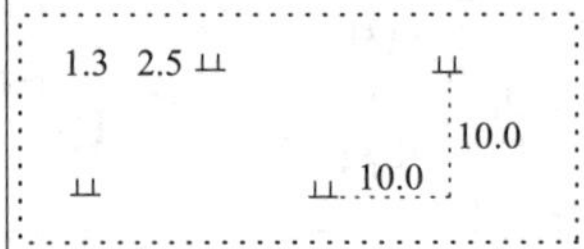  | | |
| 50 | 菜地 | 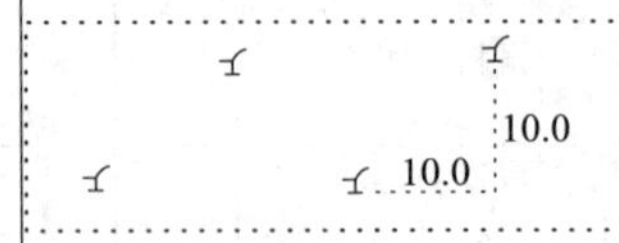  | | |
| 51 | 行树<br>a. 乔木行树<br>b. 灌木行树 | 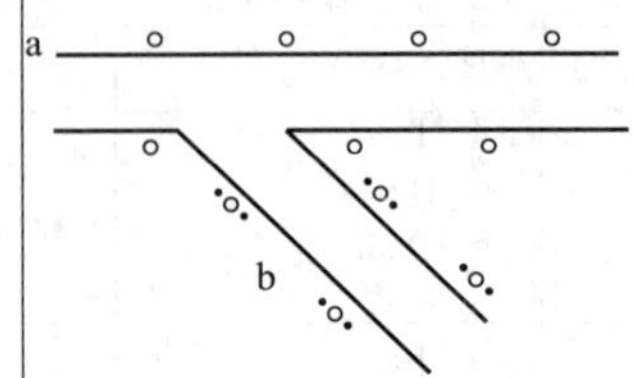  | | |
| 52 | 草地<br>a. 天然草地<br>b. 人工绿地 | 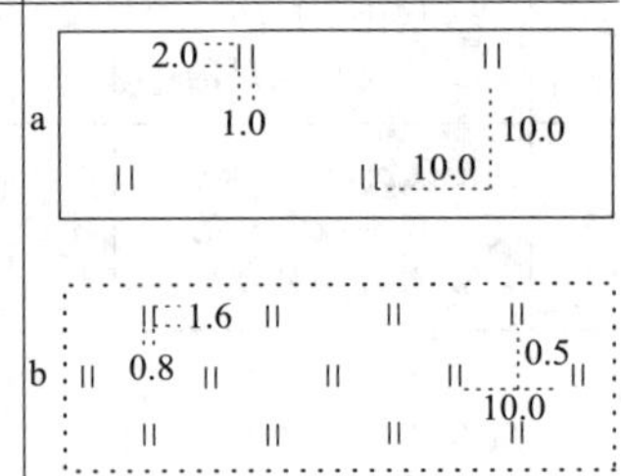  | | |
| 53 | 花圃、花坛 | 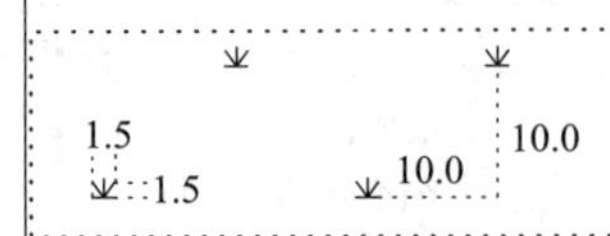  | | |

## 一、地物符号

在地形图上表示各种地物的形状、大小和它们的位置的符号称为地物符号。如测量控制点、各类建（构）筑物、道路、水系及植被等。根据地物的形状、大小和描绘方法的不同，地物符号又可分为以下四种。

1. 比例符号

将地物按照地形图比例尺缩绘到图上的符号称为比例符号。如房屋、农田、湖泊、草地等。显然，比例符号不仅能反映出地物的平面位置，而且能反映出地物的形状与大小。

2. 非比例符号

有些重要地物，由于其尺寸较小，无法按照地形图比例尺缩小并表示到地形图上，只能用规定的符号来表示，称为非比例符号。如测量控制点、独立树、电杆、水塔、水井等。显然，非比例符号只能表示地物的实地位置，而不能反映出地物的形状与大小。非比例符号的中心位置与实际地物中心位置的关系随地物而异，如测量控制点、电杆、钻孔等，其中心位置以符号的几何图形中心表示；里程碑、岗亭、烟囱等，其中心位置以符号底线的中点表示；独立树、加油站等，地物中心在该符号底部直角顶点；气象站、路灯等，地物中心在其下方图形的中心点或交叉点；窑洞、亭等，地物中心在下方两端点间的中心点；在绘制非比例符号时，除图式中要求按实物方向描绘外，如窑洞、水闸、独立房屋等，其他非比例符号的方向一律按直立方向描绘，即与南图廓垂直。

3. 半比例符号

对于地面上的某些线状地物，如围墙、栅栏、小路、电力线、管线等，其长度可以按测图比例尺绘制，而宽度不能按比例尺绘制，表示这种地物的符号称为半比例符号。半比例符号的中心线就是实际地物中心线。

符号使用的界限是相对的，同一地物，在大比例尺图上采用比例符号，而在中、小比例尺图上采用非比例符号或半比例符号。如铁路、公路等地物，1∶500～1∶2000 地形图上用比例符号绘出，而在 1∶5000 地形图上则用半比例符号绘出。

4. 注记符号

地物注记就是用文字、数字或特定的符号对地形图上的地物做补充和说明，如图上注明的地名、控制点名称、高程、房屋层数、河流名称、深度、流向等。

## 二、地貌符号

地貌的形态按其起伏变化可分为以下四种类型：地势起伏小，地面倾斜角在 3°以下，比高不超过 20m 的，称为平坦地；地势起伏大，地面倾斜角在 3°～10°，比高不超过 150m 的，称为丘陵地；地势起伏变化悬殊，地面倾斜角在 10°～25°，比高在 150m 以上的，称为山地；绝大多数地面倾斜角超过 25°的，称为高山地。

在地形图上表示地貌的方法很多，而在测量上最常用的方法是等高线法。等高线又分为首曲线、计曲线、间曲线和助曲线。用等高线表示地貌不仅能表示出地面的起伏形态，而且能较好地反映地面的坡度和高程，因而得到广泛应用。

1. 等高线

等高线是地面上高程相等的各相邻点连成的闭合曲线。如图 8-13 所示，设有一高地被等间距的水平面所截，则各水平面与高地的相应的截线就是等高线。将各水平面上的等高线沿铅垂方向投影到一个水平面上，并按规定的比例尺缩绘到图纸上，便得到用等高线来表示的该高地的地貌图。显然，等高线的形状是由高地表面形状来决定的，用等高线来表示地貌是一种很形象的方法。

2. 等高距与等高线平距

地形图上相邻两条等高线之间的高差称为等高距，常用 $h$ 表示。如图 8-14 所示，其等高距 $h=2\text{m}$。等高距的大小根据地形图比例尺和地面起伏情况等确定。在同一幅地形图中只能采用同一种基本等高距。

等高线平距是地形图上相邻两条等高线之间的水平距离，用 $d$ 表示，它随着地面的起伏情况而改变。相邻等高线之间的地面坡度为

$$i=\frac{h}{dM} \tag{8-3}$$

式中　$i$——相邻等高线之间的地面坡度；

$M$——地形图比例尺分母。

因为同一幅地形图中等高距是相等的，所以等高线平距 $d$ 的大小可直接反映地面坡度情况。等高距、等高线平距与地面坡度的关系如图 8-14 所示。显然，等高线平距越大，地面坡度越小；平距越小，坡度越大；平距相等，坡度相等。各种大比例尺地形图的基本等高距见表 8-8。由此可见，根据地形图上等高线的疏、密可判断地面坡度的缓、陡。

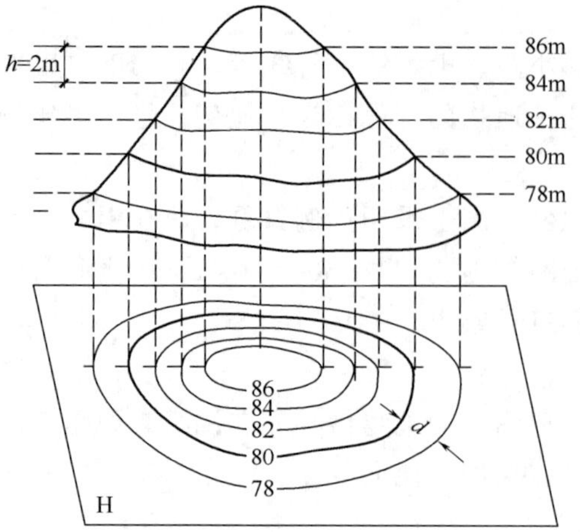


图 8-13 等高线示意

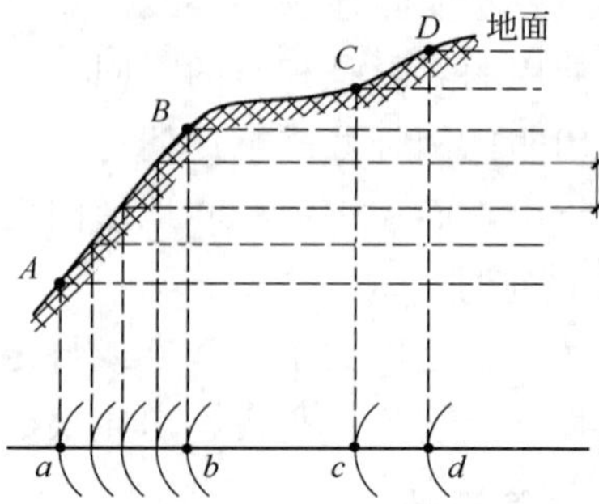


图 8-14 等高距、等高线平距与地面坡度的关系

**表 8-8 大比例尺地形图的基本等高距**

| 基本等高距/m 地形类别 比例尺 | 平地 | 丘陵地 | 山地 | 高山地 |
|---|---|---|---|---|
| 1∶5000 | 0.5 或 1.0 | 1.0 或 2.0 | 2.0 或 5.0 | 5.0 |
| 1∶2000 | 0.5 或 1.0 | 1.0 | 1.0 或 2.0 | 2.0 |
| 1∶1000 | 0.5 | 0.5 或 1.0 | 1.0 | 1.0 |
| 1∶500 | 0.5 | 0.5 | 0.5 或 1.0 | 1.0 |

3. 等高线的分类

如图 8-15 所示，为了更好地表示地貌特征，便于识图、用图，地形图上采用以下四种等高线。

（1）首曲线 在地形图上，从高程基准面起算，按规定的基本等高距描绘的等高线称为首曲线。首曲线一般用 0.15mm 宽的细实线绘制，首曲线是地形图上最主要的等高线。

（2）计曲线 为了方便用图和计算高程，从高程基准面零米起算，每隔五个基本等高距（即四条首曲线）加粗一条等高线，称为计曲线。例如等高距为 1m 的等高线中，高程 5m，10m，15m，20m 等 5m 的倍数的等高线为计曲线。一般只在计曲线上注记高程，字头指向高处。计曲线一般用 0.3mm 宽的粗实线绘制。

（3）间曲线 当首曲线不足以显示局部地貌特征时，可在相邻两条首曲线之间绘制 1/2 基本等高距的等高线，称为间曲线。间曲线一般用 0.15mm 宽的长虚线表示，描绘时可不闭合。

（4）助曲线 当首曲线和间曲线仍不足以显示局部地貌特征时，可在相邻两条间曲线之间绘制 1/4 基本等高距的等高线，称为助曲线。助曲线一般用 0.15mm 宽的短虚线表示，描绘时可不闭合。

4. 几种典型地貌的等高线

自然地貌的形态虽多种多样、千变万化，但仍可归结为几种典型地貌的综合。典型地貌主要有山头和洼地、山脊与山谷、鞍部、悬崖与陡崖等。了解和熟悉这些典型地貌等高线的

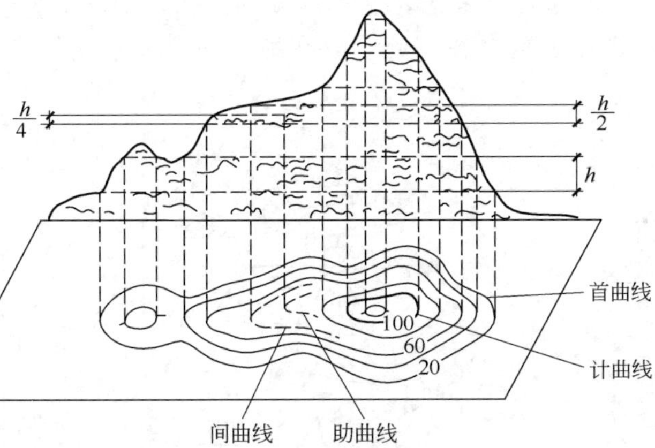


图 8-15　等高线的分类

特征，有助于识读、应用和测绘地形图。

(1) 山头和洼地　地势向中间凸起而高于四周的高地称为山头；地势向中间凹下而低于四周的低地称为洼地。山头和洼地的等高线都是一组闭合的曲线，形状相似，可根据注记的高程来区分，内圈等高线较外圈等高线高程增加时，表示山头，如图 8-16 所示；相反，内圈等高线较外圈等高线高程减小时，表示洼地，如图 8-17 所示。另外，还可以根据示坡线来区分这两种地形。示坡线用与等高线垂直正交的小短线表示，其交点表示斜坡的上方，另一端则表示斜坡的下方，如图 8-16、图 8-17 所示。

(2) 山脊与山谷　山脊的等高线是一组凸向低处的曲线，如图 8-18 所示。山脊上最高点的连线是雨水分水的界线，称为山脊线或分水线。

山谷的等高线是一组凸向高处的曲线，如图 8-19 所示。山谷上最低点的连线是雨水汇集流动的地方，称为山谷线或集水线。

山脊与山谷由山脉的延伸与走向而形成，山脊线与山谷线是表示地貌特征的线，所以又称为地性线。地性线构成山地地貌的骨架，它在测图、识图和用图中具有重要意义。

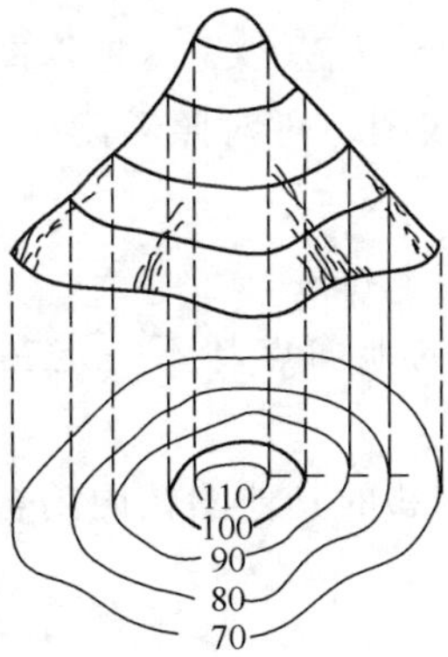


图 8-16　山头

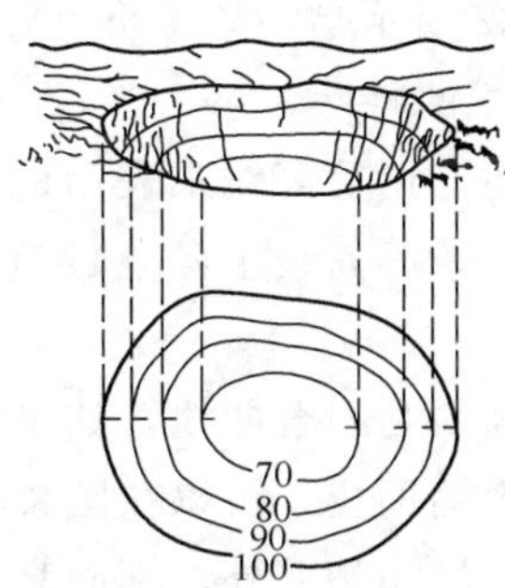


图 8-17　洼地

(3) 鞍部　相邻两个山头之间的低洼部分形似马鞍，称为鞍部，如图 8-20 所示。鞍部的等高线是两组相对的山脊与山谷等高线的组合。鞍部等高线的特点是两组闭合曲线被另一组较大的闭合曲线包围。

(4) 峭壁、断崖与悬崖　峭壁是山区的坡度极陡处，坡度在 70°以上，如果用等高线表示非常密集，因此采用峭壁符号来代表这一部分等高线，如图 8-21（a）所示。垂直的陡坡叫断崖，这部分等高线几乎重合在一起，故在地形图上通常用锯齿形的符号来表示，如图 8-21（b）所示。

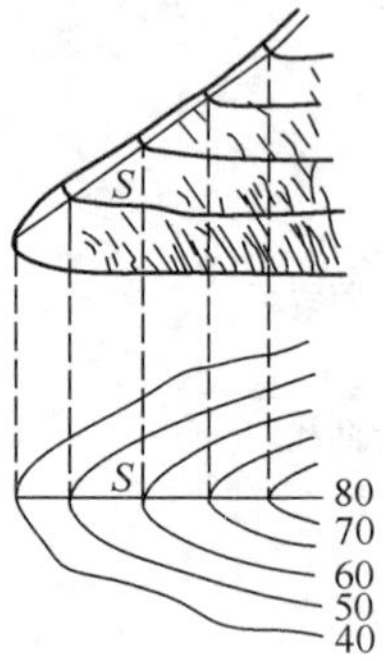


图 8-18　山脊

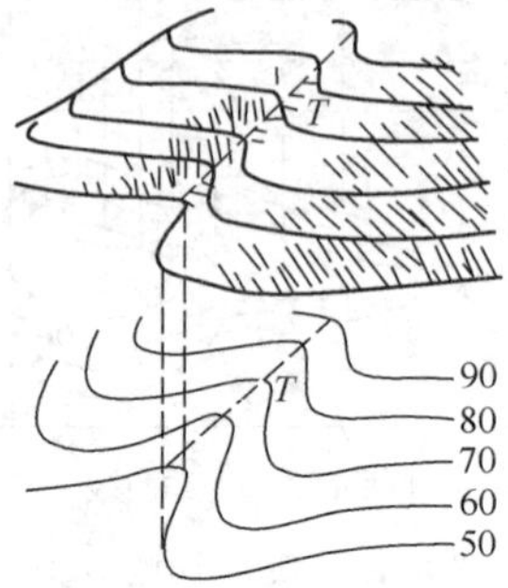


图 8-19　山谷

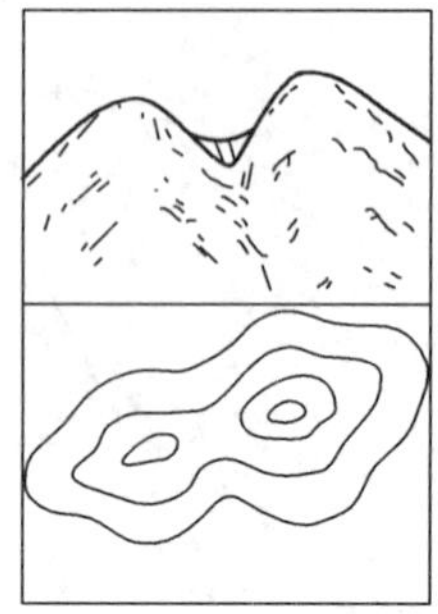

图 8-20　鞍部

山头上部向外凸出，腰部洼进的陡坡称为悬崖，它上部的等高线投影在水平面上与下部的等高线相交，下部凹进的等高线用虚线来表示，如图 8-21（c）所示。

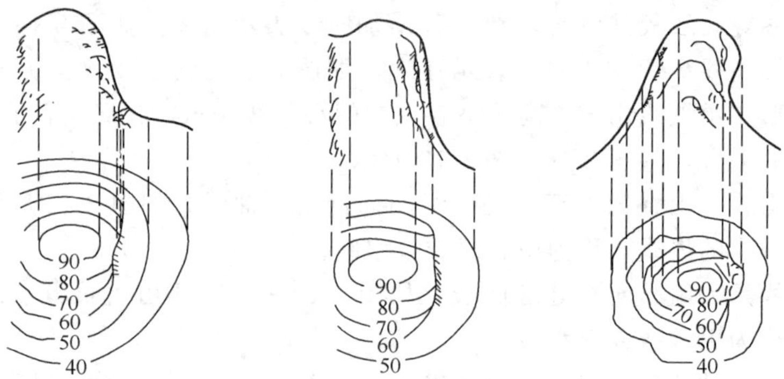


(a) 峭壁　(b) 断崖　(c) 悬崖

图 8-21　峭壁、断崖与悬崖

还有一些特殊地貌，如梯田、冲沟、雨裂、阶地等，表示方法参见《地形图图式》。

如图 8-22 所示是一幅综合性地貌透视图和相应的等高线图，可对照阅读。

5. 等高线的特性

如上所述，用等高线来表示地貌，可归纳出等高线有如下特性。

（1）同一条等高线上各点的高程必相等，而高程相等的地面点却不一定在同一条等高线上。

（2）等高线是闭合曲线，如不在本幅图内闭合，则在相邻的其他图幅内闭合。但间曲线和助曲线作为辅助线，可以在图幅内中断。

（3）除悬崖、峭壁外，不同高程的等高线不能相交。

（4）山脊与山谷的等高线与山脊线和山谷线成正交关系，即过等高线与山脊线或山谷线的交点作等高线的切线，始终与山脊线或山谷线垂直。

（5）在同一图幅内，等高线平距的大小与地面坡度成反比。平距大，地面坡度缓；平距小，地面坡度陡；平距相等，坡度相同。倾斜地面上的等高线是间距相等的平行直线。

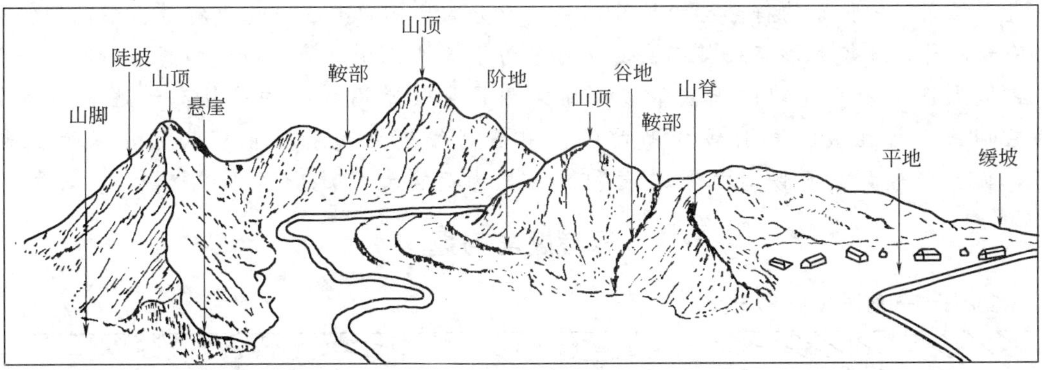


(a) 地貌透视图

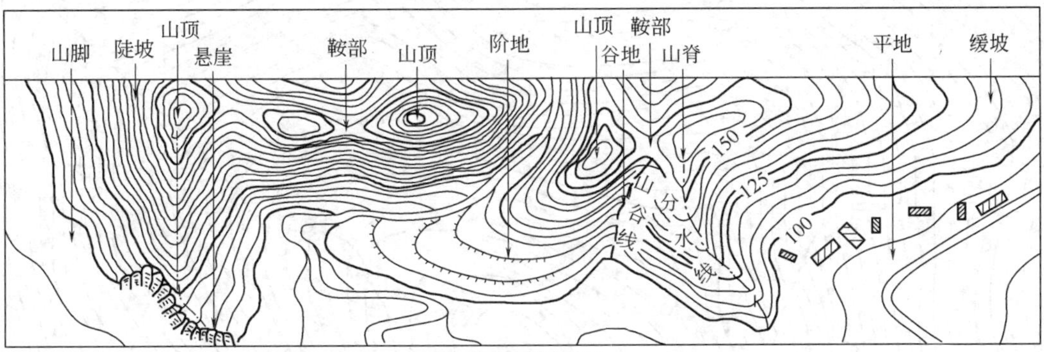


(b) 相应的等高线图

图 8-22　综合性地貌透视图和相应的等高线图

## 小　　结

本章主要介绍了大比例尺地形图的基本知识，大比例尺地形图是城乡建设和各项建筑工程进行规划、设计、施工的重要基础资料之一。地形图上任一线段的长度 $d$ 与地面上相应线段的实际水平距离 $D$ 之比称为地形图的比例尺。按表示方法的不同，比例尺又分为数字比例尺、图式比例尺和复式比例尺三种形式。

为了管理好中国的土地资源，不重复、不遗漏地测绘地形图，同时也为了能更科学地管理和使用地形图，需要将各种比例尺的地形图进行统一的分幅与编号。地形图分幅的方法有两种：一种是按经纬线分幅的梯形分幅法；另一种是按坐标网格分幅的矩形分幅法。国家基本比例尺地形图的分幅与编号采用前者，工程建设大比例尺地形图的分幅与编号采用后者。

1992 年 12 月，中国发布了国家标准《国家基本比例尺地形图分幅和编号》（GB/T 13989—92)，自 1993 年 3 月起实施。新测和更新的基本比例尺地形图均按 GB/T 13989—92 进行分幅和编号。地形图的分幅和编号全部由 1∶100 万地形图逐次加密划分而成；1∶5000 地形图列入国家基本比例尺地形图系列，基本比例尺地形图增至 8 种。编号在 1∶100 万地形图编号后加上比例尺代码，再加上相应比例尺的行、列代码。1∶5000～1∶50 万比例尺地形图编号均由五个元素、10 位代码组成。

《地形图图式》是测绘、出版地形图的基本依据之一，是识读和使用地形图的重要工具。它的内容概括了地物、地貌在地形图上表示的符号和方法：在地形图上表示各种地物的形状、大小和它们的位置的符号称为地物符号。它分为比例符号、非比例符号、半比例符号和注记符号四种；地貌的形态按其起伏变化可分为平坦地、丘陵地、山地和高山地四种类型。

在地形图上表示地貌的方法很多，而在测量上最常用的方法是等高线法。等高线又分为首曲线、计曲线、间曲线和助曲线。用等高线表示地貌不仅能表示出地面的起伏形态，而且能较好地反映地面的坡度和高程，因而得到广泛应用。

## 思考题与习题

1. 地形图与平面图的区别是什么？

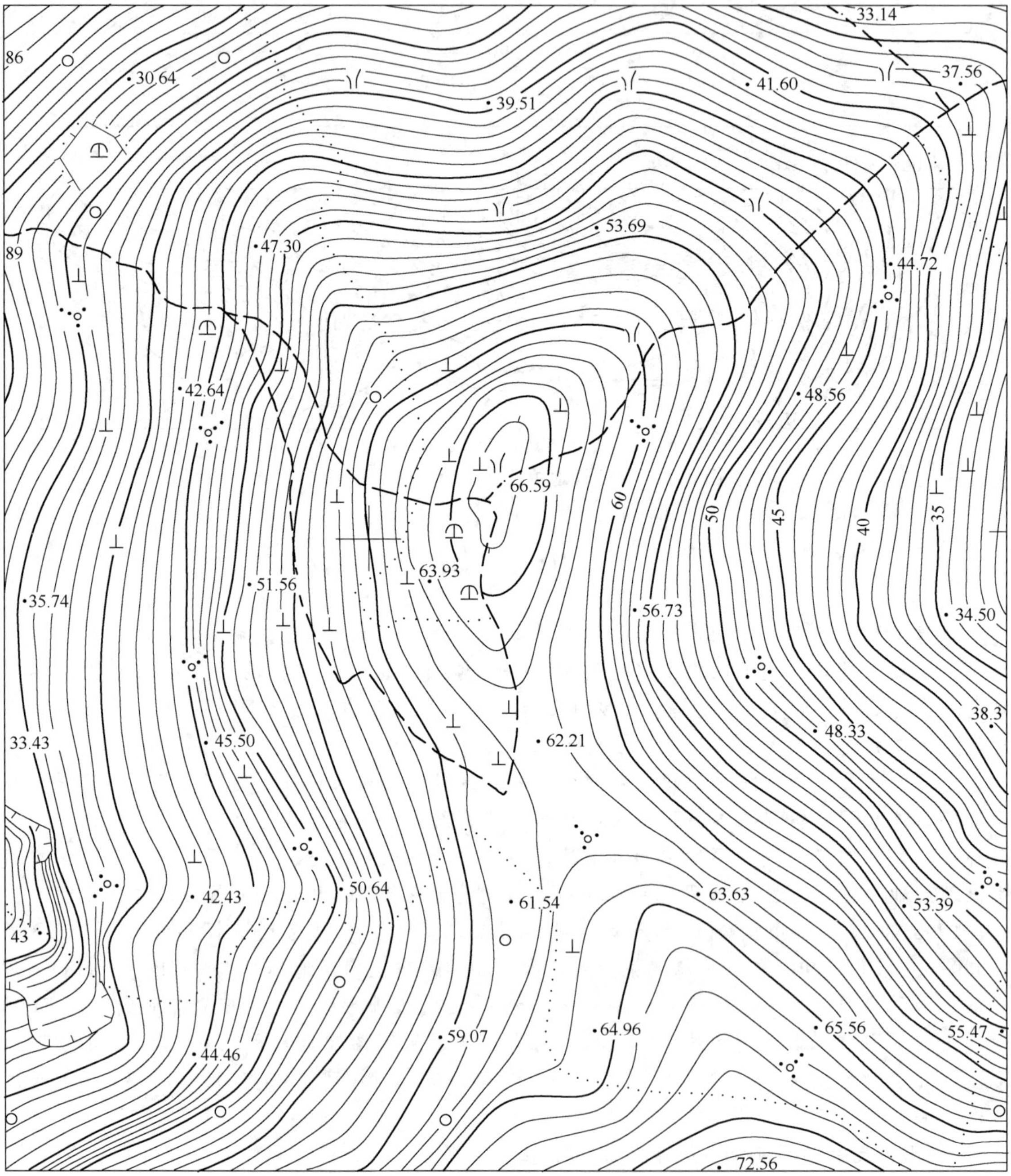


图 8-23　1∶1000 地形图

2. 什么是地形图比例尺？比例尺有哪几种？

3. 什么是比例尺精度？它在测绘工作中有什么用途？

4. 地形图有哪几种分幅方法？它们各自在什么情况下使用？

5. 什么是地物？什么是地貌？

6. 地物符号中比例符号、非比例符号、半比例符号及注记符号在什么情况下使用？

7. 什么是等高线？分哪几类？

8. 在同一图幅中，等高距、等高线平距、地面坡度之间的关系是什么？

9. 等高线有哪些特征？

10. 试用等高线绘出山头、洼地、山脊、山谷和鞍部等典型地貌。

11. 根据测图比例尺推算出测量地物时需要精确的程度。

12. 试按照规定的符号，将如图 8-23 所示 1∶1000 地形图中的山顶、鞍部、山脊线和山谷线标出来（山顶△、鞍部○、山脊线一·一·一·、山谷线--------）。

# 第九章　大比例尺地形图测绘

**学习目标**

• 了解聚酯薄膜图纸的特性和绘制坐标方格网的方法。能使用对角线法绘制常用的坐标方格网。方格网绘好后，必须立即进行严格检查，以保证控制点展绘的精度。

• 理解在展绘控制点时，应先根据该控制点的坐标确定其所在的方格，然后按一定的作业原则进行展绘，展绘结束后，还要进行检查，无误后方可使用。

• 掌握用经纬仪测绘法测定碎部点的平距及碎部点的高程；然后根据实测数据，用量角器和比例尺把碎部点的平面位置展绘在图纸上，并在点的右侧注明其高程，最后对照实地描绘地物、地貌的过程。

## 第一节　测图前的准备工作

在控制测量结束后，以控制点为测站，测出各地物、地貌特征点的位置和高程，并按规定的比例尺缩绘到图纸上，按《地形图图式》规定的符号勾绘出地物、地貌的位置、大小和形状，即成地形图。地物、地貌特征点通称为碎部点；测定碎部点的工作称为碎部测量，也称地形图测绘。

### 一、图纸准备

测绘地形图应选用优质绘图纸。对于临时测图，可直接将图纸固定在图板上进行测绘。

聚酯薄膜具有透明度好、伸缩性小、不怕潮湿等优点，聚酯薄膜图纸的厚度一般为0.07～0.1mm，测绘地形图应选用热定型处理后的聚酯薄膜图纸，其伸缩率小于0.2‰，并可直接在测绘原图上着墨和复晒蓝图，使用保管都很方便。如果表面不清洁，还可用水清洗。缺点是易燃、易折和易老化，故使用保管时应注意防火、防折。

### 二、绘制坐标方格网

聚酯薄膜图纸分空白图纸和印有坐标方格网的图纸。印有坐标方格网的图纸有两种规格：一种为50cm×50cm的正方形分幅；另一种为40cm×50cm的矩形分幅。

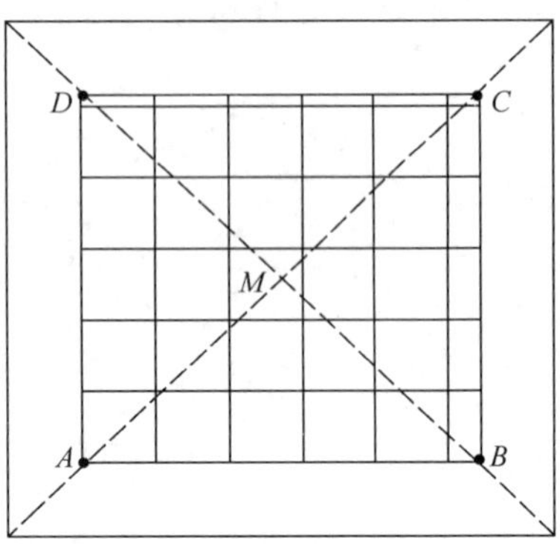

图9-1　绘制坐标方格网示意

聚酯薄膜图纸的空白图纸一般是按千克销售的，宽度分为两种：一种为1.2m；另一种为1.0m，其长度和质量有关，使用时要按照要求进行裁剪。为了把控制点准确地展绘在图纸上，应先在图纸上精确地绘制10cm×10cm的直角坐标方格网，然后根据坐标方格网展绘控制点。坐标方格网的绘制常用对角线法、坐标格网尺法或用AutoCAD软件绘制。

1. 对角线法

如图9-1所示，用对角线法绘制坐标方格网的方法是：用检验过的直尺先将图纸的对角相连，对角线交点为

$M$ 点，以 $M$ 为圆心，取适当长度为半径画弧，在对角线上分别画出 $A$，$B$，$C$，$D$ 四点，连接这四点成一矩形$ABCD$。从 $A$，$B$ 两点起，各沿 $AD$，$BC$ 每隔 10cm 定一点；从 $A$，$D$ 两点起，各沿 $AB$，$DC$ 每隔 10cm 定一点，连接对边的相应点，即得坐标方格网。

2. 坐标格网尺法

坐标格网尺是一种用轴承钢特制的金属直尺，如图 9-2 所示为五四型格网尺，适用于绘制 50cm×50cm 及以下的方格网。尺子上有 6 个间隔 10cm 的方孔，每个方孔中有一个斜面。尺子左端的起始孔的斜面上刻有一条细刻画线，是零点的指标线。其余各孔及尺子右末端的斜边均是以零点为圆心，各以 10cm，20cm，30cm，40cm，50cm 及 70.711cm 为半径的短弧线。而 70.711cm 则是 50cm×50cm 正方形对角线的长度。

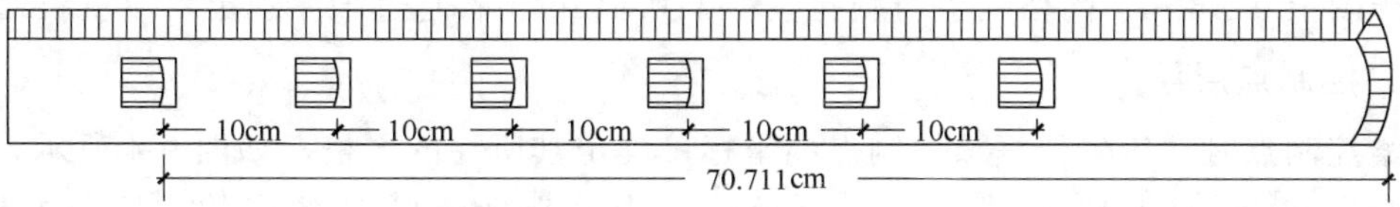


图 9-2　坐标格网尺

用坐标格网尺绘制坐标方格网的方法如图 9-3 所示。

(1) 首先确定图幅在图纸中的位置，然后平行于图纸下边缘，将 4H 绘图铅笔削尖，沿尺边画一条直线。将尺子的零点对准直线左端适当位置，沿各孔画与直线相交的弧线，得 6 个交点，设两端交点为 $A$，$B$，如图 9-3 (a) 所示。

(2) 如图 9-3 (b) 所示，将尺子零点对准 $B$，目估使尺子垂直于 $AB$，沿各孔斜边画弧线。

(3) 如图 9-3 (c) 所示，将尺子零点对准 $A$，并沿对角线放置，以尺子末端斜边画弧线，使其与右上方的弧线相交得 $C$ 点。

(4) 如图 9-3 (d) 所示，将尺子零点对准 $A$，目估使尺子垂直于 $AB$，沿各孔斜边画弧线。

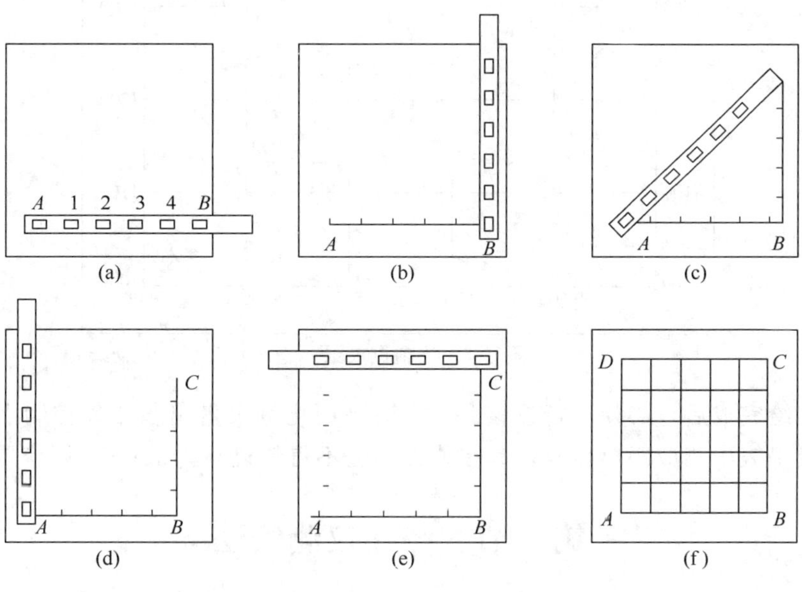


图 9-3　用坐标格网尺绘制坐标方格网

(5) 如图 9-3 (e) 所示，将尺子零点对准 $C$，目估使尺子与图纸上边缘平行，沿各孔斜边画弧线，第 6 根弧线与左上方的弧线相交得 $D$ 点。

(6) 连接 $A$，$B$，$C$，$D$ 各点，即得边长为 50cm 的正方形。再连接正方形两对边的对应分点，即得边长为 10cm 的坐标方格网，如图 9-3 (f) 所示。

如有大量图幅需要绘制坐标方格网时，可利用工作效率和精度较高的坐标展点仪或使用 CASS 软件中的"绘图处理/标准图幅 50cm×50cm"或"标准图幅 50cm×50cm"命令，直接生成坐标方格网图形。

方格网绘好后，必须立即进行严格检查，以保证控制点展绘的精度。规范规定：方格边长与理论长度（10cm）之差应小于图上 0.2mm；图廓边、图廓对角线的长度与其理论值之差应小于图上 0.3mm；网格线粗与刺孔应小于 0.1mm。若超过限差规定，应重新绘制。

### 三、控制点展绘

展绘控制点时，应先根据该控制点的坐标，确定其所在的方格，如图 9-4 所示，控制点 $C$ 的坐标为 $x_C=1352.136$m，$y_C=961.007$m，由其坐标值可知 $C$ 点的位置在方格 $lmnp$ 内。$C$ 点与此方格西南角坐标差为 $\Delta x=52.136$m，$\Delta y=61.007$m，然后用 1∶1000 比例尺从 $P$ 和 $n$ 点各沿 $pl$，$nm$ 线向上量取 52.136m，得 $a$，$b$ 两点；从 $p$，$l$ 两点沿 $pn$，$lm$ 量取 61.007m，得 $c$，$d$ 两点；连接 $ab$ 和 $cd$，其交点即为 $C$ 点在图上的位置。同法，将其余控制点展绘在图纸上，并按《地形图图式》的规定，在点的右侧画一横线，横线上方注点名，下方注高程，如图 9-4 所示的 $A$，$B$，…，$E$ 各点。

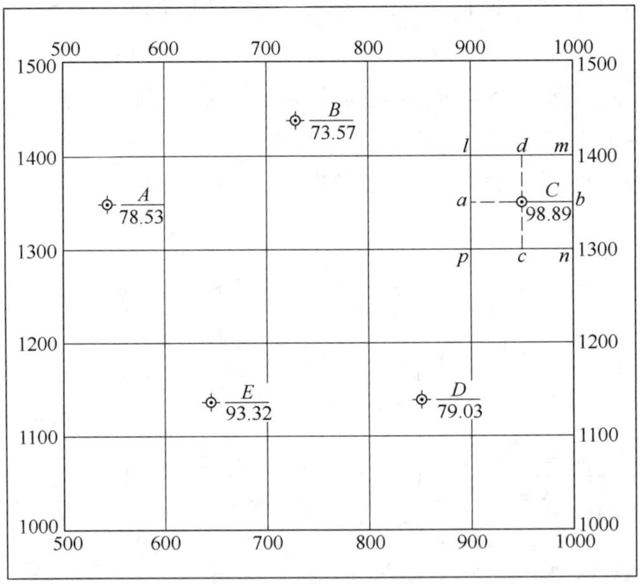


图 9-4 控制点展绘示意

控制点展绘完成后，必须进行校核。其方法是用比例尺量出各相邻控制点之间的距离，与控制测量成果表中相应距离比较，其差值在图上不得超过 0.3mm，否则应重新展点。

## 第二节 经纬仪测绘法

经纬仪测绘法就是将经纬仪安置在控制点上，绘图板安置于经纬仪近旁；用经纬仪测定碎部点的方向与已知方向之间的夹角；再用视距测量方法测出测站点至碎部点的平距及碎部点的高程；然后根据实测数据，用量角器和比例尺把碎部点的平面位置展绘在图纸上，并在点的右侧注明其高程，最后对照实地描绘地物、地貌。

## 一、碎部点的选择

碎部点的正确选择是保证成图质量和提高测图效率的关键。碎部点应尽量选在地物、地貌的特征点上。

测量地物时，碎部点应尽量选择在决定地物轮廓线上的转折点、交叉点、弯曲点及独立地物的中心点等，如房角点、道路的转折点、交叉点等。这些点测定之后，将它们连接起来，即可得到与地面物体相似的轮廓图形。由于地物的形状极不规则，所以一般规定主要地物凹凸部分在图上大于 0.4mm 的均应表示出来；在地形图上小于 0.4mm 的，可用直线连接。

测量地貌时，碎部点应选择在最能反映地貌特征的山脊线、山谷线等地性线上，如山顶、鞍部、山脊、山脚、谷底、谷口、沟底、沟口、洼地、河川、湖泊等的坡度和方向变化处，可参考图 9-5 去领会。根据这些特征点的高程勾绘等高线，就能得到与地貌最为相似的图形。

图 9-5 经纬仪测绘法与碎部点的选择

为了能真实地表示实地情况，测图时应根据比例尺、地貌复杂程度和测图目的合理掌握地形点的选取密度。在平坦或坡度均匀地段，碎部点的最大间距和测碎部点的最大视距，应符合表 9-1 的规定。

**表 9-1 碎部点的最大间距和最大视距** 单位：m

| 测图比例尺 | 地貌点最大间距 | 最大视距 | | | |
|---|---|---|---|---|---|
| | | 主要地物点 | | 次要地物点和地貌点 | |
| | | 一般地区 | 城市建筑区 | 一般地区 | 城市建筑区 |
| 1∶500 | 15 | 60 | 50 | 100 | 70 |
| 1∶1000 | 30 | 100 | 80 | 150 | 120 |
| 1∶2000 | 50 | 180 | 120 | 250 | 200 |
| 1∶5000 | 100 | 300 | — | 350 | — |

## 二、一个测站上的测绘工作

图幅内的三角点、各等级控制点和图根点都可以作为测图的测站点。选定测站点后，将经纬仪安置在该点上，同时在经纬仪的一侧安置图板；用经纬仪测出起始方向和碎部点方向之间的水平夹角；再用视距测量的方法测出碎部点与该测站点之间的水平距离和高差；然后根据测定的数据用量角器和比例尺把碎部点展绘到图纸上，并在点的右侧注明其高程；再对照实地情况，按《地形图图式》规定的符号绘出地形图。其具体步骤如下。

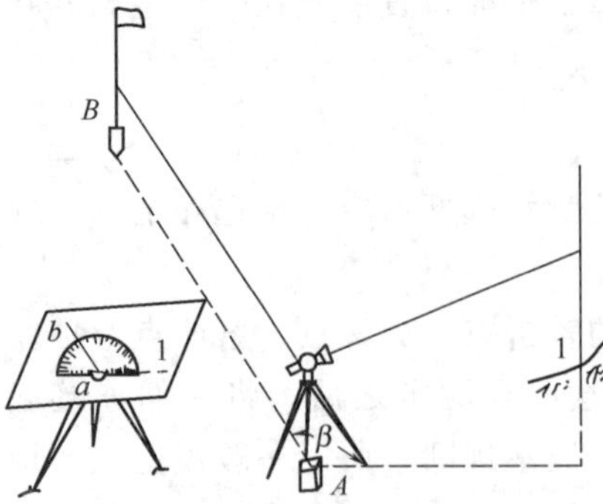

图 9-6 量角器配合经纬仪测图法的原理

1. 安置仪器

量角器配合经纬仪测图法的原理如图 9-6 所示，首先在测站点 $A$ 上安置经纬仪（包括对中、整平），测定竖盘指标差 $x$（一般应小于 $1'$），量取仪器高 $i$，设置水平度盘读数为 $0°00'$，后视另一控制点 $B$，则 $AB$ 称为起始方向，记入手簿，见表 9-2。将图板安置在测站近旁，目估定向，以便对照实地绘图。连接图上相应控制点 $A$，$B$，并适当延长，得图上起始方向线 $AB$。然后，用小针通过量角器圆心的小孔插在 $A$ 点，使量角器圆心固定在 $A$ 点上。

2. 立尺

立尺员应根据实地情况及本测站实测范围，与观测员、绘图员共同商定跑尺路线，然后依次将视距尺立在地物、地貌的特征点上。

**表 9-2 碎部测量手簿**

测站：$A$　　后视点：$B$　　仪器高 $i=1.45$m　　指标差 $x=0$

测站高程：$H_A=264.34$m　观测者：李晓亮　记录者：张长江　观测日期：2012 年 9 月 15 日

| 点号 | 视距 $kn$ /m | 中丝读数 $l$/m | 竖盘读数 $L$ | 竖直角 $\pm\alpha$ | 高差 $\pm h$/m | 水平角 $\beta$ | 水平距离 $D$/m | 高程 /m | 备注 |
|---|---|---|---|---|---|---|---|---|---|
| 1 | 45.0 | 1.45 | 92°25′ | −2°25′ | −1.90 | 36°44′ | 44.9 | 262.44 | 山脚 |
| 2 | 41.8 | 1.45 | 86°42′ | +3°12′ | +2.33 | 50°12′ | 41.7 | 266.67 | 山脊 |
| 3 | 35.2 | 2.45 | 90°08′ | −0°08′ | −0.08 | 167°25′ | 35.2 | 264.26 | 山脊 |
| 4 | 26.4 | 2.00 | 89°16′ | +0°44′ | +0.34 | 251°30′ | 26.4 | 264.68 | 排水沟 |

3. 观测、记录与计算

观测员用经纬仪照准碎部点上的标尺，使中丝读数 $l$ 在仪器高 $i$ 值附近，读取视距间隔 $kn$，然后使中丝读数 $l$ 等于 $i$ 值（如条件不允许，也可以任意读取中丝读数 $l$），再读竖盘读数 $l$ 和水平角 $\beta$，记入测量手簿，并依据下列公式计算水平距离 $D$ 与高差 $h$，即

$$D=kn\cos^2\alpha \tag{9-1}$$

$$h=\frac{1}{2}kn\sin2\alpha+i-l \tag{9-2}$$

或

$$h=D\tan\alpha+i-l \tag{9-3}$$

显然有：①当 $i=l$ 时，$h=\frac{1}{2}kn\sin2\alpha$ 或 $h=D\tan\alpha$；②当视线水平时，竖直角 $\alpha=0°$，$D=kn$，$h=i-l$；这两种情况将使计算简单化。竖直角与高程的计算不再详述。

另外，每测量 20～30 个碎部点后，应检查起始方向变化情况。要求起始方向度盘读数

不得超过 4′，如超出，应重新进行起始方向的定向。

4. 展点、绘图

如图 9-7 所示，在观测碎部点的同时，绘图员应根据测得和计算出的数据在图纸上用量角器进行碎部点的展点和绘图。

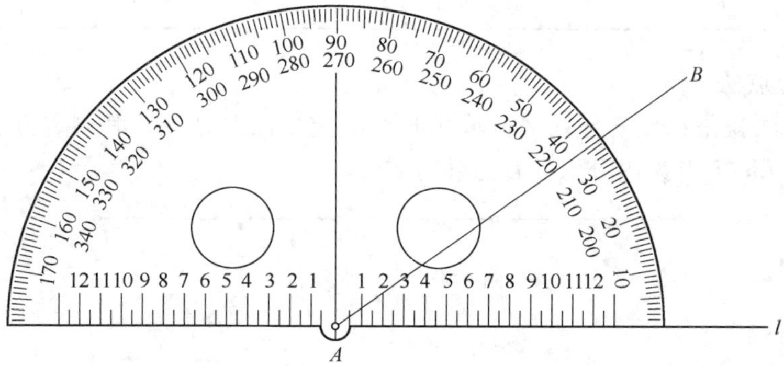


图 9-7　用量角器进行碎部点的展点和绘图

转动量角器，将碎部点 1 方向的水平角值 $\beta=36°54'$对在起始方向线 $ab$ 上，则量角器上 0°方向线便是碎部点 1 的方向。然后沿零方向线，按测图比例尺和所测的水平距离定出碎部点的位置，并在点的右侧注明其高程。同法，将所有碎部点的平面位置及高程绘于图上。

然后，参照实地情况，按《地形图图式》规定的符号及时将所测的地物和等高线在图上表示出来。在描绘地物、地貌时，应遵守以下原则。

（1）随测随绘，地形图上的线划、符号和注记一般在现场完成，并随时检查所绘地物、地貌与实地情况是否相符，有无漏测，及时发现和纠正问题，真正做到点点清、站站清。

（2）地物描绘与等高线的勾绘必须按《地形图图式》规定的符号和定位原则及时进行，对于不能在现场完成的绘制工作，也应在当日内业工作中完成，要求做到天天清。

（3）为了相邻图幅的拼接，一般每幅图均应测出图廓外 5mm。

量角器配合经纬仪测图法需要的人员和分工情况为：1 人观测，1 人记录计算，1 人绘图，1～2 人立尺。

## 三、测站点的增补

按照测图的要求，有些地形受条件的限制，图根点分布不太均匀，或在图根点较稀少的地方需要增补测站点。测站点的增补常采用支导线法和内、外分点法。

1. 支导线法

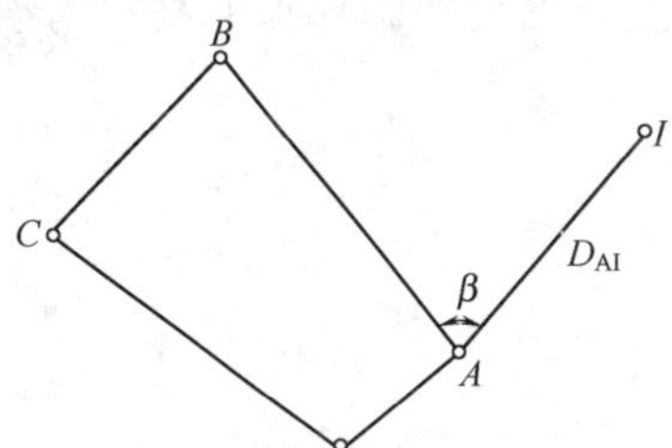


图 9-8　支导线法

如图 9-8 所示，$A$，$B$ 点为图根点，$I$ 点为增补的测站点，用支导线施测的方法为：在图根点 $A$ 上安置经纬仪，测出 $AB$ 与 $BI$ 所夹的水平角 $\beta$；然后用视距测量的方法（或量距、电磁波测距仪测距）测定 $A$ 点到 $I$ 点的水平距离 $D$ 及高程 $H$；在图板上用量角器量出 $\beta$ 角并画出直线 $AI$，将 $D_{AI}$ 按测图比例尺换算为图上长度，在直线 $AI$ 上定出 $I$ 点。

支导线的最大边长和测量方法见表 9-3。

表 9-3 支导线的最大边长和测量方法

| 比例尺 | 最大边长/m | 测量方法 | 比例尺 | 最大边长/m | 测量方法 |
|---|---|---|---|---|---|
| 1∶500 | 50 | 实量 | 1∶2000 | 120 | 视距 |
| 1∶1000 | 70 | 视距 | | 160 | 实量 |
| | 100 | 实量 | | | |

2. 内、外分点法

内、外分点法就是在已知导线 $AR$ 或延长线上定出的测站点，其测定方法同支导线。如图 9-9 所示，$I$ 点为内分点，$I'$为外分点。

图 9-9 内、外分点

## 四、注意事项

(1) 竖盘指标差应在每天工作前测定一次，要求小于 1′。

(2) 每到一个测站上，首先进行测站检查，检查无误后，才能开始测量。

(3) 每测 20～30 个碎部点后，应检查起始方向的变化情况。起始方向度盘读数不得超过 4′。

(4) 一个测站的工作结束后，应检查地物、地貌有无漏测、测错，各类地物名称和地理名称注记是否齐全，确保无误后方可迁站。

## 五、地物、地貌的描绘

在测站上测出碎部点并展绘在图纸上后，即可对照实地着手描绘地物并勾绘等高线。

1. 地物的描绘

地物的描绘，主要是连接地物的特征点。能按比例尺表示的地物，如房屋、道路、河流等，按实地形状用直线或光滑的曲线描绘；不能按比例尺描绘的地物，则按《地形图图式》所规定的非比例尺符号表示。

2. 地貌的描绘

地貌主要用等高线来表示。能用等高线表示的地段，应先描绘出山脊线、山谷线等地性线，然后按碎部点的高程勾绘出等高线。不能用等高线表示的地貌，如悬崖、峭壁、土坎、冲沟、雨裂等，按《地形图图式》规定的符号画出。由于等高线是根据所测碎部点的高程勾绘出来的，等高线的高程是等高距的整倍数，而碎部点的高程往往不是等高距的整倍数，所以必须在相邻碎部点间用内插法定出等高线通过的点位。由于所选地貌的特征点是在地面坡度变化处，描绘等高线时，可把相邻两点间的坡度看成是均匀的。因此，按高差与平距成比例的关系进行内插，就可以定出两点间各条等高线通过的位置。

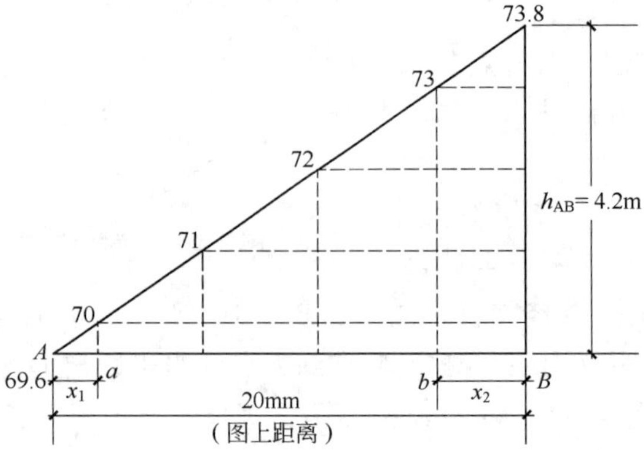


图 9-10 等高线内插原理

如图 9-10 所示，$A$，$B$ 两点的高程分别为 69.6m 和 73.8m，它们在图上的水平投影距离为 20mm，取等高距为 1m，则 $A$，$B$ 两点间共有高程为 70m，71m，72m，73m 四条等高线通过。根据高差与平距成正比例的关系，先计算 70m 和 73m 两根等高线与 $A$，$B$ 两点平距 $x_1$，$x_2$，得

$$x_1=\frac{AB}{h_{AB}}\times h_1=\frac{20\text{mm}}{4.2\text{m}}\times 0.4\text{m}=1.9\text{mm}$$

$$x_2=\frac{AB}{h_{AB}}\times h_2=\frac{20\text{mm}}{4.2\text{m}}\times 0.8\text{m}=3.8\text{mm}$$

根据 $x_1$，$x_2$ 的值，即可定出 $a$（70m）点，$b$（73m）点，将 $a$，$b$ 两点间等分确定出 71m，72m 等高线通过的位置，然后将中间的距离等分，确定出 71m，72m 点。在实际工作中，因内插法计算烦琐，通常采用目估法。

如图 9-11 所示，目估法是按照“取头定尾，平分中间”的方法，即目估确定头尾等高线通过的点，然后将这两条等高线之间的长度平分，从而确定其他等高线。

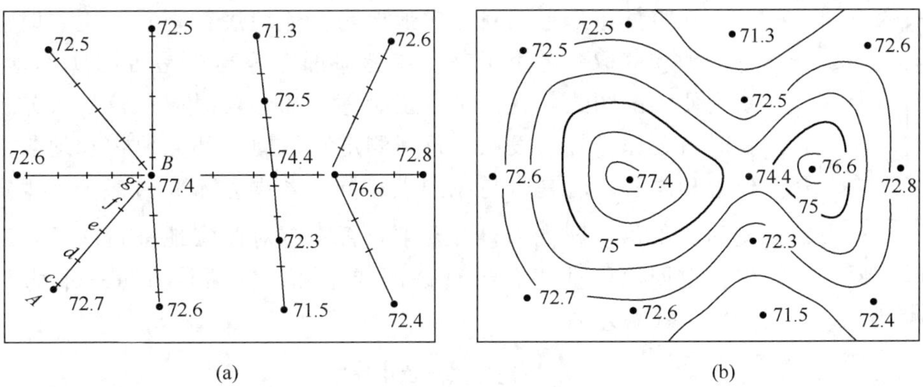


图 9-11　等高线的勾绘

具体做法是：先按比例关系目估定出头尾高程为 70m 和 73m 的 $a$ 点和 $b$ 点，然后将 $a$，$b$ 两点间的距离三等分，定出高程为 71m 和 72m 的两点。

用同样的方法求其他相邻碎部点间等高线位置，把相同高程的相邻点用光滑曲线连接起来就是所要描绘的等高线。勾绘等高线时，要对照实地情况，先画出计曲线，再画首曲线，画的过程中还应注意等高线通过山脊线、山谷线的走向。

## 第三节　地形图的拼接、检查与整饰

当测图面积大于一幅地形图的面积时，要分成多幅施测，由于测绘误差的存在，相邻地形图测完后应进行拼接。拼接时，如偏差在规定限值内，则取其平均位置修整相邻图幅的地物和地貌位置。否则，应进行检查、修测，直至符合要求。

### 一、地形图的拼接

地形图拼接时，若地物和等高线的接边差小于表 9-4 规定值的 2 倍时，两幅图可以拼接，若超过此限值，则需到实地检查，补测、修正后再进行拼接。拼接方法为：用宽 5cm 的透明纸，先蒙在左图幅的接图边上，如图 9-12 所示，将接图边、坐标格网、地物、地貌

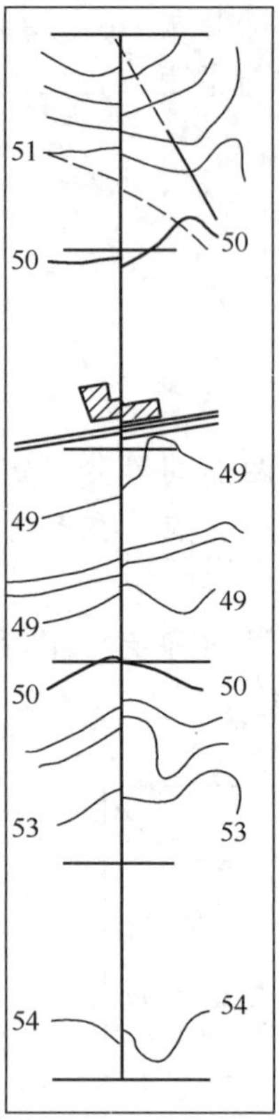

图 9-12 地形图拼接

等用铅笔描绘在透明纸上，然后再将透明纸蒙在右图幅接图边上，使透明纸与底图上坐标格网对齐，同样用铅笔描绘地物、地貌。若偏差在规定限值内，则取其平均位置绘在透明纸上，并以此修改相邻图幅的地物和地貌位置。

## 二、地形图的检查

为保证成图质量，在地形图测完后，还必须进行全面的自检和互检，检查工作一般分为室内检查和野外检查两部分。

1. 室内检查

室内检查的主要内容为：检查图根点的观测、记录和计算有无错误，闭合差及各种限差是否符合规定限值；符号运用是否恰当，等高线勾绘有无错误；图边拼接误差是否符合限差要求等。如发现问题，应到野外进行实地检查，修改。

2. 野外检查

在野外将地形图对照实地地物、地貌进行查看，检查时应查明地物、地貌的取舍是否正确，有无遗漏；等高线是否与实际地貌相符；图中使用的图式和注记是否正确等。如必要时应用仪器设站检查，检查时可在原已知点设站，重新测定测站周围部分地物和地貌点的平面位置和高程，看是否与原测点相同。若误差不超过表 9-4 规定的中误差的 $2\sqrt{2}$ 倍，即视为符合要求，否则应对照实地进行改正，若错误较多，退回原作业组，进行修测或重测。仪器检查量一般为整幅图的10%～20%左右。

**表 9-4 地形点点位中误差**

| 地区类别 | 点位中误差/mm | 相临地物点间距中误差/mm | 等高线高程中误差(等高距) | | | |
|---|---|---|---|---|---|---|
| | | | 平地 | 丘陵地 | 山地 | 高山地 |
| 城市建筑区、平地、丘陵地 | 0.5 | 0.4 | 1/3 | 1/2 | 2/3 | 1 |
| 山地、高山地和施测困难的街区内部 | 0.75 | 0.6 | | | | |

## 三、地形图的整饰

当地形图经过拼接和检查后，还应进行最后的清绘和整饰工作，使图面更加清晰、美观。整饰时应按照先图内后图外的顺序。图上的地物、地貌均按规定的图式进行注记和绘制，注意各种线条遇注记时应断开，最后按图式要求绘内、外图廓和接合图表，书写方格网坐标、图名、图号、地形图比例尺、坐标系、高程系和等高距、施测单位、绘图者及施测日期等。

最后进行地形图的清绘与整饰工作，使图面更加合理、清晰、美观。

## 四、地形图的验收

各种工作结束后，将地形图和有关资料一起上交，上交的资料有以下几方面。

(1) 控制点和图根点的展点图、水准线路图、点之记、观测与计算手簿、成果表；

(2) 地形原图、图例簿、图幅结合表、接边纸；

(3) 技术设计书、质量检查验收报告、技术总结等。

根据上交的图纸资料，经有关部门验收合格并评定质量后，将铅笔原图着墨清绘，经晒蓝图后交付使用。

## 第四节　大比例尺数字测图

随着电子技术、计算机技术的发展和全站仪的广泛应用，逐步构成了野外数据采集系统，将其与内业机助制图系统结合，形成了一套从野外数据采集到内业制图全过程的、实现数字化和自动化的测量制图系统，人们通常称为数字测图或机助成图。

如图 9-13 所示，数字测图是以计算机为核心，在外连输入、输出设备硬件、软件的条件下，通过计算机对地形空间数据进行处理而得到数字地图。这种方法改变了以手工描绘为主的传统测量方法，其测量成果不仅是绘制在图纸上的地图，还有方便传输、处理、共享的数字信息，现已广泛应用于测绘生产、城市规划、土地管理、建筑工程等行业与部门，并成为测绘技术变革的重要标志。数字测图的作业模式如图 9-13 所示。

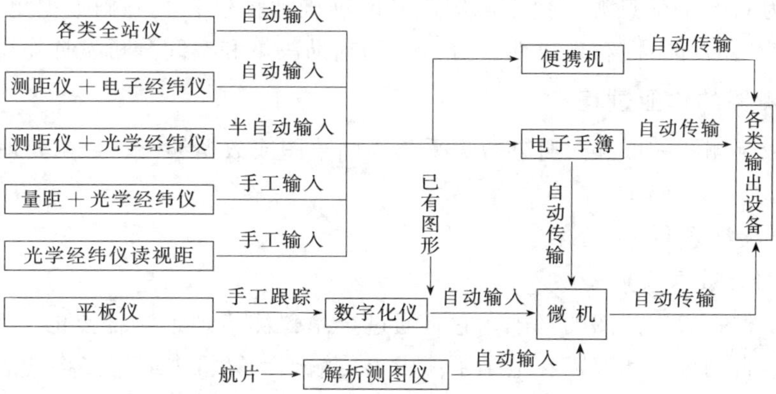


图 9-13　数字测图的作业模式

### 一、数字测图的原理和特点

1. 数字测图的基本思想

传统的地形测图（白纸测图）是将测得的观测值用图解的方法转化为图形，其转化过程几乎都是在野外实现的，图形信息承载量少，变更修改极为不便，劳动强度较大，难以适应当前经济建设飞速发展的需要。而数字测图则不同，它希望尽可能缩短野外的作业时间，减轻野外劳动强度，将大部分作业内容安排到室内去完成，把大量的手工作业转化为电子计算机控制下的机械操作，图上内容可根据实际地形、地物随时变更与修改，而且不会损失应有的观测精度。

数字测图就是将采集的各种有关的地物、地貌信息转化为数字形式，经计算机处理后，得到内容丰富的电子地图，并可将地形图或各种专题图显示或打印出来。这就是数字测图的基本思想。

2. 数字测图的特点

(1) 点位精度高　传统的测图方法，其地物点的平面位置误差主要受展绘误差、测定误差、测定地物点的视距误差和方向误差、地形图上地物点的刺点误差等影响。实际的图上点位误差可达到±0.47mm（1：1000 比例尺）。其地形点的高程测定误差（平坦地区，视距为 150m）也达±0.06m，且随着倾角的增大误差也急剧增大。无论怎样提高测距和测角的精度，传统的图解测图方法精度变化不大。

而数字测图则不同，全站仪的测量数据作为电子信息可自动传输、记录、存储、处理和成图。在这全过程中原始测量数据的精度毫无损失，从而获得高精度的测量成果（距离在 300m 以内时测定地物点误差约为±15mm，测定地形点高程误差约为±18mm）。在数字测图中，野外采集的数据精度毫无损失，也与图的比例尺无关。

（2）改进了作业方式　传统的作业方式主要是人工记录、绘图。数字测图则使野外测量达到自动记录、成图。出错的概率小，绘制的地形图精确、规范、美观。同时也避免了因图纸伸缩带来的各种误差。

（3）图件更新方便　采用数字测图能克服白纸测图连续更新的困难。当测区发生大的变化时，可随时补测，始终保持图面整体的可靠性和现势性。

（4）增加了地图的表现力　可绘制各种比例尺的地形图，也可分层输出各类专题地图，满足不同用户的需要。

（5）可作为 GIS 的信息源　数字测图能及时准确地提供各类基础数据更新 GIS 的数据库，保证地理信息的可靠性和现势性，为 GIS 的辅助决策和空间分析发挥作用。

## 二、数字测图的作业过程

大比例尺数字测图一般经过野外数据采集、画草图或数据编码、数据处理和地图数据输出四个阶段。

### （一）野外数据采集

1. 全站仪野外数据采集

数据采集工作是数字测图的基础，它是通过全站仪测定地形特征点的平面位置和高程，将这些点位信息自动记录和存贮在电子手簿中再传输到计算机中或直接将其记录到与全站仪相连的便携式计算机中。每一个地形特征点都有记录，包括点号、平面坐标、高程、属性编码和与其他点之间的连接关系等。属性编码指示了该点的性质，应根据规定的属性编码表在电子手簿或便携机上输入，因为计算机在进行数据处理时就是根据这些编码来区分不同的地图要素的；点与点之间的连接关系，它标明了哪些点按何种连接顺序构成了一个有意义的实体，通常采用绘草图或在便携机上采用边测边绘的方式来确定。

在利用全站仪进行野外数据采集的过程中，既可以像常规测图那样，先进行图根控制测量，再进行碎部测量，也可以采取图根控制测量和碎部测量同时进行的方法，充分体现了数字测图数据采集过程的灵活性。由于全站仪具有很高的测量精度，因此在通视良好、定向边较长的情况下，一个测站的测图范围可以比常规测图时增大。野外数据采集的碎部测量方法仍以极坐标法为主，同时在有关软件的支持下，也可以灵活采用其他方法，如方向直线交会法、单交会法、正交内插法、导线法、对称点法和填充法等。

野外数据采集包括两个阶段，即图根控制测量和地形特征点（碎部点）采集。有的测图软件可将两个阶段同步进行，也称一步测量法。数字地形图的精度主要取决于野外采集数据的精度。

（1）设站与检核。测量碎部点前，先在测站上安置全站仪，经对中整平后，进行测站的设置：第一需要输入测站点号、后视点号和仪器高；第二选择定向点，照准后输入定向点号和水平度盘读数；第三选择另一已知点进行检核，输入检核点号，照准后进行测量。测量后

将显示检核点的 $x$、$y$、$H$ 差值，如果没有通过检核则不能继续测量，必须检查原因继续检核，直到通过为止。

（2）碎部点测量。通常采用极坐标法进行碎部点测量，测定各个碎部点的三维坐标并记录在全站仪内存中，记录时注意棱镜高、点号和编码的正确性。如果没有任何选择全站仪默认点号为自动累计方式。若有特殊要求时，也可以采用点号手工输入方式。每站测量一定数量的碎部点后，应进行归零检查，归零差不得大于 $1'$。

2. GNSS-RTK 野外数据采集

目前，因 GNSS-RTK 测量具有快捷、方便、精度高等优点，已被广泛用于碎部点数据采集工作中。在大比例尺数字测图工作中，采用 GNSS-RTK 技术进行碎部点数据采集，可不布设各级控制点，仅依据一定数量的基准控制点，不要求点间通视（但在影响 GPS 卫星信号接收的遮蔽地带，还应采用常规的测绘方法进行细部测量），仅需一人操作，在要测的碎部点上停留几秒钟，能实时测定点的位置并能达到厘米级精度，若并同时输入采集点的特征编码，通过电子手簿或便携机记录，在点位精度合乎要求的情况下，把一个区域内的地形点、地物点的坐标测定后，可在室外或室内用专业测图软件一次测绘成电子地图。

### （二）画草图或数据编码

1. 草图法作业

野外利用全站仪测定碎部点的点位信息，自动记录在仪器的内存中。画草图并手工记录碎部点的属性信息及连接信息。到室内应用测图软件依据草图内容编辑成图。该法要求草图绘制必须清晰、易读、符号与图示相符、比例尽可能协调，草图点号和全站仪内存点位信息一一对应，观测不到的点可结合皮尺丈量，并在草图上标注丈量数据。因为该法是人工在草图上记录碎部点的属性信息及连接信息，适合任意地形条件下的外业作业，又称无码作业。

2. 简码法作业

相对草图法（无码作业）而言，此法也称带简编码的坐标数据文件自动绘图方式。编码法即利用 CASS 测图系统的地形地物编码方案，不需在野外画草图，只需将每个碎部点的编码和相邻点的连接关系直接输入到全站仪或电子记录手簿中去，CASS 测图系统就会自动根据碎部点的编码和连接信息生成图形。该法突出的优点是自动化程度较高，内业工作量相对较少，相对于草图法可节约 1 人。但这种作业模式要求观测员熟悉编码，并能在测站上随测随输入。其缺点是内外业工作量分配不均，外业编码工作量大，点位关系复杂时容易产生错误编码。

### （三）数据处理

数据处理是数字测图过程的中心环节，它直接影响最后输出地形图的质量和数字地图在数据库中的管理。数据处理是通过相应的计算机软件来完成的，主要包括地图符号库、地物要素绘制。等高线绘制、文字注记、图形编辑、图形显示、图形裁剪、图幅接边和地图整饰等功能。通过计算机软件进行数据处理，生成可进行绘图输出的图形文件。

### （四）地图数据输出

绘图输出是数字测图的最后阶段，可在计算机控制下通过数控绘图仪绘制完整的纸质地形图。除此之外，还可根据需要绘制不同规格和不同形式的图件，如开窗输出、分层输出和变比例输出等。

## 三、数字测图的软件

随着大比例尺数字测图方法的普及和日益广泛的应用，中国从 20 世纪 80 年代初由北京市测绘院、武汉大学测绘学院、清华大学、解放军测绘学院、上海市测绘院等几十家单位研制开发出了一大批性能优越、操作简便的大比例尺数字测图的软件。较有代表性的如清华山维新技术开发公司研制的 EPSW 电子平板测图系统，南方测绘仪器公司的 CASS 内、外业成图系统，广州开思 SCS 成图系统、武汉瑞得 RDMS 数字测图系统等。

### 四、数字测图内业

数字测图内业必须借助专业的数字测图软件来完成，CASS 9.0 地形地籍成图软件是南方测绘仪器公司开发的基于 AutoCAD 平台的数字测图系统。

#### （一）打开南方 CASS 9.0 软件

如图 9-14 所示。打开南方 CASS 9.0 软件的操作界面，CASS 9.0 的操作界面主要分为三部分：顶部下拉菜单、右侧屏幕菜单和工具条，每个菜单项均以对话框或命令行提示的方式与用户交互应答，操作灵活方便。

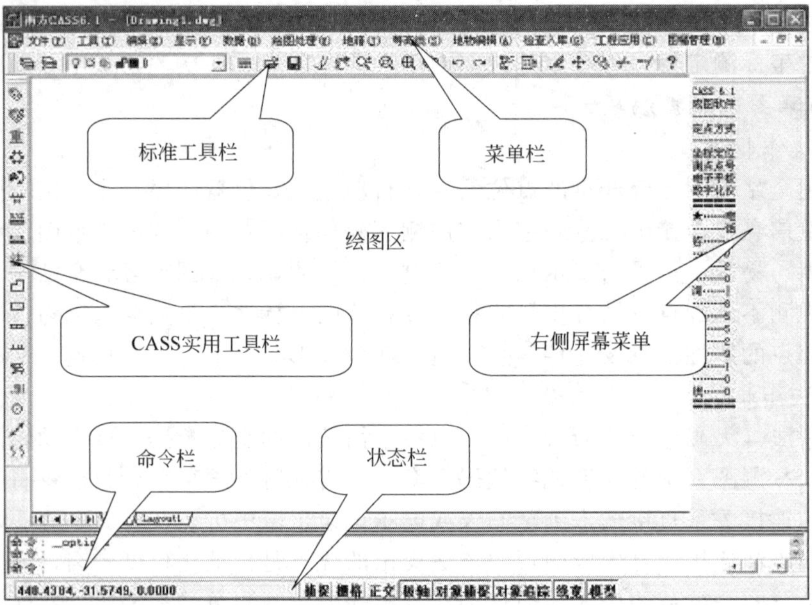


图 9-14　CASS 9.0 软件的操作界面

顶部下拉菜单中每一个菜单下面又分为一、二等多级菜单，这些菜单几乎包括了 CASS 9.0 的所有图形编辑命令。右侧屏幕菜单是一个测绘专用交互绘图菜单，在使用该菜单的交互编辑功能绘制地形图时，必须先确定定点方式。CASS 9.0 右侧屏幕菜单中定点方式主要包括“坐标定位”、“测点点号”、“电子平板”、“数字化仪”等。工具栏则主要包含 CASS 9.0 中的常用功能，用户可根据需要进行打开和关闭，方便操作，提高了作业效率。

#### （二）数据传输

数字测图实质上是一个数据处理的过程，这里讲的数据预处理主要是指在数据传输到计算机上以后进行的数据格式的转换，即将下载的数据转换成绘图软件能够识别的数据格式。数据预处理是确定能否进行图形绘制的前提条件，是数字测图的关键阶段。

通过通信电缆把全站仪和计算机连接起来；设置全站仪通信参数：

（1）打开南方 CASS 6.1 数字化成图软件。

(2) 单击“数据处理”菜单，在弹出的下拉菜单中选择“读取全站仪数据”。如图 9-15 所示。

(3) 在弹出的“全站仪内存数据转换”对话框中进行通信参数（通信口、波特率、校验、数据位、停止位）的设置；此设置要与全站仪上的参数设置一致，否则可能导致数据无法传输。如图 9-16 所示。

(4) 点击“选择文件”按钮，在弹出的“输入 CASS 坐标数据文件名”对话框中选择保存路径并输入保存为 dat 格式的文件名。如图 9-17 所示。

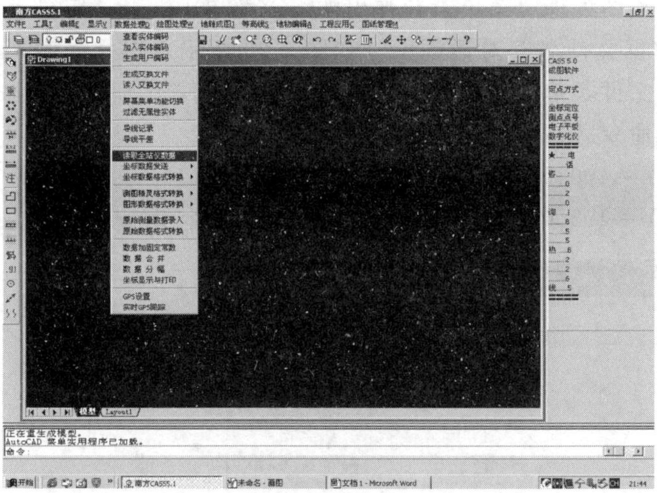

图 9-15　“读取全站仪数据”下拉菜单

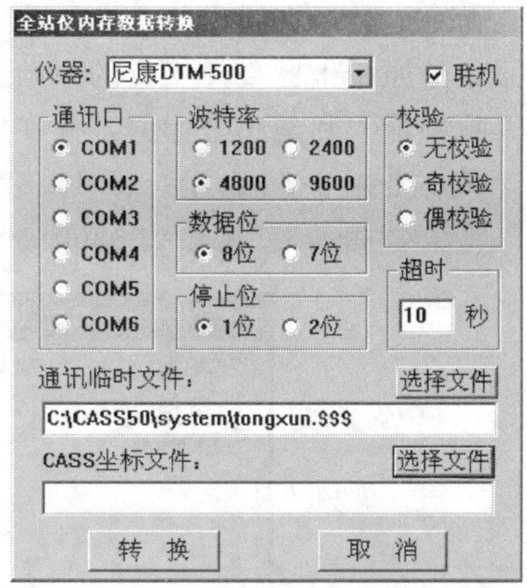


图 9-16　“全站仪内存数据转换”对话框

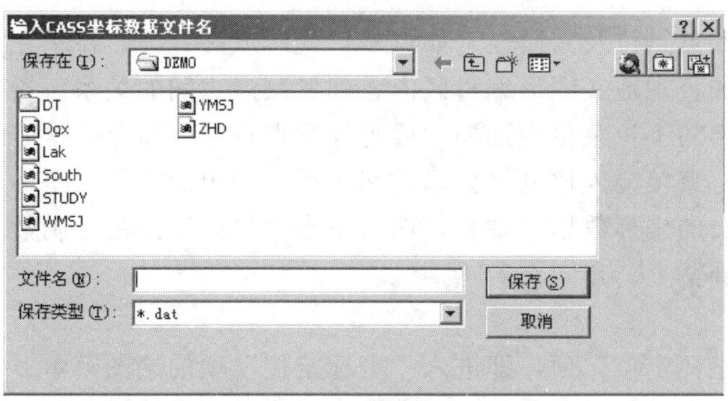


图 9-17　“输入 CASS 坐标数据文件名”对话框

图 9-18　“全站仪内存数据转换”对话框

(5) 输入文件名，点击保存后返回到“全站仪内存数据转换”对话框界面，然后点击“转换”按钮。如图 9-18 所示。

(6) 先在计算机上回车，再在全站仪上回车，开始数据转换。如图 9-19 所示。

(7) 数据传输完成后，返回基本测量状态，关闭全站仪电源，断开连接。

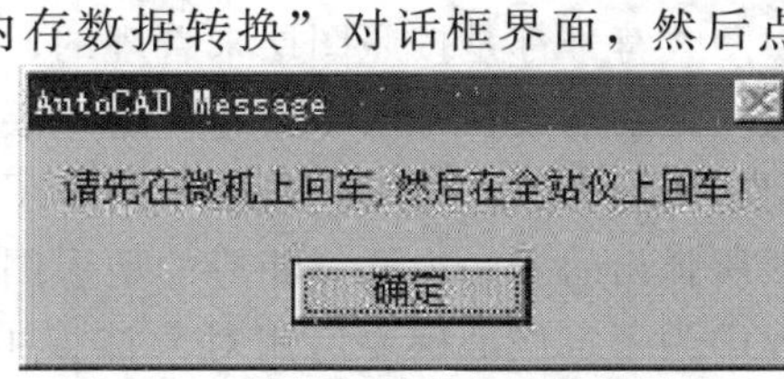


图 9-19　计算机等待全站仪信号提示

（三）利用屏幕坐标定位法绘制平面图

屏幕坐标定位法成图是将“坐标数据文件”中的碎部点展在计算机屏幕上，利用对象捕捉功能，对照草图上标明的点位，地物属性和连接关系，用鼠标在屏幕上捕捉点位，完成平面图的绘制。

1. 定显示区

定显示区的作用是根据输入坐标数据文件的数据大小定义屏幕显示区域的大小，以保证所有碎部点都能显示在屏幕上。单击“绘图处理”菜单，在弹出的下拉菜单中选择“定显示区”命令，然后在弹出的“输入坐标数据文件名”对话框中（如图 9-20 所示）选择或输入已采集的原始坐标文件相应的原始坐标文件，单击打开后系统将自动检索文件中所有点的坐标，找到最大和最小坐标值，并在屏幕命令区显示坐标范围，如下所示：

最小坐标（米）：$X$=30049.824，$Y$=40049.646

最大坐标（米）：$X$=30300.004，$Y$=40350.059

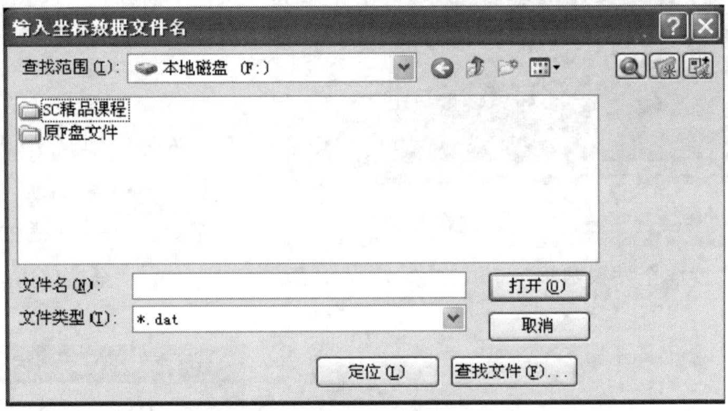


图 9-20 输入坐标数据文件名

2. 展点

展点是将坐标数据文件中的各个碎部点点位及其属性（如点号，代码或高程等）显示在计算机屏幕上，以便绘图过程中能够更加直观地在图形编辑区内看到各测点之间的关系。操作方法是单击“绘图处理”菜单，在弹出的下拉菜单中选择“展野外测点点号”命令，这时命令行窗口会提示要求输入绘图比例尺，直接输入比例尺分母，回车后在弹出的“输入坐标数据文件名”对话框中选择或输入要展出的坐标数据文件名，然后单击“打开”按钮，则数据文件中所有点以注记点号形式展现在屏幕上。如图 9-21 所示。

3. 选择“坐标定位法”

移动鼠标至屏幕右侧菜单区选定“坐标定位”项，即进入“坐标定位”项的绘图菜单。

4. 绘制平面图

CASS 软件将所有地物要素细分为如文字注记、控制点、居民地等菜单，系统中所有地形图图式符号都是按照图层来管理的，每一个菜单都对应一个图层，如沟渠、湖泊、池塘、水井等地物均放在“水系设施”这一层，所有表示植被的符号都放在“植被园林”这一层。绘图时根据野外作业时绘制的工作草图，首先选择右面侧屏幕菜单中对应的选项，然后从该选项所弹出的界面中选择相应的地形图图式符号，点击后根据弹出的提示进行绘制，在绘制过程中为了定位准确要启用对象捕捉中的捕捉节点功能来拾取点，其他捕捉模式如捕捉端点、交点等可根据实际情况选择。另外也可以直接输入该点的坐标。下面举例说明。

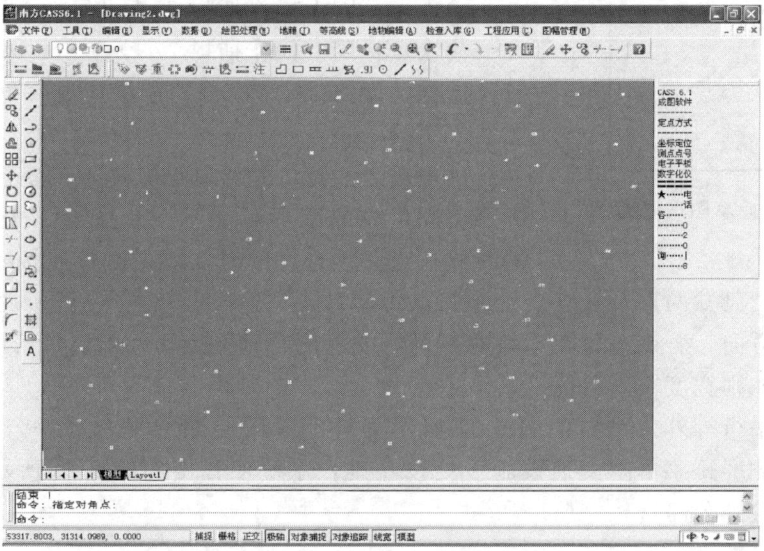

图 9-21 展野外测点点号

(1) 绘制普通矩形房屋 如图 9-22 所示是外业草图中的普通房屋。在右侧屏幕菜单处选择“居民地”，此时，屏幕中弹出“居民地和垣栅”对话框，如图 9-22 所示。

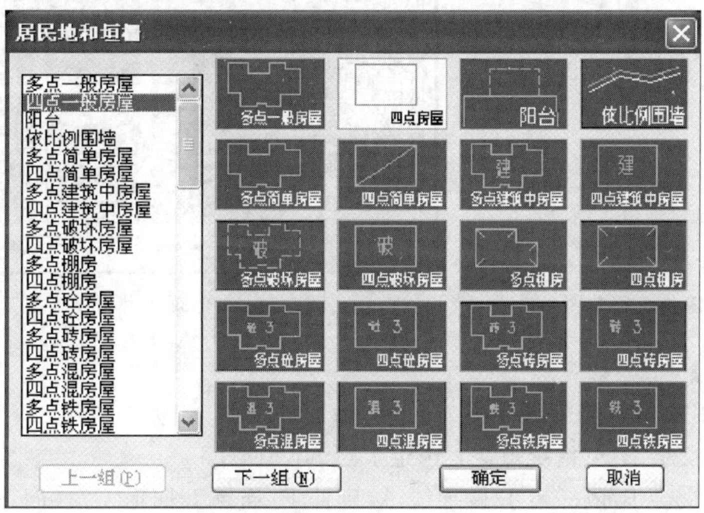


图 9-22 “居民地和垣栅”对话框

从中选择与草图相应的图式“四点房屋”，图标变亮表示该图标已被选中，单击“OK”键确认后，这时命令区提示：

已知三点/2. 已知两点及宽度/3. 已知四点<1>：

“已知三点”是指测矩形房子时测了三个点；“已知两点及宽度”则是指测矩形房子时测了两个点及房子的一条边；“已知四点”则是测了房子的四个角点。这里输入 1，回车（或直接回车默认选 1）；

输入点：首先选择“捕捉方式”中的“NOD”（节点）捕捉方式，然后移鼠标至绘图区 76 号点附近，出现黄色标记（不同的捕捉方式会出现不同形式的黄颜色光标），击鼠标左键，完成捕捉工作；

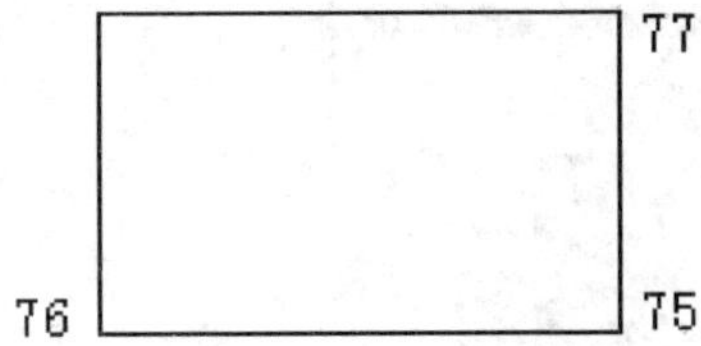


图 9-23 外业草图房屋编号

输入点：同上操作捕捉 75 号点；

输入点：同上操作捕捉 77 号点。

这样，即将 75，76，77 号点连成一间普通房屋。如图 9-23 所示。

这里需要注意的是绘制已知三点的房屋时，捕捉点的顺序不同生成的图形可能不同。图 9-24 中的房屋在绘制的时候三点必须连续顺时针或逆时针连接才能生成对应的图形。若选择“已知两点及宽度”绘制四点房屋时，在连接已知两点后输入宽度时，沿连接两点时的前进方向，若该房屋在连线的左侧（或上侧）则宽度输入正值，若该房屋在连线的右侧（或下侧）则宽度输入负值。

（2）绘制平行等外公路　如图 9-24 所示为外业草图绘制的平行等外公路。结合草图，移动鼠标至右侧屏幕菜单“交通设施”处按左键，系统便弹出如图 9-25 所示的对话框。然后选择“平行等外公路”。

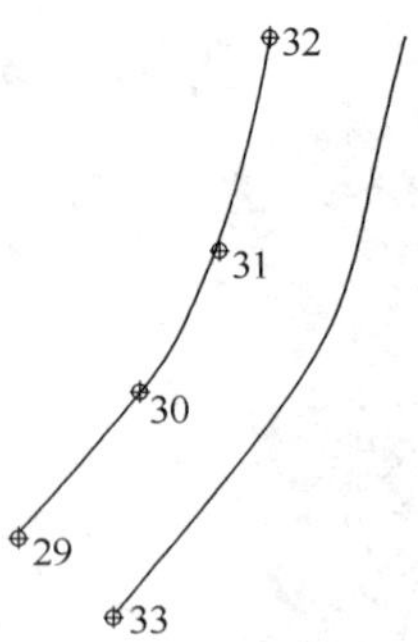


图 9-24 平行等外公路草图

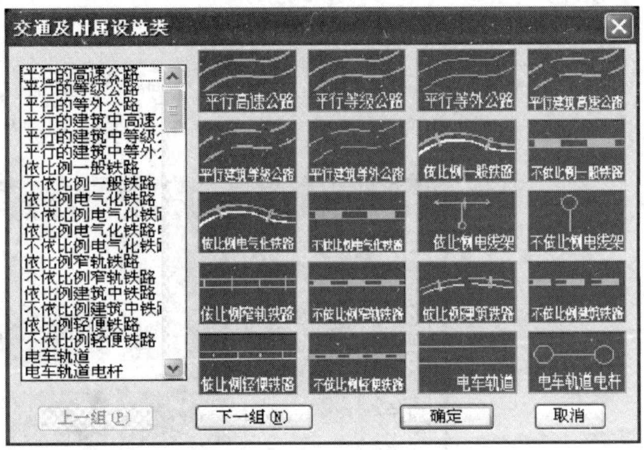


图 9-25 “交通及附属设施类”对话框

【命令区提示】

第一点：使用对象捕捉选定节点 29，回车；

曲线 Q/边长交会 B/<指定点>：选定节点 30，回车；

曲线 Q/边长交会 B/隔一点 J/微导线 A/延伸 E/插点 I/回退 U/换向 H<指定点>：

选定节点 31，回车；

曲线 Q/边长交会 B/闭合 C/隔一闭合 G/隔一点 J/微导线 A/延伸 E/插点 I/回退 U/换向 H<指定点>：选定节点 32，回车；

曲线 Q/边长交会 B/闭合 C/隔一闭合 G/隔一点 J/微导线 A/延伸 E/插点 I/回退 U/换向 H<指定点>：直接回车（说明道路一边已绘制完毕）；

拟合线<N>? 输入 Y，回车。（将该边拟合成光滑曲线，若直接回车则不拟合该线。）

边点式/2. 边宽式/(按 ESC 键退出)：<1>

选 1（缺省为 1），回车。（若选 2，要求输入公路宽度，输入宽度时沿道路前进方向左侧为正，右侧为负。）

对面一点：输入 33，回车。

这时平行等外公路就绘好了。

(3) 绘制陡坎　陡坎的坎毛是沿前进方向的左侧自动生成的，故在绘制陡坎时一定要注意拾取点的先后顺序。绘制方法和绘制房屋、道路相同。在右侧屏幕菜单中选择“地貌土质”项，系统弹出“地貌和土质”对话框。然后选择“未加固陡坎”，对照草图输入坎高并依次连续拾取各点，完毕后对于下一个提示“曲线 Q/边长交会 B/闭合 C/隔一闭合 G/隔一点 J/微导线 A/延伸 E/插点 I/回退 U/换向 H<指定点>”直接按回车键即可。当命令行提示是否拟合时，如果要把点间连线拟合成光滑曲线，则键入“Y”，否则，键入“N”或直接回车确认。若坎毛的方向画反还可以通过“地物编辑”菜单下的“线型换向”命令改正过来，不必要重新绘制。

(4) 填充植被　上面三个例子都是线状符号的绘制方法，对于点状符号只需从右侧屏幕菜单选择相应的地物后在绘图区捕捉拾取单个点，系统根据该地物的代码自动生成相应的符号，而植被填充属于面状符号的绘制，下面以绘制一块果园为例进行讲解。

如图 9-26 所示为外业草图绘制的一片果园，结合草图，移动鼠标至右侧屏幕菜单选择“植被园林”，系统便弹出如图 9-27 所示的“植被类”对话框。然后选择“果园”。

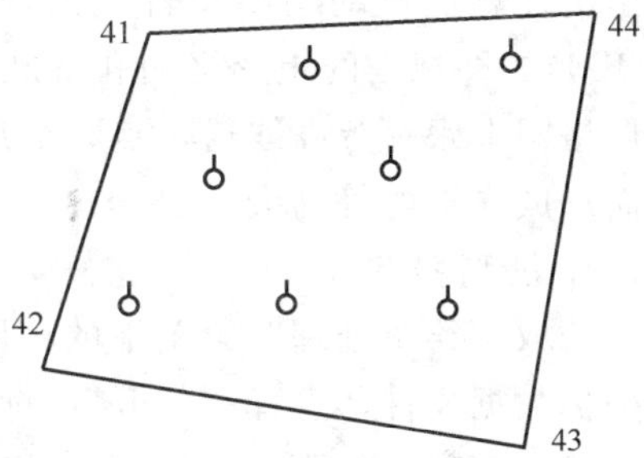


图 9-26　果园外业草图

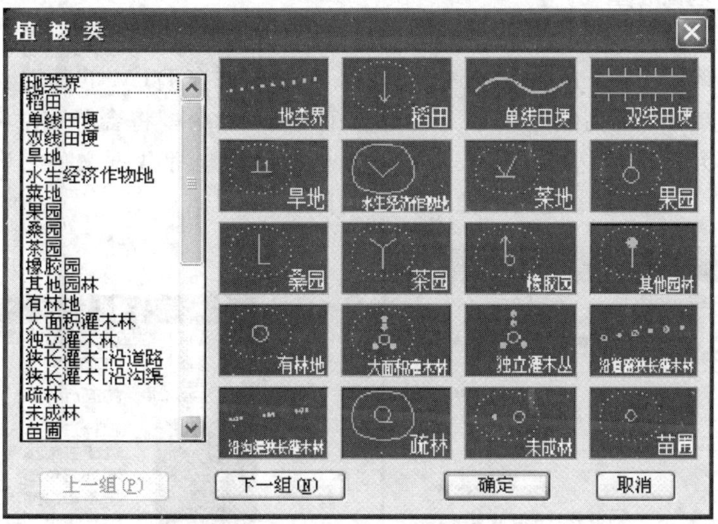


图 9-27　“植被类”对话框

这时命令行提示：

请选择：(1) 绘制区域边界 (2) 绘出单个符号 (3) 查找封闭区域 <1>

三种绘制方法可根据实际情况选择，这里直接回车（缺省值为 1）；

第一点：拾取节点 41，回车；

曲线 Q/边长交会 B/<指定点> 拾取节点 42，回车；

曲线 Q/边长交会 B/隔一点 J/微导线 A/延伸 E/插点 I/回退 U/换向 H<指定点> 拾取节点 43，回车；

曲线 Q/边长交会 B/闭合 C/隔一闭合 G/隔一点 J/微导线 A/延伸 E/插点 I/回退 U/换向 H＜指定点＞ 拾取节点 44，回车；

曲线 Q/边长交会 B/闭合 C/隔一闭合 G/隔一点 J/微导线 A/延伸 E/插点 I/回退 U/换向 H＜指定点＞ 拾取节点 41（或直接输入 C 闭合），回车；

此时命令行会提示“是否需要拟合”如果要把点间连线拟合成光滑曲线，则键入“Y”，否则，键入“N”或直接回车确认，最后选择“是否要保留边界”后确认，这样果园就绘成了，如图 9-26 所示。

（四）绘等高线

在地形图中，等高线是表示地貌起伏的一种重要手段。在数字化自动成图系统中，等高线是由计算机自动勾绘，首先由离散点和一套对地表提供连续的算法构建数字地面模型（DTM），即规则的矩形格网和不规则的三角形格网（TIN）。然后在矩形格网或不规则的三角形格网上跟踪等高线通过点，最后再利用适当的光滑函数对等高线通过点进行光滑处理，从而形成光滑的等高线。

1. 展高程点

选取“绘图处理”菜单下的“展高程点”项目，在弹出的数据文件的对话框中选择相应的坐标数据文件，选择“打开”，命令区提示：

注记高程点的距离（米）：直接回车，表示不对高程点注记进行取舍，全部展出来。这里注记高程点的距离实际就是注记高程点的密度，也可根据实际输入相应的数值。

2. 建立数字地面模型

数字地面模型（DTM），是以数字形式按一定的结构组织在一起，表示实际地形特征的空间分布，是地形属性特征的数字描述。使用 CASS 软件在 DTM 的基础上绘制等高线的方法：用鼠标左键点取“等高线”菜单下“建立 DTM”命令，将会弹出“建立 DTM”对话框，如图 9-28 所示。然后选择“生成 DTM 的方式”，“坐标数据文件名”（或直接输入），“结果显示”以及“是否考虑陡坎地性线”等项目。

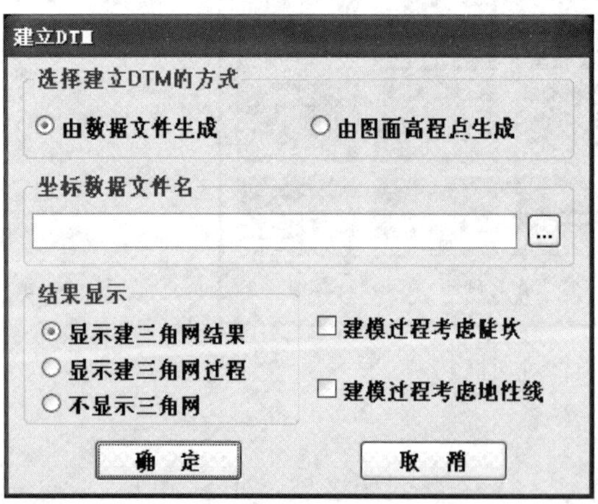


图 9-28 “建立 DTM”对话框

图 9-29 修改 DTM 命令汇集

这里如果要考虑坎高因素，则在建立 DTM 前系统自动沿着坎毛的方向插入坎底点（坎底点的高程等于坎顶线上已知点的高程减去坎高），这样新建坎底的点便参与建立三角网的计算。地性线主要是指山脊线和山谷线，等高线在通过不同的地性线时弯曲的方向不同。如果建三角网时考虑坎高或地性线，系统在建三角网时速度会减慢。

3. 修改数字地面模型

由于地形条件的限制，一般情况下利用外业采集的碎部点很难一次性生成理想的等高线，如楼顶上控制点、桥面上的点等，不能反映真实地面高程；另外还因现实地貌的多样性和复杂性，自动构成的数字地面模型与实际地貌不一致，这时可以通过修改三角网来修改这些局部不合理的地方。修改三角网命令操作菜单如图 9-29 所示。

4. 绘制等高线

等高线的绘制可以在绘平面图的基础上叠加，也可以在“新建图形”的状态下绘制，操作过程如下。

用鼠标选择“等高线”下拉菜单的“绘制等高线”项，在弹出“绘制等值线”对话框（如图 9-30 所示）中，输入“最小高程”，“最大高程”，“等高距”以及拟和方式，等后便自动生成等高线。直到命令区显示：“绘制完成!”，便完成等高线的绘制。

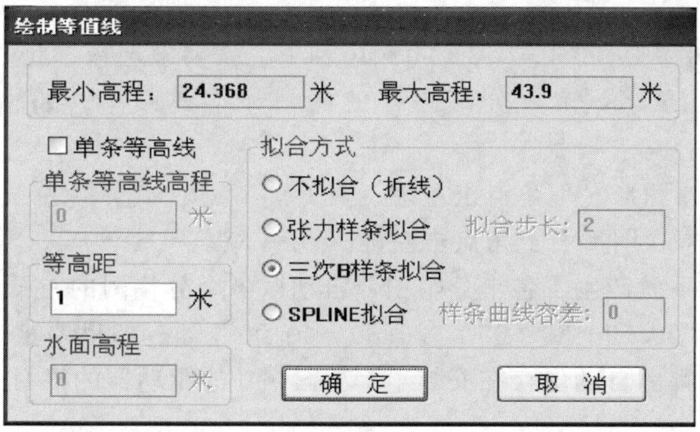


图 9-30 “绘制等值线”对话框

（五）加注记

数字图测绘时，地物地貌除用一定的符号表示外，还需要加以文字注记，如用文字注明地名、河流、道路的材料等。

操作时，单击屏幕菜单的“文字注记”按钮，弹出图 9-31 所示的“注记”对话框，选中“注记文字”，单击“确定”按钮，命令行提示如下：

请输入图上注记大小（mm）＜3.0＞

请输入注记内容：

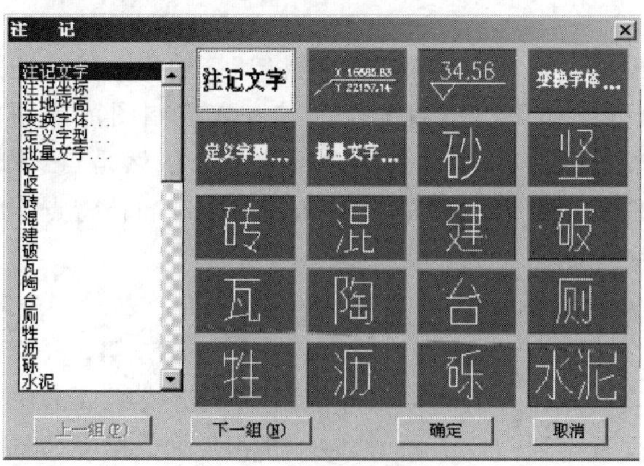


图 9-31 “注记”对话框

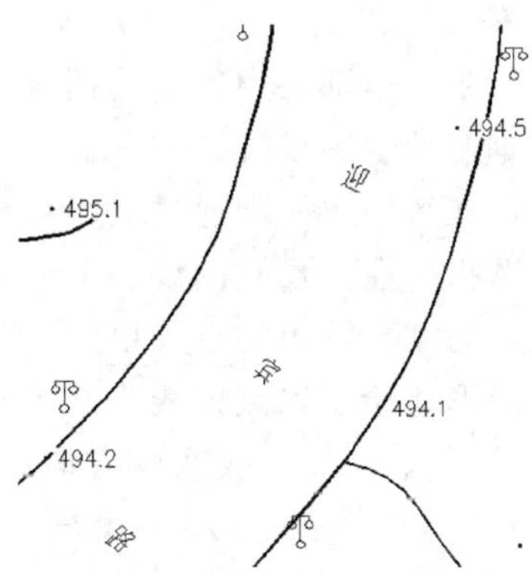


图 9-32 道路注记

请输入注记位置（中心点）：

依照命令行提示操作后 CASS 自动将注记文字水平放置（位于 ZJ 图层），如果需要沿道路走向放置文字，则先创建一个字“迎”，然后使用 AutoCAD 的 Copy 命令复制到适当位置，再使用 Rotate 命令旋转文字至适当方向，最后使用 Ddedit 命令修改文字内容，如图 9-32 所示。

（六）图形分幅

在图形分幅前，应做好分幅的准备工作。应了解图形数据文件中的最小坐标和最大坐标。

【注意】 在 CASS 9.0 下侧信息栏显示的坐标和测量坐标是相反的，即 CASS 9.0 系统中前面的数为 Y 坐标（东方向），后面的数为 X 坐标（北方向）。

将鼠标移至“绘图处理”菜单项，点击左键，弹出下拉菜单，选择“批量分幅”，命令区提示：

请选择图幅尺寸：(1) 50*50 (2) 50*40 <1> 按要求选择。此处直接回车默认选 1。

请输入分幅图目录名：输入分幅图存放的目录名，回车。如输入 C：\ CASS90 \ demo \ 。

输入测区一角：在图形左下角点击左键。

输入测区另一角：在图形右上角点击左键。

这样在所设目录下就产生了各个分幅图，自动以各个分幅图的左下角的东坐标和北坐标结合起来命名，如：“29.50－39.50”、“29.50－40.00”等。如果要求输入分幅图目录名时直接回车，则各个分幅图自动保存在安装了 CASS 9.0 的驱动器的根目录下。

（七）出图

数字地图产品的输出是指将数字测图系统处理的结果表示为某种用户需要的可以理解的形式的过程，其中，地图图形输出是其主要表现形式。

1. 屏幕显示

由光栅或液晶的屏幕显示图形、图像，通常是比较廉价的显示设备，常用做人和机器交互的输出设备。其优点是代价低、速度快，色彩鲜艳，而且可以动态刷新；缺点是非永久性输出，关机后无法保留，而且幅面小、精度低、比例不准确，不宜作为正式输出设备。但值得注意的是，目前，也往往将屏幕上所显示的图形采用屏幕拷贝的方式记录下来，以在其他软件支持下直接使用。图 9-33 为通过屏幕输出的地图。

2. 矢量绘图

矢量制图通常采用矢量数据方式输入，根据坐标数据和属性数据将其符号化，然后通过制图指令驱动制图设备，如图 9-34 所示。也可以采用栅格数据作为输入，将制图范围划分为单元，在每一单元中通过点、线构成颜色、模式表示，其驱动设备的指令依然是点、线。矢量制图指令在矢量制图设备上可以直接实现，也可以在栅格制图设备上通过插补将点、线指令转化为需要输出的点阵单元，其质量取决于制图单元的大小。

矢量形式绘图以点、线为基本指令。在矢量绘图设备中通过绘图笔在四个方向（＋X、＋Y）、（－X、－Y）或八个方向［（＋X，0）、（＋X，＋Y）、（0，＋Y）、（－X，＋Y）、（－X，0）、（＋X，－Y）、（0，－Y）、（＋X，－Y）］上的移动形成阶梯状折线组成。由于一般步距很小，所以线条质量较高。在栅格设备上通过将直线经过的栅格点赋予相应的颜色来实现。矢量形式绘图表现方式灵活、精度高、图形质量好、幅面大，其缺点是速度较慢、

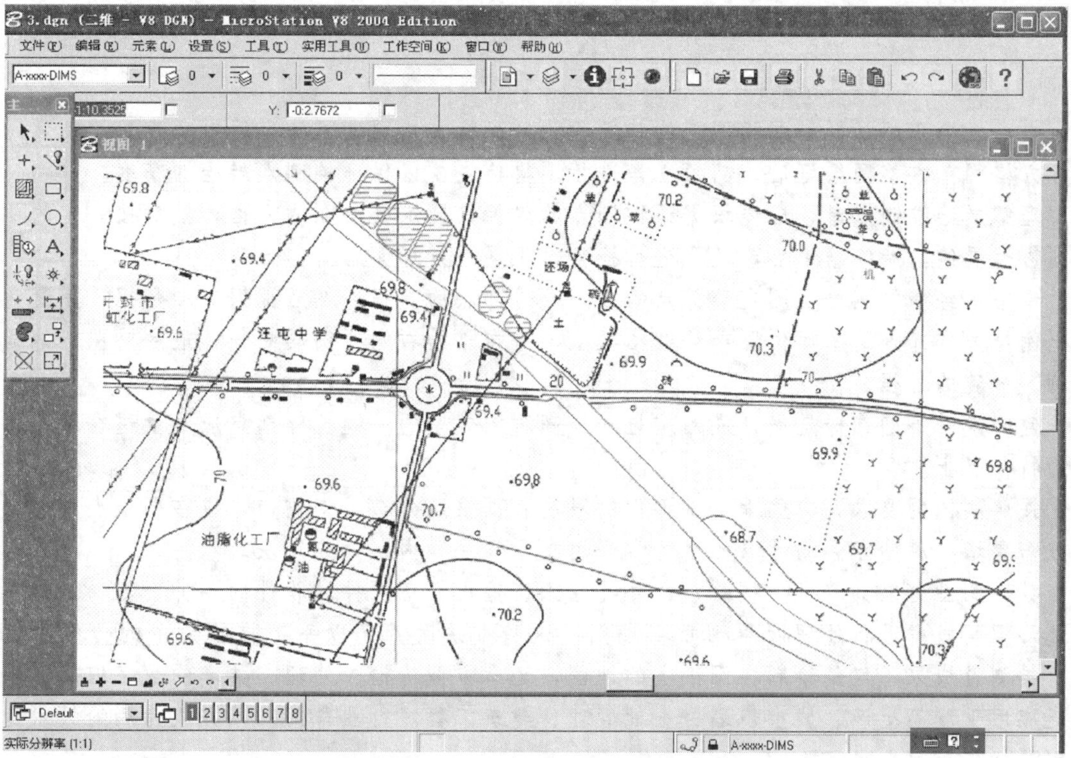


图 9-33 计算机屏幕显示地图

价格较高。矢量形式绘图实现各种地图符号，采用这种方法形成的地图有点位符号图、线状符号图、面状符号图、等值线图、透视立体图等。

3. 打印输出

打印输出一般是直接由栅格方式进行的，可利用以下几种打印机。

（1）行式打印机。打印速度快，成本低，但还通常需要由不同的字符组合表示像元的灰度值，精度太低，十分粗糙，且横纵比例不一，总比例也难以调整，是比较落后的方法。

图 9-34 矢量绘图机

（2）点阵打印机。点阵打印可用每个针打出一个像元点，点精度达 0.141mm，可打印精美的、比例准确的彩色地图，且设备便宜，成本低，速度与矢量绘图相近，但渲染图比矢量绘图均匀，便于小型地理信息系统采用，目前主要问题是幅面有限，大的输出图需拼接。

（3）喷墨打印机。输出质量高、速度快，随着技术的不断完善与价格的降低，目前已经取代矢量绘图仪的地位，成为数字地图产品输出的主要设备。

（4）激光打印机。是一种既可用于打印又可用于绘图的设备，其绘图的基本特点是高品质、快速。费用较高，已得到广泛普及，但代表了计算机图形输出的基本发展方向。

# 小　结

本章主要介绍了聚酯薄膜图纸的特性和绘制坐标方格网的方法。用对角线法绘制常用的坐标方格网。方格网绘好后，必须立即进行严格检查，以保证控制点展绘的精度。

理解展绘控制点时，应先根据该控制点的坐标，确定其所在的方格，然后按一定的作业原则进行展绘，展绘结束后，还要进行检查，无误后方可使用。

掌握用经纬仪测绘法测定碎部点的平距及碎部点的高程；然后根据实测数据，用量角器和比例尺把碎部点的平面位置展绘在图纸上，并在点的右侧注明其高程，最后对照实地描绘地物、地貌的过程。

碎部点的正确选择是保证成图质量和提高测图效率的关键。碎部点应尽量选在地物、地貌的特征点上。

按照测图的要求，有些地形受条件的限制。图根点分布不太均匀，或在图根点较稀少的地方需要增补测站点。测站点的增补常采用支导线法和内、外分点法。

数字测图是以计算机为核心，在外连输入、输出设备硬件、软件的条件下，通过计算机对地形空间数据进行处理而得到数字地图。这种方法改变了以手工描绘为主的传统测量方法，其测量成果不仅是绘制在图纸上的地图，还有方便传输、处理、共享的数字信息，现已广泛应用于测绘生产、城市规划、土地管理、建筑工程等行业与部门，并成为测绘技术变革的重要标志。

## 思考题与习题

1. 如何检查绘制方格网和展绘控制点的质量？
2. 经纬仪测绘法是如何进行碎部测量的？
3. 目估法勾绘等高线的原理是什么？
4. 数字测图有哪些特点？
5. 数字测图的基本思想是什么？
6. 试述数字测图的作业过程。
7. 试根据表 9-5 中的观测数据，计算各碎部点至测站点的水平距离和高程。

**表 9-5　碎部点测量手簿**

测站：$A$　后视点：$B$　仪器高 $i=1.55$m　指标差 $x=0$

测站高程：$H_A=72.38$m　观测者：　记录者：　观测日期：2012 年　月　日

| 点号 | 视距 $kn$ /m | 中丝读数 $v$/m | 竖盘读数 $L$ | 竖直角 $\alpha$ (°′) | 高差 $\pm h$/m | 水平角 $\beta$ | 水平距离 $D$/m | 高程/m | 备　注 |
|---|---|---|---|---|---|---|---|---|---|
| 1 | 45.2 | 1.55 | 91°28′ | | | 36°42′ | | | |
| 2 | 41.8 | 1.65 | 87°48′ | | | 56°52′ | | | |
| 3 | 36.7 | 2.15 | 90°02′ | | | 133°27′ | | | |
| 4 | 31.6 | 1.35 | 89°26′ | | | 226°33′ | | | |

注：竖盘为逆时针注记。

8. 根据图 9-35 所示各碎部点的平面位置和高程，用目估法勾绘出等高距为 1m 的等高线。

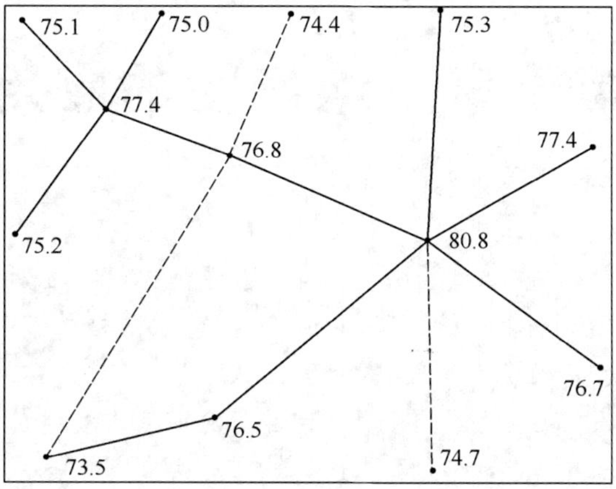


图 9-35　等高线的勾绘

# 第十章　地形图的应用

学习目标

• 了解地形图中的自然地理、人文地理和社会经济信息，了解诸多因素对工程建设的综合影响。通过地形图图廓外的注记，可以了解和掌握图幅的范围以及与相邻图幅的关系，地形图的坐标系统、高程系统、等高距等。

• 理解在工程规划设计中，大比例尺地形图是确定点位和计算工程量的主要依据。

• 掌握在地形图上确定某点的高程和坐标、确定两点间的直线距离、确定某直线的坐标方位角、确定图上某直线的坡度，按设计线路绘制纵断面图，在地形图上按限制坡度选择最短路线，图形的面积量算，根据地形图等高线平整场地的方法。

## 第一节　地形图的阅读

地形图中包含有大量的自然地理、人文地理和社会经济信息，借助地形图可以了解诸多因素对工程建设的综合影响。在工程规划设计中，大比例尺地形图是必不可少的资料，它也是确定点位和计算工程量的主要依据。设计人员要利用地形图量距离、取高程、定方位、放设施，就必须全面掌握地形资料，熟悉地形图上的各种地物、地貌符号，熟悉等高线特征。正确地应用地形图是工程技术人员必须具备的基本技能。现以图 10-1 为例，说明阅读地形图的步骤和方法。

### 一、图廓外的有关注记

根据地形图图廓外的注记，可以了解地形的基本概况，掌握图幅的范围，了解与相邻图幅的关系，了解地形图的坐标系统、高程系统、等高距等。如图 10-1 所示为整幅图中的一部分。从图廓外的注记中可以了解到测图的年、月（2012 年 3 月）、成图方法（经纬仪测绘法测图）、坐标系统（独立直角坐标系）、高程基准（1985 国家高程基准）、等高距（1m）、图式版本（2007 年版图式）、成图比例尺（1∶2000）、图名（柑园村）、图号（21.0－10.0）及相邻图幅的名称。

### 二、地貌阅读

图中的地貌主要根据等高线进行阅读，由等高线的特征来判别地面坡度的变化。从图 10-1 中可以看出，西、南两方向是起伏的山地，其中南面的狮子岭往北是一条山脊，其两侧是谷地，西北角小溪的谷源附近有两处冲沟地段；西南角附近有一个地名叫凉风垭的鞍部；东北角是起伏不大的山丘；清溪河沿岸是平坦的地带。从图中的高程注记和等高线注记来看，最高的山顶为图根点 A51，其高程为 204.21m，最低的等高线为 179.6m，图内最大高差约为 25m。

### 三、地物阅读

地物阅读的内容主要包括测量控制点、居民地、工业建筑、公路、铁路、管道、管线、

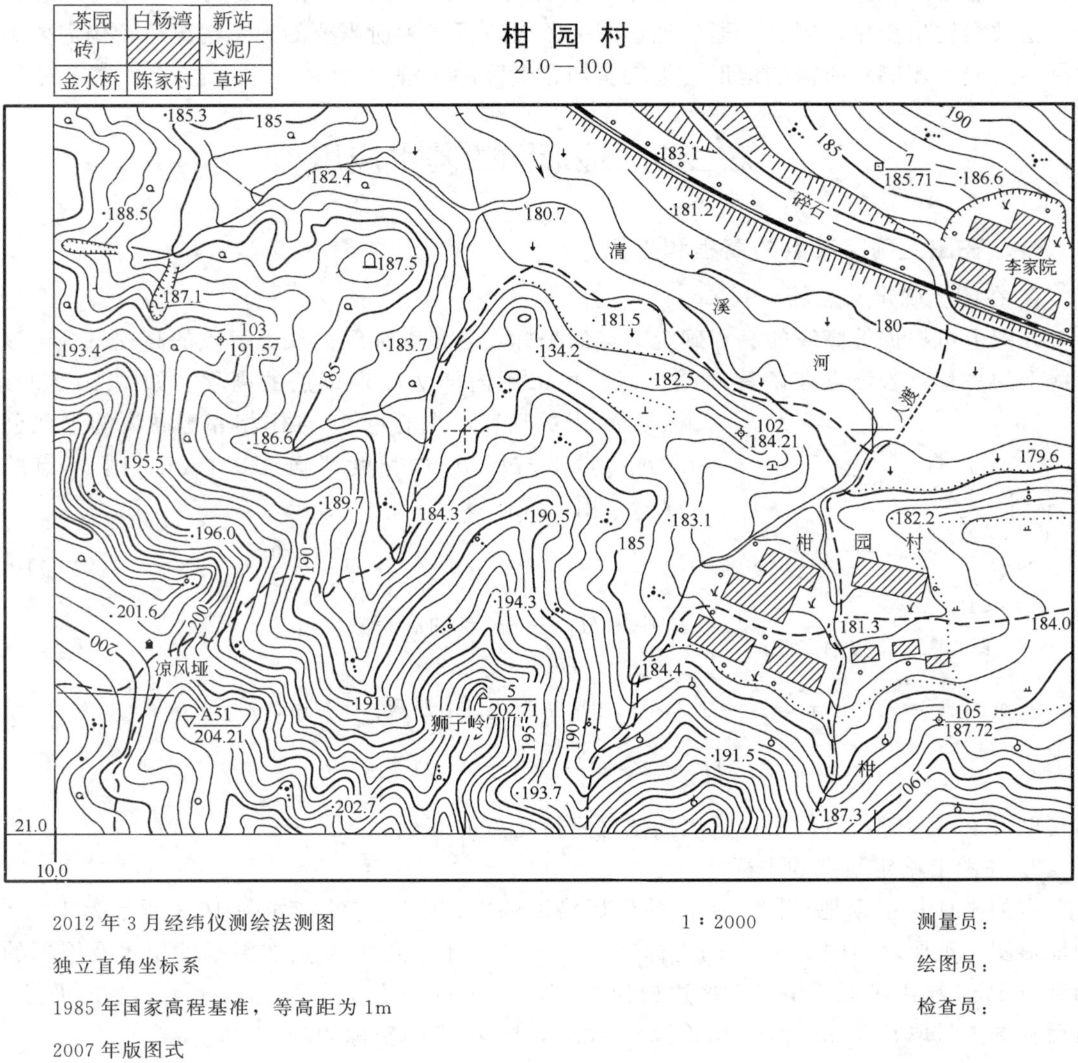


图 10-1 柑园村地形图

水系、境界等。地物在地形图中是用图示符号来表达的。从图 10-1 中可看出，从北至南有李家院、柑园村两个居民地，两地之间以清溪河相隔，人渡相连。河的北边有铁路和简易公路；河的南边有四条小溪汇流入清溪河。从柑园村往东、西、南三方向各有小路通往相邻图幅，柑园村的北面有小桥、墓地、石碑；图的西南角有一庙宇和小三角点 A51；正南和东北角分别有 5 号、7 号埋石的图根点。

## 四、植被分布阅读

植被是指覆盖地球表面上的各种植物的总称，在地形图上表示出植物分布、类别特征、面积大小等。从图 10-1 中可以看出，本图的西、南方向及东北角山丘上都是树林和灌木，清溪河沿岸是稻田，柑园村东面是旱地、南面是果树林。李家院与柑园村周围都有零星树木和竹林。

不同地区的地形图有不同的特点，要在识图实践中熟悉地形图所反映的地形变化规律，从中选择满足工程要求的地形，为工程建设服务。由于经济建设的发展，原有的地物、地貌、植被会发生变化，因此，通过地形图的阅读，了解到所需要的地形情况后，仍需要到实地勘察对照，才能对所需的地形、地貌有切合实际的了解。

## 第二节 地形图的基本应用

### 一、在图上确定某点的高程和坐标

1. 在图上确定某点的高程

在图上可根据等高线的高程确定某点的坐标。若该点在等高线上，点的高程就等于该等高线上的高程；若该点在两等高线之间，可采用内插法确定该点的高程。如图 10-2 所示，欲求 $N$ 点的高程，先通过 $N$ 点作相邻等高线的近似公垂线 $bc$，量出 $bN$，$bc$ 的长度精确至 0.1mm，则 $N$ 点的高程 $H_N$ 用下式计算。

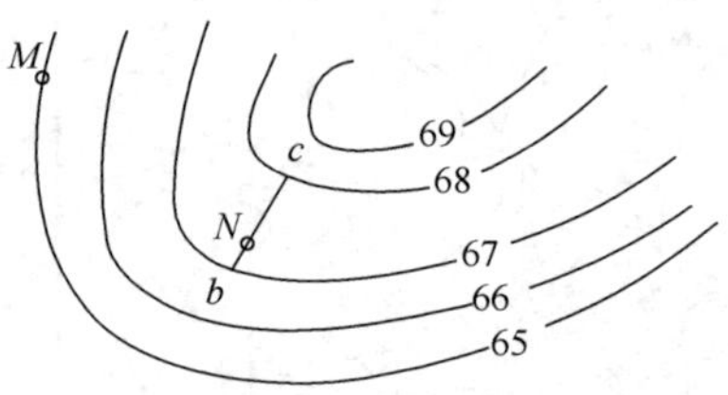

图 10-2 求点的高程

$$H_N = H_b + \frac{bN}{bc}h \tag{10-1}$$

式中 $H_b$——$b$ 点的高程；

$h$——等高距。

若量出 $bc=9.9$mm，$bN=3.1$mm，等高距为 1m，$H_b=67$m，则

$$H_N = 67 + \frac{3.1}{9.9} \times 1 = 67.31\ (\text{m})$$

当精度要求不高时，也可用目估内插法确定待定点的高程。

2. 在图上确定某点的坐标

点的坐标是根据地形图上标注的坐标格网的坐标值确定的。如图 10-3 所示为 1∶1000 的地形图，现要求出图上 $A$ 点的坐标（$x_A$，$y_A$）。首先根据 $A$ 点在图上的位置及周围的坐标网点 $abcd$ 绘出坐标方格（方格边长为 10cm×10cm），过 $A$ 点作 $ef$ 平行 $ad$，$gh$ 平行 $ab$，然后在图上量取长度 $ae$ 和 $ag$ 精确至 0.1mm，则 $A$ 点的坐标为

$$\begin{cases} x_A = x_a + ae \times M \\ y_A = y_a + ag \times M \end{cases} \tag{10-2}$$

式中 $M$——地形图比例尺的分母；

$x_a$，$y_a$——$a$ 点的坐标值。

若量取 $ae=30.5$mm，$ag=72.0$mm，又已知 $x_a=10200$m，$y_a=20100$m，则 $A$ 点的坐标为

$$x_A = 10200 + 0.0305 \times 1000 = 10230.5\ (\text{m})$$
$$y_A = 20100 + 0.0720 \times 1000 = 20172.0\ (\text{m})$$

考虑到图纸有伸缩，$A$ 点的坐标可按下式计算。

$$\begin{cases} x_A = x_a + ae \times \dfrac{l}{ab} \times M \\ y_A = y_a + ag \times \dfrac{l}{ad} \times M \end{cases} \tag{10-3}$$

式中 $ab$，$ad$——在图中实际量出的长度，精确至0.1mm；

$l$——坐标方格的边长。

其他符号含义同前。

## 二、在图上确定两点间的直线距离

如图10-3所示，求$A$，$B$两点间的直线距离，可采用下述两种方法。

1. 图解法

当精度要求不高时，可用直尺直接在图上量出$A$，$B$两点间的距离$d_{AB}$，再根据比例尺计算出两点间的距离$D_{AB}$。

$$D_{AB}=d_{AB}\times M \tag{10-4}$$

式中 $M$——比例尺的分母。

2. 解析法

先求出图上两点的坐标，再用两点间的距离公式计算出两点间的直线距离。

如图10-3所示，求出坐标$A$（$x_A$，$y_A$）和$B$（$x_B$，$y_B$）后，则用下列公式计算。

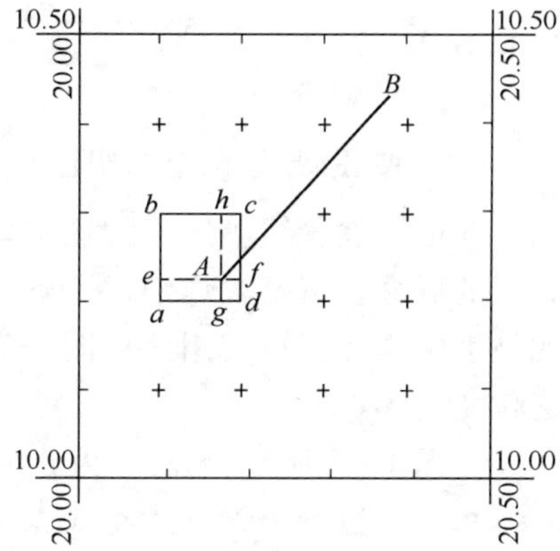

图10-3 求点的坐标

$$D_{AB}=\sqrt{(x_B-x_A)^2+(y_B-y_A)^2} \tag{10-5}$$

## 三、在图上确定某直线的坐标方位角

1. 图解法

此方法是先作出辅助线，然后在图上用量角器直接量取坐标方位角。如图10-4所示，需量出坐标方位角$\alpha_{CD}$，先过$C$，$D$点分别作出纵向坐标线的平行线，再用量角器量出方位角$\alpha'_{CD}$，$\alpha'_{DC}$的角值，即正、反坐标方位角。取平均值作为最后结果。

$$\alpha_{CD}=\frac{1}{2}(\alpha'_{CD}+\alpha'_{DC}\pm 180°) \tag{10-6}$$

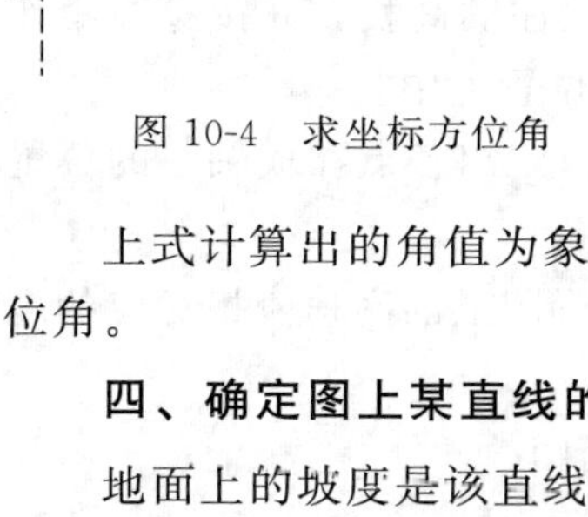

图10-4 求坐标方位角

2. 解析法

先按图解法求出图上两点的坐标，若两点坐标为$C(x_C，y_C)$，$D$（$x_D$，$y_D$），则方位角计算公式为

$$\alpha_{CD}=\tan^{-1}\frac{y_D-y_C}{x_D-x_C}=\tan^{-1}\frac{\Delta y_{CD}}{\Delta x_{CD}} \tag{10-7}$$

上式计算出的角值为象限角，再根据$\Delta x_{CD}$和$\Delta y_{CD}$的正、负值求得直线$CD$的坐标方位角。

## 四、确定图上某直线的坡度

地面上的坡度是该直线两端点的高差与其水平距离之比。确定某直线的坡度时可先在地形图上求出两端点的高差$h$，再用上述求距离的方法求出该直线的水平距离$D$，则该直线的坡度$i$为

$$i=\frac{h}{D} \tag{10-8}$$

坡度 $i$ 通常用百分率（%）或千分率（‰）表示。

如图 10-2 所示，欲求直线 $MN$ 的坡度，已知 $H_M=65\text{m}$，$H_N=67.31\text{m}$，则 $h=2.31\text{m}$，又知 $D_{MN}=85.45\text{m}$，则直线 $MN$ 的坡度 $i=2.70\%$。

如果直线是跨越几条等高线，而且相邻等高线之间的平距不等，则表示地面坡度不均匀，所求得的坡度是两点间的平均坡度。

## 第三节　地形图在工程建设中的应用

### 一、按设计线路绘制纵断面图

在道路、管线等工程设计中，为了综合比较设计线路的长度和坡度，以及进行挖、填土方量的概算，需要较详细地了解设计沿线路方向的地面坡度变化情况，以便合理地选定线路的坡度。为此，可利用地形图上的等高线来绘制设计线路纵断面图，以此反映该线路地面的起伏变化。

如图 10-5 所示，$MN$ 为设计线路的一段，此段线路与等高线的交点分别为 1，2，3，…，9。欲绘出设计线路 $MN$ 段的纵断面图，方法如图 10-6 所示。

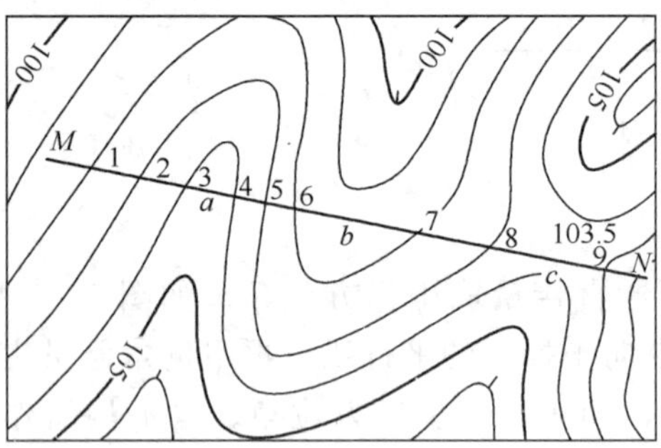


图 10-5　一段设计线路

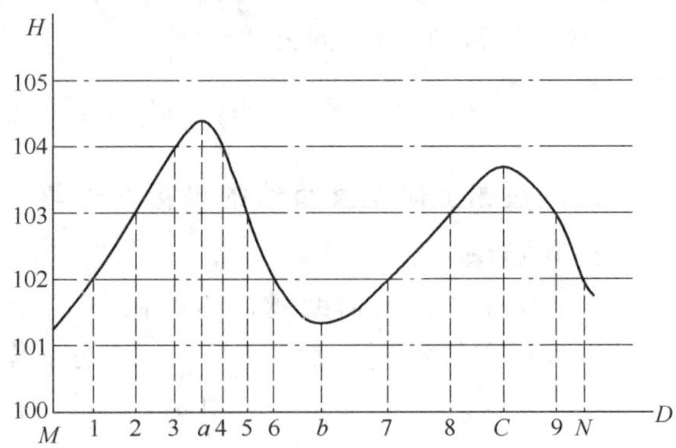


图 10-6　$MN$ 方向纵断面图

(1) 首先在图纸上绘制直角坐标系。以横轴 $MD$ 表示水平距离。水平距离比例尺一般与地形图的比例尺相同。以纵轴 $MH$ 表示高程，为了更明显地反映出地面的起伏情况，一般高程比例尺要比水平距离比例尺扩大 10～20 倍，然后在纵轴上注明高程，并按等高距作与横轴平行的等高线。高程起始值要选择恰当，使绘出的断面图位置适中。

(2) 将 $MN$ 线与等高线各交点至 $M$ 点的距离截取到横轴上，定出各点在横轴上的位置 1，2，3，…，$N$。

(3) 自横轴上的 1，2，3，…，$N$ 各点作垂线，与各点在地形图上的高程值相对应的高程线相交，其交点就是纵断面上的点。

(4) 把相邻点用平滑曲线连接起来，即为 $MN$ 方向的纵断面图。

断面过山脊或山谷的坡度变化处的高程，可用比例内插法求得。

在纵断面图上按高程将直线 $MN$ 两端点连起来，若 $MN$ 连线与断面线相交，则说明 $M$，$N$ 两点间不通视，两点间视线受阻。这对于架空线路、水文观测、控制点观测等是不利的。

## 二、在地形图上按限制坡度选择最短路线

在山区或丘陵地区进行各种道路和管道的工程设计时，坡度都要求有一定的限制。比如，公路坡度大于某一值时，动力车辆将行驶困难；渠道坡度过小时，将影响渠道内水的流速。因此，在设计线路时，可按限定的坡度在地形图上选线，选出符合坡度要求的最短路线。

如图 10-7 所示，欲在 $M$，$N$ 之间修建一条由 $M$ 点开始，坡度为 $i=4\%$ 的到 $N$ 点的上山公路。等高距为 1m，地形图比例尺分母 $M=1000$，可求得该线路通过图上相邻等高线之间的平距 $d$ 为

$$d=\frac{h}{iM}=\frac{1}{0.04\times1000}=0.025\ (\text{m})$$

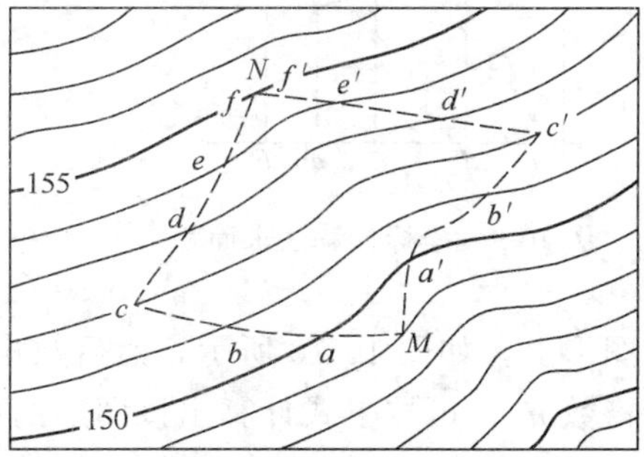

图 10-7　选择最短路线

在图上选线时，以 $M$ 点为圆心，$d=0.025\text{m}$ 为半径画圆弧，交 150m 等高线于 $a$，$a'$点，再分别以 $a$，$a'$点为圆心画圆弧，交 151m 等高线于 $b$，$b'$点，依次进行，直至交到 $N$ 点。将这些交点依次连接起来便可得到多条符合坡度要求的线路，最后经过实地调查比较，综合各种因素从中确定一条最合理的线路。

作图中如果图上等高距大于 $d$，画圆弧交不到相邻的等高线，则说明实地坡度小于限定坡度，这时线路可按两点间最短路线的方向铺设。

## 三、图形的面积量算

各种土建工程、管道工程都需要求面积以便计算土石方工程量。对于规则的图形面积，将规则多边形划分成若干个规则的三角形、矩形、梯形等图形，在地形图上量取相应的线段长度后分别进行计算，最后进行叠加。对不规则的图形面积，可采用近似计算的方法。

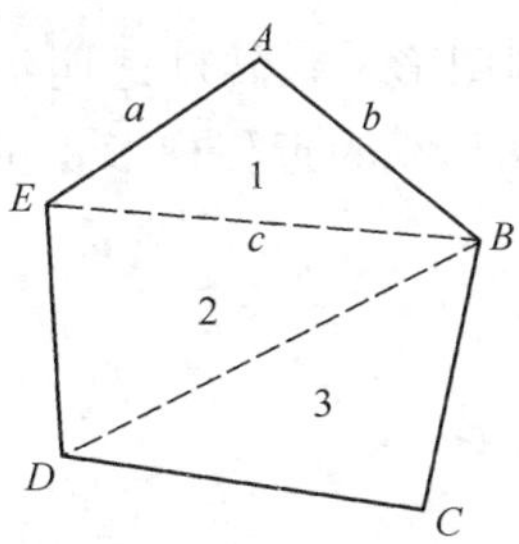

图 10-8　几何图形法求面积

1. 规则多边形面积量算

(1) 几何图形法　将多边形划分成几个几何图形来计算。如图 10-8 所示，所求多边形 $ABCDE$ 的面积可分解成三个三角形 1，2，3，分别求出每个三角形的面积，再相加即得多边形 $ABCDE$ 的总面积。具体方法如下。

对三角形 1，用求两点直线距离的方法在图上量出三角形三条边的长度分别为 $a$，$b$，$c$，用三角形面积计算公式求得面积。

$$S_1=\sqrt{p(p-a)(p-b)(p-c)} \tag{10-9}$$

式中　$p=\dfrac{a+b+c}{2}$。

同样可求出三角形 2，3 的面积 $S_2$，$S_3$，多边形 $ABCDE$ 的总面积 $S$ 为

$$S=S_1+S_2+S_3 \tag{10-10}$$

(2) 坐标计算法　当多边形图形面积较大时，可在地形图求出各点的坐标，用坐标计算法计算图形面积。

如图 10-9 所示，任意四边形顶点 $A$，$B$，$C$，$D$ 的坐标分别为 $(x_A,\ y_A)$，$(x_B,\ y_B)$，

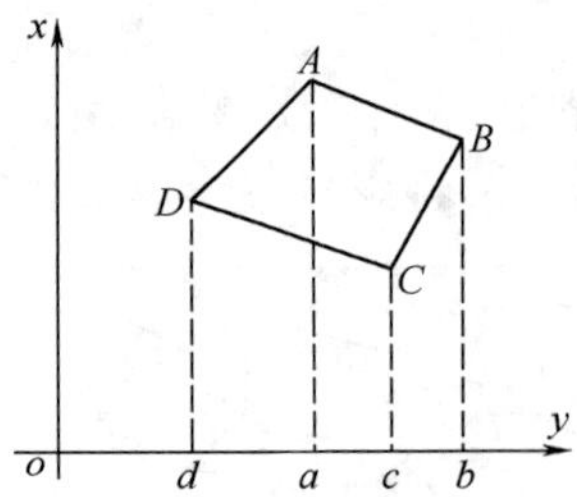


图 10-9 坐标计算法求面积

$(x_C, y_C)$，$(x_D, y_D)$，由此可知四边形 $ABCD$ 的面积 $S$ 等于梯形 $DAad$ 的面积加上梯形 $ABba$ 的面积再减去梯形 $DCcd$ 与梯形 $CBbc$ 的面积，即

$$S=\frac{1}{2}[(y_A-y_D)(x_D+x_A)+(y_B-y_A)(x_A+x_B)-(x_C+x_D)(y_C-y_D)-(x_C+x_B)(y_B-y_C)] \quad (10\text{-}11)$$

2. 不规则曲线面积量算

（1）透明方格纸法　将毫米透明方格纸覆盖在欲求面积的图形上，如图 10-10 所示，然后数出图形占据的整格数目 $n$，将不完整方格数累计折成一整格数 $n_1$，可按下式计算出该图形的面积 $A$。

$$A=(n+n_1)aM^2 \quad (10\text{-}12)$$

式中　$a$——透明方格纸小方格的面积；

$M$——比例尺的分母。

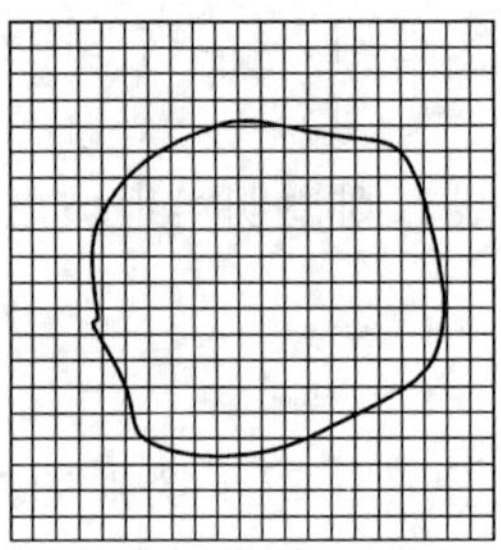

图 10-10　透明方格纸法求面积

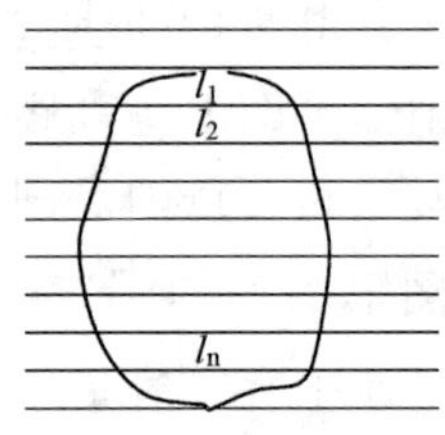


图 10-11　平行线法求面积

（2）平行线法　如图 10-11 所示，将画有平行线的透明纸覆盖到图形上，转动透明纸使平行线与图形的上、下边线相切。把相邻两平行线之间所截的部分图形视为近似梯形，量出各梯形的底边长度 $l_1$，$l_2$，…，$l_n$，则各梯形面积分别为

$$S_1=\frac{1}{2}(l_1+0)h$$

$$S_2=\frac{1}{2}(l_1+l_2)h$$

$$\vdots$$

$$S_{n+1}=\frac{1}{2}(l_n+0)h$$

图形总面积为

$$S=S_1+S_2+\cdots+S_{n+1}=(l_1+l_2+\cdots+l_n)h \quad (10\text{-}13)$$

式中　$h$——透明纸平行线间距。

## 四、根据地形图等高线平整场地

在工业与民用建筑工程中，通常要对拟建地区的自然地貌加以改造，整理为水平或倾斜的场地，使改造后的地貌适于布置和修建建筑物，便于排泄地面水，满足交通运输和敷设地下管线的需要，这些工作称为平整场地。在平整场地中，为了使场地的土石方工程合理，应满足挖方与填方基本平衡，同时要概算出挖或填土石方的工程量，并测设

出挖、填土石方的分界线。场地平整的计算方法很多，其中设计等高线法是应用最广泛的一种。

1. 设计成水平场地

如图 10-12 所示为 1∶1000 比例尺的地形图，拟在图上将 40m×40m 的场地平整为某一设计高程的水平场地。要求挖、填土石方量基本平衡，并计算出土石方量。设计计算步骤如下。

（1）绘制方格网　在地形图上的拟建场地内绘制方格网。方格网的大小取决于地形的复杂程度和土石方概算精度，通常为 10m×10m 或 20m×20m，图 10-12 中为 10m×10m 方格网。

（2）计算设计高程　首先根据地形图上的等高线计算出每个方格角点的地面高程，标注在相应点的右上方，再计算出每个方格的平均高程。最后把所有方格的平均高程加起来除以方格总数 $n$，得到设计高程的公式为

$$H_{设计}=\frac{\dfrac{H_A+H_a+H_1+H_1}{4}+\dfrac{H_a+H_b+H_2+H_1}{4}+\cdots}{n} \tag{10-14}$$

式中　$H_A$，$H_a$，…——相应方格角点的高程；

$n$——总方格数。

实际计算时，可根据方格角点的地面高程及方格角点在计算每格平均高程时出现的次数来进行计算。图中场地四周的角点 $A$，$B$，$C$，$D$ 的地面高程在计算平均高程中只出现一次，边线上的点 $a$，$b$，$c$，…，$L$ 在计算中用到两次，中间的点 1，2，3，…，9 用到四次。将上式按各方格点在计算中出现的次数进行整理，得

$$H_{设计}=\frac{\Sigma H_{\mathrm{I}}+2\Sigma H_{\mathrm{II}}+4\Sigma H_{\mathrm{IV}}}{4n}$$

若场地某方格不是矩形，在计算设计高程时，有的方格将用到三次，场地的设计高程计算式改写为

$$H_{设计}=\frac{\Sigma H_{\mathrm{I}}+2\Sigma H_{\mathrm{II}}+3\Sigma H_{\mathrm{III}}+4\Sigma H_{\mathrm{IV}}}{4n}$$

式中，$H_{\mathrm{I}}$，$H_{\mathrm{II}}$，$H_{\mathrm{III}}$，$H_{\mathrm{IV}}$ 分别为计算中出现 1，2，3，4 次方格的高程。

用上式计算图 10-12 的设计高程，得

$$\begin{aligned}H_{设计}=&[(72.8+73.7+69.0+68.8)+2\times\\&(73.8+75.2+74.3+72.4+71.3+70.2+69.7+70.1+69.6+69.7+70.7+71.8)+\\&4\times(72.8+73.8+73.0+72.0+72.5+71.9+70.9+71.4+70.9)]\div(4\times16)\\=&71.85\ (\mathrm{m})\end{aligned}$$

（3）绘出挖、填边界线　在地形图上根据等高线用内插方法定出高程为 71.85m 的设计等高点。连接各点，即为挖填边界线（图 10-12 中画有短线的曲线），在挖填线以上为挖方区域，以下为填方区域。

（4）计算挖、填高度　各方格点挖填高度为该点的地面高程与设计高程之差，即 $h=H_{地}-H_{设计}$。将 $h$ 的各计算值填于各方格点的左上角。“+”表示挖方，“-”表示填方。

（5）计算挖、填土石方量　首先计算各方格内的挖、填土石方量，然后计算总的土石方

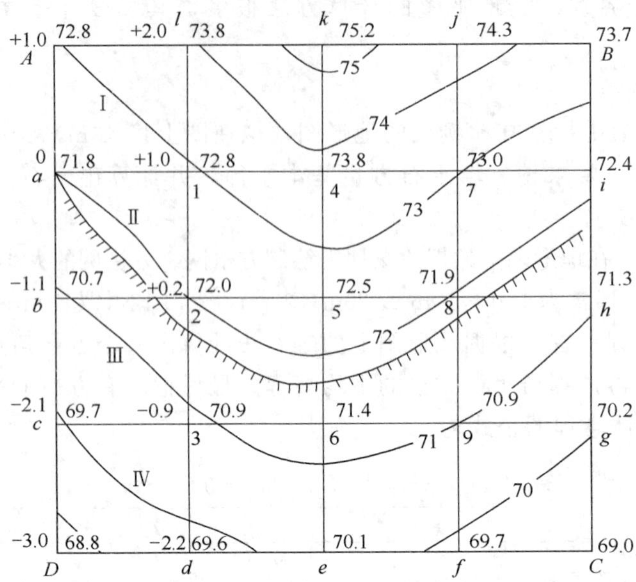

图 10-12 设计成水平场地

量。现以图 10-12 中Ⅰ，Ⅱ，Ⅳ方格为例来说明计算方法。

方格Ⅰ全为挖方，则

$$V_{Ⅰ挖}=\frac{1}{4}(1.0+2.0+1.0+0)\times A_{Ⅰ挖}=A_{Ⅰ挖}\ (m^3)$$

方格Ⅱ既有挖方，又有填方，则

$$V_{Ⅱ挖}=\frac{1}{4}(0+1.0+0.2+0)\times A_{Ⅱ挖}=0.3A_{Ⅱ挖}\ (m^3)$$

$$V_{Ⅱ填}=\frac{1}{3}(0+0-1.1)\times A_{Ⅱ填}=-0.37A_{Ⅱ填}\ (m^3)$$

方格Ⅳ全为填方，则

$$V_{Ⅳ填}=\frac{1}{4}(-2.1-3.0-2.2-0.9)\times A_{Ⅳ填}=-2.05A_{Ⅳ填}\ (m^3)$$

式中，$A_{Ⅰ挖}$，$A_{Ⅱ挖}$，$A_{Ⅱ填}$，$A_{Ⅳ填}$为相应挖、填方面积，同法计算其他方格的挖、填方量，然后按挖、填方量分别计算总和，即为总的挖、填土石方量。

2. 设计成一定坡度的倾斜地面

对于上述地面根据地貌的自然坡度将地面设计成从上向下（北到南）坡度为－8％的倾斜地面，要求挖、填方量平衡。设计计算步骤如下。

（1）绘制方格网

（2）根据挖、填平衡，确定场地重心点的设计高程　按水平场地的设计计算方法，计算出场地重心的设计高程为 71.85m。

（3）确定倾斜面最高和最低点的设计高程　如图 10-13 所示，按设计要求，场地从上到下（北至南）以－8％为最大坡度，则 $AB$ 为场地的最高边线，$CD$ 为场地的最低边线。已知 $AD$ 边长为 40m，则 $A$，$D$ 两点的设计高差为

$$h_{DA}=D_{AD}i=40\times 8\%=3.2(m)$$

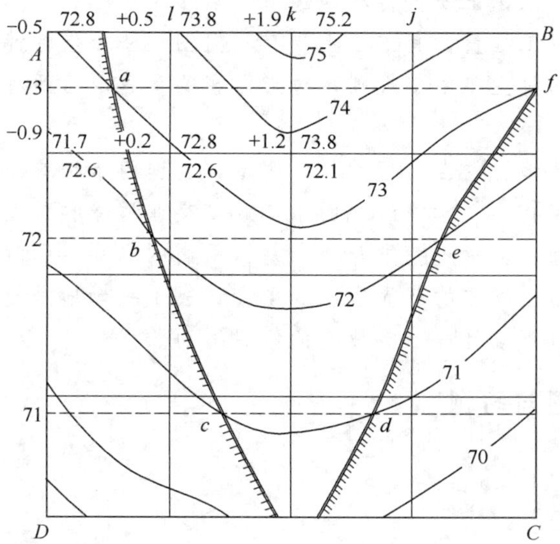


图 10-13　设计成一定坡度的倾斜地面

由于场地重心（图形的中心）的设计高程定为 71.85m，且 $AD$，$BC$ 均为最大坡度方向，所以 71.85m 也是 $AD$ 及 $BC$ 边线的中心点的设计高程，那么 $A$，$D$ 两点的设计高程分别为

$$H_{A设}=71.85+\frac{3.2}{2}=73.45(\mathrm{m})$$

$$H_{D设}=71.85-\frac{3.2}{2}=70.25(\mathrm{m})$$

同理可计算出

$$H_{B设}=73.45(\mathrm{m})$$
$$H_{C设}=70.25(\mathrm{m})$$

（4）确定挖、填边界线　在 $AD$ 边线上，根据 $A$，$D$ 的设计高程内插出 71m，72m，73m 的设计等高线的位置。通过这些点分别作 $AB$ 的平行线（图 10-13 中的虚线），这些虚线就是坡度为－8%的设计等高线。设计等高线与图上同高程的原等高线相交于 $a$，$b$，$c$，$d$，$e$，$f$ 点，这些交点的连线即为挖填边界线（画有短线的曲线）。图中两连线 $abc$，$def$ 之间为挖方范围，其余为填方范围。

（5）确定方格角点的挖、填高度　根据原图的等高线按内插法求出各方格角点的地面高程，并注在角点的右上方。同法，根据设计等高线求出各方格角点的设计高程，注在角点的右下方。按式 $h=H_{地}-H_{设计}$ 计算出各角点的挖、填高度，并注在角点的左上方。

（6）计算挖、填方量　根据方格角点的挖、填高度，可按前述介绍的方法分别计算各方格内的挖、填土石方量及整个场地的总挖、填土石方量。

## 小　结

本章主要介绍了地形图应用的内容，阅读地形图的步骤和方法。通过阅读地形图图廓外的注记，可以掌握图幅的范围，了解其与相邻图幅的关系，了解地形图的坐标系统、高程系统、等高距等。通过阅读地形图中的内容，可以了解地形、地貌的基本概况，建筑物以及植被等情况。

在地形图的基本应用中，着重介绍了在地形图上如何确定某点的高程和坐标，确定某点的高程时，可用内插法或目估内插法来确定；确定某点的坐标时，必须考虑图纸伸缩的影响；确定两点间的直线距离或某直线的坐标方位角可用图解法或解析法；确定图上某直线的坡度时，则需先求出该直线两端点的高差 $h$，再求出该直线的水平距离 $D$，高差与其水平距离之比就是某直线的坡度。

在地形图在工程建设中的应用中，着重介绍了按设计线路绘制纵断面图的方法，这种方法主要是利用地形图上的等高线来绘制设计线路纵断面图，以此反映该线路地面的起伏变化。

在地形图上按限制坡度选择最短路线的方法，是根据工程的需要，对在山区或丘陵地区进行各种道路和管道的坡度进行一定的限制。以保证安全行车和过水。

图形的面积量算主要是计算工程的土石方工程量，其方法主要有几何图形法、坐标计算法、透明方格纸法和平行线法四种，其中前两种主要用于规则多边形面积的量算，后两种主要用于不规则曲线面积的量算。

在工业与民用建筑工程中，通常要对拟建地区的自然地貌加以改造，整理为水平或倾斜的场地，使改造后的地貌适于布置和修建建筑物，便于排泄地面水，满足交通运输和敷设地下管线的需要，为了使场地的土石方工程合理，应满足挖方与填方基本平衡的原则，同时要概算出挖或填土石方工程量，并测设出挖、填土石方的分界线。其中设计成水平场地是使用最广泛的一种方法，有时为了工程的需要，也可设计成一定坡度的倾斜地面。

## 思考题与习题

1. 简述阅读地形图的步骤和方法。

2. 简述利用地形图确定某点的高程和坐标的方法。

3. 简述利用地形图确定两点间的直线距离的方法。

4. 简述利用地形图确定某直线的坐标方位角的方法。

5. 简述利用地形图计算面积的方法。

6. 如何计算场地的设计高程？

7. 用图 10-1 完成以下作业：

(1) 求图根点 A51，$\frac{5}{202.71}$，$\frac{7}{185.71}$的坐标；

(2) 求 A51 至$\frac{7}{185.71}$方向的坐标方位角；

(3) 求 A51 至$\frac{7}{185.71}$之间的水平距离；

(4) 绘出 A51 至$\frac{5}{202.71}$方向的纵断面图。

8. 如图 10-14 所示为 40m×40m 的坡地 $ABCD$，已绘成 10m×10m 的方格，要求将该场地平整为一水平场地，且使挖、填土方基本平衡。

(1) 求该场地的设计高程；

(2) 在图上绘出挖、填边界线；

(3) 计算挖、填土方量。

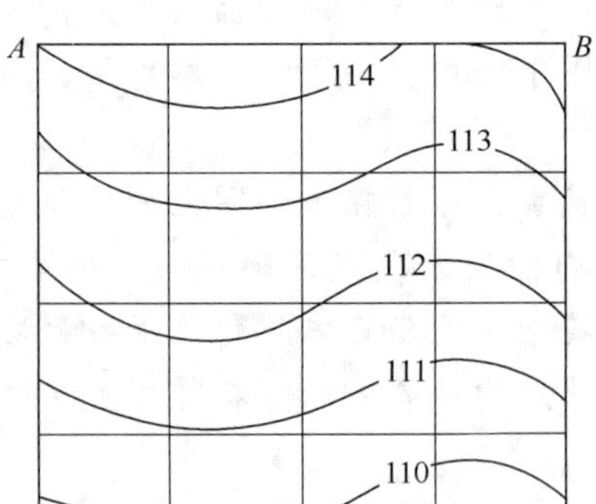


图 10-14 场地平整

# 第十一章　施工测量的基本知识

**学习目标**

• 了解工程建筑物的施工放样必须遵循“由整体到局部”、“先控制后碎部”的原则和工作程序。进行施工放样之前应熟悉建筑物的总体布置图和各个建筑物的结构设计图，检查、校核设计图上轴线间距离和各部高程的注记。

• 理解施工测设与地形图测绘的工作目的不同。测绘地形图是通过测量水平角、水平距离和高差，经过计算求得地面特征点的空间位置元素，根据这些数据并配上相应的符号绘制成地形图。而施工测设是把图上设计建筑物的特征点标定在实地上，与测量过程相反。

• 掌握测设的基本工作就是测设已知水平距离、已知水平角和已知高程。施工测量与施工有着密切的联系，它贯穿于施工的全过程，是直接为施工服务的。测设的质量将直接影响施工的质量和进度。

## 第一节　施工测量概述

### 一、概述

工程建设一般分为三个阶段，即勘测规划设计阶段、施工阶段和运行管理阶段。勘测规划设计阶段的主要测量任务是测绘大比例尺地形图和其他地形资料。工程技术人员根据建筑工程的有关要求和地形资料进行规划设计。在设计工作完成后，就要在实地进行施工。在施工阶段所进行的测量工作称为施工测量，又称测设或放样。

工程建筑物的施工放样也必须遵循“由整体到局部”、“先控制后碎部”的原则和工作程序。首先是根据工程总平面图和地形条件建立施工控制网，然后进行场地平整，根据施工控制网点在实地定出各个建筑物的主轴线和辅助轴线，再根据主轴线和辅助轴线标定建筑物的各个细部点，同时进行工程施工中各道工序的细部测设，构件与设备安装的测设工作；在工业或大型民用建筑竣工后，为了便于管理、维修和扩建，还需进行竣工测量，绘制竣工平面图；有些高大和特殊的建（构）筑物在施工期间和建成后还要定期进行变形观测，以便积累资料，掌握变形规律，为工程设计、维护和使用提供资料。采用这样的工作程序，能确保建筑物几何关系的正确，而且使施工放样工作可以有条不紊地进行，避免误差的累计。

施工放样的进度与精度直接影响施工进度和施工质量。因此，进行施工放样之前应熟悉建筑物的总体布置图和各个建筑物的结构设计图，检查、校核设计图上轴线间距离和各部高程的注记。在施测过程中，对建筑物重要部位一般要再采用一种施测方法进行检核，检查无误后才可进行施工。

### 二、施工测量的特点

施工测设与地形图测绘的工作目的不同。测绘地形图是通过测量水平角、水平距离和高差，经过计算求得地面特征点的空间位置元素，根据这些数据并配上相应的符号绘制成地形图。而施工测设是把图上设计建筑物的特征点标定在实地上，与测量过程相反。例如，水平角度的观测是在测站上测量两个已知方向之间的夹角。而水平角度放样是根据设计图上的角度值，以某一已知方向为依据，在测站上将另一待定方向标定在实地上。但不论是测量或测设，其测量的基本元素还是水平角、水平距离和高差。测量或测设所使用的仪器设备和工作方法基本相同，只是工作程序相反。其本质都是确定点的位置。

与地形图测绘相比较，施工测量精度要求较高。其误差大小，将直接影响建（构）筑物的尺寸和形状。测设精度的要求又取决于建（构）筑物的大小、材料、用途和施工方法等因素。如工业建筑测设精度高于民用建筑；钢结构建筑物的测设精度高于钢筋混凝土结构的建筑物；装配式建筑物的测设精度高于非装配式的建筑物；高层建筑物的测设精度高于低层建筑物等。

施工测量与施工有着密切的联系，它贯穿于施工的全过程，是直接为施工服务的。测设的质量将直接影响到施工的质量和进度。测量人员除应充分了解设计内容及对测设的精度要求，熟悉图上设计建筑物的尺寸、数据以外，还应与施工单位密切配合，随时掌握工程进度及现场变动情况，使测设精度和速度能满足施工的需要。

施工现场工种多，交叉作业干扰大，地面变动较大并有机械的振动，易使测量标志被毁。因此，测量标志从形式、选点到埋设均应考虑使其便于使用、保管和检查，如有损坏，应及时恢复。在高空或危险地段施测时，应采取安全措施，以防止事故发生。

## 第二节　测设的基本工作

建（构）筑物的测设工作实质上是根据已建立的控制点或已有的建筑物，按照设计的角度、距离和高程把图纸上建（构）筑物的一些特征点（如轴线的交点）标定在实地上。因此，测设的基本工作就是测设已知水平距离、已知水平角和已知高程。

### 一、测设已知水平距离

已知水平距离的测设就是从地面一已知点开始，沿给定的方向，定出直线上另外一点，使得两点间的水平距离为给定的已知值。例如，在施工现场，把房屋轴线的设计长度、道路、管线的中线在地面上标定出来；按设计长度定出一系列点等。

1. 钢尺测设法

如图 11-1 所示，设 $A$ 为地面上已知点，$D$ 为设计的水平距离，要在地面上沿给定的 $AB$ 方向上测设水平距离 $D$，以定出线段的另一端点 $B$。具体做法是从 $A$ 点开始，沿 $AB$ 方向用钢尺边定线边丈量，按设计长度 $D$ 在地面上定出 $B'$ 点的位置。若建筑场地不平整时，丈量时可将钢尺一端抬高，使钢尺保持水平，用吊垂球的方法来投点。往返丈量 $AB'$ 的距离，若相对误差在限差以内，取其平均值 $D'$，并将端点 $B'$ 加以改正，求得 $B$ 点的最后位置。改正数 $\Delta D = D - D'$。当 $\Delta D$ 为正时，向外改正；反之，向内改正。

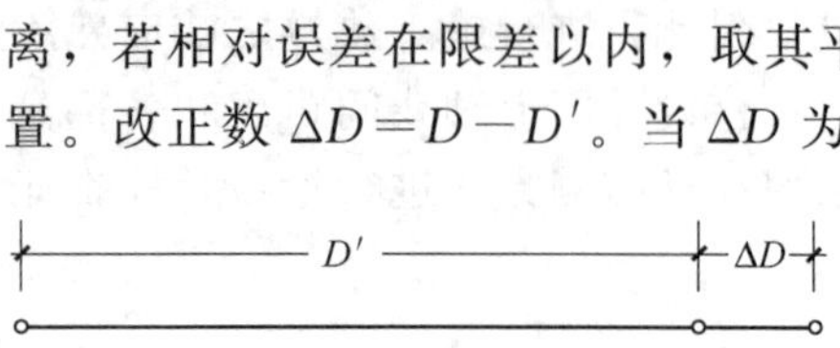

图 11-1　用钢尺测设水平距离

若测设精度要求较高，可在定出 $B'$ 点后，用经过检定后的钢尺精确往返丈量 $AB'$ 的距离，并加尺长改正 $\Delta l_1$、温度改正 $\Delta l_t$ 和倾斜改正 $\Delta l_h$ 三项改正数，求出 $AB'$ 的精确水平距离 $D'$。根据 $D'$ 与 $D$ 的差值

$\Delta D=D-D'$沿 $AB$ 方向对 $B'$点进行改正。故设计的水平距离有下列等式成立。

$$D=D'+\Delta l_1+\Delta l_t+\Delta l_h \tag{11-1}$$

**【例 11-1】** 在如图 11-2 所示的倾斜地面上，需要在 $AC$ 方向上测设长度为 $D=49.338$m 的一段水平距离并定出 $C_0$ 点，现有 30m 的钢卷尺一把，其尺长方程式为

$$l=30-0.003+1.25\times10^{-5}\times30\times(t-20)$$

经过测定，$A$，$C_0$ 两点的高差为 $h=1.3$m，测设时的温度为 $t=18$℃，试计算在 $AC$ 方向沿倾斜地面应量出的名义长度为多少？

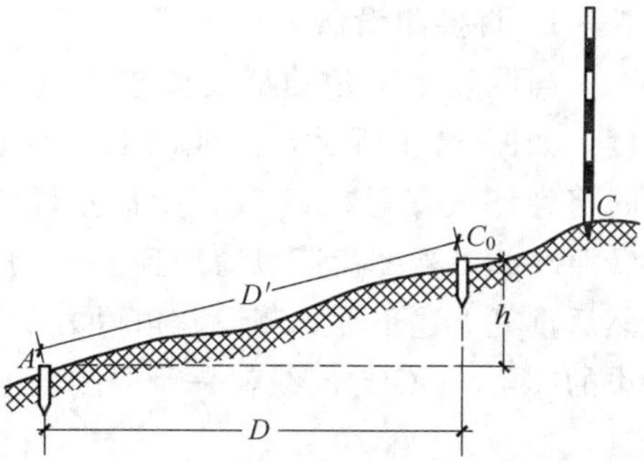


图 11-2　水平距离的测设方法

**解：** 首先计算需测设水平距离的尺长、温度、高差三项改正数。

（1）尺长改正 $\Delta l_1$

$$\Delta l_1=D\,\frac{\Delta l_1}{l}=49.338\times\frac{3}{30}=5(\mathrm{mm})=0.005\mathrm{m}$$

（2）温度改正 $\Delta l_t$

$$\Delta l_t=1.25\times10^{-5}\times30\times\frac{49.338}{30}=-1(\mathrm{mm})=-0.001\mathrm{m}$$

（3）倾斜改正 $\Delta l_h$

$$\Delta l_h=-\frac{h^2}{2D}=-\frac{1.3^2}{2\times49.338}=-0.017(\mathrm{m})$$

根据式（11-1）求得应测设的名义长度为

$$D'=D-\Delta l_1-\Delta l_t-\Delta l_h=49.338-0.005+0.001+0.017=49.351(\mathrm{m})$$

**答：** 在 $AC$ 方向上，从 $A$ 点沿倾斜地面丈量距离 49.351m，测设出 $C_0$，即可使 $A$，$C_0$ 两点间的水平距离为 49.338m。

2. 电磁波测距仪测设法

由于电磁波测距仪的普及，目前水平距离的测设，尤其是长距离的测设多采用电磁波测距仪或全站仪。如图 11-3 所示，安置测距仪于 $A$ 点，瞄准 $AB$ 方向，指挥装在对中杆上的棱镜前后移动，使仪器显示值略大于测设的距离，定出 $B'$点。在 $B'$点安置反光棱镜，测出竖直角 $\alpha$ 及斜距 $L$（必要时加测气象改正），计算水平距离。

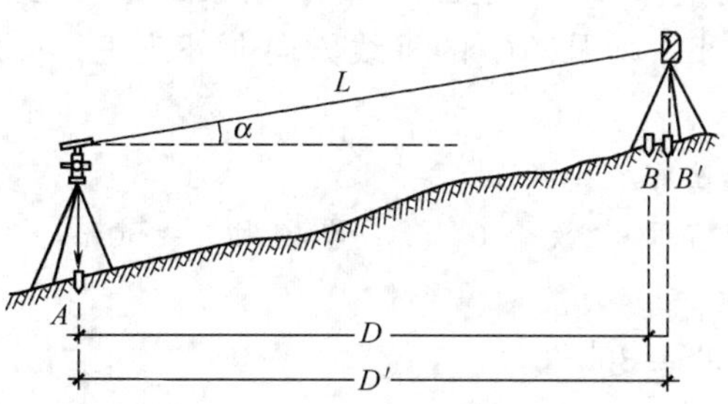


图 11-3　测距仪测设水平距离

$$D'=L\cos\alpha \tag{11-2}$$

求出 $D'$ 与应测设的水平距离 $D$ 之差 $\Delta D=D-D'$。根据 $\Delta D$ 的符号在实地用钢尺沿测设方向将 $B'$点改正至 $B$ 点，并用木桩标定其点位。为了检核，应将反光棱镜安置于 $B$ 点，再实测 $AB$ 的距离，其不符值应在限差之内，否则应再次进行改正，直至符合限差为止。若用全站仪测设，仪器可直接显示水平距离，测设时，反光棱镜在已知方向上前后移动，使仪器显示值等于测设距离即可。

## 二、测设已知水平角

已知水平角的测设就是根据地面已知的一条直线的方向，在该直线的一个端点安置经纬仪，定出另外一个方向，使得两方向线间的水平角等于设计的水平角值。

1. 直接测设法

当测设水平角的精度要求不高时，可用盘左、盘右取平均值的方法，获得欲测设的角度。如图 11-4 所示，设地面上已有 $OA$ 方向线，测设水平角 $\angle AOC$ 等于已知角值 $\beta$。测设时将经纬仪安置在 $O$ 点，用盘左位置照准 $A$ 点，读取度盘读数为 $L$，松开水平制动螺旋，旋转照准部，当度盘读数增加到 $L+\beta$ 角值时，在视线方向上定出 $C'$ 点。用盘右位置照准 $A$ 点，然后重复上述步骤，测设 $\beta$ 角得另一点 $C''$，取 $C'$ 和 $C''$ 两点连线的中点 $C$，则 $\angle AOC$ 就是要测设的 $\beta$ 角，$OC$ 方向线就是所要测设的方向。这种测设角度的方法通常称为正倒镜分中法。

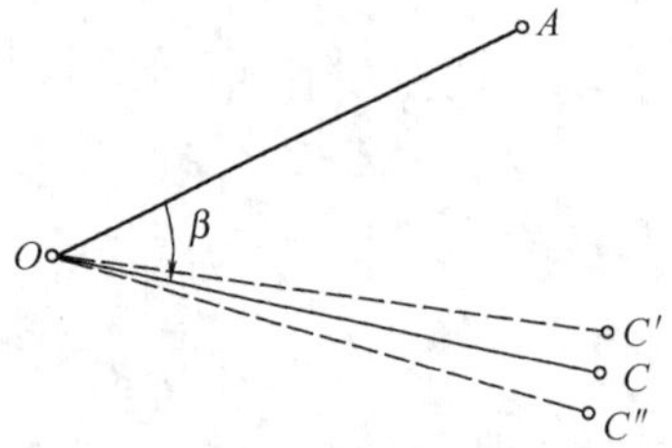


图 11-4 直接测设水平角

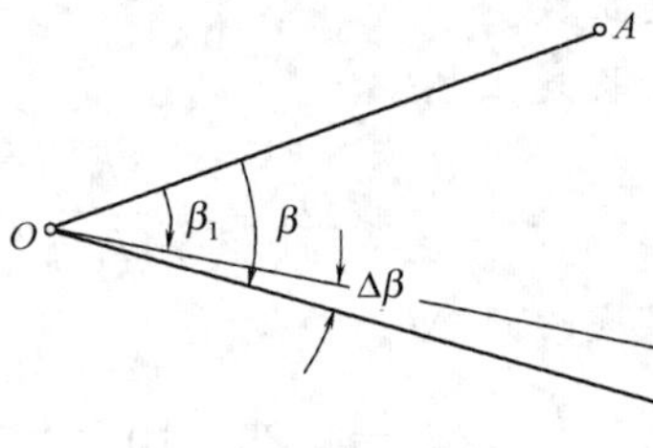


图 11-5 精确测设水平角

2. 精确测设法（归化法）

当测设水平角的精度要求较高时，应采用作垂线改正的方法，如图 11-5 所示。在 $O$ 点安置经纬仪，先用一般方法测设 $\beta$ 角值，在地面上定出 $C'$ 点，再用测回法观测 $\angle AOC'$ 多个测回（测回数由精度要求或按有关规范规定），取各测回平均值为 $\beta_1$，即 $\angle AOC'=\beta_1$，当 $\beta$ 和 $\beta_1$ 的差值 $\Delta\beta$ 超过限差（$\pm 10''$）时，需进行改正。根据 $\Delta\beta$ 和 $OC'$ 的长度计算出改正值 $CC'$。

$$CC'=OC'\tan\Delta\beta=OC'\frac{\Delta\beta}{\rho} \tag{11-3}$$

式中，$\rho=206265''$。

过 $C'$ 点作 $OC'$ 的垂线，再以 $C'$ 点沿垂线方向量取 $CC'$，定出 $C$ 点。则 $\angle AOC$ 就是要测设的 $\beta$ 角。当 $\Delta\beta=\beta-\beta_1>0$ 时，说明 $\angle AOC'$ 偏小，应从 $OC'$ 的垂线方向向外改正；反之，应向内改正。

**【例 11-2】** 已知地面上 $A$，$O$ 两点，要测设直角 $\angle AOC$。

**解：** 在 $O$ 点安置经纬仪，盘左、盘右测设直角取中数得 $C'$ 点，量得 $OC'=50\text{m}$，用测回法观测三个测回，测得 $\angle AOC'=89°59'30''$。

$$\Delta\beta=90°00'00''-89°59'30''=30''$$

$$CC'=OC'\frac{\Delta\beta}{\rho}=50\times\frac{30''}{206265''}=0.007\ (\text{m})$$

过 $C'$ 点作 $OC'$ 的垂线 $C'C$ 向外量 $C'C=0.007\text{m}$ 定得 $C$ 点，则 $\angle AOC$ 即为直角。

## 三、测设已知高程

在建筑工程施工中，测设已知高程的点一般采用水准测量的方法，将设计的高程测设到作业面上。已知高程的测设就是根据已给定的点位，利用附近已知水准点，在点位上标定出给定高程的位置。例如，平整场地，基础开挖，建筑物地坪标高位置确定等，都要测设出已知的设计高程。

1. 视线高法

在建筑工程设计和施工的过程中，为了使用和计算方便，一般将建筑物的室内地坪假设为±0.000，建筑物各部分的高程都是相对于±0.000测设的，测设时一般采用视线高法。

如图11-6所示，欲根据某水准点的高程 $H_R$ 测设 $A$ 点，使其高程为设计高程 $H_A$。则 $A$ 点尺上应读的前视读数为

$$b_{应}=(H_R+a)-H_A \tag{11-4}$$

测设方法如下。

（1）安置水准仪于 $R$，$A$ 中间，整平仪器；

（2）后视水准点 $R$ 上的水准尺，读得后视读数为 $a$，则仪器的视线高 $H_i=H_R+a$；

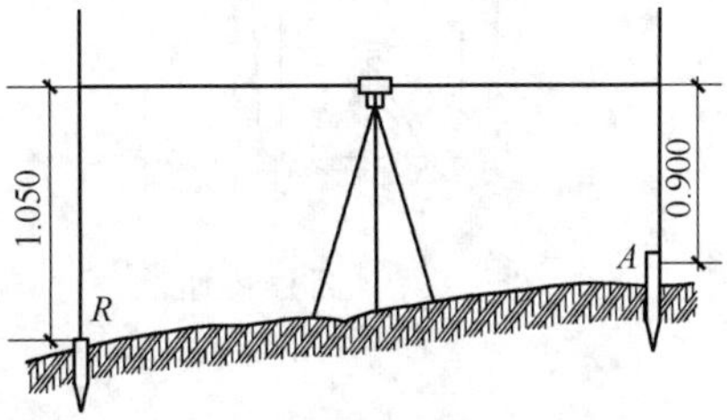

图11-6　视线高法

（3）将水准尺紧贴 $A$ 点木桩侧面上下移动，直至前视读数为 $b_{应}$ 时，在木桩侧面沿尺子底部画一横线，此线即为室内地坪±0.000的位置。

**【例11-3】** 如图11-6所示，$R$ 为水准点，$H_R=75.678\text{m}$，$A$ 为建筑物室内地坪±0.000待测点，设计高程 $H_A=75.828\text{m}$，若后视读数 $a=1.050\text{m}$，试求 $A$ 点尺读数为多少时尺子底部就是设计高程 $H_A$。

**解：** $b_{应}=H_R+a-H_A=75.678+1.050-75.828=0.900(\text{m})$

如果地面坡度较大，无法将设计高程在木桩顶部或一侧标出时，可立尺于桩顶，读取桩顶前视读数，根据下式计算出桩顶改正数

桩顶改正数＝桩顶前视读数－应读前视读数

假如应读前视读数是1.600m，桩顶前视读数是1.150m，则桩顶改正数为－0.450m，表示设计高程的位置在自桩顶往下量0.450m处，可在桩顶上注"向下0.450m"即可。如果改正数为正，说明桩顶低于设计高程，应自桩顶向上量改正数得设计高程。

2. 高程传递法

当开挖较深的基槽，将高程引测到建筑物的上部时，由于测设点与水准点之间的高差很大，无法用水准尺测定点位的高程，此时应采用高程传递法。即用钢尺和水准仪将地面水准点的高程传递到低处或高处上所设置的临时水准点，然后再根据临时水准点测设所需的各点高程。

（1）测设临时水准点　如图11-7所示为深基坑的高程传递，将钢尺悬挂在坑边的木杆上，下端挂10kg重锤，放入油桶中，在地面上和坑内各安置一台水准仪，分别读取地面水准点 $A$ 和坑内水准点 $B$ 的水准尺读数 $a$ 和 $d$，并读取钢尺读数 $b$ 和 $c$，则可根据已知地面水准点 $A$ 的高程 $H_A$，按下式求得临时水准点 $B$ 的高程 $H_B$

$$H_B=H_A+a-(b-c)-d \tag{11-5}$$

为了进行检核，可将钢尺位置变动10～20cm，同法再次读取这四个数，两次求得的高程相差不得大于3mm。

当需要将高程由低处传递至高处时，可采用同样的方法进行，由下式计算。

$$H_A=H_B+d+(b-c)-a \tag{11-6}$$

（2）测设设计高程　如图11-7所示，已知水准点 $A$ 的高程 $H_A$，深基坑内 $B$ 的设计高程为 $H_B$。测设方法同上，观测时两台水准仪同时读数，坑口的水准仪读取 $A$ 点水准尺和钢

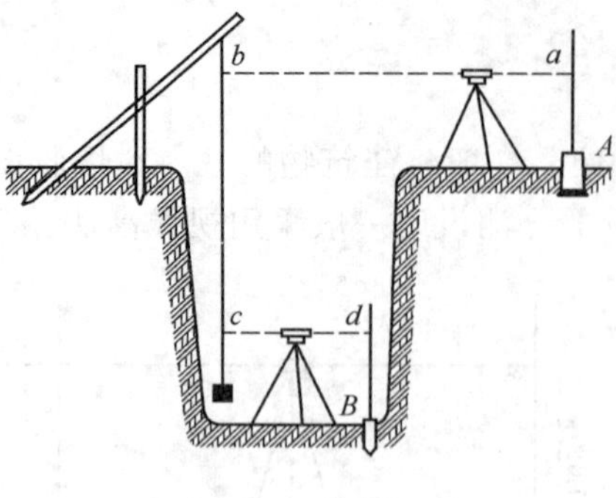

图 11-7 高程传递法

尺上读数分别为 $a$，$c$，坑底的水准仪在钢尺上的读数为 $d$。$B$ 点所立尺上的前视读数 $b$ 应为

$$b=H_A+a-(c-d)-H_B \tag{11-7}$$

【例 11-4】 设水准点 $A$ 的高程 $H_A=73.363$m，$B$ 点的设计高程 $H_B=62.000$m，坑口的水准仪读取 $A$ 点水准尺和钢尺上读数分别为 $a=1.531$m，$c=12.565$，坑底水准仪在钢尺上的读数 $d=1.535$m。$B$ 点所立尺上的前视读数 $b$ 应为

$$\begin{aligned}b&=H_A+a-(c-d)-H_B\\&=73.363+1.531-(12.565-1.535)-62.000\\&=1.864\ (\text{m})\end{aligned}$$

用同样方法，可从低处向高处测设已知高程的点。

## 第三节 测设平面点位的方法

测设点的平面位置就是根据已知控制点，在地面上标定出一些点的平面位置，使这些点的坐标为给定的设计坐标。例如，在工程建设中，要将建筑物的平面位置标定在实地上，其实质就是将建筑物的一些轴线交叉点、拐角点在实地标定出来。

根据设计点位与已有控制点的平面位置关系，结合施工现场条件，测设点的平面位置的方法有直角坐标法、极坐标法、前方交会法等。

### 一、直角坐标法

直角坐标法是根据直角坐标原理进行点位的测设。当建筑施工场地有彼此垂直的主轴线或建筑方格网，待测设的建（构）筑物的轴线平行而又靠近基线或方格网边线时，常用直角坐标法测设点位。

如图 11-8（a），（b）所示，Ⅰ，Ⅱ，Ⅲ，Ⅳ点是建筑方格网的顶点，其坐标值已知，1，2，3，4 点为拟测设的建筑物的四个角点，在设计图纸上已给定四个角点的坐标，现用直角坐标法测设建筑物的四个角桩。测设步骤如下。

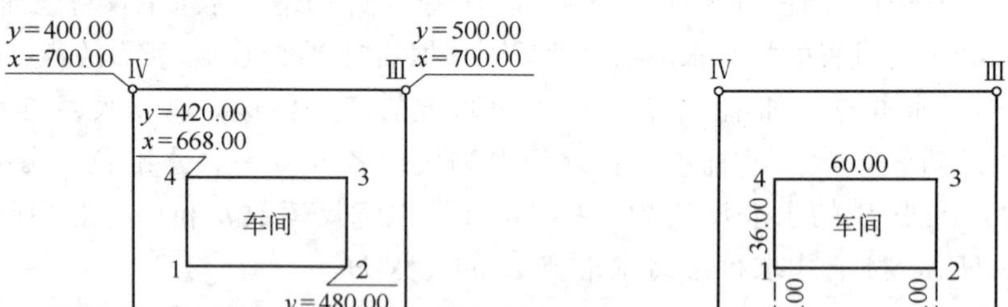

(a) 直角坐标法设计图纸 (b) 直角坐标法测设数据

图 11-8 直角坐标法

首先根据方格顶点和建筑物角点的坐标，计算出测设数据。然后在Ⅰ点安置经纬仪，瞄准Ⅱ点，在Ⅰ，Ⅱ方向上以Ⅰ点为起点分别测设 $D_{\text{Ⅰa}}=20.00$m，$D_{ab}=60.00$m，定出 $a$，$b$ 点。搬仪器至 $a$ 点，瞄准Ⅱ点，用盘左、盘右测设 90°角，定出 $a$ 点至 4 点的方向线，在此

方向上由 $a$ 点测设 $D_{a1}=32.00\text{m}$，$D_{14}=36\text{m}$，定出1，4点。再搬仪器至 $b$ 点，瞄准Ⅰ点，同法定出房角点2，3。这样建筑物的四个角点位置便确定了，最后要检查 $D_{12}$，$D_{34}$ 的长度是否为60.00m，房角4和3是否为90°，误差是否在允许范围内。

直角坐标法计算简单，测设方便，精度较高，应用广泛。

## 二、极坐标法

极坐标法是在控制点上测设一个角度和一段距离来确定点的平面位置。此法适用于测设点离控制点较近且便于量距的情况。若用全站仪测设则不受这些条件限制。

如图11-9所示，$A$，$B$ 为控制点，其坐标 $X_A$，$Y_A$，$X_B$，$Y_B$ 为已知，$P$ 为设计的建筑物特征点，其坐标 $X_P$，$Y_P$ 可在设计图上查得。现欲将 $P$ 点测设于实地，先按下列公式计算出测设数据中的水平角 $\beta$ 和水平距离 $D_{AP}$。

$$\left.\begin{aligned}\alpha_{AB}&=\tan^{-1}\frac{Y_B-Y_A}{X_B-X_A}\\\alpha_{AP}&=\tan^{-1}\frac{Y_P-Y_A}{X_P-X_A}\\\beta&=\alpha_{AB}-\alpha_{AP}\end{aligned}\right\}\tag{11-8}$$

$$D_{AP}=\sqrt{(x_P-x_A)^2+(y_P-y_A)^2}\tag{11-9}$$

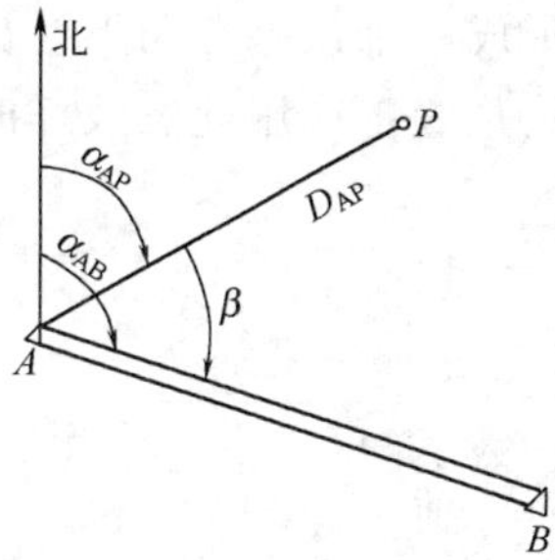

图11-9　极坐标法

测设时，在 $A$ 点安置经纬仪，瞄准 $B$ 点，采用正倒镜分中法测设出 $\beta$ 角以定出 $AP$ 方向，沿此方向上用钢尺测设距离 $D_{AP}$，即定出 $P$ 点。

**【例11-5】** 如图11-9所示。已知 $X_A=100.00\text{m}$，$Y_A=100.00\text{m}$，$X_B=80.00\text{m}$，$Y_B=150.00\text{m}$，$X_P=130.00\text{m}$，$Y_P=140.00\text{m}$。求测设数据 $\beta$，$D_{AP}$。

**解：** 将已知数据代入式（11-8）和式（11-9）可计算得

$$\alpha_{AB}=\tan^{-1}\frac{Y_B-Y_A}{X_B-X_A}=\tan^{-1}\frac{150.00-100.00}{80.00-100.00}=111^\circ48'05''$$

$$\alpha_{AP}=\tan^{-1}\frac{Y_P-Y_A}{X_P-X_A}=\tan^{-1}\frac{140.00-100.00}{130.00-100.00}=53^\circ07'48''$$

$$\beta=\alpha_{AB}-\alpha_{AP}=111^\circ48'05''-53^\circ07'48''=58^\circ40'17''$$

$$\begin{aligned}D_{AP}&=\sqrt{(X_P-X_A)^2+(Y_P-Y_A)^2}\\&=\sqrt{(130.00-100.00)^2+(140.00-100.00)^2}\\&=\sqrt{30^2+40^2}=50\ (\text{m})\end{aligned}$$

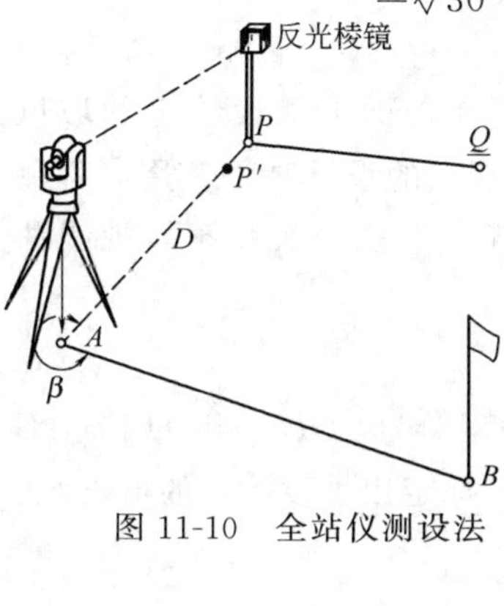

图11-10　全站仪测设法

如果用全站仪按极坐标法测设点的平面位置，则更为方便，甚至不需预先计算放样数据。如图11-10所示，$A$，$B$ 为已知控制点，$P$ 点为待测设的点。将全站仪安置在 $A$ 点，瞄准 $B$ 点，按仪器上的提示分别输入测站点 $A$、后视点 $B$ 及待测设点 $P$ 的坐标后，仪器即自动显示水平角 $\beta$ 及水平距离 $D$ 的测设数据。水平转动仪器直至角度显示为0°00′00″，此时视线方向即为需测设的方向。在该方向上指挥持棱镜者前后移动棱镜，直到距离改正值显示为零，则棱镜所在位置即为 $P$ 点。

### 三、前方交会法

1. 角度交会法

角度交会法是在两个控制点上用两台经纬仪测设出两个已知数值的水平角，交会出待定点的平面位置。为了提高放样精度，通常用三个控制点上的三台经纬仪进行交会。此法适用于待测设点离控制点较远或量距较困难的地区。

如图 11-11（a），（b）所示。$A$，$B$，$C$ 为已有的三个控制点，其坐标为已知，需放样点 $P$ 的坐标也已知。先根据控制点 $A$，$B$，$C$ 的坐标和 $P$ 点设计坐标，计算出测设数据 $\beta_1$，$\beta_2$，$\beta_4$，计算用式（11-8）。测设时，在 $A$，$B$，$C$ 点各安置一台经纬仪，分别测设 $\beta_1$，$\beta_2$，$\beta_4$，定出三个方向，其交点即为 $P$ 点的位置。由于测设有误差，往往三个方向不交于一点，而形成一个误差三角形，如果此三角形最长边不超过 1cm，则取三角形的重心作为 $P$ 点的最终位置。应用此法放样时，宜使交会角 $\gamma_1$，$\gamma_2$ 在 30°～120°之间。

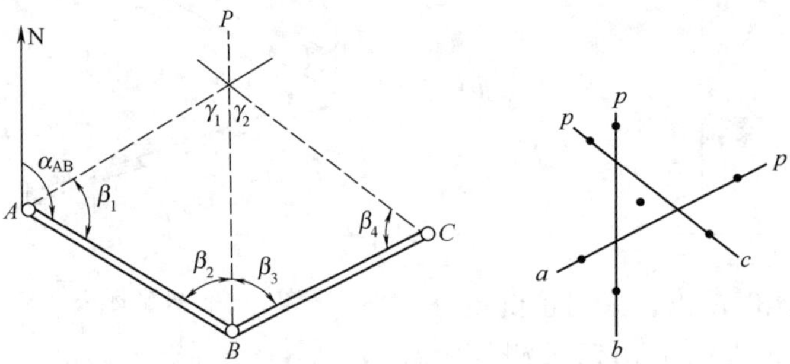


(a) 角度交会观测法　(b) 示误三角形

图 11-11　角度交会法

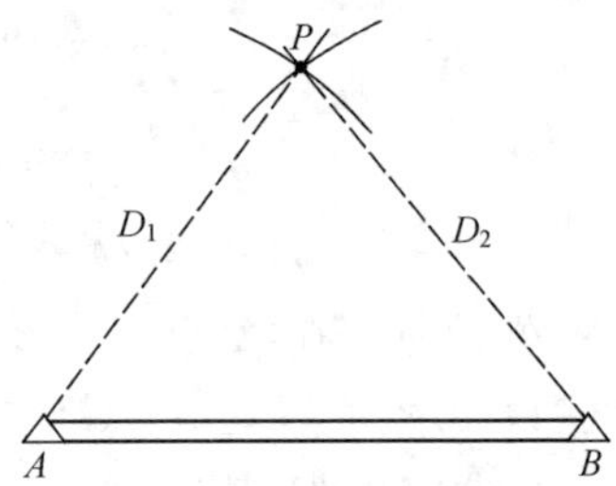


图 11-12　距离交会法

2. 距离交会法

距离交会法是在两个控制点上各测设已知长度交会出点的平面位置。距离交会法适用于场地平坦，量距方便，且控制点离待测设点的距离不超过一整尺长的地区。

如图 11-12 所示，$A$，$B$ 为控制点，$P$ 为待测设点。先根据控制点 $A$，$B$ 的坐标和待测设点 $P$ 的坐标，按式（11-9）计算出测设距离 $D_1$，$D_2$。测设时，以 $A$ 点为圆心，以 $D_1$ 为半径，用钢尺在地面上画弧；以 $B$ 点为圆心，以 $D_2$ 为半径，用钢尺在地面上画弧，两条弧线的交点即为 $P$ 点。

## 第四节　已知坡度直线的测设

在平整场地，敷设上、下水管道及修建道路等工程中，需要在地面上测设给定的坡度线。坡度线的测设是根据附近水准点的高程、设计坡度和坡度线端点的设计高程，用高程测设的方法将坡度线上各点的设计高程标定在地面上。测设方法有水平视线法和倾斜视线法两种。

1. 水平视线法

如图 11-13 所示，$A$，$B$ 为设计坡度线的两端点，其设计高程分别为 $H_A$ 和 $H_B$，$AB$ 设计坡度为 $i$，在 $AB$ 方向上每隔距离 $d$ 定一木桩，要求在木桩上标定出坡度为 $i$ 的坡度线。施测方法如下。

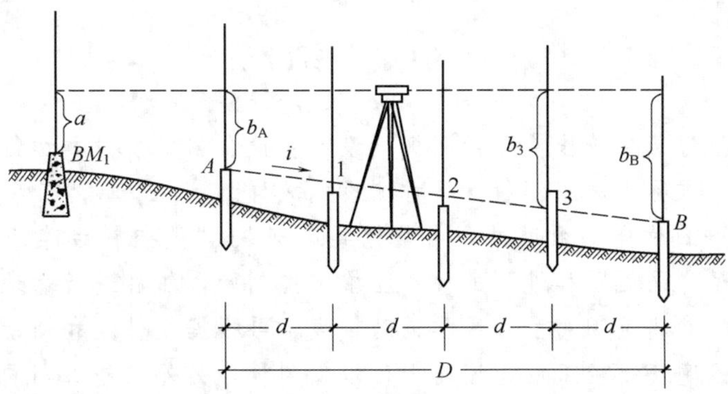


图 11-13 水平视线法测设坡度线

(1) 沿 $AB$ 方向，定出间距为 $d$ 的中间点 1，2，3 的桩点位置。

(2) 计算各桩点的设计高程。

第 1 点的设计高程： $H_1=H_A+id$

第 2 点的设计高程： $H_2=H_1+id$

第 3 点的设计高程： $H_3=H_2+id$

$B$ 点的设计高程： $H_B=H_3+id$

或 $H_B=H_A+iD$（检核）

坡度 $i$ 有正有负，计算设计高程时，坡度应连同其符号一并运算。

(3) 安置水准仪于水准点 $BM_1$ 附近，后视读数 $a$，得仪器视线高 $H_i=H_1+a$，然后根据各点设计高程计算测设各点的应读前视尺读数 $b_{应}=H_i-H_{设}$。

(4) 将水准尺分别贴靠在各木桩的侧面，上、下移动尺子，直至尺读数为 $b_{应}$ 时，便可利用水准尺底面在木桩上画一横线，该线即在 $AB$ 的坡度线上；或立尺于桩顶，读得前视读数 $b$，再根据 $b_{应}$ 与 $b$ 之差，自桩顶向下画线。

2. 倾斜视线法

如图 11-14 所示，$AB$ 为坡度线的两端点，其水平距离为 $D$，设 $A$ 点的高程为 $H_A$，要沿 $AB$ 方向测设一条坡度为 $i$ 的坡度线，则先根据 $A$ 点的高程、坡度 $i$ 及 $A$，$B$ 两点间的距离计算 $B$ 点的设计高程，即

$$H_B=H_A+iD \tag{11-10}$$

再按测设已知高程的方法将 $A$，$B$ 两点的高程测设在相应的木桩上。然后将水准仪（当设计坡度较大时，可用经纬仪）安置在 $A$ 点上，使基座上一个脚螺旋在 $AB$ 方向上，其余两个脚螺旋的连线与 $AB$ 方向垂直，量取仪器高 $i$，再转动 $AB$ 方向上的脚螺旋和微倾螺旋，使十字丝的横丝对准 $B$ 点水准尺上等于仪器高 $i$ 处，此时，仪器的视线与设计坡度线平行。然后在 $AB$ 方向的中间各点 1，2，3 的木桩侧面立尺，上、下移动水准尺，直至尺上读数等于仪器高 $i$ 时，沿尺子底面在木桩上画一红线，则各桩上红线的连线就是设计坡度线。

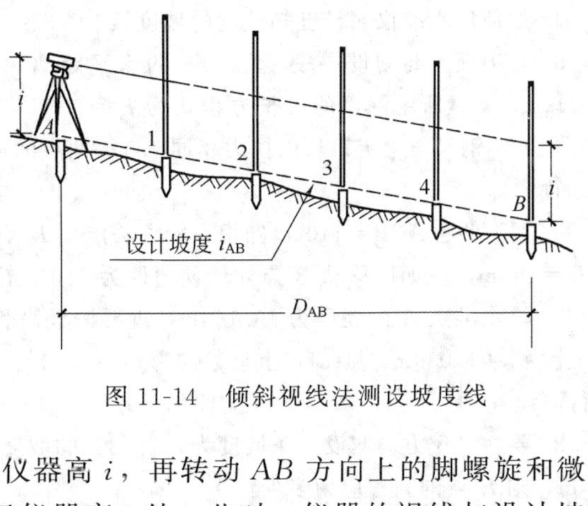


图 11-14 倾斜视线法测设坡度线

# 小 结

工程建设一般分为三个阶段，即勘测规划设计阶段、施工阶段和运行管理阶段。在施工阶段所进行的测量工作称为施工测量，又称测设或放样。

工程建筑物的施工放样必须遵循“由整体到局部”、“先控制后碎部”的原则和工作程序。首先是根据工程总平面图和地形条件建立施工控制网，然后进行场地平整，根据施工控制网点在实地定出各个建筑物的主轴线和辅助轴线，再根据主轴线和辅助轴线标定建筑物的各个细部点。在工程建筑物竣工后，还需进行竣工测量，另外在施工期间和建成后还要定期进行变形观测。

施工测设与地形图测绘的工作目的不同。测绘地形图是通过测量水平角、水平距离和高差，经过计算求得地面特征点的空间位置元素，根据这些数据并配上相应的符号绘制成地形图。而施工测设是把图上设计建筑物的特征点标定在实地上，与测量过程相反，但本质都是确定点的位置。

建筑物的测设工作实质上是根据已建立的控制点或已有的建筑物，按照设计的角度、距离和高程把图纸上建筑物的一些特征点标定在实地上。因此，测设的基本工作就是测设已知水平距离、已知水平角和已知高程。

测设已知水平距离有钢尺测设法、电磁波测距仪测设法和全站仪测设法；测设已知水平角有直接测设法和精确测设法；测设已知高程有视线高法和高程传递法。

测设点的平面位置的方法有直角坐标法、极坐标法、前方交会法等。已知坡度直线的测设有水平视线法和倾斜视线法两种。

## 思考题与习题

1. 简述施工测量的特点。

2. 测设已知水平距离、水平角及高程是如何进行的？

3. 测设点的平面位置有哪些方法？各适用于什么场合？

4. 如何用水准仪测设已知坡度的坡度线？

5. 在地面上要测设一段 84.200m 的水平距离 $AB$，现先用一般方法定出 $B'$ 点，再精确丈量 $AB'=84.248$m，丈量所用钢尺的尺长方程式为 $l_t=30+0.007+1.25\times10^{-5}\times30\times(t-20℃)$，作业时温度 $t=11℃$，工作钢尺与检定钢尺的拉力相同，$AB'$两点的高差 $h=-0.96$m。如何改正 $B'$点才能得到 $B$ 点的准确位置？

6. 要测设$\angle ACB=110°$，先用一般方法定出 $B'$点，再精确测量$\angle ACB'=110°00'05''$，已知 $CB'$的距离为 $D=180$m，应如何移动 $B'$点才能使角值为 110°，应移动的距离是多少？

7. 设水准点 $A$ 的高程为 16.163m，现要测设高程为 15.000m 的 $B$ 点，仪器架在 $AB$ 两点之间，在 $A$ 尺上读数为 1.036m，则 $B$ 尺上读数应为多少？如何进行测设？如欲使 $B$ 桩的桩顶高程为 15.000m，如何进行测设？

8. 要在 $AB$ 方向测设一条坡度为 $i=-3\%$的坡度线，已知 $A$ 点的高程为 72.428m，$AB$ 的水平距离为 100m，则 $B$ 点的高程应为多少？

9. 设 $A$，$B$ 为控制点，已知 $X_A=158.27$m，$Y_A=161.34$m，$X_B=116.09$m，$Y_B=185.12$m，$P$ 点的设计坐标为 $X_P=162.00$m，$Y_P=212.00$m，试分别用极坐标法、角度交会法及距离交会法计算测设 $A$ 点所需的放样数据。

10. 设 $A$，$B$ 为建筑方格网上的控制点，$M$，$N$，$E$，$F$ 为一建筑物的轴线点，其已知坐标和设计坐标见表 11-1，试叙述用直角坐标法测设 $M$，$N$，$E$，$F$ 四点的测设方法。

**表 11-1　已知控制点和待测轴线点的坐标**　　单位：m

| 点名 | | 坐标 X | 坐标 Y |
|---|---|---|---|
| 控制点 | $A$ | 1000.000 | 800.000 |
| | $B$ | 1000.000 | 1000.000 |
| 测设点 | $M$ | 1051.500 | 848.500 |
| | $N$ | 1051.500 | 911.800 |
| | $E$ | 1064.200 | 848.500 |
| | $F$ | 1064.200 | 911.800 |

11. 已知水准点 $A$ 的高程 $H_A=77.732\text{m}$，$P$ 点的设计高程 $H_P=78.000\text{m}$，水准仪安置在 $A$，$P$ 之间，当水准仪水准管气泡居中时，读取 $A$ 点水准尺中丝读数 $a=1.638\text{m}$，试问如何测设 $P$ 点？

# 第十二章　施工控制测量

**学习目标**

• 了解建筑基线的布设形式以及测设建筑基线的方法。

• 理解施工控制网是为工程建设和工程放样而布设的测量控制网，它不仅是施工放样的依据，也是工程竣工测量的依据，同时还是建筑物沉降观测以及将来建筑物改建、扩建的依据。

• 掌握施工控制网的三个特点；平面和高程施工控制网的布设形式；施工控制点的坐标换算。

## 第一节　概　　述

为工程建设和工程放样而布设的测量控制网称为施工控制网。施工控制网不仅是施工放样的依据，也是工程竣工测量的依据，同时还是建筑物沉降观测以及将来建筑物改建、扩建的依据。

在工程勘测设计阶段，为测绘地形图而建立的平面和高程控制网，在精度方面主要考虑满足测图的要求，而没有考虑工程建设的需要（因为建筑物的总体布置尚未确定）；在控制点位的分布方面主要考虑测图的方便，而没有考虑建筑物的放样需要。在建筑施工总平面图设计完成后，原有的测图控制点可能由于前期的场地平整或其他原因而被破坏，而且有些点位由于分布不当而不能利用。此外，施工测量测设点位的精度要求比较高，原有的测图控制网在精度和密度分布方面都难以满足施工定位的要求。为了保证建筑物的放样精度，必须在施工之前重新建立施工控制网。

施工控制网的建立也应遵循“先整体，后局部”的原则，由高精度到低精度进行建立。即首先在施工现场，根据建筑设计总平面图和现场的实际情况，以原有的测图控制网点为定向条件，建立起统一的施工平面控制网和高程控制网。然后以此为基础，测设建筑物的主轴线，再根据主轴线测设建筑物的细部。

在道路和桥梁工程建设中，施工平面控制网一般布设成三角网、导线网或 GNSS 网，其测量方法与测图控制网的测量方法相同。在面积不大、又不十分复杂的建筑场地上，常常布设一条或几条建筑基线作为施工中的控制。在大中型建筑施工场地上，施工控制网多采用建筑方格网的形式。

### 一、施工控制网的特点

建筑施工控制网与测图控制网相比，具有以下三个特点。

1. 控制点密度大、控制范围小、精度要求高

在勘测设计阶段，建筑物位置尚未确定，要进行多个方案的比较，因而测图范围较大，要求测图控制范围也大；施工控制网是在工程总体布置已经确定的情况下进行布设的，与测图控制网所控制的范围相比较，施工控制网的范围就较小。在小范围内，各种建筑物分布错

综复杂，放样工作量大，这就要求施工控制点要有足够的密度，且分布合理，以便放样时有机动选择和使用控制点的余地。精度要求应以建筑限差来确定，而建筑限差又是工程验收的标准。因此，施工控制网的精度要比测图控制网的精度高。

2. 使用频繁

在工程施工过程中，随着建筑物的增高，要随时放样不同高度上的特征点，又由于施工技术和混凝土的物理与化学性质的限制，混凝土也必须分层、分块浇注，因而每浇注 1 次都要进行放样工作。从施工到竣工，有的控制点要使用很多次。由此可见，施工控制点的使用是相当频繁的。这就要求控制点稳定，使用方便，在施工期间不受破坏。为了达到这个目的，在工程施工中，施工控制网点上一般都建立混凝土观测墩。

3. 易受施工干扰或破坏

现代化的施工常常采用立体交叉作业的方式，这就使建筑物不同部位的施工高度有时相差悬殊，常常妨碍控制点之间的相互通视。随着施工技术现代化程度的不断提高，施工机械的频繁活动也往往成为视线的严重障碍。有时因施工干扰或重型机械的运行，可能造成控制点位移甚至破坏。因此，施工控制点的位置应分布恰当，具有足够的密度，以便在放样时有所选择。

## 二、施工控制网的布设形式

施工控制网的布设形式应以经济、合理和适用为原则，根据建筑设计总平面图和施工现场的地形条件来确定。对于地形起伏较大的山区建筑场地，则可充分扩展原有的测图控制网作为施工定位的依据。对于地形较平坦而通视较困难的建筑场地，可采用导线网。对于地形平坦而面积不大的建筑小区，常布置一条或几条建筑基线，组成简单的图形作为施工测量的依据。对于地形平坦、建筑物多为矩形且布置比较规则的密集的大型建筑场地，通常采用建筑方格网。随着测量仪器的发展，施工控制网已广泛采用边角网、测边网、导线网以及 GNSS 卫星定位网等测量方法。

平面控制网一般分两级布设，首级网作为基本控制，目的是放样各个建筑物的主要轴线，第二级网为加密控制，它直接用于放样建筑物的特征点。布设施工控制网时，必须考虑施工的程序、方法以及施工场地的布置情况。为防止控制点被破坏或丢失，施工控制网的设计点位应标在施工设计的总平面图上，以便破坏后重新布点。总之，施工控制网的布设形式应与建筑设计总平面的布局相一致。

当施工控制网采用导线网时，若建筑场地大于 $1\mathrm{km}^2$ 或为重要工业区，需按一级导线建立，建筑场地小于 $1\mathrm{km}^2$ 或为一般性建筑区，可按二、三级导线建立。当施工控制网采用原有测图控制网时，应进行复测检查，无误后方可使用。

## 三、施工控制点的坐标换算

在设计的总平面图上，建筑物的平面位置一般采用施工坐标系的坐标来表示。所谓施工坐标系，就是以建筑物的主轴线为坐标轴建立起来的坐标系统。由于建筑设计是在总体规划下进行的，因此建筑物的轴线往往不能与测图坐标系的坐标轴相平行或垂直，为了避免整个工程区域内坐标出现负值，施工坐标系的原点应设置在总平面图的西南角之外，纵轴记为 $A$ 轴，横轴记为 $B$ 轴，用 $AB$ 坐标确定各建筑物的位置。

施工坐标系与测图坐标系之间的关系如图 12-1 所示，$xOy$ 为测图坐标系，$AO'B$ 为施工坐标系，则 $P$ 点的测图坐标为 $x_P$，$y_P$，$P$ 点的施工坐标为 $A_P$，$B_P$，施工坐标原点 $O'$ 在

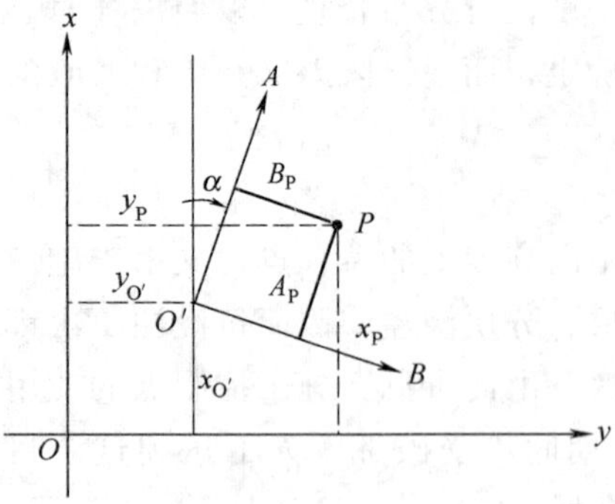


图 12-1 施工坐标系与测图坐标系之间的关系

测图坐标系中的坐标为 $x_{O'}$，$y_{O'}$，$\alpha$ 为测图坐标系纵轴 $x$ 与施工坐标系纵轴 $A$ 之间的夹角。

将 $P$ 点的施工坐标换算成测图坐标，其公式为

$$\left.\begin{aligned} x_P &= x_{O'} + A_P\cos\alpha - B_P\sin\alpha \\ y_P &= y_{O'} + A_P\sin\alpha + B_P\cos\alpha \end{aligned}\right\} \tag{12-1}$$

若将 $P$ 点的测图坐标换成施工坐标，其公式为

$$\left.\begin{aligned} A_P &= (x_P - x_{O'})\cos\alpha + (y_P - y_{O'})\sin\alpha \\ B_P &= -(x_P - x_{O'})\sin\alpha + (y_P - y_{O'})\cos\alpha \end{aligned}\right\} \tag{12-2}$$

上式中，$x_{O'}$，$y_{O'}$ 与 $\alpha$ 的数值是个常数，可在设计资料中查找，或在建筑设计总平面图上用图解的方法求得。

当然，也可以使用 AutoCAD 进行坐标换算，方法是：在 AutoCAD 中执行用户坐标系命令 UCS，选择“新建（N）”选项下的“三点（3）”选项，分别点取 $O'$ 为坐标原点，$C_1$ 点为用户坐标系的 $+x$ 轴方向，$D_4$ 点为用户坐标系的 $+y$ 轴方向，此时坐标系图标就显示在图中，如图 12-2 所示。然后再执行 ID 命令则可以测量出设计建筑物的任一角点在施工坐标系中的坐标。

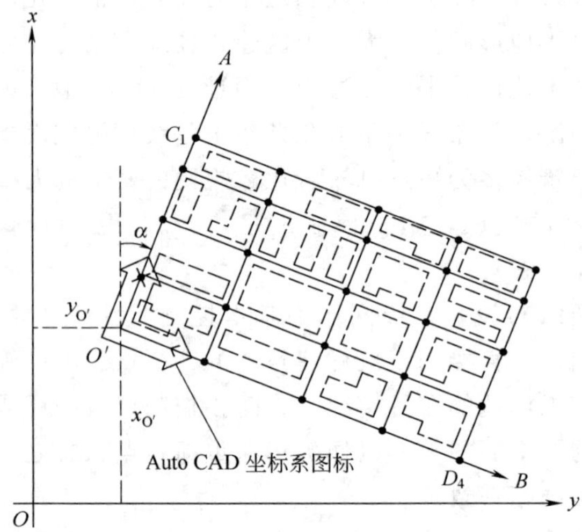


图 12-2 用 AutoCAD 进行坐标换算

## 第二节 建筑基线

### 一、建筑基线的布置

建筑场地的施工控制基准线称为建筑基线。建筑基线的布置主要根据建筑物的分布、场地的地形和原有测图控制点的情况而定。如图 12-3 所示，建筑基线的布设形式常用的有“一”字形、“L”形、“T”形和“十”字形。

建筑基线应尽量靠近建筑场地中拟建的主要建筑物，且与其轴线相平行，若建筑场地面积较小时也可直接用建筑红线作为现场控制。建筑基线相邻点间应互相通视。为了便于检查

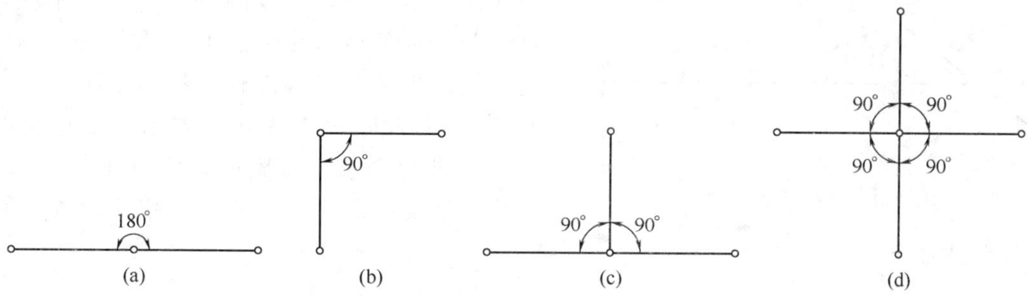


图 12-3 建筑基线的布设形式

建筑基线点位有无变动，基线点不得少于三个。基线点位应选在通视良好而不受施工干扰的地方。为能使点位长期保存，要建立永久性标志。

## 二、测设建筑基线的方法

根据建筑场地的不同情况，测设建筑基线的方法主要有以下两种。

1. 用建筑红线测设

在城市建设中，建筑用地的界址是由规划部门确定，并由拨地单位在现场直接标定出用地边界点，边界点的连线通常是正交的直线，称为建筑红线。建筑红线与拟建的主要建筑物或建筑群中的多数建筑物的主轴线平行。因此，可根据建筑红线用平行线推移法测设建筑基线。

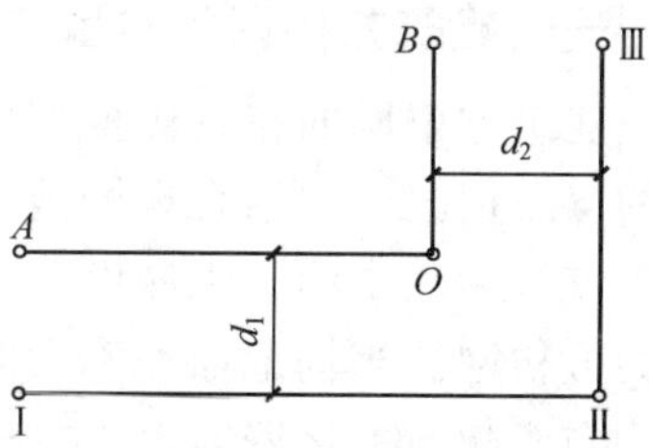


图 12-4 用建筑红线测设建筑基线

如图 12-4 所示，Ⅰ，Ⅱ，Ⅲ点是在现场地面上标定出来的边界点，其连线Ⅰ，Ⅱ，Ⅲ通常是正交的直线，称为建筑红线。一般情况下，建筑基线与建筑红线平行或垂直，故可根据建筑红线用平行推移法测设建筑基线 $OA$，$OB$。当在地面上用木桩标定 $A$，$O$，$B$ 三点后，将经纬仪安置于 $O$ 点，精确观测 $\angle AOB$，并检查 $\angle AOB$ 是否等于 $90°\pm20''$，测量 $OA$，$OB$ 的距离是否等于设计长度，其不符值应不大于 1/10000。若误差在允许范围内，则适当调整 $A$，$B$ 点的位置。若误差超限，应检查推平行线时的测设数据。

如果建筑红线完全符合作为建筑基线的条件时，可将其作为建筑基线使用，即直接用建筑红线进行建筑物的放样，既简便又快捷。

2. 用附近的控制点测设

在建筑场地中没有建筑红线时，就需要在建筑设计总平面图上根据建筑物的设计坐标和附近已有的测图控制点来选定建筑基线的位置，并在实地采用极坐标法或角度交会法把基线点在地面上标定出来。

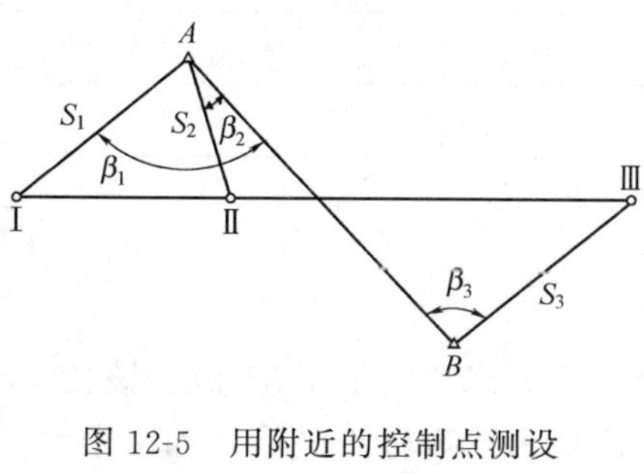


图 12-5 用附近的控制点测设

如图 12-5 所示，$A$，$B$ 为附近已有的测图控制点，点Ⅰ，Ⅱ，Ⅲ为欲测设的建筑基线点。

测设过程：首先根据已知控制点和欲测设的建筑基线点的坐标关系反算出测设数据 $\beta_1$，$S_1$，$\beta_2$，$S_2$，$\beta_3$，$S_3$。然后用极坐标法测设Ⅰ，Ⅱ，Ⅲ点。

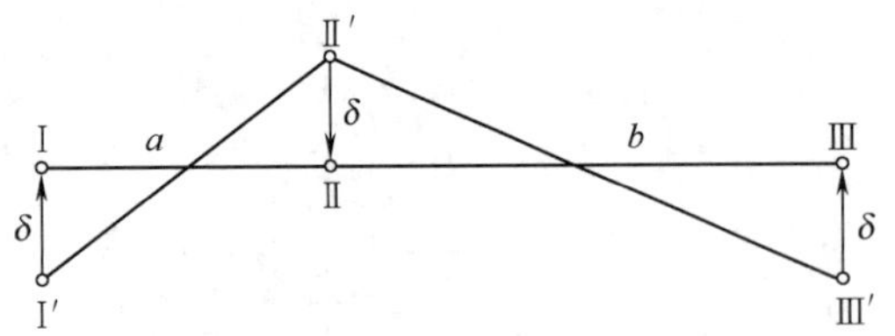


图 12-6 基线点的调整

因存在测量误差，测设的基线点往往不在同一直线上，如图 12-6 中的点Ⅰ′，Ⅱ′，Ⅲ′，所以，还必须在Ⅱ′点安置经纬仪，精确地检测出∠Ⅰ′Ⅱ′Ⅲ′。若此角值与 180°之差超过±15″，则应对点位进行调整。调整时，应将Ⅰ′，Ⅱ′，Ⅲ′点沿与基线垂直的方向各移动相同的调整值 $\delta$。其计算公式如下。

$$\delta=\frac{ab}{a+b}\left(90^{\circ}-\frac{\angle Ⅰ'Ⅱ'Ⅲ'}{2}\right)\frac{1}{\rho} \tag{12-3}$$

式中 $\delta$——各点的调整值；

$a$，$b$——分别为ⅠⅡ，ⅡⅢ的长度。

除了调整角度之外，还应调整Ⅰ，Ⅱ，Ⅲ点之间的距离。若丈量长度与设计长度之差的相对误差大于 1/20000，则以Ⅱ点为准，按设计长度调整Ⅰ，Ⅲ两点。

此项工作应反复进行，直至满足规定的精度要求为止。

## 第三节 建筑方格网

### 一、建筑方格网的布置

建筑方格网的布置应根据建筑设计总平面图上各种已建和待建的建筑物、道路及各种管线的分布情况，并结合现场地形情况来确定。当建筑场地占地面积较大时，通常是分两级布设，首级为基本网，先测设“十”字形、“口”字形或“田”字形的主轴线，然后再加密次级的方格网。当场地面积不大时，尽量布置成全面方格网。

布置建筑方格网时，先在建筑场地的中部选定两条互相垂直的主轴线，再全面布设方格网。方格网可布置成正方形或矩形，其主轴线方向应与主要建筑物的轴线平行或垂直，并且长轴线上的定位点不得少于 3 个。主轴线的各端点应延伸到场地的边缘，以便控制整个场地。主轴线上的点位，必须建立永久性标志，以便长期保存。

当方格网的主轴线选定后，就可根据建筑物的大小和分布情况而加密方格网。在选定方格网点时，应以简单、实用为原则，在满足测角、量距的前提下，方格网点的点数应尽量减少。方格网的转折角应严格为 90°，相邻方格网点要保持通视，点位要能长期保存。

建筑方格网的主要技术要求可参见表 12-1 的规定。

**表 12-1 建筑方格网的主要技术要求**

| 等级 | 边长/m | 测角中误差 | 边长相对中误差 | 测角检测限差 | 边长检测限差 |
|---|---|---|---|---|---|
| Ⅰ级 | 100～300 | 5″ | ≤1/30000 | 10″ | 1/15000 |
| Ⅱ级 | 100～300 | 8″ | ≤1/20000 | 16″ | 1/10000 |

### 二、建筑方格网的测设

1. 主轴线的测设

建筑方格网的主轴线是建筑方格网扩展的基础，如图 12-7 中的 $AOB$ 段。该段上 $A$，$O$，$B$ 点是主轴线上的主点。其施工坐标一般由设计单位给出，当施工坐标系和国家测量坐

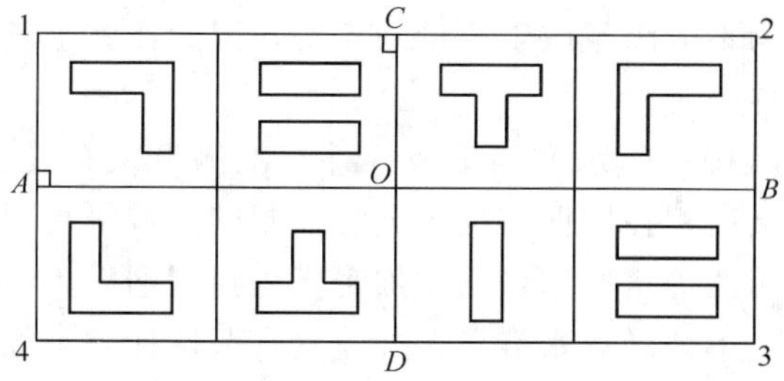


图 12-7　建筑方格网

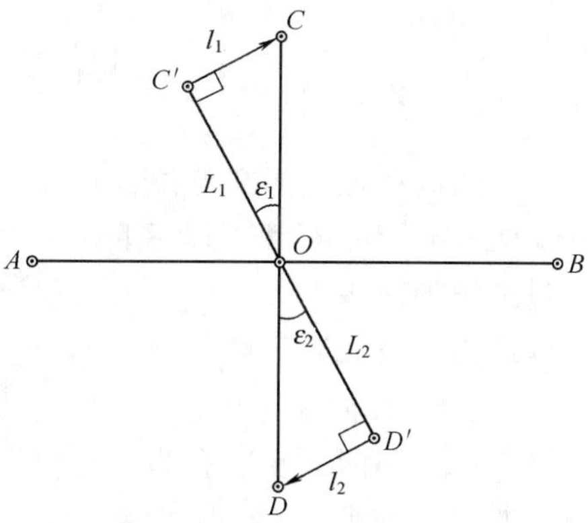


图 12-8　测设主轴线 COD

标系不一致时，在施工方格网测设之前，应把主点的施工坐标换算成测量坐标，以便求得测设数据。

由于建筑方格网是根据场地主轴线布置的，因此在测设时，应首先根据场地原有的测图控制点测设出主轴线的三个主点。测设主轴线三个主点的方法与测设建筑基线相同，但$\angle AOB$与180°的差应在±5″之内。

如图 12-8 所示，$A$，$O$，$B$ 三个主点测设好后，将经纬仪安置在 $O$ 点，瞄准 $A$ 点，分别向左、向右转 90°，测设另一主轴线 $COD$，并在地上定出其概略位置 $C'$ 和 $D'$。然后精确测出$\angle AOC'$和$\angle AOD'$，分别算出它们与 90°之差 $\varepsilon_1$ 和 $\varepsilon_2$，并计算出调整值 $l_1$ 和 $l_2$，其公式为

$$\left.\begin{aligned} l_1 &= L_1 \frac{\varepsilon_1}{\rho} \\ l_2 &= L_2 \frac{\varepsilon_2}{\rho} \end{aligned}\right\} \tag{12-4}$$

式中　$L_1$，$L_2$——分别为 $OC'$，$OD'$ 的长度。

将 $C'$ 点垂直于 $OC'$ 方向移动距离 $l_1$ 得 $C$ 点；将 $D'$ 点沿垂直于 $OD'$ 方向移动距离 $l_2$ 得 $D$ 点。点位改正后，应检查两主轴线的交点及主点间距离，均应在规定限差之内。

2. 方格网点的测设

主轴线确定后，先进行主方格网的测设，然后在主方格网内进行方格网的加密。

测设主方格网时，采用角度交会法定出方格网点。其作业过程如图 12-7 所示，用两台经纬仪分别安置在 $A$，$C$ 两点上，均以 $O$ 点为起始方向，分别向左、向右精确地测设出 90°角，在测设方向上交会 1 点，交点 1 的位置确定后，进行交角的检测和调整，同法测设出主方格网点 2，3，4，这样就构成了田字形的主方格网，当主方格网测定后，以主方格网点为基础，进行加密其余各方格网点。

测设方格网时，其角度观测值应符合表 12-2 中的规定。

**表 12-2　测设方格网的限差要求**

| 方格网等级 | 经纬仪型号 | 测角中误差 | 测回数 | 测微器两次读数 | 半测回归零差 | 一测回 2C 值互差 | 各测回方向互差 |
|---|---|---|---|---|---|---|---|
| Ⅰ级 | DJ1 | 5″ | 2 | ≤1″ | ≤6″ | ≤9″ | ≤6″ |
| | DJ2 | 5″ | 3 | ≤3″ | ≤8″ | ≤13″ | ≤9″ |
| Ⅱ级 | DJ2 | 8″ | 2 | — | ≤12″ | ≤18″ | ≤12″ |

## 第四节 高程控制测量

由于测图高程控制网在点位分布和密度方面均不能满足施工测量的需要，因此在施工场地建立平面控制网的同时还必须重新建立施工高程控制网。

当建筑场地面积不大时，施工高程控制网一般按四等水准测量或等外水准测量来布设。当建筑场地面积较大时，可分为两级布设，即首级高程控制网和加密高程控制网。首级高程控制网采用三等水准测量布设，在此基础上，采用四等水准测量测设加密高程控制网。

首级高程控制网应在原有测图高程网的基础上单独增设水准点，并建立永久性标志。场地水准点的间距宜小于 1km；距离建筑物、构筑物不宜小于 25m；距离振动影响范围以外不宜小于 5m；距离回填土边线不宜小于 15m。凡是重要的建筑物附近均应设水准点。整个建筑场地至少要设置三个永久性的水准点，并应布设成闭合水准路线或附合水准路线，以控制整个场地。其点位要选择恰当，又能永久保存，不受施工影响，并便于施测。

加密高程控制网要按四等水准测量进行观测，一般不能单独埋设，要与建筑方格网合并，并附合在首级水准点上，作为推算高程的依据。各点间距宜在 200m 左右，以便施工时安置一次仪器即可测出所需高程。

为了测设方便，减少计算，通常在较大的建筑物附近建立专用的水准点，即±0.000 标高水准点，其位置多选在较稳定的建筑物墙与柱的侧面，用红色油漆绘成上顶成为水平线的倒三角形，如“▼”。

根据施工中的不同精度要求，高程控制有以下特点。

(1) 工业安装和施工精度要求在 1～3mm 以内，可设置三等水准点 2～3 个。

(2) 建筑施工测量精度在 3～5mm 以内，可设置四等水准点。

(3) 设计中各建（构）筑物的±0.00 的高程不一定相等。

## 小 结

本章主要介绍了测图控制网和施工控制网的区别。施工控制网的建立也应遵循“先整体，后局部”的原则，由高精度到低精度进行建立。即首先在施工现场，根据建筑设计总平面图和现场的实际情况，以原有的测图控制网点为定向条件，建立起统一的施工平面控制网和高程控制网。然后以此为基础，测设建筑物的主轴线，再根据主轴线测设建筑物的细部。

在设计的总平面图上，建筑物的平面位置一般采用施工坐标系的坐标来表示。在建筑施工中，经常需要进行施工坐标系与测图坐标系之间的转换。

建筑施工控制网与测图控制网相比，具有以下特点：控制点密度大、控制范围小、精度要求高；使用频繁；易受施工干扰或破坏。

施工控制网的布设形式应以经济、合理和适用为原则，根据建筑设计总平面图和施工现场的地形条件来确定。

施工平面控制网一般分两级布设，首级网作为基本控制，目的是放样各个建筑物的主要轴线，第二级网为加密控制，它直接用于放样建筑物的特征点。

当建筑场地面积不大时，施工高程控制网一般按四等水准测量或等外水准测量来布设。当建筑场地面积较大时，可分为两级布设，首级高程控制网采用三等水准测量布设，在此基础上，采用四等水准测量测设加密高程控制网。

根据建筑场地的不同情况，测设建筑基线的方法主要有用建筑红线测设和用附近的控制点测设两种。基线点在地面上的标定可采用极坐标法或角度交会法。

建筑方格网的布置应根据建筑设计总平面图上各种已建和待建的建筑物、道路及各种管线的分布情况，并结合现场地形情况来确定。

## 思考题与习题

1. 简述施工控制网的布设形式和特点。
2. 建筑基线常用形式有哪几种？基线点为什么不能少于 3 个？
3. 建筑基线的测设方法有几种？试举例说明。
4. 建筑方格网如何布置？主轴线应如何选定？
5. 用极坐标法如何测设主轴线上的三个定位点？试绘图说明。
6. 建筑方格网的主轴线确定后，方格网点该如何测设？
7. 施工高程控制网如何布设？布设时应满足什么要求？
8. 如图 12-1 所示，已知施工坐标原点 $O'$ 的测图坐标为：$x_{O'}=500\text{m}$，$y_{O'}=500\text{m}$；两坐标系纵轴间的夹角为 $\alpha=40°$；控制点 $P$ 的测图坐标为：$x_P=1080\text{m}$，$y_P=1650\text{m}$。试计算 $P$ 点的施工坐标。
9. 如图 12-8 所示，在地面上测设出直角 $\angle BOD'=89°59'42''$，并知 $OD'=100\text{m}$。试求调整值 $l$。

# 第十三章　民用建筑施工测量

**学习目标**

• 了解民用建筑的类型、结构以及施工测量的方法和精度要求。

• 理解设计图纸是施工测量的主要依据，要根据建筑物施工放样的主要技术要求来拟定测设方案；然后根据设计条件进行建筑物的定位，作为基础放线和细部轴线放线的依据；并在基槽内测设水平桩来控制基槽开挖深度。

• 掌握施工测量中建筑物定位、细部轴线放样、基础施工测量和墙体工程施工测量等，以及使用基础皮数杆和墙体轴线测设的方法。

## 第一节　概　　述

民用建筑是指供人们居住、生活和进行社会活动用的建筑物，如住宅、医院、办公楼和学校等，民用建筑分为单层、低层（2～3 层）、多层（4～8 层）和高层（9 层以上）。因民用建筑的类型、结构和层数各不相同，因而施工测量的方法和精度要求也有所不同，民用建筑施工测量就是按照设计的要求将民用建筑的平面位置和高程测设出来。施工测量的过程主要包括建筑物定位、细部轴线放样、基础施工测量和墙体工程施工测量等。

在进行施工测量前，应做好以下准备工作。

### 一、熟悉设计图纸

设计图纸是施工测量的主要依据，测设前应充分熟悉各种有关的设计图纸，了解施工建筑物与相邻地物的相互关系以及建筑物本身的内部尺寸关系，准确无误地获取测设工作中所需要的各种定位数据。与测设工作有关的设计图纸主要如下。

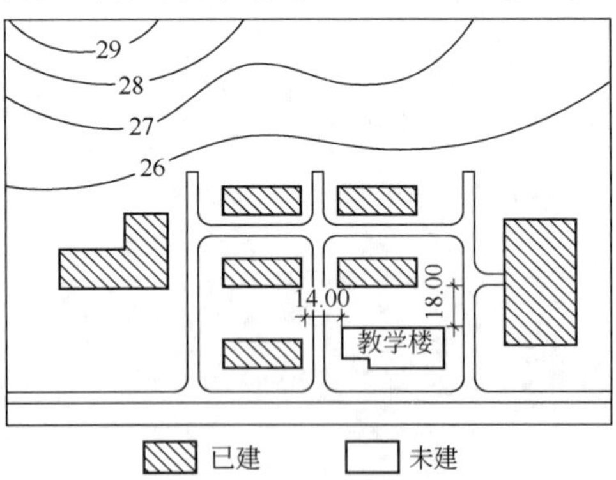

图 13-1　建筑总平面图

1. 建筑总平面图

如图 13-1 所示，建筑总平面图给出了建筑场地上所有建筑物和道路的平面位置及其主要点的坐标，标出了相邻建筑物之间的尺寸关系，注明了各栋建筑物室内地坪高程，是测设建筑物总体位置和高程的重要依据。

2. 建筑平面图

建筑平面图标明了建筑物首层、标准层等各楼层的总尺寸，以及楼层内部各轴线之间的尺寸关系，如图 13-2 所示。它是测设建筑物细部轴线的依据。

3. 基础平面图及基础详图

如图 13-3 所示，基础平面图及基础详图标明了基础形式、基础平面布置、基础中心或中线的位置、基础边线与定位轴线之间的尺寸关系、基础横断面的形状和大小以

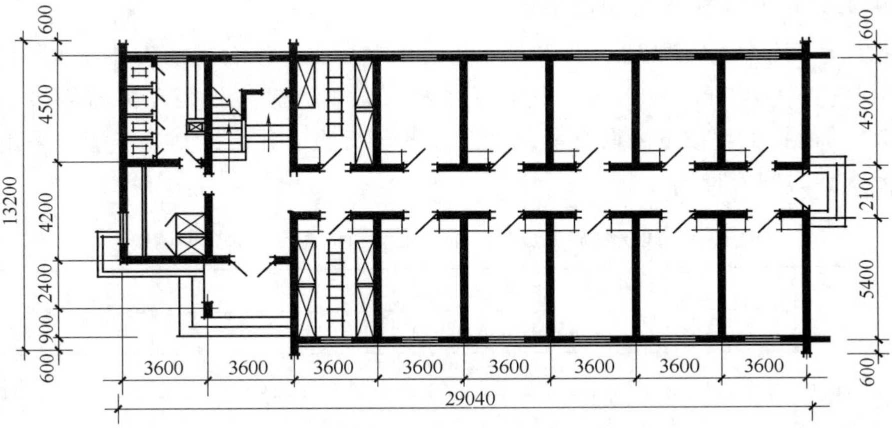


图 13-2　建筑平面图

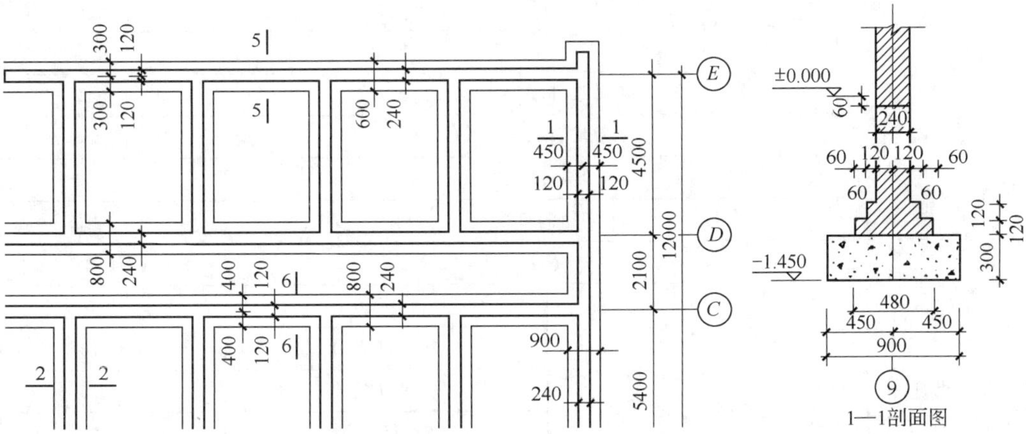


图 13-3　基础平面图及基础详图

及基础不同部位的设计标高等，它是测设基槽（坑）开挖边线和开挖深度的依据，也是基础定位及细部放样的依据。

4．立面图和剖面图

如图 13-4 所示，立面图和剖面图标明了室内地坪、门窗、楼梯平台、楼板、屋面及屋架等的设计高程，这些高程通常是以±0.000 标高为起算点的相对高程，它是测设建筑物各部位高程的依据。

在熟悉图纸的过程中，应仔细核对各种图纸上相同部位的尺寸是否一致，同一图纸上总尺寸与各有关部位尺寸之和是否一致，以免发生错误。

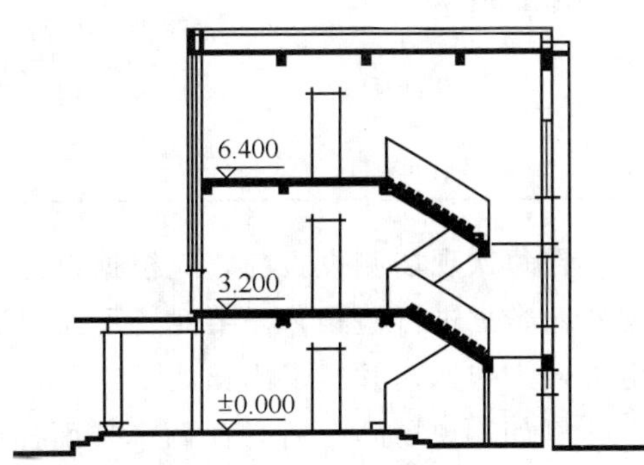


图 13-4　立面图和剖面图

## 二、现场踏勘

为了解建筑施工现场上地物、地貌以及原有测量控制点的分布情况，应进行现场踏勘，并对建筑施工现场上的平面控制点和水准点进行检核，以便获得正确的测量数据，然后根据实际情况考虑测设方案。

### 三、确定测设方案和准备测设数据

在熟悉设计图纸、掌握施工计划和施工进度的基础上，结合现场条件和实际情况，在满足工程测量规范（GB 50026—2007）的建筑物施工放样、轴线投测和标高传递的允许偏差（见表 13-1）的前提下，拟定测设方案。测设方案包括测设方法、测设步骤、采用的仪器工具、精度要求、时间安排等。

表 13-1　建筑物施工放样、轴线投测和标高传递的允许偏差

<table>
<tr><th>项　　目</th><th colspan="2">内　　容</th><th>允 许 偏 差</th></tr>
<tr><td rowspan="2">基础桩位放样</td><td colspan="2">单排桩或群桩中的边桩</td><td>±10</td></tr>
<tr><td colspan="2">群桩</td><td>±20</td></tr>
<tr><td rowspan="8">各施工层上放线</td><td rowspan="4">外廓主轴线长度 $L$/m</td><td>$L \leqslant 30$</td><td>±5</td></tr>
<tr><td>$30 < L \leqslant 60$</td><td>±10</td></tr>
<tr><td>$60 < L \leqslant 90$</td><td>±15</td></tr>
<tr><td>$90 < L$</td><td>±20</td></tr>
<tr><td colspan="2">细部轴线</td><td>±2</td></tr>
<tr><td colspan="2">承重墙、梁、柱边线</td><td>±3</td></tr>
<tr><td colspan="2">非承重墙边线</td><td>±3</td></tr>
<tr><td colspan="2">门窗洞口线</td><td>±3</td></tr>
<tr><td rowspan="7">轴线竖向投测</td><td colspan="2">每层</td><td>3</td></tr>
<tr><td rowspan="6">总高 $H$/m</td><td>$H \leqslant 30$</td><td>5</td></tr>
<tr><td>$30 < H \leqslant 60$</td><td>10</td></tr>
<tr><td>$60 < H \leqslant 90$</td><td>15</td></tr>
<tr><td>$90 < H \leqslant 120$</td><td>20</td></tr>
<tr><td>$120 < H \leqslant 150$</td><td>25</td></tr>
<tr><td>$150 < H$</td><td>30</td></tr>
<tr><td rowspan="7">标高竖向传递</td><td colspan="2">每层</td><td>±3</td></tr>
<tr><td rowspan="6">总高 $H$/m</td><td>$H \leqslant 30$</td><td>±5</td></tr>
<tr><td>$30 < H \leqslant 60$</td><td>±10</td></tr>
<tr><td>$60 < H \leqslant 90$</td><td>±15</td></tr>
<tr><td>$90 < H \leqslant 120$</td><td>±20</td></tr>
<tr><td>$120 < H \leqslant 150$</td><td>±25</td></tr>
<tr><td>$150 < H$</td><td>±30</td></tr>
</table>

在每次现场测设之前，应根据设计图纸和测量控制点的分布情况，准备好相应的测设数据并对数据进行检核，需要时还可绘出测设略图，把测设数据标注在略图上，使现场测设时更方便、快速，并减少出错的可能。

例如，现场已有 $A$，$B$ 两个平面控制点，欲用经纬仪和钢尺按极坐标法将如图 13-5 所示的设计建筑物测设于实地上。定位测量一般测设建筑物的四个大角，即如图 13-5（a）所示的 1，2，3，4 点，其中第 4 点是虚点，应先根据有关数据计算其坐标；此外，应根据 $A$，$B$ 点的已知坐标和 1～4 点的设计坐标计算各点的测设角度值和距离值，以备现场测设之用。

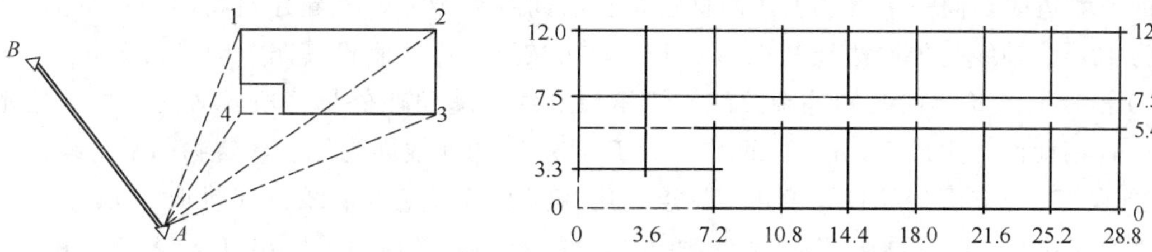


(a) 测设建筑物的四点　　(b) 绘标有测设数据的草图

图 13-5　测设数据草图

如果是用全坐标法测设，则只需准备好每个角点的坐标即可。

测设细部轴线点时，一般用经纬仪定线，然后以主轴线点为起点，用钢尺依次测设次要轴线点。准备测设数据时，应根据其建筑平面的轴线间距，如图 13-2 所示，计算每条次要轴线至主轴线的距离，并绘出标有测设数据的草图，如图 13-5（b）所示。

## 第二节　建筑物的定位和放线

### 一、建筑物的定位

建筑物的定位就是根据设计条件将建筑物四周外廓主要轴线的交点测设到地面上，作为基础放线和细部轴线放线的依据。由于设计条件和现场条件不同，建筑物的定位方法也有所不同，以下为三种常见的定位方法。

1. 根据控制点定位

如果待定位建筑物的定位点设计坐标已知，且附近有高级控制点可供利用，可根据实际情况选用极坐标法、角度交会法或距离交会法来测设定位点。在这三种方法中，极坐标法是用得最多的一种定位方法。

2. 根据建筑方格网和建筑基线定位

如果待定位建筑物的定位点设计坐标已知，且建筑场地已设有建筑方格网或建筑基线，可利用直角坐标法测设定位点。

3. 根据与原有建筑物和道路的关系定位

如果设计图上只给出新建筑物与附近原有建筑物或道路的相互关系，而没有提供建筑物定位点的坐标，周围又没有测量控制点、建筑方格网和建筑基线可供利用，可根据原有建筑物的边线或道路中心线将新建筑物的定位点测设出来。

具体测设方法随实际情况的不同而不同，但基本过程是一致的，下面分两种情况说明具体测设的方法。

（1）根据与原有建筑物的关系定位　如图 13-6 所示，拟建建筑物的外墙边线与原有建

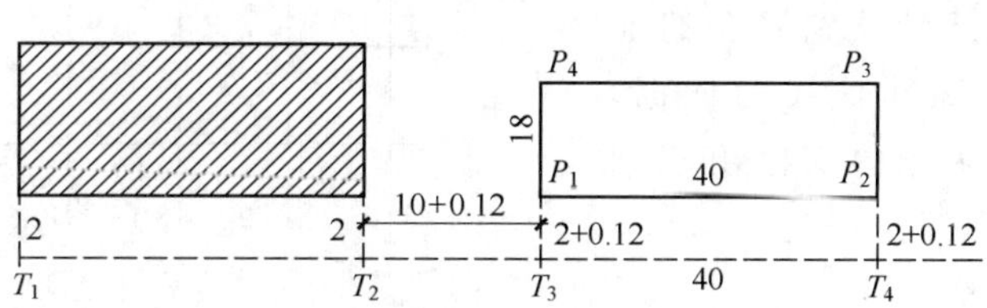


图 13-6　根据与原有建筑物的关系定位

筑物的外墙边线在同一条直线上，两栋建筑物的间距为10m，拟建建筑物四周长轴为40m，短轴为18m，轴线与外墙边线间距为0.12m，可按下述方法测设其四个轴线的交点。

① 沿原有建筑物的两侧外墙拉线，用钢尺顺线从墙角往外量一段较短的距离（这里设为2m），在地面上定出$T_1$和$T_2$两个点，$T_1$和$T_2$的连线即为原有建筑物的平行线。

② 在$T_1$点安置经纬仪，照准$T_2$点，用钢尺从$T_2$点沿视线方向量取10m＋0.12m，在地面上定出$T_3$点，再从$T_3$点沿视线方向量取40m，在地面上定出$T_4$点，$T_3$和$T_4$的连线即为拟建建筑物的平行线，其长度等于长轴尺寸。

③ 在$T_3$点安置经纬仪，照准$T_4$点，逆时针测设90°，在视线方向上量取2m＋0.12m，在地面上定出$P_1$点，再从$P_1$点沿视线方向量取18m，在地面上定出$P_4$点。同理，在$T_4$点安置经纬仪，照准$T_3$点，顺时针测设90°，在视线方向上量取2m＋0.12m，在地面上定出$P_2$点，再从$P_2$点沿视线方向量取18m，在地面上定出$P_3$点。则$P_1$，$P_2$，$P_3$和$P_4$点即为拟建建筑物的四个定位轴线点。

④ 在$P_1$，$P_2$，$P_3$和$P_4$点上安置经纬仪，检核四个大角是否为90°，用钢尺丈量四条轴线的长度，检核长轴是否为40m，短轴是否为18m。

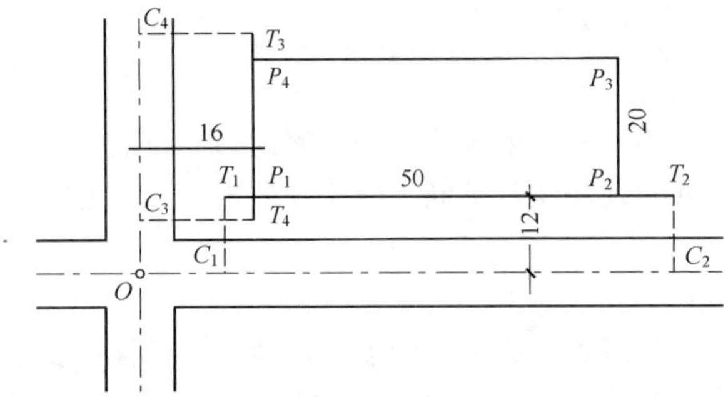

图13-7 根据与原有道路的关系定位

（2）根据与原有道路的关系定位　如图13-7所示，拟建建筑物的轴线与道路中心线平行，轴线与道路中心线的距离见图，测设方法如下。

① 在每条道路上选两个合适的位置，分别用钢尺测量该处道路的宽度，并找出道路中心点$C_1$，$C_2$，$C_3$和$C_4$。

② 分别在$C_1$，$C_2$两个中心点上安置经纬仪，测设90°，用钢尺测设水平距离12m，在地面上得到道路中心线的平行线$T_1T_2$，同理作出$C_3$和$C_4$的平行线$T_3T_4$。

③ 用经纬仪向内延长或向外延长这两条线，其交点即为拟建建筑物的第一个定位点$P_1$，再从$P_1$沿长轴方向量取50m做$T_3T_4$的平行线，得到第二个定位点$P_2$。

④ 分别在$P_1$和$P_2$点安置经纬仪，测设直角和水平距离20m，在地面上定出$P_3$和$P_4$点。在$P_1$，$P_2$，$P_3$和$P_4$点上安置经纬仪，检核角度是否为90°，用钢尺丈量四条轴线的长度，检核长轴是否为50m，短轴是否为20m。

## 二、建筑物的放线

建筑物的放线是指根据现场已测设好的建筑物定位点，详细测设其他各轴线交点的位置，并将其延长到安全的地方做好标志。然后以细部轴线为依据，按基础宽度和放坡要求用白灰撒出基础开挖边线。放样方法如下。

### 1. 测设细部轴线交点

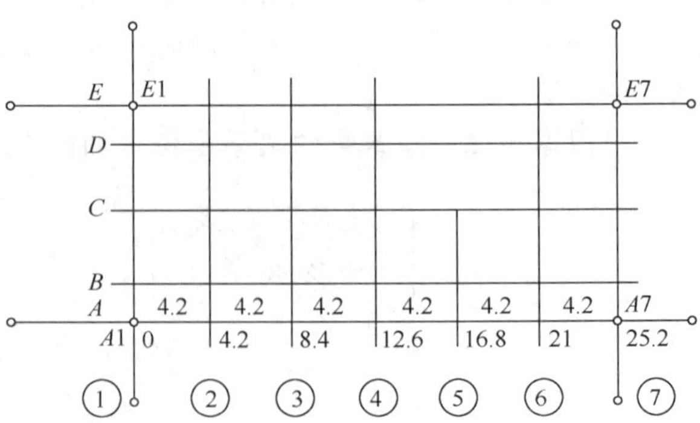

图13-8 测设细部轴线交点

如图13-8所示，$A$轴，$E$轴，①轴和⑦轴是四条建筑物的外墙主轴线，其轴线交点 $A1$，$A7$，$E1$ 和 $E7$ 是建筑物的定位点，这些定位点已在地面上测设完毕，各主次轴线间隔如图 13-8 所示，现欲测设次要轴线与主轴线的交点。

在 $A1$ 点安置经纬仪，照准 $A7$ 点，把钢尺的零端对准 $A1$ 点，沿视线方向拉钢尺，在钢尺上读数等于①轴和②轴间距（4.2m）的地方打下木桩，打的过程中要经常用仪器检查桩顶是否偏离视线方向，钢尺读数是否还在桩顶上，如有偏移要及时调整。打好桩后，用经纬仪视线指挥在桩顶上画一条纵线，再拉好钢尺，在读数等于轴间距处画一条横线，两线交点即 $A$ 轴与②轴的交点 $A2$。

在测设 $A$ 轴与③轴的交点 $A3$ 时，方法同上，注意仍然要将钢尺的零端对准 $A1$ 点，并沿视线方向拉钢尺，而钢尺读数应为①轴和③轴间距（8.4m），这种做法可以减小钢尺对点误差，避免轴线总长度增长或减短。如此依次测设 $A$ 轴与其他有关轴线的交点。测设完最后一个交点后，用钢尺检查各相邻轴线桩的间距是否等于设计值，误差应小于 1/3000。

测设完 $A$ 轴上的轴线点后，用同样的方法测设 $E$ 轴、1 轴和 7 轴上的轴线点。

2. 引测轴线

在基槽或基坑开挖时，定位桩和细部轴线桩均会被挖掉，为了使开挖后各阶段施工能准确地恢复各轴线位置，应把各轴线延长到开挖范围以外的地方并做好标志，这个工作称为引测轴线，具体有设置龙门板和轴线控制桩两种形式。

（1）设置龙门板

① 如图 13-9 所示，在建筑物四角和中间隔墙的两端，距基槽边线约 1～2m 以外，竖直钉设大木桩，称为龙门桩，并使桩的外侧面平行于基槽。

② 根据附近水准点，用水准仪将±0.000 标高测设在每个龙门桩的外侧上，并画出横线标志。如果现场条件不允许，也可测设比±0.000 高或低一定数值的标高线，同一建筑物最好只用一个标高，如因地形起伏大用两个标高时，一定要标注清楚，以免使用时发生错误。

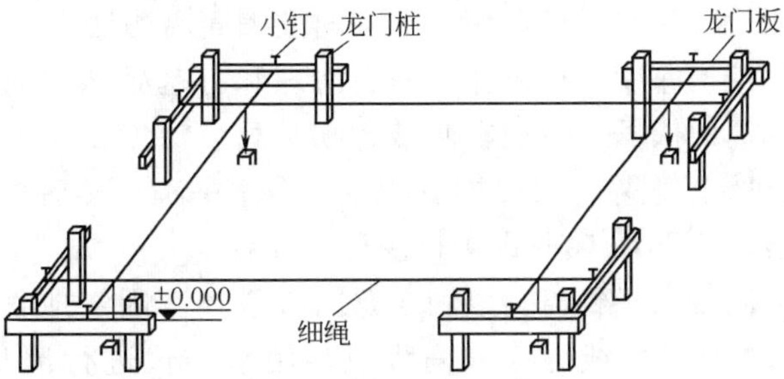

图 13-9 龙门桩与龙门板

③ 在相邻两龙门桩上钉设木板，称为龙门板，龙门板的上沿应和龙门桩上的横线对齐，使龙门板的顶面标高在一个水平面上，并且标高为±0.000，或比±0.000 高低一定的数值，龙门板顶面标高的误差应在±5mm 以内。

④ 根据轴线桩，用经纬仪将各轴线投测到龙门板的顶面，并钉上小钉作为轴线标志，此小钉也称为轴线钉，投测误差应在±5mm 以内。

⑤ 用钢尺沿龙门板顶面检查轴线钉的间距，其相对误差不应超过 1/3000。

恢复轴线时，将经纬仪安置在一个轴线钉上方，照准相应的另一个轴线钉，其视线即为轴线方向，往下转动望远镜，便可将轴线投测到基槽或基坑内。

（2）轴线控制桩　由于龙门板需要较多木料，而且占用场地，使用机械开挖时容易被破坏，因此也可以在基槽或基坑外各轴线的延长线上测设轴线控制桩，作为以后恢复轴线的依据。即使采用了龙门板，为了防止被碰动，对主要轴线也应测设轴线控制桩。

轴线控制桩一般设在开挖边线 4m 以外的地方，并用水泥砂浆加固。最好是附近有固定建筑物和构筑物，这时应将轴线投测在这些物体上，使轴线更容易得到保护，以便今后能安置经纬仪来恢复轴线。

轴线控制桩的引测主要采用经纬仪法，当引测到较远的地方时，要注意采用盘左和盘右两次投测取中数法来引测，以减少引测误差和避免错误的出现。

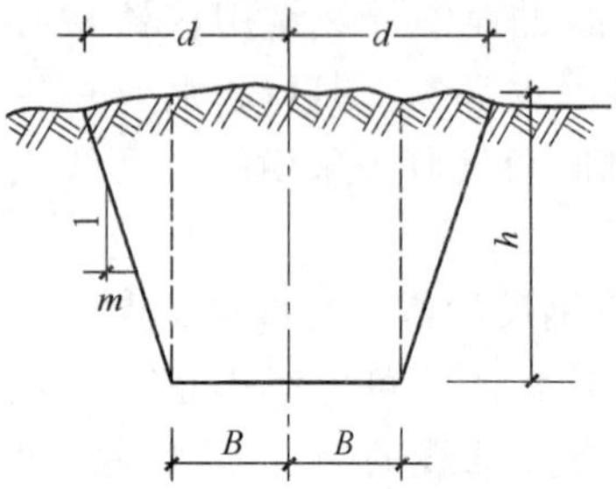

图 13-10　基槽宽度

3. 撒开挖边线

如图 13-10 所示，先按基础剖面图给出的设计尺寸计算基槽的开挖宽度 $2d$。

$$d = B + mh \tag{13-1}$$

式中，$B$ 为基底宽度，可由基础剖面图中查取；$h$ 为基槽深度；$m$ 为边坡坡度的分母。根据计算结果，在地面上以轴线为中线往两边各量出 $d$，拉线并撒上白灰，即为开挖边线。如果是基坑开挖，则只需按最外围墙体基础的宽度、深度及放坡确定开挖边线。

## 第三节　建筑物基础施工测量

### 一、基槽开挖的深度控制

如图 13-11 所示，为了控制基槽开挖深度，当基槽挖到接近槽底设计高程时，应在槽壁上测设一些水平桩，使水平桩的上表面离槽底设计高程为某一整分米数（例如 5dm），用以控制挖槽深度，也可作为槽底清理和打基础垫层时掌握标高的依据。一般在基槽各拐角处、深度变化处和基槽壁上每隔 3～4m 左右测设一个水平桩，然后拉上白线，线下 0.50m 即为槽底设计高程。

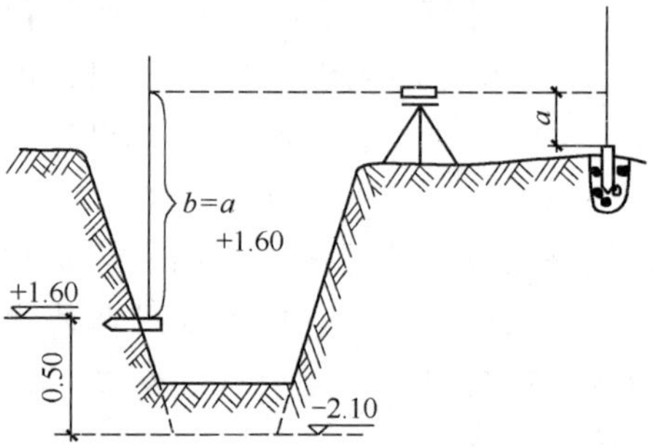

图 13-11　基槽水平桩测设

测设水平桩时，以画在龙门板或周围固定地物的 ±0.000 标高线为已知高程点，用水准仪进行测设，小型建筑物也可用连通水管法进行测设。水平桩上的高程误差应在 ±10mm 以内。

例如，设龙门板顶面标高为 ±0.000，槽底设计标高为 −2.1m，水平桩高于槽底 0.50m，即水平桩高程为 −1.6m，用水准仪后视龙门板顶面上的水准尺，读数 $a = 1.286$m，则水平桩上标尺的应有读数为

$$0 + 1.286 - (-1.6) = 2.886 \text{ (m)}$$

测设时沿槽壁上下移动水准尺，当读数为 2.886m 时沿尺底水平地将桩打进槽壁，然后检核该桩的标高，如超限便进行调整，直至误差在规定范围以内。

垫层面标高的测设可以水平桩为依据在槽壁上弹线，也可在槽底打入垂直桩，使桩顶标高等于垫层面的标高。如果垫层需安装模板，可以直接在模板上弹出垫层面的标高线。

如果是机械开挖，一般是一次挖到设计槽底或坑底的标高，因此要在施工现场安置水准仪，边挖边测，随时指挥挖土机调整挖土深度，使槽底或坑底的标高略高于设计标高（一般为 10cm，留给人工清土）。挖完后，为了给人工清底和打垫层提供标高依据，还应在槽壁或

坑壁上打水平桩，水平桩的标高一般为垫层面的标高。

### 二、基槽底口和垫层轴线投测

如图 13-12 所示，基槽挖至规定标高并清底后，将经纬仪安置在轴线控制桩上，瞄准轴线另一端的控制桩，即可把轴线投测到槽底，作为确定槽底边线的基准线。垫层打好后，用经纬仪或用拉绳挂垂球的方法把轴线投测到垫层上，并用墨线弹出墙中心线和基础边线，以便砌筑基础或安装基础模板。由于整个墙身砌筑均以此线为准，这是确定建筑物位置的关键环节，所以要严格校核后方可进行砌筑施工。

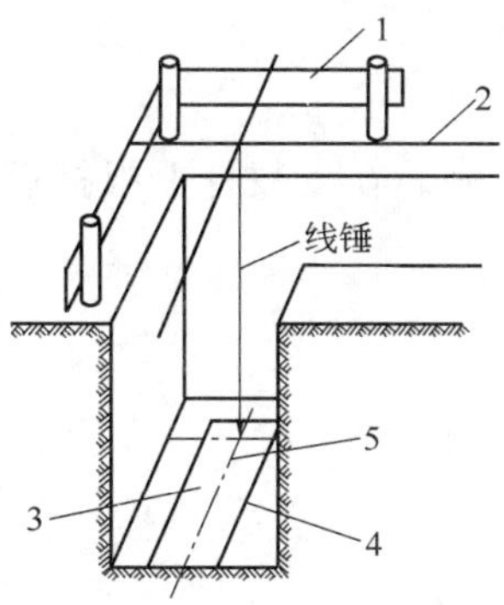


图 13-12 基槽底口和垫层轴线投测

1—龙门板；2—细线；3—垫层；4—基础边线；5—墙中线

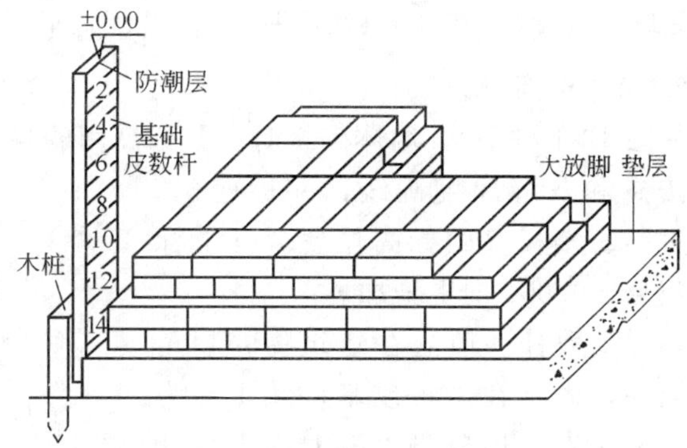


图 13-13 基础皮数杆

### 三、基础标高的控制

如图 13-13 所示，基础墙（±0.000 以下的砖墙）的标高一般是用基础皮数杆来控制的，基础皮数杆用一根木杆做成，在杆上注明±0.000 的位置，按照设计尺寸将砖和灰缝的厚度分皮从上往下一一画出来，此外还应注明防潮层和预留洞口的标高位置。

立皮数杆时，可先在立杆处打一个木桩，用水准仪在木桩侧面测设一条高于垫层设计标高某一数值（如 10cm）的水平线，然后将皮数杆上标高相同的一条线与木桩上的水平线对齐，并用大铁钉把皮数杆和木桩钉在一起，作为砌筑基础墙的标高依据。对于采用钢筋混凝土的基础，可用水准仪将设计标高测设于模板上。

基础施工结束后，应检查基础面的标高是否满足设计要求（也可以检查防潮层）。可用水准仪测出基础面上的若干高程，和设计高程相比较，允许误差为±10mm。

## 第四节 墙体施工测量

### 一、一层楼房墙体施工测量

1. 墙体轴线测设

如图 13-14 所示，基础工程结束后，应对龙门板或轴线控制桩进行检查复核，经复核无误后，可根据轴线控制桩或龙门板上的轴线钉，用经纬仪法或拉线法把首层楼房的墙体轴线测设到防潮层上，然后用钢尺检查墙体轴线的间距和总长是否等于设计值，用经纬仪检查外墙轴线四个主要交角是否等于 90°。符合要求后，把墙体轴线延长到基础外墙侧面上并弹出

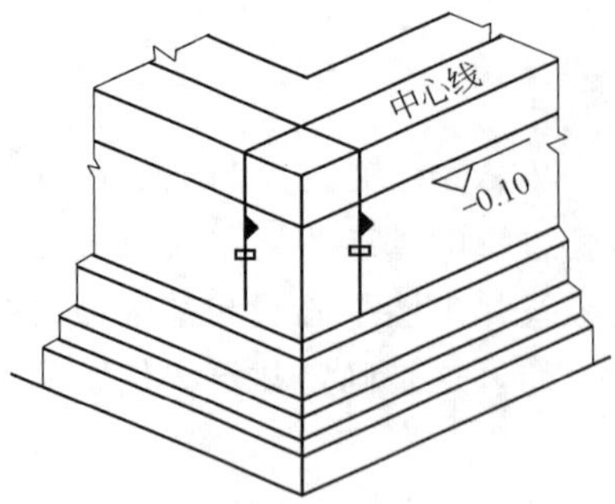


图 13-14 墙体轴线与标高线标注

墨线来做出标志，作为向上投测各层楼房墙体轴线的依据。同时还应把门、窗和其他洞口的边线也在基础外墙侧面上做出标志。

墙体砌筑前，根据墙体轴线和墙体厚度弹出墙体边线，照此进行墙体砌筑。砌筑到一定高度后，用吊锤线将基础外墙侧面上的轴线引测到地面以上的墙体上，以免基础覆土后看不见轴线标志。如果轴线处是钢筋混凝土柱，则在拆柱模后将轴线引测到桩身上。

2. 墙体标高测设

如图 13-15 所示，墙体砌筑时，其标高用墙身“皮数杆”控制。在皮数杆上根据设计尺寸，按砖和灰缝厚度画线，并标明门、窗、过梁、楼板等的标高位置。杆上标高注记从±0.000 向上增加。

墙身皮数杆一般立在建筑物的拐角和内墙处，固定在木桩或基础墙上。为了便于施工，采用里脚手架时，皮数杆立在墙的外边；采用外脚手架时，皮数杆应立在墙里边。立皮数杆时，先用水准仪在立杆处的木桩或基础墙上测设出±0.000 标高线，测量误差在±3mm 以内，然后把皮数杆上的±0.000 线与该线对齐，用吊锤校正并用钉钉牢，必要时可在皮数杆上加两根钉斜撑，以保证皮数杆的稳定。

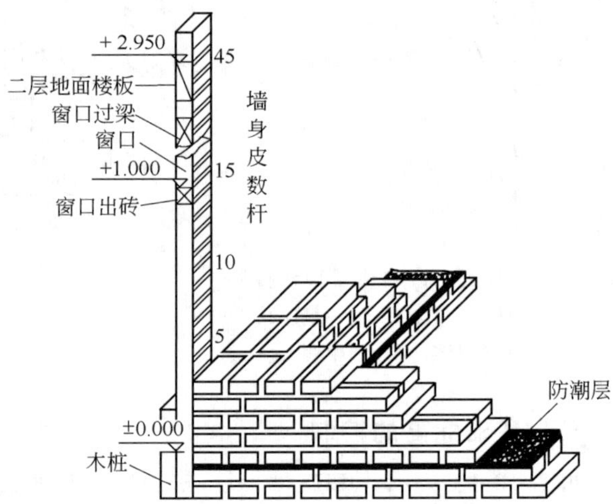


图 13-15 墙身皮数杆

墙体砌筑到一定高度后（1.5m 左右），应在内、外墙面上测设出＋0.50m 标高的水平墨线，称为“＋50 线”。外墙的＋50 线作为向上传递各楼层标高的依据，内墙的＋50 线作为室内地面施工及室内装修的标高依据。

## 二、二层以上楼房墙体施工测量

1. 墙体轴线投测

每层楼面建好后，为了保证继续往上砌筑墙体时，墙体轴线均与基础轴线在同一铅垂面上，应将基础或一层墙面上的轴线投测到楼面上，并在楼面上重新弹出墙体的轴线，检查无误后，以此为依据弹出墙体边线，再往上砌筑。

多层建筑从下往上进行轴线投测的方法是：将较重的垂球悬挂在楼面的边缘，慢慢移动，使垂球尖对准地面上的轴线标志，或者使吊锤线下部沿垂直墙面方向与底层墙面上的轴线标志对齐，吊锤线上部在楼面边缘的位置就是墙体轴线的位置，在此画一条短线作为标志，便在楼面上得到轴线的一个端点，同法投测另一端点，两端点的连线即为墙体轴线。

建筑物的主轴线一般都要投测到楼面上来，弹出墨线后，再用钢尺检查轴线间的距离，其相对误差不得大于 1/3000，符合要求之后，再以这些主轴线为依据，用钢尺内分法测设其他细部轴线。在困难的情况下至少要测设两条垂直相交的主轴线，检查交角合格后，用经纬仪和钢尺测设其他主轴线，再根据主轴线测设细部轴线。

吊锤线法受风的影响较大，因此应在风小的时候作业，投测时应等待吊锤稳定下来后再在楼面上定点。此外，每层楼面的轴线均应直接由底层投测上来，以保证建筑物的总竖直度，只要注意这些问题，用吊锤线法进行多层楼房的轴线投测的精度是有保证的。

2. 墙体标高传递

在多层建筑物施工中，要由下往上将标高传递到新的施工楼层，以便控制新楼层的墙体施工，使其标高符合设计要求。标高传递一般可有以下两种方法。

(1) 利用皮数杆传递标高　一层楼房墙体砌完并建好楼面后，把皮数杆移到二层继续使用。为了使皮数杆立在同一水平面上，用水准仪测定楼面四角的标高，取平均值作为二楼的地面标高，并在立杆处绘出标高线，立杆时将皮数杆的±0.000线与该线对齐，然后以皮数杆为标高的依据进行墙体砌筑。如此用同样方法逐层往上传递高程。

(2) 利用钢尺传递标高　在标高精度要求较高时，可用钢尺从底层的+50标高线起往上直接丈量，把标高传递到第二层，然后根据传递上来的高程测设第二层的地面标高线，以此为依据立皮数杆。在墙体砌到一定高度后，用水准仪测设该层的+50标高线，再往上一层的标高可以此为准用钢尺传递，依此类推，逐层传递标高。

## 第五节　高层建筑施工测量

在高层建筑工程施工测量中，由于高层建筑的体形大、层数多、高度高、造型多样化、建筑结构复杂、设备和装修标准高，因此，在施工过程中对建筑物各部位的水平位置、轴线尺寸、垂直度和标高的要求都十分严格，对施工测量的精度要求也高。为确保施工测量符合精度要求，应事先认真研究和制定测量方案，选用符合精度要求的测量仪器，拟定出各种误差控制和检核措施。并密切配合工程进度，以便及时、快速、准确地进行测量放线，为下一步施工提供平面和标高依据。

高层建筑施工测量的工作内容很多，本书主要介绍建筑物定位、基础施工、轴线投测和高程传递等几方面的测量工作。

### 一、高层建筑定位测量

1. 测设施工方格网

进行高层建筑的定位放线是确定建筑物平面位置和进行基础施工的关键环节，施测时必须保证精度，因此一般采用测设专用的施工方格网的形式来定位。施工方格网一般在总平面布置图上进行设计，施工方格网是测设在基坑开挖范围以外一定距离，平行于建筑物主要轴线方向的矩形控制网。

2. 测设主轴线控制桩

在施工方格网的四边上，根据建筑物主要轴线与方格网的间距，测设主要轴线的控制桩。测设时要以施工方格网各边的两端控制点为准，用经纬仪定线，用钢尺量距来打桩定点。测设好这些轴线控制桩后，施工时便可方便、准确地在现场确定建筑物的四个主要角点。

除了四廓的轴线外，建筑物的中轴线等重要轴线也应在施工方格网边线上测设出来，与四廓的轴线一起称为施工控制网中的控制线，一般要求控制线的间距为30～50m。控制线的增多可为以后测设细部轴线带来方便，施工方格网控制线的测距精度不低于1/10000，测角精度不低于±10″。

如果高层建筑准备采用经纬仪法进行轴线投测，还应把应投测轴线的控制桩往更远处、更安全稳固的地方引测，这些桩与建筑物的距离应大于建筑物的高度，以免用经纬仪投测时仰角太大。

## 二、高层建筑基础施工测量

1. 测设基坑开挖边线

高层建筑一般都有地下室，因此要进行基坑开挖。开挖前，先根据建筑物的轴线控制桩确定角桩以及建筑物的外围边线，再考虑边坡的坡度和基础施工所需工作面的宽度，测设出基坑的开挖边线并撒出灰线。

2. 基坑开挖时的测量工作

高层建筑的基坑一般都很深，需要放坡并进行边坡支护加固，开挖过程中，除了用水准仪控制开挖深度外，还应经常用经纬仪或拉线检查边坡的位置，防止出现坑底边线内收，致使基础位置不够。

3. 基础放线及标高控制

（1）基础放线　基坑开挖完成后，有三种情况：一是直接打垫层，然后做箱形基础或筏板基础，这时要求在垫层上测设基础的各条边界线、梁轴线、墙宽线和柱位线等；二是在基坑底部打桩或挖孔，做桩基础，这时要求在坑底测设各条轴线和桩孔的定位线，桩做完后，还要测设桩承台和承重梁的中心线；三是先做桩，然后在桩上做箱基或筏基，组成复合基础，这时的测量工作是前两种情况的结合。

测设轴线时，有时为了通视和量距方便，不是测设真正的轴线，而是测设其平行线，这时一定要在现场标注清楚，以免用错。另外，一些基础桩、梁、柱、墙的中线不一定与建筑轴线重合，而是偏移某个尺寸，因此要认真按图施测，防止出错，如图 13-16 所示。

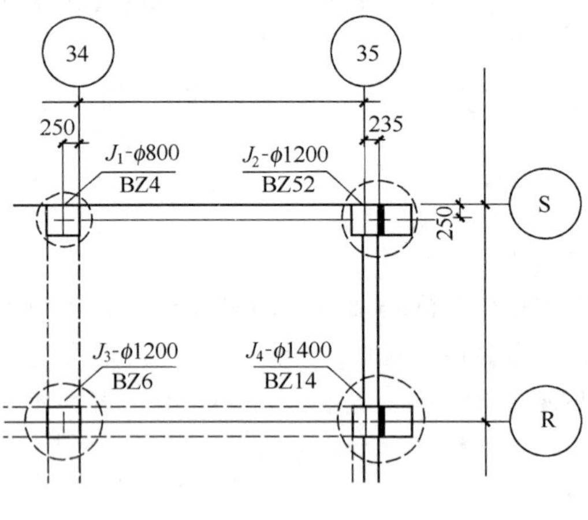


图 13-16　有偏心桩的基础平面图

如果是在垫层上放线，可把有关轴线和边线直接用墨线弹在垫层上，由于基础轴线的位置决定了整个高层建筑的平面位置和尺寸，因此施测时要严格检核，保证精度。如果是在基坑下做桩基，则测设轴线和桩位时，宜在基坑护壁上设立轴线控制桩，以便能保留较长时间，也便于施工时用来复核桩位和测设桩顶上的承台和基础梁等。

从地面往下投测轴线时，一般是用经纬仪投测法，由于俯角较大，为了减小误差，每个轴线点均应盘左、盘右各投测一次，然后取中数。

（2）基础标高测设　基坑完成后，应及时用水准仪根据地面上的±0.000 水平线将高程引测到坑底，并在基坑护坡的钢板或混凝土桩上做好标高为负的整米数的标高线。由于基坑较深，引测时可多设几站观测，也可用悬吊钢尺代替水准尺进行观测。

## 三、高层建筑的轴线投测

随着结构的升高，要将首层轴线逐层往上投测作为施工的依据。此时建筑物主轴线的投测最为重要，因为它们是各层放线和结构垂直度控制的依据。随着高层建筑物设计高度的增加，施工中对竖向偏差的控制要求就越高，轴线竖向投测的精度和方法就必须与其适应，以保证工程质量。

有关规范对于不同结构的高层建筑施工的竖向精度有不同的要求，见表 13-2（$H$ 为建筑总高度）。为了保证总的竖向施工误差不超限，层间垂直度测量偏差不应超过 3mm，建筑全高垂直度测量偏差不应超过 $3H/10000$。

30m$<H\leqslant$60m 时，±10mm；

60m$<H\leqslant$90m 时，±15mm；

90m$<H$ 时，±20mm。

**表 13-2 高层建筑竖向及标高施工偏差限差** 单位：mm

| 结构类型 | 竖向施工偏差限差 | | 标高偏差限差 | |
|---|---|---|---|---|
| | 每 层 | 全 高 | 每 层 | 全 高 |
| 现浇混凝土 | 8 | $H/1000$(最大 30) | ±10 | ±30 |
| 装配式框架 | 5 | $H/1000$(最大 20) | ±5 | ±30 |
| 大模板施工 | 5 | $H/1000$(最大 30) | ±10 | ±30 |
| 滑模施工 | 5 | $H/1000$(最大 50) | ±10 | ±30 |

下面介绍几种常见的投测方法。

1. 经纬仪法

如图 13-17 所示，当施工场地比较宽阔时，可使用经纬仪法进行竖向投测，安置经纬仪于轴线控制桩上，严格对中整平，盘左照准建筑物底部的轴线标志，往上转动望远镜，用其竖丝指挥在施工层楼面边缘上画一点，然后盘右再次照准建筑物底部的轴线标志，同法在该处楼面边缘上画出另一点，取两点的中间点作为轴线的端点。其他轴线端点的投测与此法相同。

当楼层建得较高时，经纬仪投测时的仰角较大，操作不方便，误差也较大，此时应将轴线控制桩用经纬仪引测到远处（大于建筑物高度）稳固的地方，然后继续往上投测。如果周围场地有限，也可引测到附近建筑物的房顶上。如图 13-18 所示，先在轴线控制桩 $A_1$ 上安

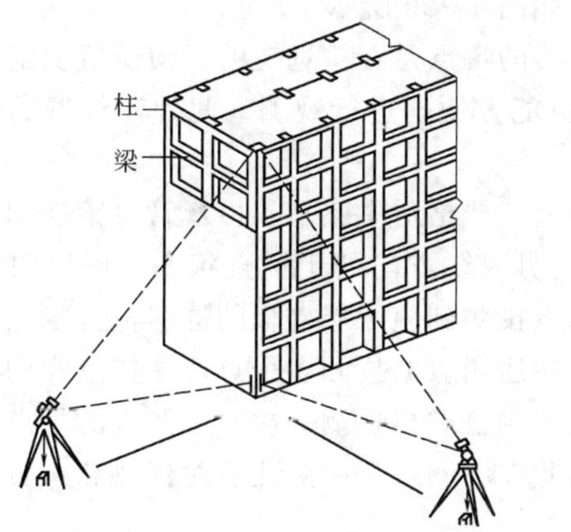


图 13-17 经纬仪轴线竖向投测

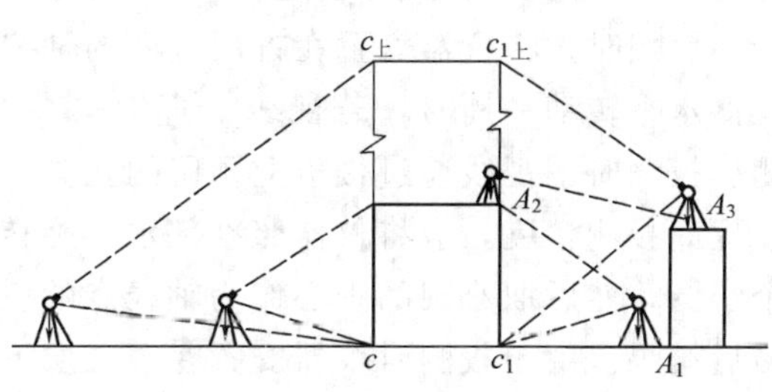


图 13-18 减小经纬仪投测角

置经纬仪，照准建筑物底部的轴线标志，将轴线投测到楼面上 $A_2$ 点处，然后在 $A_2$ 上安置经纬仪，照准 $A_1$ 点，将轴线投测到附近建筑物屋面上 $A_3$ 点处，以后就可在 $A_3$ 点安置经纬仪，投测更高楼层的轴线。注意上述投测工作均应采用盘左、盘右取中法进行，以减少投测误差。

所有主轴线投测上来后，应进行角度和距离的检核，合格后再以此为依据测设其他轴线。

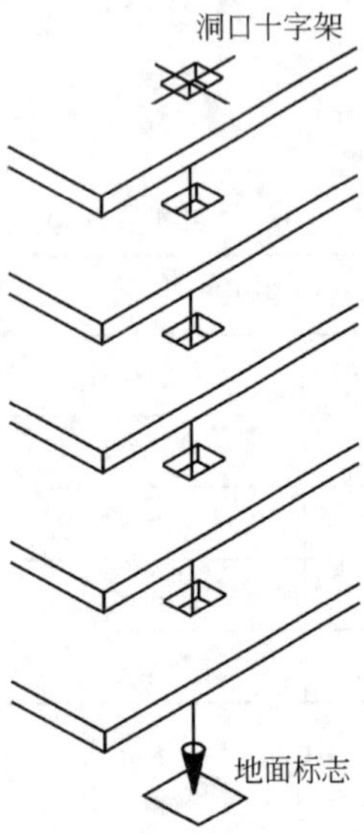

图 13-19 吊线坠法投测

为了保证投测的质量，仪器必须经过严格的检验和校正，投测宜选在阴天、早晨及无风的时候进行，以尽量减少日照及风力带来的不利影响。

2. 吊线坠法

当周围建筑物密集，施工场地窄小，无法在建筑物以外的轴线上安置经纬仪时，可采用此法进行竖向投测。该法与一般的吊锤线法的原理是一样的，只是线坠的重量更大，吊线（细钢丝）的强度更高。此外，为了减少风力的影响，应将吊锤线的位置放在建筑物内部。

如图 13-19 所示，首先在一层地面上埋设轴线点的固定标志，轴线点之间应构成矩形或十字形等，作为整个高层建筑的轴线控制网。各标志上方的每层楼板都预留孔洞，供吊锤线通过。投测时，在施工层楼面上的预留孔上安置挂有吊线坠的十字架，慢慢移动十字架，当吊锤尖静止地对准地面固定标志时，十字架的中心就是应投测的点，同理测设其他轴线点。

使用吊线坠法进行轴线投测，经济、简单又直观，精度也比较可靠，但投测时费时、费力，正逐渐被下面所述的垂准仪法所替代。

3. 垂准仪法

垂准仪法就是利用能提供铅直向上（或向下）视线的专用测量仪器，进行竖向投测。常用的仪器有垂准经纬仪、激光经纬仪和激光垂准仪等。用垂准仪法进行高层建筑的轴线投测，具有占地小、精度高、速度快的优点，在高层建筑施工中得到广泛的应用。

垂准仪法需要事先在建筑底层设置轴线控制网，建立稳固的轴线标志，在标志上方每层楼板都预留 30cm×30cm 的垂准孔，供视线通过，如图 13-20 所示。

（1）垂准经纬仪　如图 13-21（a）所示，该仪器的特点是在望远镜的目镜位置上配有弯曲成 90°的目镜，使仪器铅直指向正上方时，测量员能方便地进行观测。此外该仪器的中轴是空心的，使仪器也能观测正下方的目标。

使用时，将仪器安置在首层地面的轴线点标志上，严格对中整平，由弯管目镜观测，当仪器水平转动一周时，若视线一直指向一点上，说明视线方向处于铅直状态，可以向上投测。投测时，视线通过楼板上预留的孔洞，将轴线点投测到施工层楼板的透明板上定点，为了提高投测精度，应将仪器照准部水平旋转一周，在透明板上投测多个点，这些点应构成一个小圆，然后取小圆的中心作为轴线点的位置。同法用盘右再投测一次，取两次的中点作为最后结果。由于投测时仪器安置在施工层下面，因此在施测过程中要注意对仪器和人员的安全采取保护措施，防止被落物击伤。

如果把垂准经纬仪安置在浇筑后的施工层上，将望远镜调成铅直向下的状态，视线通过

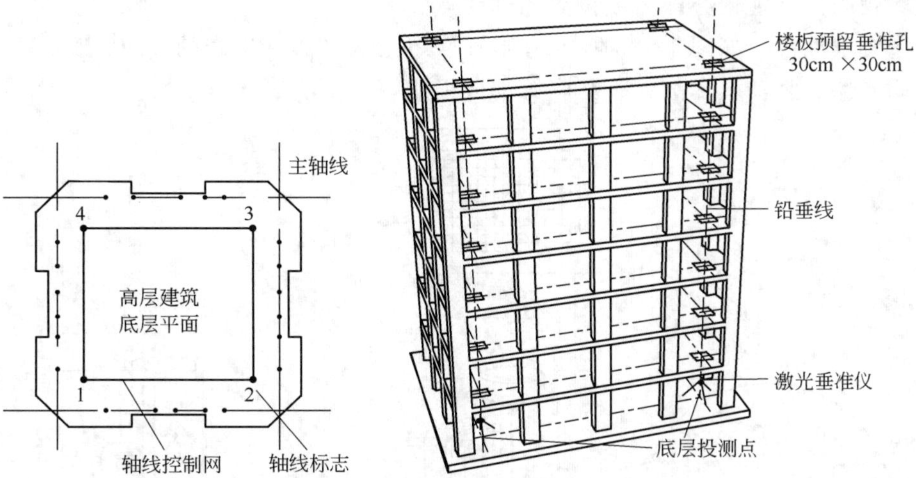


图 13-20 轴线控制桩与投测孔

楼板上预留的孔洞，照准首层地面的轴线点标志，也可将下面的轴线点投测到施工层上来，如图 13-21（b）所示。该法较安全，也能保证精度。

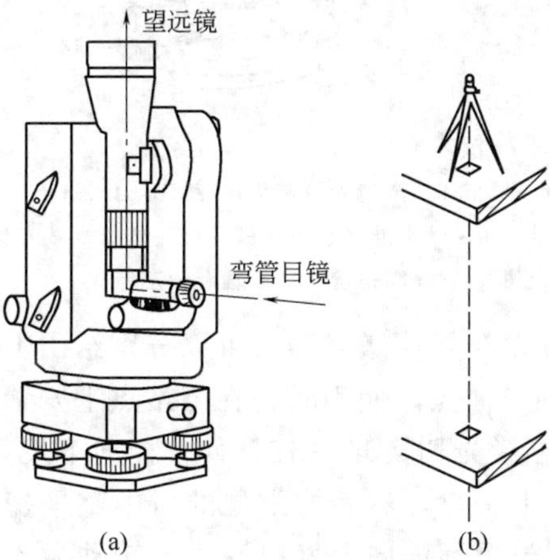


图 13-21 垂准经纬仪

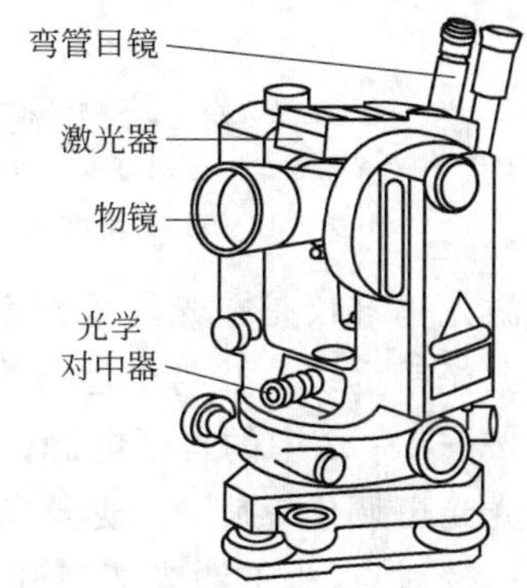


图 13-22 激光经纬仪

该仪器竖向投测方向观测中误差不大于±6″，即 100m 高处投测点位误差为±3mm，相当于约 1/30000 的铅垂度，能满足高层建筑对竖向的精度要求。

（2）激光经纬仪 如图 13-22 所示为装有激光器的苏州第一光学仪器厂生产的 J2-JDE 激光经纬仪，它是在望远镜筒上安装一个氦氖激光器，用一组导光系统把望远镜的光学系统联系起来，组成激光发射系统，再配上电源，便成为激光经纬仪。为了测量时观测目标方便，激光束进入发射系统前设有遮光转换开关。遮去发射的激光束，就可在目镜（或通过弯管目镜）处观测目标，而不必关闭电源。

激光经纬仪用于高层建筑轴线竖向投测，其方法与配弯管目镜的经纬仪是一样的，只不过是用可见激光代替人眼观测。投测时，在施工层预留孔中央设置用透明聚酯膜片绘制的接收靶，在地面轴线点处对中整平仪器，启辉激光器，调节望远镜调焦螺旋，使投射在接收靶上的激光束光斑最小，再水平旋转仪器，检查接收靶上光斑中心是否始终在同一点，或划出一个很小的圆圈，以保证激光束铅直，然后移动接收靶使其中心与光斑中心或小圆圈中心重合，将接收靶固定，则靶心即为欲投测的轴线点。

（3）激光垂准仪　如图 13-23 所示为苏州第一光学仪器厂生产的 DZJ2 激光垂准仪，主要由氦氖激光器、竖轴、水准管、基座等部分组成。

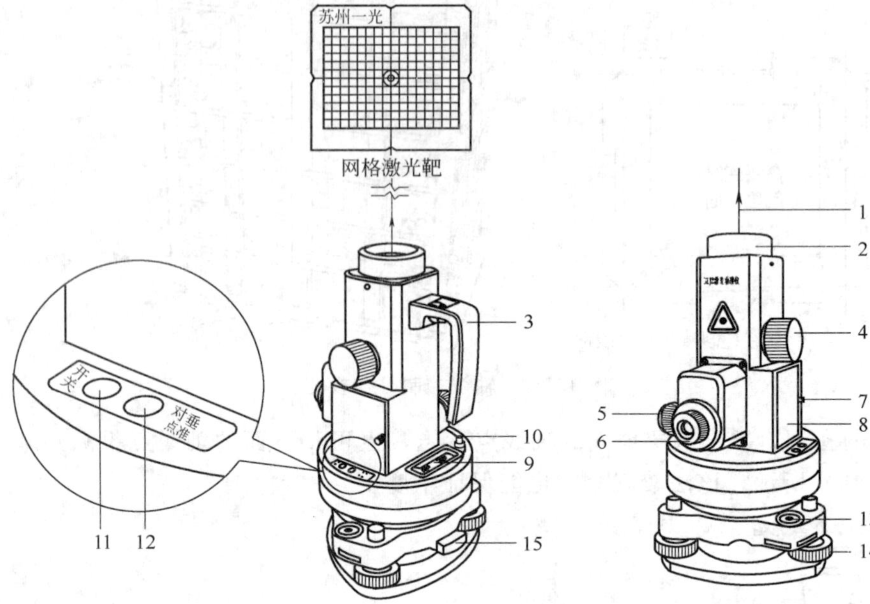


图 13-23　激光垂准仪

1—望远镜激光束；2—物镜；3—手柄；4—物镜调焦螺旋；5—激光光斑调焦螺旋；6—目镜；7—电池盒固定螺钉；8—电池盒盖；9—管水准器；10—管水准器校正螺钉；11—电源开关；12—对点/垂准激光切换开关；13—原水准器；14—脚螺旋；15—轴套锁定钮

该激光垂准仪是在光学垂准系统的基础上添加了半导体激光器，可以分别给出上下同轴的两条激光铅垂线，并与望远镜视准轴同心、同轴、同焦。使用时，在测站点上安置激光垂准仪，按图 13-23 中的打开电源开关，按对点/垂准激光切换开关 12，使仪器向下发射激光，转动激光光斑调焦螺旋 5，使激光光斑聚焦于地面上一点，然后按常规的对中整平操作安置好仪器；按对点/垂准激光切换开关 12，使仪器通过望远镜向上发射激光，转动激光光斑调焦螺旋，使激光光斑聚焦于目标面上一点，将网格激光靶放置在目标面上，即可方便地投测轴线点。

激光的有效射程白天为 120m，夜间为 250m，距离仪器望远镜 80m 处的激光光斑直径≤5mm，向上投测一测回垂直测量标准差为 1/4.5 万，等价于激光铅垂精度为±5″。仪器使用两节 5 号电池供电，发射激光波长为 0.65μm 的电磁波，功率为 0.1mW。

## 四、高层建筑的高程传递

高层建筑各施工层的标高是由底层±0.000 标高线传递上来的。高层建筑施工的标高偏差限差见表 13-2。

1. 用钢尺直接测量

一般用钢尺沿结构外墙、边柱或楼梯间由底层±0.000 标高线向上竖直量取设计高差，即可得到施工层的设计标高线。用这种方法传递高程时，应至少由三处底层标高线向上传递，以便于相互校核。由底层传递到上面同一施工层的几个标高点必须用水准仪进行校核，检查各标高点是否在同一水平面上，其误差应不超过±3mm。合格后以其平均标高为准，作为该层的地面标高。若建筑高度超过一尺段（30m 或 50m），可每隔一个尺段的高度精确测设新的起始标高线，作为继续向上传递高程的依据。

2. 利用皮数杆传递高程

在皮数杆上自±0.000 标高线起，门窗口、过梁、楼板等构件的标高都已注明。一层楼砌好后，则从一层皮数杆起一层一层往上接。

3. 悬吊钢尺法

在外墙或楼梯间悬吊一根钢尺，分别在地面和楼面上安置水准仪，将标高传递到楼面上。用于高层建筑传递高程的钢尺应经过检定，量取高差时尺身应铅直和用规定的拉力，并应进行温度改正。

如图 13-24 所示，当一层墙体砌筑到 1.5m 标高后，用水准仪在内墙面上测设一条 +50mm 的标高线，作为首层地面施工及室内装修的依据。以后每砌一层，就通过吊钢尺从下层的 +50mm 标高线处向上量出设计层高，再测出上一层的 +50mm 标高线。根据图 13-24 中的相互位置关系：第二层为 $(a_2-b_2)-(a_1-b_1)=l_1$，可解出 $b_2$ 为

$$b_2=a_2-l_1-(a_1-b_1) \tag{13-2}$$

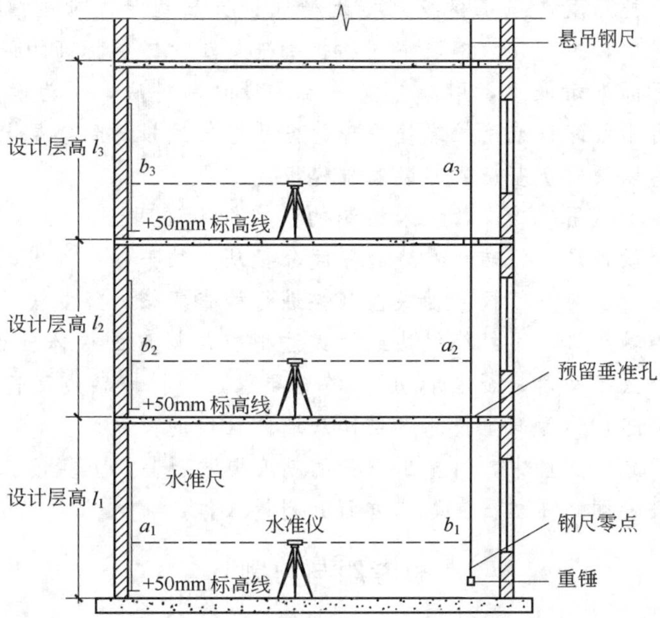


图 13-24　悬吊钢尺法传递高程

在进行第二层水准测量时，上下移动水准尺，使其读数为 $b_2$，沿水准尺底部在墙面上划线，即可得到该层的 +50mm 标高线。

同理，第三层的 $b_3$ 为

$$b_3=a_3-(l_1+l_2)-(a_1-b_1) \tag{13-3}$$

## 小　结

本章主要介绍了民用建筑施工测量的方法和精度要求，民用建筑施工测量就是按照设计的要求将民用建筑的平面位置和高程测设出来。施工测量的过程主要包括建筑物定位、细部

轴线放样、基础施工测量和墙体工程施工测量等。

设计图纸是施工测量的主要依据，测设前应充分熟悉各种有关的设计图纸，了解施工建筑物与相邻地物的相互关系以及建筑物本身的内部尺寸关系，准确无误地获取测设工作中所需要的各种定位数据。在熟悉图纸的过程中，应仔细核对各种图纸上相同部位的尺寸是否一致，同一图纸上总尺寸与各有关部位尺寸之和是否一致，以免发生错误。

为了解建筑施工现场上地物、地貌以及原有测量控制点的分布情况，应进行现场踏勘，并对建筑施工现场上的平面控制点和水准点进行检核，以便获得正确的测量数据，然后根据实际情况考虑测设方案，拟定测设方案。测设方案包括测设方法、测设步骤、采用的仪器工具、精度要求、时间安排等。

建筑物的定位就是根据设计条件，将建筑物四周外廓主要轴线的交点测设到地面上，作为基础放线和细部轴线放线的依据。由于设计条件和现场条件不同，建筑物的定位方法也有所不同。

建筑物的放线是指根据现场已测设好的建筑物定位点，详细测设其他各轴线交点的位置，并将其延长到安全的地方做好标志。然后以细部轴线为依据，按基础宽度和放坡要求用白灰撒出基础开挖边线。

为了控制基槽开挖深度，当基槽挖到接近槽底设计高程时，应在槽壁上测设一些水平桩，用以控制挖槽深度，也可作为槽底清理和打基础垫层时掌握标高的依据。

基槽挖至规定标高并清底后，用经纬仪把轴线投测到槽底，作为确定槽底边线的基准线。垫层打好后，再用经纬仪或用拉绳挂垂球的方法把轴线投测到垫层上，并用墨线弹出墙中心线和基础边线，以便砌筑基础或安装基础模板。

基础墙的标高一般是用基础皮数杆来控制的，在杆上注明±0.000、防潮层和预留洞口的标高位置，并按照设计尺寸将砖和灰缝的厚度分批从上往下一一画出来。

基础工程结束后，应对龙门板或轴线控制桩进行检查复核，经复核无误后，可根据轴线控制桩或龙门板上的轴线钉，用经纬仪法或拉线法把首层楼房的墙体轴线测设到防潮层上，并检查外墙轴线四个主要交角是否等于90°。符合要求后，把墙轴线延长到基础外墙侧面上并弹出墨线来做出标志，作为向上投测各层楼房墙体轴线的依据。

在高层建筑工程施工测量中，对施工测量的精度要求也高。其主要工作内容有建筑物定位、基础施工、轴线投测和高程传递等几方面的测量工作。

## 思考题与习题

1. 在进行民用建筑施工测设前应做好哪些准备工作？
2. 建筑总平面图的作用是什么？
3. 设置龙门板或引桩的作用是什么？如何设置？
4. 轴线控制桩如何测设？其优点有哪些？
5. 一般民用建筑条形基础施工过程中要进行哪些测量工作？
6. 一般民用建筑墙体施工过程中如何投测轴线？如何传递标高？
7. 在高层建筑施工中，如何控制建筑物的垂直度和传递标高？
8. 如图13-24所示，在外墙或楼梯间悬吊一根钢尺，分别在地面和楼面上安置水准仪，将标高传递到楼面上。根据图中的相互位置关系：

第二层的 $b_2$ 为　　$b_2=a_2-l_1-(a_1-b_1)$

第三层的 $b_3$ 为　　$b_3=a_3-(l_1+l_2)-(a_1-b_1)$

第六层的 $b_6$ 为多少？

# 第十四章　工业建筑施工测量

学习目标

• 了解工业建筑的类型，分单层和多层、装配式和现浇整体式。

• 理解单层工业厂房以装配式为主，采用预制的钢筋混凝土柱、吊车梁、屋架、大型屋面板等构件，进行施工现场安装。简单矩形控制网的测设可以采用直角坐标法、极坐标法和角度交会法等。对大型工业厂房则需要建立有主轴线较为复杂的矩形控制网。

• 掌握在施工中应进行以下几个方面的测量工作：厂房矩形控制网的测设；厂房柱列轴线放样；杯形基础施工测量；厂房构件及设备安装测量等。在测设前，还应制定厂房矩形控制网的测设方案及计算测设数据，并绘制测设略图。

## 第一节　概　　述

工业建筑类型分单层和多层、装配式和现浇整体式。单层工业厂房以装配式为主，采用预制的钢筋混凝土柱、吊车梁、屋架、大型屋面板等构件，进行施工现场安装。为保证厂房构件就位的正确性，在施工中应进行以下几个方面的测量工作：厂房矩形控制网的测设；厂房柱列轴线放样；杯形基础施工测量；厂房构件及设备安装测量。工业建筑施工测量除了与民用建筑相同的准备工作外，还需做好下列工作。

1. 制定厂房矩形控制网的测设方案及计算测设数据

工业建筑厂房测设的精度要高于民用建筑，而厂区已有控制点的密度和精度又不能满足厂房测设的需要，因此，对于每个厂房还应在原有控制网的基础上，根据厂房规模和体型建立满足精度要求的独立矩形控制网，作为厂房施工测量的基本控制。厂房矩形控制网的测设方案通常是根据厂区的总平面图、厂区控制网、厂房施工图和现场地形情况等资料来制定的。

对于一般中、小型厂房，可测设一个单一的厂房矩形控制网，如图 14-1 所示，可满足测设的需要。对于大型厂房或设备基础复杂的厂房，为保证厂房各部分精度一致，需先测设一条主轴线，然后以此主轴线测设出矩形控制网。在确定主轴线点及矩形控制网的位置时，要考虑到控制点能长期保存，应避开地上和地下管线，位置应距厂房基础开挖边线以外。在测设矩形控制网的同时应测设出距离指标桩，距离指标桩的间距一般为厂房柱距的倍数，但不要超过所用钢尺的整尺长。

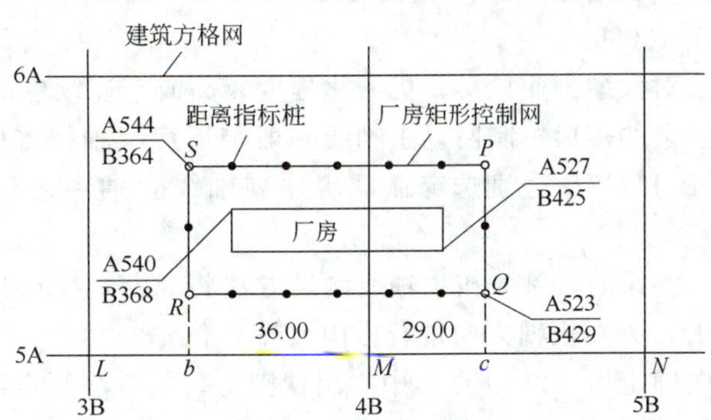


图 14-1　厂房控制网示意

2. 绘制测设略图

如图 14-1 所示是依据厂区的总平面图、厂区控制网、厂房施工图等资料，按一定比例绘制的测设略图。

## 第二节 厂房矩形控制网的测设

单层工业厂房构件安装及生产设备安装要求测设的厂房柱列轴线有较高的精度，因此，厂房放样时应先建立厂房矩形施工控制网，以此作为轴线测设的基本控制。

对于单一的中、小型工业厂房而言，测设一个简单矩形控制网即可满足放线的要求。简单矩形控制网的测设可以采用直角坐标法、极坐标法和角度交会法等，现以直角坐标法为例，介绍依据建筑方格网建立厂房控制网的方法。

如图 14-2 所示，$M$，$N$，$Q$，$P$ 为厂房边轴线的交点，$M$，$Q$ 两点的坐标在总平面图上已标出。$E$，$F$，$G$，$H$ 是布设在厂房基坑开挖线以外的厂房控制网的四个角桩，称为厂房控制桩。

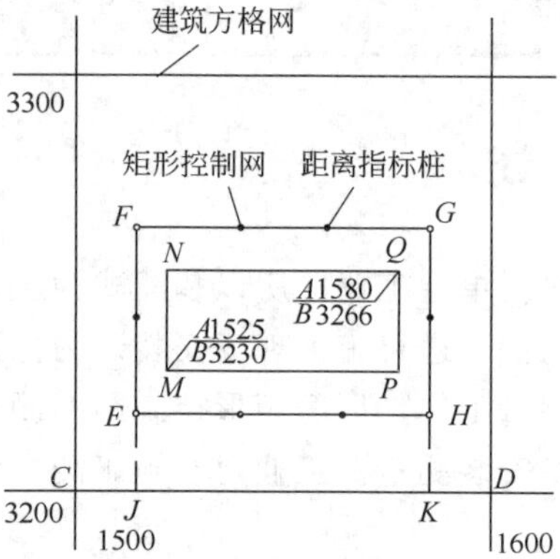

图 14-2 简单矩形控制网测设

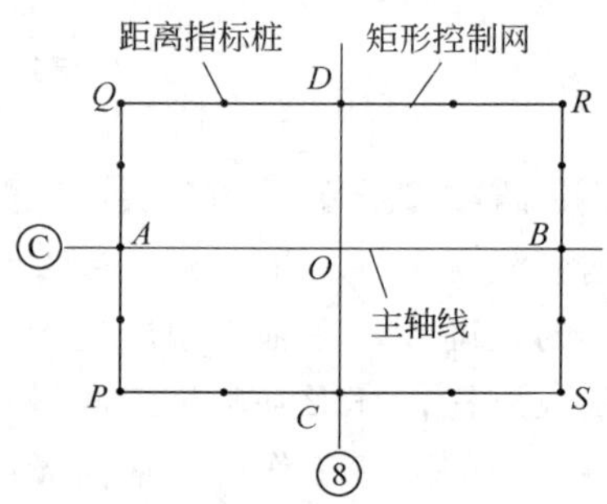

图 14-3 由主轴线测设矩形控制网

测设前，先由 $M$，$Q$ 点的坐标推算出控制点 $E$，$F$，$G$，$H$ 的坐标，然后以建筑方格网点 $C$，$D$ 的坐标值为依据，计算测设数据 $CJ$，$CK$，$JE$，$JF$，$KH$，$KG$。测设时，根据放样数据，从建筑方格网点 $C$ 起始在 $CD$ 方向上定出 $J$，$K$ 点，然后将经纬仪分别放置在 $J$，$K$ 点上，采用直角坐标法测设 $JEF$，$KHG$ 方向，由测设数据定出厂房控制点 $E$，$F$，$G$，$H$，并用大木桩标定，同时测出距离指标桩。最后应复核$\angle EFG$，$\angle FGH$ 是否为 90°，误差不应超过±10″；精密丈量 $EH$，$FG$ 的距离，与设计长度进行比较，其相对误差不应超过 1/10000。

对大型工业厂房、机械化程度较高或有连续生产设备的工业厂房，需要建立有主轴线较为复杂的矩形控制网。主轴线一般与厂房某轴线方向平行或重合，如图 14-3 所示，主轴线 $AOB$ 和 $COD$ 分别选定在厂房柱列轴线Ⓒ轴和⑧轴上，$P$，$Q$，$R$，$S$ 为控制网的四个控制点。

测设时，首先按主轴线测设方法将 $AOB$ 测定于地面上，再以 $AOB$ 轴为依据测设短轴 $COD$，并对短轴方向进行方向改正，使轴线 $AOB$ 与轴线 $COD$ 正交，限差为±5″。主轴线方向确定后，以 $O$ 点为中心用精密丈量的方法测定纵、横轴端点 $A$，$B$，$C$，$D$ 的位置，主轴线长度相对精度为 1/5000。主轴线测设后，可测设矩形控制网，测设时分别将经纬仪放置在 $A$，$B$，$C$，$D$ 点，瞄准 $O$ 点测设 90°方向，交会定出 $P$，$Q$，$R$，$S$ 四个角点，精密丈

量 $AP$，$AQ$，$BR$，$BS$，$CP$，$CS$，$DQ$，$DR$ 的长度，精度要求同主轴线。不满足时应进行调整。

为了便于厂房细部施工放样，在测定矩形控制网各边时按一定间距测设出距离指标桩。

## 第三节 厂房柱列轴线与柱基测设

如图 14-4 所示为某厂房的平面示意图，A，B，C 轴线及 1，2，3，…轴线分别是厂房的纵、横柱列轴线，又称为定位轴线。纵向轴线的距离表示厂房的跨度，横向轴线的距离表示厂房的柱距。由于厂房构件制作及构件安装时相互之间的尺寸要满足一定的协调关系，故在柱基测设时要特别注意柱列轴线不一定是柱的中心线。

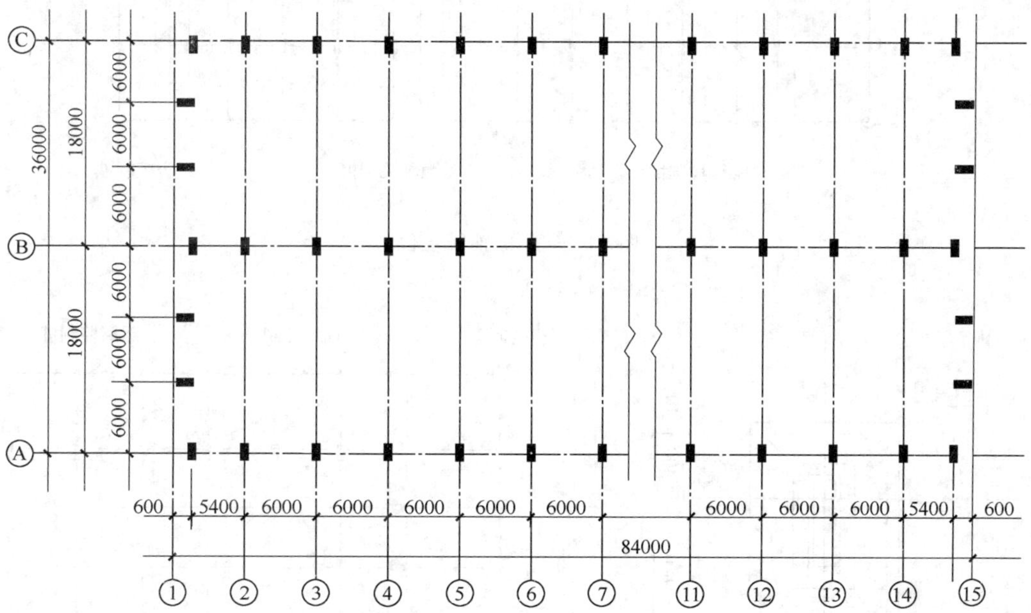


图 14-4 厂房平面示意

### 一、厂房柱列轴线的测设

厂房矩形控制网建立后，根据厂房控制桩和距离指标桩的位置，按照厂房的跨度和柱距沿矩形控制网各边逐段测设出各柱列轴线端点的位置，并设轴线控制木桩，作为柱基测设和施工的依据，如图 14-5 所示。

### 二、柱基测设

柱基的测设应以柱列轴线为基线，按基础施工图中基础与柱列轴线的关系尺寸进行。现以如图 14-6 所示Ⓒ轴与⑤轴交点处的基础详图为例，说明柱基的测设方法。首先将两台经纬仪分别安置在Ⓒ轴与⑤轴一端的轴线控制桩上，瞄准各自轴线另一端的轴线控制桩，交会定出轴线交点作为该基础的定位点（**注意**：该点不一定是基础中心点）。沿轴线在基础开挖边线以外 1～2m 处的轴线上打入四个基础定位桩 1，2，3，4，并在桩上用小钉标明位置，作为基坑开挖后恢复轴线和立模的依据，并按柱基施工图的尺寸用白灰标出基础开挖边线。

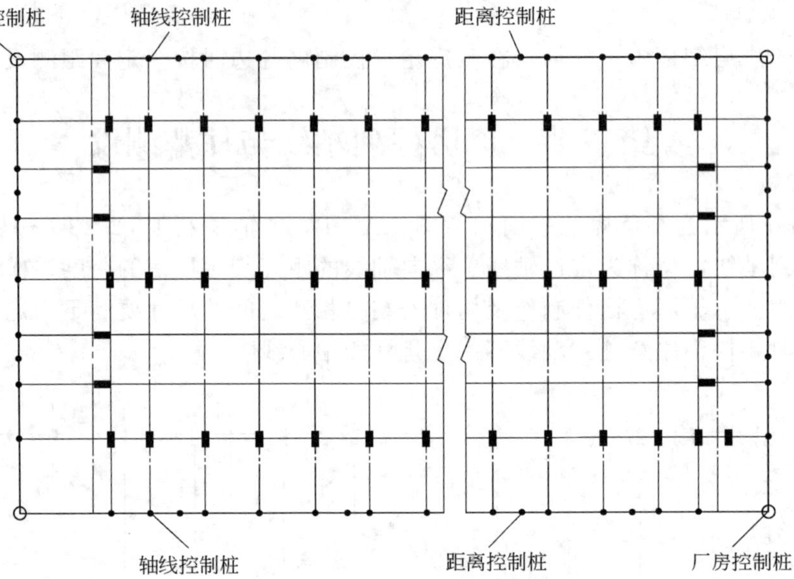


图 14-5 厂房轴线定位

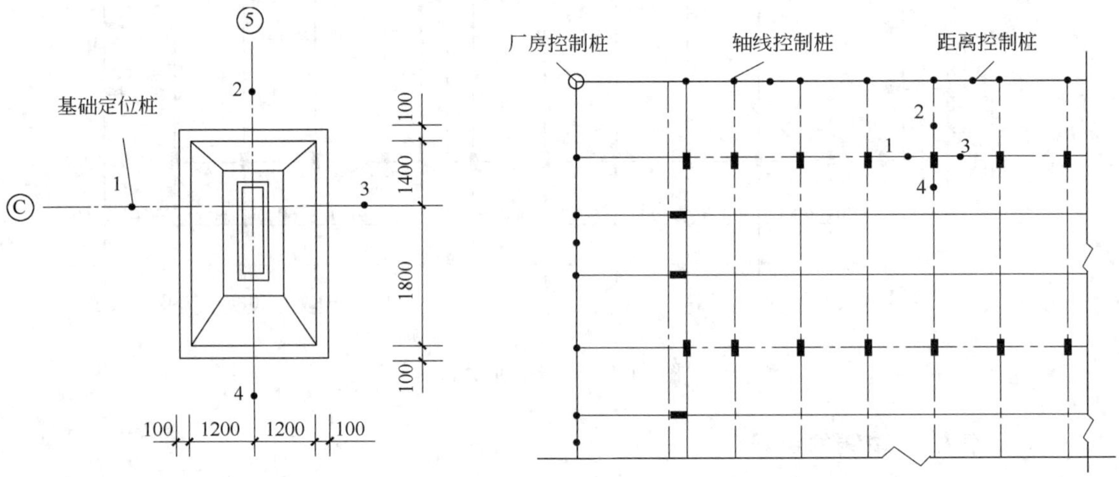


图 14-6 柱基定位

### 三、柱基施工测量

当基坑开挖至接近基坑设计底标高时，在基坑壁的四周测设标高相同的水平桩，水平桩位置距设计坑底标高相差 0.5m，以此作为修正基坑底位置和控制垫层位置的依据。

基础垫层做好后，根据基坑旁的基础定位桩，将基础轴线投测到垫层上，弹出墨线，作为柱基础立模的依据。

## 第四节 厂房预制构件的安装测量

在单层工业厂房中，先预制柱、吊车梁、屋架等构件，而后在施工现场进行安装。构件安装就位的准确度将直接影响厂房的正常使用，严重时甚至导致厂房倒塌。在所有预制构件的安装过程中预制柱的安装就位是最关键的。厂房预制构件安装允许误差见表 14-1。

**表 14-1 厂房预制构件安装允许误差**

| 项目 | | | 允许误差/mm |
|---|---|---|---|
| 杯形基础 | 中心线对轴线偏移 | | ±10 |
| | 杯底安装标高 | | ±10 |
| 柱 | 中心线对轴线偏移 | | ±5 |
| | 上下柱接口中心线偏移 | | ±3 |
| | 垂直度 | ≤5m | ±5 |
| | | >5m | ±10 |
| | | ≥10m 多节柱 | 1/1000 柱高,且不大于 20 |
| | 牛腿面和柱高 | ≤5m | ±5 |
| | | >5m | ±8 |
| 梁或吊车梁 | 中心线对轴线偏移 | | ±5 |
| | 梁上表面标高 | | ±5 |

## 一、柱的安装测量

1. 柱吊装前的准备工作

(1) 基础杯口顶面弹线及柱身弹线　柱的平面就位及校正是利用柱身的中心线和基础杯口顶面的中心定位线进行对位实现的。因此，柱子吊装前，应根据轴线控制桩用经纬仪将柱列轴线测设到基础杯口顶面上，如图 14-7 所示，并弹出墨线用红漆画上“▶”标志，作为柱子吊装时确定轴线的依据。当柱列轴线不通过柱子的中心线时，应在杯形基础顶面上加弹柱中心线。同时，还要在杯口的内壁测设出比杯形基础顶面低 10cm 的一条 $H_1$ 标高线，弹出墨线并用“▼”标志表示。

柱子吊装前，将柱子按轴线位置编号，并在柱子的三个侧面上弹出柱的中心线，在每条中心线的上端和靠近杯口处画上“▶”标志，供校正时用。

(2) 柱身长度的检查及杯底找平　柱的牛腿顶面要放置吊车梁和钢轨，吊车运行时要求轨道要有严格的水平度，因此牛腿顶面标高应符合设计标高要求。如图 14-8 所示，检查时沿柱子中心线根据牛腿顶面标高 $H_2$ 用钢尺量出 $H_1$ 标高位置，并量出 $H_1$ 处到柱最下端的

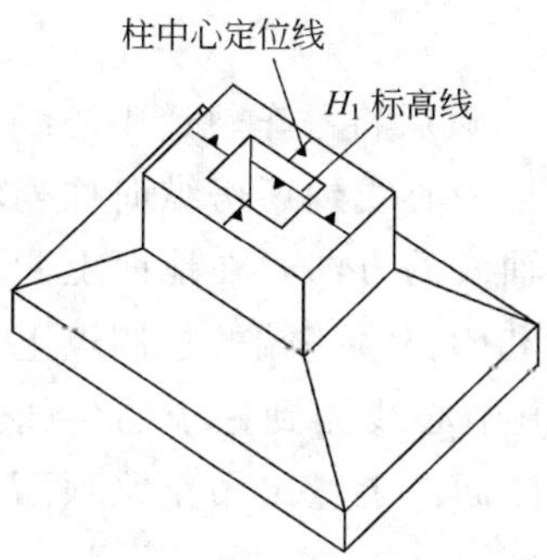


图 14-7 基础顶面弹线

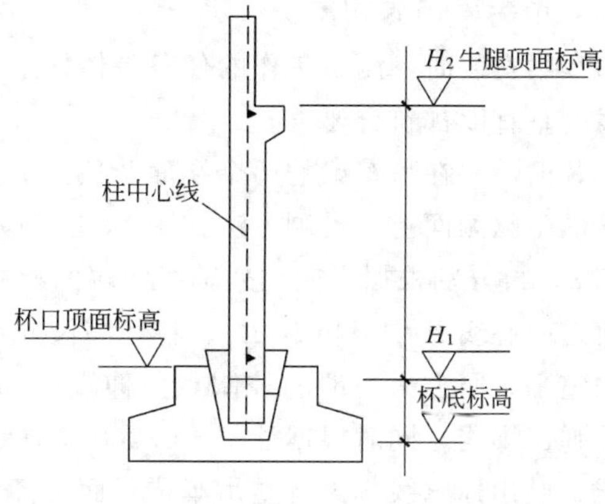


图 14-8 柱子就位

距离，使之与杯口内壁 $H_1$ 标高线到壁底的距离相比较，从而确定杯底找平厚度。同时根据牛腿顶面标高在柱下端量出±0.000 位置并画出标志线。

2. 柱安装时的测量工作

当柱子被吊入基础杯口里时，使柱子中心线与杯口顶面柱中心定位线相吻合，并使柱身大概垂直后，用钢楔或硬木楔插入杯口，用水准仪检测柱身已标定的±0.000 位置线，并复查中心线的对位情况，符合精度要求后将楔块打紧使柱临时固定，然后进行竖直校正。

如图 14-9 所示，竖直校正时同时在纵、横柱列轴线上与柱子的距离不小于 1.5 倍柱高的位置处各分别放置一台经纬仪，先瞄准柱下部的中心线，固定照准部，再仰视柱上部中心线，此时柱子中心线应一直在竖向视线上，若有偏差，说明柱子不垂直，应同时在纵、横两个方向上进行垂直度校正，直到都满足为止。

在实际吊装工作中，一般是先将成排的柱子吊入杯口并临时固定，然后再逐根进行竖直校正。如图 14-10 所示，先在柱列轴线的一侧与轴线成 $\beta \leqslant 15°$ 的方向上安置经纬仪，在一个位置可先后进行多个柱子的校正。校正时应注意经纬仪瞄准的是柱子中心线，而不是基础杯口顶面的柱子定位线。对于变截面柱子，校正时经纬仪必须安置在相应的柱子轴线上。

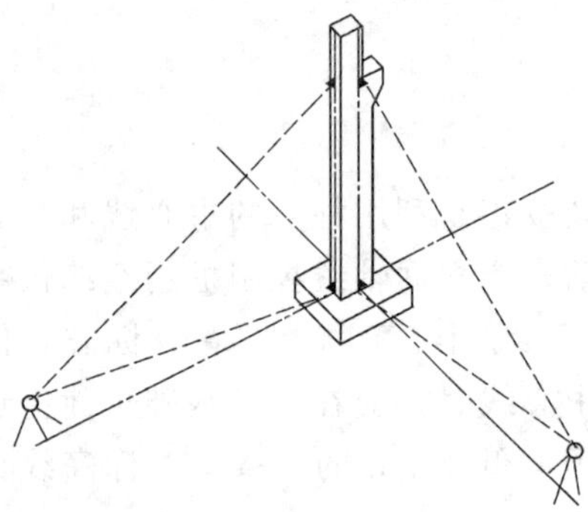

图 14-9 柱身的垂直度校正

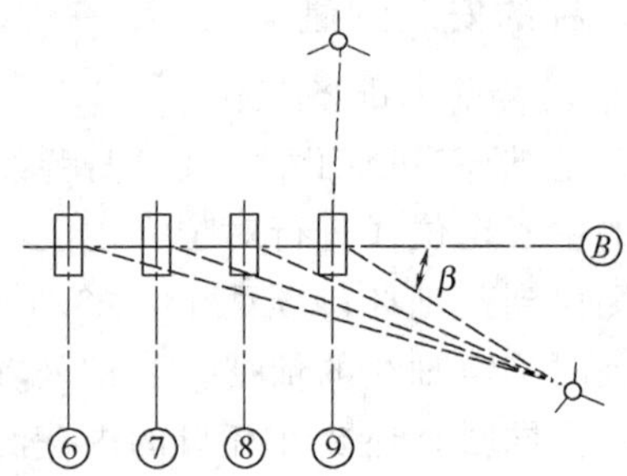


图 14-10 多柱垂直度校正

柱子校正后，应在柱子纵、横两个方向检测柱身的垂直度偏差，满足限差要求后要立即灌浆以固定柱子。

考虑到过强的日照将使柱子产生弯曲，在柱顶发生位移，当对柱子垂直度要求较高时，柱子垂直度的校正应尽量选择在早晨无阳光直射时进行。

## 二、吊车梁吊装测量

吊车梁安装时，测量工作的任务是使柱子牛腿上的吊车梁的平面位置、顶面标高及梁端中心线的垂直度都符合要求。

吊装前，先在吊车梁的两个端面及顶面上弹出梁的中心线，然后将吊车轨道中心线投测到柱子的牛腿侧面上。投测方法如图 14-11 所示，先计算出轨道中心线到厂房纵向柱列轴线的距离 $e$，再分别根据纵向柱列轴线两端的控制桩，采用平移轴线的方法，在地面上测设出吊车轨道中心线 $A_1A_1$ 和 $B_1B_1$。将经纬仪分别安置在 $A_1A_1$ 和 $B_1B_1$ 一端的控制点上，严格对中整平，照准另一端的控制点，仰视望远镜，将吊车轨道中心线测到柱子的牛腿侧面上，并弹出墨线。同时根据柱子±0.000 位置线，用钢尺沿柱侧面向上量出吊车梁顶面设计标高线，画出标志线作为调整吊车梁顶面标高用。

吊车梁吊装时，将梁上的端面就位中心线与柱子牛腿侧面的吊车轨道中心线对齐，完成

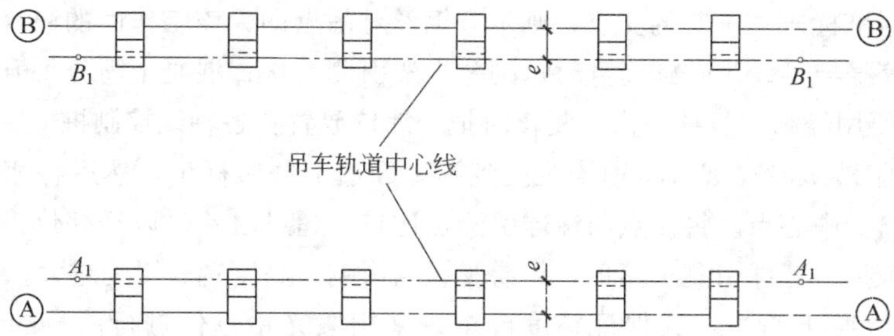


图 14-11 投测轨道中心线

吊车梁平面就位。

平面就位后，应进行吊车梁顶面标高的检查。将水准仪置于吊车梁面上，根据柱上吊车梁顶面设计标高线检查吊车梁顶标高，不满足时用抹灰调整。

吊车梁位置校正时，应先检查、校正厂房两端的吊车梁平面位置，然后在已校好的两端吊车梁之间拉上钢丝，以此来校正中间的吊车梁，使中间吊车梁顶面的就位中心线与钢丝线重合，两者的偏差应不大于±5mm。在校正吊车梁平面位置的同时，用吊垂球方法检查吊车梁的垂直度，不满足时在吊车梁支座处加铁垫校正。

## 第五节 烟囱、水塔施工测量

烟囱、水塔等构筑物的特点为主体的筒身高度很大，而相对筒身而言它的基础平面尺寸较小，整个主体垂直度由通过基础圆心的中心铅垂线控制，筒身中心线的垂直偏差对其整体稳定性影响很大，因此，烟囱、水塔施工测量的主要工作是控制筒身中心线的垂直度。

### 一、定位测量

在基础施工前应先进行基础的定位。如图 14-12 所示，利用场地测图控制网先在地面上定出烟囱、水塔的中心位置 $O$ 点，打上木桩，将经纬仪放置于 $O$ 点测设出正交的两条定位轴线 $AB$ 和 $CD$。为便于校正桩位及施工中进行测设，在每个轴线的每一侧至少应设置两个轴线控制桩，桩点至中心位置 $O$ 点的距离以不小于构筑物高度的 1.5 倍为宜，控制桩应牢固并妥善保管。为使基础开挖后能恢复基础中心点，还应在基础开挖边线外侧的轴线上测设出四个定位小木桩 $a$，$b$，$c$，$d$。

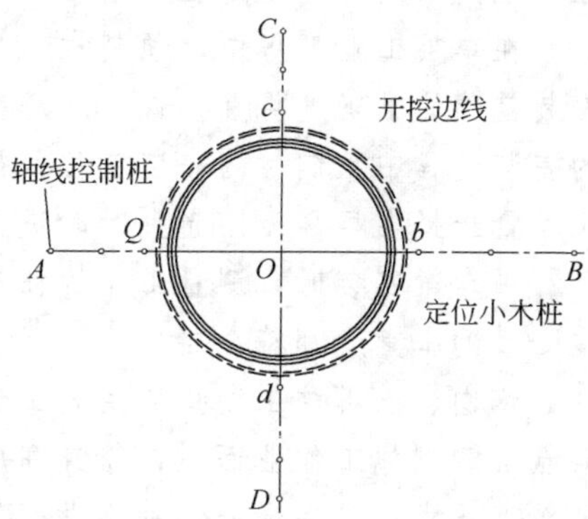


图 14-12 基础定位

烟囱、水塔等构筑物基础浇筑完毕后，在基础中心处埋设一块钢板，根据基础定位小木桩用经纬仪将中心点 $O$ 引测到钢板上，并刻出“+”字，作为构筑物竖向投点和控制筒身半径的依据。

### 二、筒身施工测量

筒身施工时需要随时将中心点引测到施工作业面上，筒身高度不大时采用垂球引测法。方法是在施工作业面上安置一根断面较大的木方，其上用钢丝悬吊一个重量为 8～12kg 的大锤球，筒身越高锤球质量应越大。投测时，首先调整钢丝长度使锤球接近基础面，调整木方位置使锤球尖对准标志“+”的交点，则木方钢丝悬吊点即为该工作面的筒身中心点，并以此点复核工作面的筒身半径。用砖砌筒身时每砌一步架引测一次；混凝土筒身每升一次模板引测一次；每升高 10m 要用经纬仪复核一次。复核时把经纬仪放置在各轴线控制桩上，瞄准各轴线相应一侧的定位小木桩 $a$，$b$，$c$，$d$，将轴线投测到施工面边上并做标记，然后将相对的两个标记拉线，两线交点为筒身中心点。将该点与锤球引测点比较，超过限差时以经纬仪投测点为准，作为继续向上施工的依据。锤球引测法简单，但易受风的影响，高度越高影响越大。

对高度高的混凝土筒身，为保证精度要求，采用激光铅垂仪进行筒身的铅垂定位。定位时将激光铅垂仪安置在基础的“+”字交点上，在工作面中央处安放激光铅垂仪接收靶，每次提升工作平台前和后都应进行铅垂定位测量，并及时调整偏差。在筒身施工过程中激光铅垂仪要始终放置在基础的“+”字交点上，为防止高空坠物对观测人员及仪器的危害，在仪器上方应设置安全网及交叉设置数层跳板，仅在中心铅垂线位置上留 100mm 见方的孔洞以便使激光束透过。每次投测完毕后应及时将小孔封闭。

筒身标高控制是先用水准仪在筒壁测设出+0.5m 的标高线，以此位置用钢尺竖直量距，来控制筒身施工的高度。

# 小　结

本章主要介绍了以下内容：厂房矩形控制网的测设，厂房柱列轴线与柱基测设，厂房预制构件的安装测量，烟囱、水塔施工测量的方法。

柱基的测设应以柱列轴线为基线，按基础施工图中基础与柱列轴线的关系尺寸进行。由于厂房构件制作及构件安装时相互之间尺寸要满足一定的协调关系，故在柱基测设时要特别注意柱列轴线不一定是柱的中心线。

在单层工业厂房中，预制柱、吊车梁、屋架等构件，而后在施工现场进行安装的。构件安装就位的准确度将直接影响厂房的正常使用，严重时甚至导致厂房倒塌。在所有预制构件的安装过程中预制柱的安装就位是最关键的。当对柱子垂直度要求较高时，柱子垂直度校正应尽量选择在早晨无阳光直射时进行。

吊车梁安装时，测量工作的任务是使柱子牛腿上的吊车梁的平面位置、顶面标高及梁端中心线的垂直度都符合要求。

烟囱、水塔施工测量的主要工作是控制筒身中心线的垂直度。筒身施工时需要随时将中心点引测到施工作业面上，筒身高度不大时采用垂球引测法。对高度高的混凝土筒身，为保证精度要求，采用激光铅垂仪进行筒身的铅垂定位。

## 思考题与习题

1. 在工业厂房施工测量中，为什么要专门建立独立的厂房控制网？为什么在控制网中要设立距离指标桩？
2. 试述厂房矩形控制网的测设方法。
3. 试述厂房柱基的测设方法。
4. 如何进行厂房柱子的垂直度校正？应注意哪些问题？
5. 如何控制吊车梁吊装时的轴线位置及标高？吊装后应检查哪些项目？
6. 烟囱、水塔等构筑物的测量有何特点？在其筒身施工中应如何控制其垂直度？

# 第十五章　线路测量与桥梁施工测量

学习目标

• 了解各种管线工程在勘测设计和施工管理阶段所进行的测量工作统称为线路工程测量，简称线路测量。

• 理解在线路勘测设计阶段一般分为初测和定测两个阶段。初测阶段主要为初步设计提供依据。根据初步设计选定某一方案后，即可进入路线的定测工作。定测阶段主要是在选定设计方案的路线上进行路线中线、高程、横断面、纵断面、桥涵、路线交叉、沿线设施、环境保护等测量和资料调查，为施工图设计提供资料。

• 掌握圆曲线主点和细部点的计算和测设方法；纵、横断面图的测绘；道路施工测量的主要任务。

## 第一节　概　　述

城镇建设中的线路工程主要有铁路、公路、供水明渠、电力输电线路、通信线路、各种用途的管道工程等。这些工程的主体一般在地面上，但也有在地下或悬在空中的，如地下管道、地下铁道、架空索道和架空输电线路等。各种管线工程在勘测设计和施工管理阶段所进行的测量工作统称为线路工程测量，简称线路测量。

线路勘测设计一般分为初测和定测两个阶段。

初测阶段的任务是：沿路线可能经过的范围内布设导线，测量路线带状地形图，在指定地点测绘工点地形图和纵断面图，收集沿线地质、水文等资料，做纸上定线或现场定线，编制比较方案，为初步设计提供依据。根据初步设计选定某一方案后，即可进入路线的定测工作。

线路测图的比例尺见表15-1，按照《工程测量规范》（GB 50026—2007）规定，路线带状地形图和工点地形图的比例尺为一般为1/5000～1/1000，其测绘宽度，当采用“纸上定线法”初测时，路线中线两侧应各测绘200～400m；采用“现场定线法”初测时，路线中线两侧测绘宽度可减窄为150～250m。

高速公路和一级公路采用分离式路基时，地形图测绘宽度应覆盖两条分离路线及中间带的全部地形；当两条路线相距很远或中间带为大河与高山时，中间地带的地形可不测。

通过定线，可以在地形图上选定路线曲线与直线位置，定出交点，计算坐标和转角，拟定平曲线要素，计算路线连续里程，然后将设计的交点位置在实地标定出来。

当相邻两交点互不通视或直线较长时，需要在其连线上测定一个或几个转点，以便在交点测量转折角及直线量距时作为照准和定线的目标。

定测阶段的任务是：在选定设计方案的路线上进行路线中线、高程、横断面、纵断面、桥涵、路线交叉、沿线设施、环境保护等测量和资料调查，为施工图设计提供资料。

表 15-1 线路测图的比例尺

| 线路名称 | 带状地形图 | 工点地形图 | 纵断面图 | | 横断面图 | |
|---|---|---|---|---|---|---|
| | | | 水 平 | 垂 直 | 水 平 | 垂 直 |
| 铁路 | 1∶1000<br>1∶2000<br>1∶5000 | 1∶200<br>1∶200<br>1∶500 | 1∶1000<br>1∶2000<br>1∶10000 | 1∶200<br>1∶500<br>1∶1000 | 1∶100<br>1∶200 | 1∶100<br>1∶200 |
| 公路 | 1∶2000<br>1∶5000 | 1∶200<br>1∶500<br>1∶1000 | 1∶2000<br>1∶5000 | 1∶200<br>1∶500 | 1∶100<br>1∶200 | 1∶100<br>1∶200 |
| 架空索道 | 1∶2000<br>1∶5000 | 1∶200<br>1∶500 | 1∶2000<br>1∶5000 | 1∶200<br>1∶500 | — | — |
| 自流管线 | 1∶2000<br>1∶5000 | 1∶500 | 1∶1000<br>1∶2000 | 1∶100<br>1∶200 | — | — |
| 压力管线 | 1∶2000<br>1∶5000 | 1∶500 | 1∶2000<br>1∶5000 | 1∶200<br>1∶500 | — | — |
| 架空送电线路 | — | 1∶200<br>1∶500 | 1∶2000<br>1∶5000 | 1∶200<br>1∶500 | — | — |

其中，控制测量是沿线路可能延伸的方向布设测量平面控制点和高程控制点，作为其他各项测量工作的依据；带状地形图测绘是测绘线路两侧一定范围内的地形图，为线路选线和线路设计提供资料；中线测量是按设计要求将线路中心线测设于实地上；纵、横断面测量是测定线路中线方向和垂直于中线方向的地面高低起伏情况，并绘制纵、横断面图，为线路纵坡设计、边坡设计以及土石方工程量计算提供资料，其比例尺需依据工程的实际要求参照表 15-1 的规定；施工放样测量是根据线路工程施工进度，在实地测设线路的平面位置和高程，为施工提供依据，具体来说，有恢复中线测量、边线测量、填挖高程测量及安装测量等。本章主要介绍中线测量，纵、横断面测量，以及施工放线测量。

道路在通过江河、峡谷或者跨越其他道路时，一般要架设桥梁，桥梁按平面形状可分为直线桥和曲线桥两种；按结构形式可分为简支梁桥、连续梁桥、拱桥、悬索桥、斜拉桥等；按轴线长度可分为小桥（＜30m）、中桥（30～100m）、大桥（100～500m）和特大桥（＞500m）四种。

桥梁在勘测设计阶段和施工阶段也要进行大量的测量工作。在勘测设计阶段需要测绘岸上地形图、水下地形图和河床断面图；在施工阶段要建立桥梁平面控制网和高程控制网，进行桥墩、桥台定位和梁的架设等施工测量；在运营阶段，一些重要桥梁还需要定期进行变形观测，以确保其安全使用。

桥梁因为结构复杂，安装定位要求高，对施工测量精度要求较高，特别是大中型桥梁，对轴线测设、墩台定位要求更高，要按照相应的精度等级进行平面控制测量和高程控制测量，并用较精密的方法进行墩台定位和架设梁部结构。本章主要介绍桥梁在施工阶段中的测量工作。

## 第二节 中线测量

如图 15-1 所示，路线中线测量的任务是根据线路设计的平面位置，将线路中心线测设在实地上。中线的平面几何线形由直线段和曲线段组成，其中曲线段一般为某曲率半径的圆弧。

铁路和高等级公路在直线段和圆曲线段之间还应插入一段缓和曲线，其曲率半径由无穷大逐渐变化为所接圆曲线的曲率半径，以提高行车的稳定性。

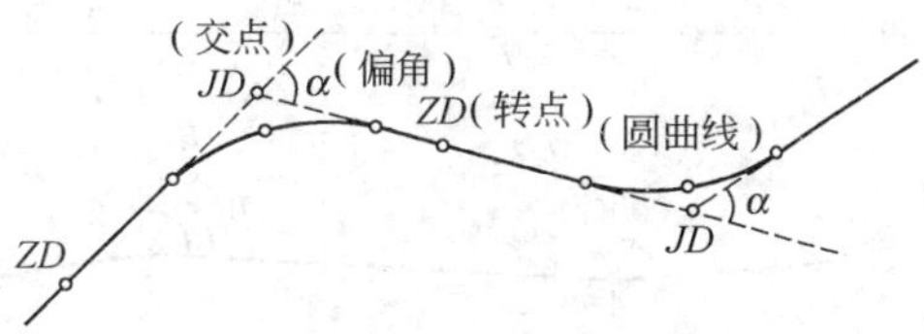

图 15-1　线路的中线

中线测量的主要工作内容有测设中线交点、测定转折角、测设里程桩和加桩、测设曲线等，本节主要介绍测设中线交点、测定转折角以及测设里程桩和加桩的内容。

## 一、交点测设

纸上定线完成后，必须将图上确定的线路的转折点（含线路起点和终点）测设到实地，这些转折点称为交点，是确定线路走向的关键点，一般用“$JD$”加编号表示，如“$JD_6$”表示第 6 号交点。当线路直线段很长或因地形变化通视困难时，直线上一般每隔 200～300m 设置一个转点（$ZD$）。下面主要介绍三种常见的交点测设方法。

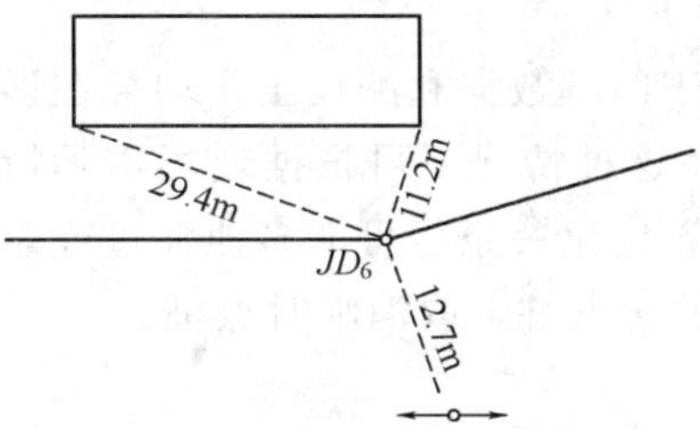

图 15-2　根据地物测设交点

1. 根据地物测设交点

如图 15-2 所示，交点 $JD_6$ 的位置已在地形图上选定，图上交点附近有房屋、电杆等地物，可先在图上量出 $JD_6$ 至两房角和电杆的距离，然后在现场找到相应的地物，经复核无误后，按距离交会法测设交点 $JD_6$ 的位置。

2. 根据平面控制点测设交点

线路工程的平面控制点坐标已知，可根据控制点坐标和交点设计坐标，反算出有关测设数据，按极坐标法、角度交会法、距离交会法测设交点。一般来说，交点设计坐标可在设计图纸上查到，如果没有，可在标有交点的地形图上量取。

如图 15-3 所示，5，6，7 为导线点，$JD_4$ 为交点，与 6 点通视。可先计算 6 点至 $JD_4$ 的水平距离 $S$，6 点至 7 点的方位角 $\alpha_{6\text{-}7}$ 和 6 点至 $JD_4$ 的方位角 $\alpha_{6\text{-}JD_4}$，然后根据 $\beta=\alpha_{6\text{-}JD_4}-\alpha_{6\text{-}7}$ 在 6 点上设站按极坐标法测设 $JD_4$。

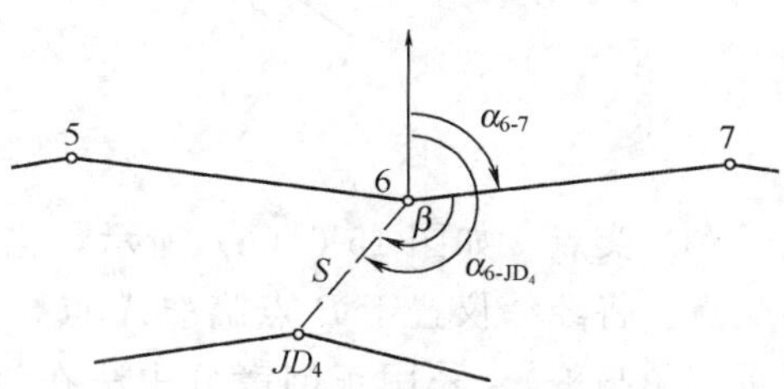

图 15-3　利用导线点测设交点

根据平面控制点测设交点时，一般采用全站仪施测，可达到很高的定位精度，并且方便灵活，工作效率高，是现代线路工程中测设交点的主要方法。

3. 穿线法测设交点

穿线法测设交点就是利用图上附近的导线点或地物点与纸上定线的直线段之间的角度和距离关系，用图解法求出测设数据，通过实地的导线点或地物点，把中线的直线段独立地测设到地面上，然后将相邻直线延长相交，定出地面交点桩的位置。其程序如下。

（1）放点　放点常用的方法有极坐标法和支距法。

极坐标法放点：如图 15-4 所示，$P_1$～$P_4$ 为纸上定线的某直线段欲放的临时点。在图

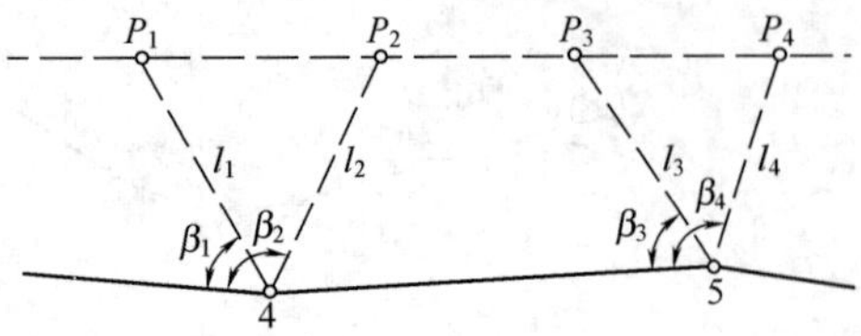


图 15-4 极坐标法放点

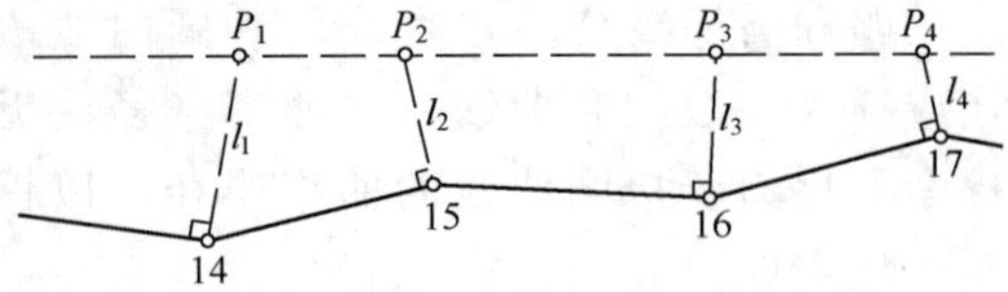


图 15-5 支距法放点

上以最近的 4，5 号导线点为依据，用量角器和比例尺分别量出放样数据 $\beta_1$，$l_1$，$\beta_2$，$l_2$ 等。并在实地上用经纬仪和皮尺分别在 4，5 点按极坐标法定出各临时点的位置。

支距法放点：如图 15-5 所示，在图上从导线点 14，15，16，17 作导线边的垂线，分别与中线相交得各临时点，用比例尺量取各相应的支距 $l_1 \sim l_4$。在现场以相应导线点为垂足，用方向架标定垂线方向，按支距测设出相应的各临时点 $P_1 \sim P_4$。

（2）穿线 放出的临时各点理论上应在一条直线上，由于图解数据和测设工作均存在误差，实际上并不严格在一条直线上，如图 15-6（a）所示。在这种情况下可根据现场实际情况，采用目估法穿线或经纬仪视准法穿线，通过比较和选择，定出一条尽可能多地穿过或靠近临时点的直线 $AB$。最后在 $AB$ 或其方向上打下两个以上的转点桩，取消临时点桩。

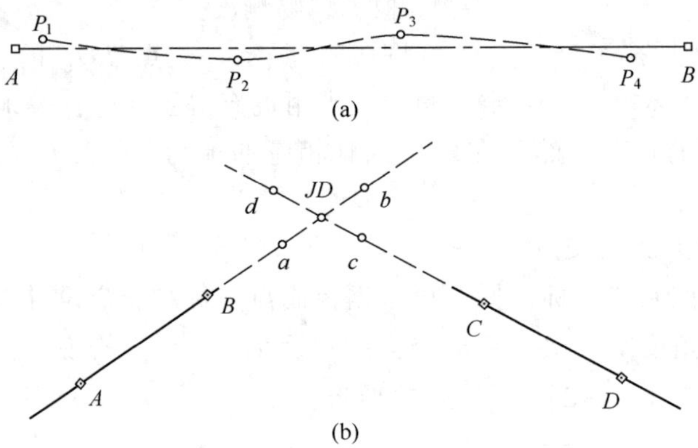


图 15-6 穿线与交点

（3）交点 如图 15-6（b）所示，当两条相交的直线 $AB$，$CD$ 在地面上确定后，可进行交点。将经纬仪置于 $B$ 点瞄准 $A$ 点，倒镜，在视线上接近交点 $JD$ 的概略位置前后打下两桩（骑马桩）。采用正倒镜分中法在该两桩上定出 $a$，$b$ 两点，并钉以小钉，挂上细线。仪器搬至 $C$ 点，同法定出 $c$，$d$ 点，挂上细线，两细线的相交处打下木桩，并钉以小钉，得到 $JD$ 点。

## 二、转向角测定

测设好中线交点桩后，还应测出线路在交点处的偏转角（转向角），以便测设曲线。偏转角是线路中线在交点处由一个方向转到另一个方向时，转变后的方向与原方向延长线的夹角，用 $\alpha$ 表示，如图 15-7 所示。当偏转后的方向位于原方向左侧时，为左转角，记为 $\alpha_{左}$；当偏转后的方向位于原方向右侧时，为右转角，记为 $\alpha_{右}$。

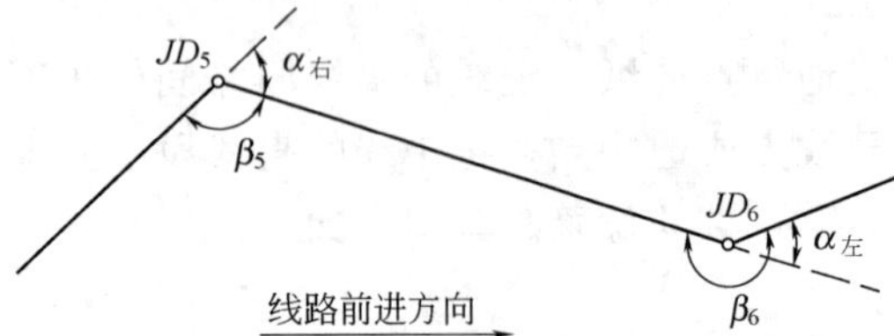


图 15-7 线路转向角（偏转角）

一般是通过观测线路右侧的水平角 $\beta$ 来计算出偏转角。观测时，将 $J6$ 经纬仪安置在交点上，用测回法观测一个测回，取盘左、盘右的平均值，得到水平角 $\beta$。当 $\beta>180°$时为左转角，当 $\beta<180°$时为右转角。左转角和右转角的计算式分别为：

$$\alpha_{左}=\beta-180° \tag{15-1}$$

$$\alpha_{右}=180°-\beta \tag{15-2}$$

测定偏转角 $\beta$ 后，在不变动水平度盘位置的情况下，定出该测角 $\beta$ 的分角线方向，以便于测设圆曲线中点 $QZ$。

## 三、里程桩与加桩的测设

为了测定线路的长度和中线的位置，由线路起点开始，沿中线方向每隔一定距离钉设一个里程桩。如某桩点距线路起点的距离为 5356.78m，则它的桩号应写为 k5＋356.78，桩号中“＋”号前面为公里数，“＋”号后面为米数。线路起点的桩号为 k0＋000。

里程桩分为整桩和加桩两种。整桩是按规定桩距每隔一定距离设置桩号为整数的里程桩，百米桩和公里桩均属于整桩。通常是直线段的桩距较大，宜为 20～50m，根据地形变化确定；而曲线段的桩距较小，宜为 5～20m，按曲线半径和长度选定。

加桩分地形加桩、地物加桩、曲线加桩和关系加桩。凡沿中线地形起伏变化处，横向坡度变化处，以及天然河沟处所设置的里程桩称为地形加桩，桩号精确到米；沿中线的人工构筑物如桥梁、涵洞处，线路与其他公路、铁路、渠道等交叉处以及土壤地质变化处加设的里程桩称为地物加桩，桩号精确到米或分米；对于人工构筑物，在书写里程时要冠上工程名称如“涵 k18＋154.5”等，如图 15-8（a）所示。

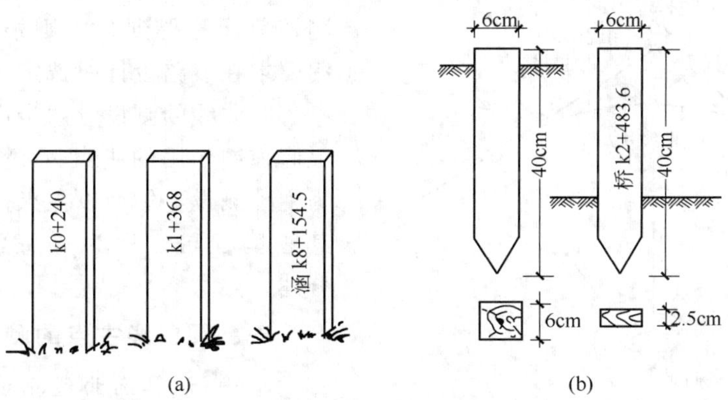


图 15-8　里程桩与加桩

曲线加桩，是指曲线主点上设置的里程桩，如圆曲线中的曲线起点、中点、终点等。曲线加桩要求计算至厘米。关系加桩是指路线上的交点桩，一般量至厘米为止。对于曲线加桩和关系加桩，在书写里程时，应先写其缩写名称如“$ZY$ k5＋125.65”，“$JD$ k8＋598.52”等。

里程桩和加桩一般不钉中心钉，但在距线路起点每隔 500m 的整倍数桩、重要地物加桩（如桥位桩、隧道桩和曲线主点桩等），均应钉大木桩并钉中心钉表示。大木桩应打入地面，在旁边再打一个标有桩名和桩号的指示桩，如图 15-8（b）所示。

此外，由于局部地段改线或事后发现量距计算中发生错误，因而出现实际里程与原桩号不一致的现象，使桩号不连续，这种情况称断链，桩号重叠的叫长链，桩号间断的叫短链。

为了不牵动全线桩号，在局部改线或差错地段改用新桩号，其他不变动地段乃采用老桩号，并在新老桩号变更处打断链桩。其写法示例为：改 1+100=原 1+080，长链 20m。

测设里程桩时，按工程的不同精度要求，可用经纬仪法或目测法确定中线方向，然后依次沿中线方向按设计间隔量距打桩。量距时可使用电磁波测距仪或经检定过的钢尺量距，精度要求较低的线路工程可用视距法量距。对于市政工程，线路中线桩位与曲线测设的精度要求应符合表 15-2 的规定。

**表 15-2 线路中线桩位与曲线测设的限差**

| 线段类别 | | 主要线路 | 次要线路 | 山地线路 |
| --- | --- | --- | --- | --- |
| 直线 | 纵向相对误差 | 1/2000 | 1/1000 | 1/500 |
| | 横向偏差/cm | 2.5 | 5 | 10 |
| 曲线 | 纵向相对闭合差 | 1/2000 | 1/1000 | 1/500 |
| | 横向闭合差/cm | 5 | 7.5 | 10 |

# 第三节 圆曲线测设

当道路的平面走向由一个方向转到另一个方向时，必须用平面曲线来连接。曲线的形式较多，其中圆曲线（又称单曲线）是最基本的一种平面曲线。如图 15-9 所示，确定圆曲线的参数是偏转角 $\alpha$ 和半径 $R$，其中 $\alpha$ 根据所测转角计算得到，$R$ 则根据地形条件和工程要求在线路设计时选定。

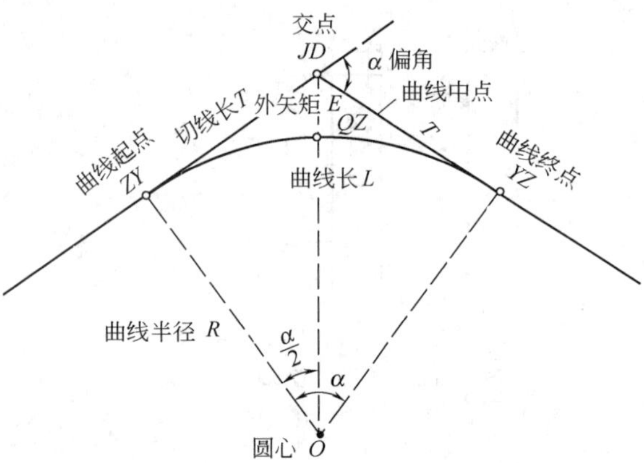


图 15-9 圆曲线的主点及测设元素

圆曲线的测设分两步进行，先测设曲线上起控制作用的主点（$ZY$，$QZ$，$YZ$），称为主点测设，然后以主点为基础，详细测设其他里程桩，称为详细测设，下面进行分述。

## 一、圆曲线主点的测设

### （一）计算圆曲线测设元素

为了在实地测设圆曲线的主点，应先计算切线长 $T$，曲线长 $L$ 及外矢距 $E$，这些数据称为主点测设元素。从图 15-9 可知，因 $\alpha$，$R$ 已确定，主点测设元素的计算公式为

切线长
$$T=R\tan\frac{\alpha}{2} \tag{15-3}$$

曲线长
$$L=R\alpha\frac{\pi}{180} \tag{15-4}$$

外矢距
$$E=R\left(\sin\frac{\alpha}{2}-1\right) \tag{15-5}$$

切曲差
$$D=2T-L \tag{15-6}$$

式中 $\alpha$ 以（°）为单位。

（二）计算圆曲线主点的桩号

交点的桩号已由中线丈量得到，根据交点的桩号和曲线测设元素，可计算出各主点的桩号，由图 15-9 可知

$$ZY=JD-T \tag{15-7}$$

$$QZ=ZY+\frac{L}{2} \tag{15-8}$$

$$YZ=QZ+\frac{L}{2} \tag{15-9}$$

为了避免计算中的错误，可用下式进行计算检核。

$$JD=YZ-T+D \tag{15-10}$$

**【例 15-1】** 已知圆曲线 $JD$ 的桩号为 k6＋183.56，转角 $\alpha_{右}=42°36'$，设计圆曲线半径 $R=150\text{m}$，求曲线主点测设元素和主点桩号。

**解**：（1）曲线测设元素计算

$$T=150\times\tan21°18'=58.48\ (\text{m})$$

$$L=150\times42.600°\times\frac{\pi}{180}=111.53\ (\text{m})$$

$$E=150\times(\sin21°18'-1)=11.00\ (\text{m})$$

$$D=2\times58.48-111.53=5.43\ (\text{m})$$

（2）主点桩号计算

$$ZY=\text{k}6+183.56-58.48=\text{k}6+125.08$$

$$QZ=\text{k}6+125.08+55.76=\text{k}6+180.84$$

$$YZ=\text{k}6+180.84+55.77=\text{k}6+236.61$$

检核计算：按式（15-10）计算

$$JD=\text{k}6+236.61-58.48+5.43=\text{k}6+183.56$$

与交点原来桩号相等，证明计算正确。

（三）圆曲线主点的测设

1. 用经纬仪和检定过的钢尺测设

如图 15-9 所示，置经纬仪于交点 $JD$ 上，后视相邻交点方向，自测站起沿该方向量切线长 $T$，得曲线起点 $ZY$，打一木桩，标明桩号；用经纬仪前视相邻交点桩，自测站起沿该方向量切线长 $T$，得曲线终点 $YZ$ 桩。然后仍前视相邻交点桩，配置水平度盘读数为 0°，顺时针转动照准部，使水平度盘读数为平分角值 $\beta$

$$\beta=\frac{180-\alpha_{右}}{2}$$

则望远镜视线即指向圆心方向，沿此方向量出外矢距 $E$，得曲线中点，打下 $QZ$ 桩。

2. 极坐标法测设

采用极坐标法测设线路主点时，一般用全站仪进行，测设时，仪器可安置在任意平面控制点或线路交点上，输入测站坐标和后视点坐标（或后视方位角），再输入要测设的主点坐标，仪器即自动计算出测设角度和距离，据此进行主点现场定位。

如图 15-10 所示，根据 $JD_1$ 和 $JD_2$ 的坐标（$x_1$，$y_1$），（$x_2$，$y_2$），用坐标反算公式计算第一条切线的方位角 $\alpha_{2\text{-}1}$。

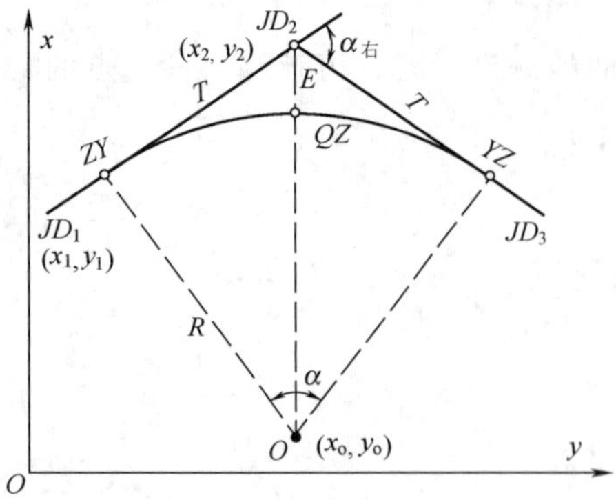


图 15-10 圆曲线主点坐标计算

$$\alpha_{2\text{-}1}=\arctan\frac{y_1-y_2}{x_1-x_2} \tag{15-11}$$

第二条切线的方位角 $\alpha_{2\text{-}3}$ 可由 $JD_2$，$JD_3$ 的坐标反算得到，也可由第一条切线的方位角和线路转角推算得到

$$\alpha_{2\text{-}3}=\alpha_{2\text{-}1}-(180-\alpha_{右}) \tag{15-12}$$

根据方位角 $\alpha_{2\text{-}1}$，$\alpha_{2\text{-}1}$ 和切线长度 $T$，用坐标正算公式计算曲线起点坐标（$x_{ZY}$，$y_{ZY}$）和终点坐标（$x_{YZ}$，$y_{YZ}$），例如起点坐标为

$$\begin{aligned}x_{ZY}&=x_2+T\cos\alpha_{2\text{-}1}\\y_{ZY}&=y_2+T\sin\alpha_{2\text{-}1}\end{aligned} \tag{15-13}$$

曲线中点坐标（$x_{QZ}$，$y_{QZ}$）则由分角线方位角 $\alpha_{2\text{-}QZ}$ 和矢径 $E$ 计算得到，其中分角线方位角 $\alpha_{2\text{-}QZ}$ 也可由第一条切线的方位角和线路转角推算得到，在本例中有

$$\alpha_{2\text{-}QZ}=\alpha_{2\text{-}1}-\frac{180-\alpha_{右}}{2} \tag{15-14}$$

**【例 15-2】** 某圆曲线的设计半径 $R=150$m，转角 $\alpha_{右}=42°36'$，两个交点 $JD_1$，$JD_2$ 的坐标分别为（1922.821，1030.091），（1967.128，1118.784），试计算各主点坐标。

**解：** 先计算 $JD_2$ 至各主点（ZY，QZ，YZ）的坐标方位角，再根据坐标方位角和计算出的测设元素切线长度 $T$、外矢距 $E$，用坐标正算公式计算主点坐标，计算结果见表 15-3。

**表 15-3 圆曲线主点坐标计算**

| 主点 | $JD_2$ 至各主点的方位角 | $JD_2$ 至各主点的距离/m | 坐标 | |
|---|---|---|---|---|
| | | | x/m | y/m |
| ZY | 243°27′19″ | T=58.48 | 1940.994 | 1066.469 |
| QZ | 174°45′19″ | E=11.00 | 1956.174 | 1119.790 |
| YZ | 106°03′19″ | T=58.48 | 1950.955 | 1174.983 |

（四）交点不能设站时测设主点的方法

如果交点位于水面、峡谷、房屋，不能安置经纬仪时，可用间接方法测设主点，下面介绍其中一种方法。如图 15-11 所示，先在两条直线上便于设站和量距且互相通视的地方选定 $A$，$B$ 两点，分别安置经纬仪观测水平角 $\beta_1$，$\beta_2$，则线路在交点的转角为

$$\alpha=\beta_1+\beta_2$$

根据 $\alpha$ 和半径 $R$ 按曲线元素计算公式求切线长 $T$、曲线长 $L$ 和外矢距 $E$。测设时，经纬仪在 $A$ 点后视直线中线桩，纵转望远镜，测设 $\alpha/2$ 方向与另一直线相交于 $C$ 点，则 $JAC$ 为一等腰三角形，测量 $AC$ 的距离并取其中点 $G$，便可计算 $A$ 至 $ZY$，$C$ 至 $YZ$ 和 $G$ 至 $QZ$ 的距离 $AZ$，$CY$ 和 $GQ$。

$$AZ=CY=T-AG\tan\frac{\alpha}{2} \tag{15-15}$$

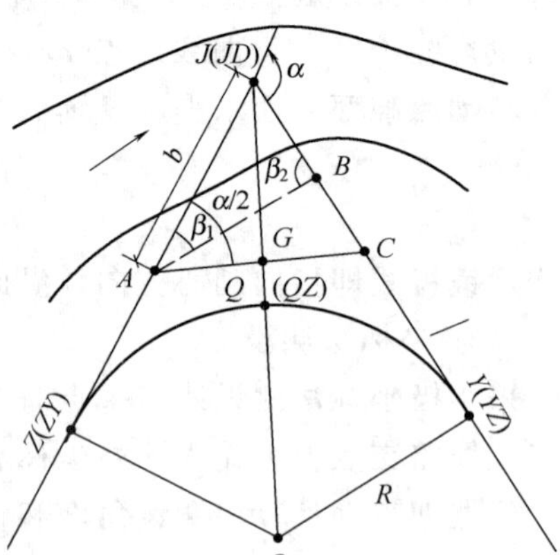


图 15-11 交点不能设站时测设主点的方法

$$GQ = E - AG\tan\frac{\alpha}{2} \tag{15-16}$$

分别在 $A$ 点和 $C$ 点设站，沿切线方向丈量 $AZ$，$CY$，得曲线的起、终点，再在 $G$ 点设站，后视 $C$ 点，顺时针测设 90°，在此方向上丈量 $GQ$，即可定出曲线的中点。

## 二、圆曲线的详细测设

当曲线长度小于 40m 时，测设曲线的三个主点已能满足设计和施工的需要。如果曲线较长，除了测设三个主点以外，还要按照一定的桩距 $l$ 在曲线上测设里程桩，这个工作称为圆曲线的详细测设。曲线上的桩距的一般规定为：$R\geqslant 100$m 时，$l=20$m；50m$<R<$100m 时，$l=10$m；$R\leqslant 50$m 时，$l=5$m。《公路勘测规范》（JTG C10—2007）规定可用偏角法、切线支距法和极坐标法测设。

### （一）偏角法

偏角法是利用偏角（弦切角）和弦长来测设圆曲线的方法。如图 15-12 所示，里程桩整桩的桩距（弧长）为 $l$，首尾两段零头弧长为 $l_1$，$l_2$，弧长 $l_1$，$l_2$，$l$ 所对应的圆心角分别为 $\varphi_1$，$\varphi_2$ 和 $\varphi$，可按下列公式计算。

$$\left.\begin{aligned}\varphi_1 &= \frac{180°}{\pi}\times\frac{l_1}{R}\\ \varphi_2 &= \frac{180°}{\pi}\times\frac{l_2}{R}\\ \varphi &= \frac{180°}{\pi}\times\frac{l}{R}\end{aligned}\right\} \tag{15-17}$$

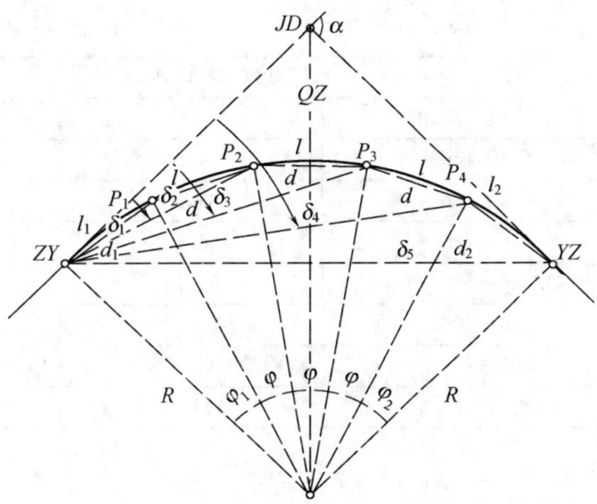


图 15-12　偏角法测设圆曲线

弧长 $l_1$，$l_2$，$l$ 所对应的弦长分别为 $d_1$，$d_2$ 和 $d$，可按下列公式计算。

$$\left.\begin{aligned}d_1 &= 2R\sin\frac{\varphi_1}{2}\\ d_2 &= 2R\sin\frac{\varphi_2}{2}\\ d &= 2R\sin\frac{\varphi}{2}\end{aligned}\right\} \tag{15-18}$$

曲线上各点的偏角等于相应所对圆心角的一半，即

$$\left.\begin{aligned}&\text{第一点的偏角为 }\delta_1=\frac{\varphi_1}{2}\\ &\text{第二点的偏角为 }\delta_2=\frac{\varphi_2}{2}+\frac{\varphi}{2}\\ &\quad\vdots\\ &\text{第 } i \text{ 点的偏角为 }\delta_i=\frac{\varphi_1}{2}+(i-1)\frac{\varphi}{2}\\ &\quad\vdots\\ &\text{终点 } YZ \text{ 的偏角为 }\delta_n=\frac{\alpha}{2}\end{aligned}\right\} \tag{15-19}$$

**【例 15-3】** 圆曲线的交点桩号、转角和半径同例 15-1，整桩距 $l=20$m，按偏角法测设，试计算详细测设数据。

**解**：(1) 由例 15-1 知，$ZY$ 点的里程为 k6＋125.08，它前面最近的整桩里程为 k6＋140，则首段弧长为

$$l_1=140-125.08=14.92\ (\text{m})$$

$YZ$ 点的里程为 k6＋236.61，它后面最近的整桩里程为 k6＋220，则尾段弧长为

$$l_2=236.61-220=16.61\ (\text{m})$$

(2) 由式 (15-17) 可计算得到首尾两段零头弧长 $l_1$，$l_2$ 及整弧长 $l$ 所对应的偏角，得

$$\varphi_1=5°41'56''$$
$$\varphi_2=6°20'40''$$
$$\varphi=7°38'22''$$

(3) 由式 (15-18) 可计算得到首尾两段零头弧长 $l_1$，$l_2$ 及整弧长 $l$ 所对应的弦长，得

$$d_1=14.91\text{m}$$
$$d_2=16.60\text{m}$$
$$d=19.99\text{m}$$

(4) 由式 (15-19) 计算偏角，结果见表 15-4。

**表 15-4　各桩号偏角**

| 桩　　号 | 桩点到 $ZY$ 的弧长 $l_i$/m | 偏角值 | 相邻桩点间弧长/m | 相邻桩点间弦长/m |
|---|---|---|---|---|
| $ZY$ k6＋125.08 | 0 | 0°00′00″ | 0 | 0 |
| k6＋140 | 14.92 | 2°50′58″ | 14.92 | 14.91 |
| k6＋160 | 34.92 | 6°40′09″ | 20 | 19.99 |
| k6＋180 | 54.92 | 10°29′20″ | 20 | 19.99 |
| $QZ$ k6＋180.84 | 55.76 | 10°38′58″ | 0.84 | 0.84 |
| k6＋200 | 74.92 | 14°18′31″ | 19.16 | 19.15 |
| k6＋220 | 94.92 | 18°07′42″ | 20 | 19.99 |
| $YZ$ k6＋236.61 | 111.53 | 21°18′02″ | 16.61 | 16.60 |

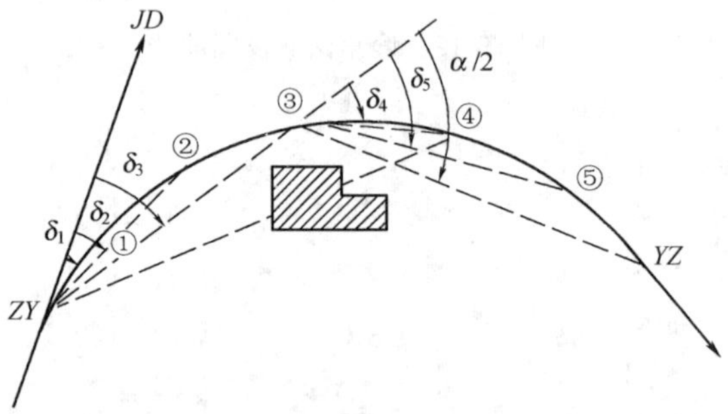


图 15-13　偏角法测设视线受阻时的处理

用偏角法测设曲线细部点时，常因遇到障碍物挡住视线而不能直接测设，如图 15-13 所示，经纬仪在曲线起点 $ZY$ 点测设出细部点①，②，③后，视线被房屋挡住，这时，可把经纬仪移至③点，用盘右后视 $ZY$ 点，将水平度盘配置为 0°00′00″，然后纵转望远镜变成盘左（水平度盘读数仍为 0°00′00″），转动照准部使水平度盘读数为④点的偏角度数，此时视线方向即在③至④的方向上，在此方向上从③量取弦长 $d$，即可测设出④点。接着按原计算的偏角继续测设曲线上其余各点。

(二) 切线支距法

切线支距法是以曲线起点或终点为坐标原点，以切线为 $X$ 轴，通过原点的半径方向为 $Y$ 轴，建立一个独立平面直角坐标系，根据曲线细部点在此坐标系中的坐标 $x$，$y$，按直角坐标法进行测设。

1. 测设数据计算

如图 15-14 所示，设圆曲线半径为 $R$，$ZY$ 点至前半条曲线上各里程桩点的弧长为 $l_i$，所对应的圆心角为

$$\varphi_i=\frac{l_i}{R}\times\frac{180}{\pi} \tag{15-20}$$

该桩点的坐标为

$$\left.\begin{aligned}x_i&=R\sin\varphi_i\\y_i&=R(1-\cos\varphi_i)\end{aligned}\right\} \tag{15-21}$$

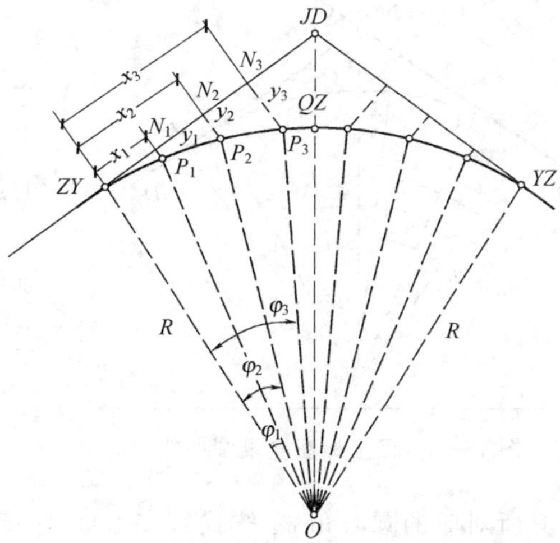

图 15-14　切线支距法测设圆曲线

**【例 15-4】** 根据例 15-1 的曲线元素、桩号和桩距，按切线支距法计算各里程桩点的坐标。

**解**：先计算曲线起点和终点至各桩点的弧长，按式（15-20）计算圆心角，按式（15-21）计算圆曲线细部点，具体计算结果见表 15-5。

**表 15-5　切线支距法测设圆曲线坐标计算表**

| 桩　点 | 弧长 $l$/m | 圆心角 $\varphi$ | 支距坐标 $x$/m | 支距坐标 $y$/m |
|---|---|---|---|---|
| $ZY$ k6+125.08 | 0 | 0°00′00″ | 0 | 0 |
| k6+140 | 14.92 | 5°41′56″ | 14.90 | 0.74 |
| k6+160 | 34.92 | 13°20′18″ | 34.60 | 4.05 |
| k6+180 | 54.92 | 20°58′40″ | 53.70 | 9.94 |
| $QZ$ k6+180.84 | 55.76 | 21°17′56″ | 54.48 | 10.24 |
| k6+200 | 36.61 | 13°59′02″ | 36.25 | 4.44 |
| k6+220 | 16.61 | 6°20′40″ | 16.58 | 0.92 |
| $YZ$ k6+236.61 | 0 | 0°00′00″ | 0 | 0 |

2. 测设方法

切线支距法测设曲线时，为了避免支距过长，一般由 $ZY$ 点和 $YZ$ 点分别向 $QZ$ 点施测，测设步骤如下。

(1) 从 $ZY$（或 $YZ$）点开始，用钢尺沿切线方向量取 $x_1$，$x_2$，$x_3$ 等纵距，得各垂足点 $N_1$，$N_2$，$N_3$，用测钎在地面做标记。

(2) 在垂足点上作切线的垂直线，分别沿垂直线方向用钢尺量出 $y_1$，$y_2$，$y_3$ 等纵距，得出曲线细部点 $P_1$，$P_2$，$P_3$。

用此法测设的 $QZ$ 点应与曲线主点测设时所定的 $QZ$ 点相符，作为检核条件。

（三）极坐标法

用极坐标法测设圆曲线细部点时，要先计算各细部点在平面直角坐标系中的坐标值，测设时，全站仪安置在平面控制点或线路交点上，输入测站坐标和后视点坐标（或后视方位角），再输入要测设的细部点坐标，仪器即自动计算出测设角度和距离，据此进行细部点现场定位。下面介绍细部点坐标的计算方法。

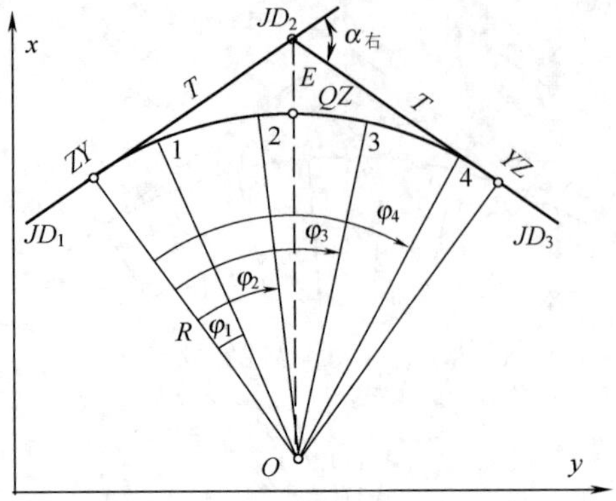


图 15-15 极坐标法测设圆曲线

1. 计算圆心坐标

如图 15-15 所示，设圆曲线半径为 $R$，用前述主点坐标计算方法，计算第一条切线的方位角 $\alpha_{2\text{-}1}$ 和 $ZY$ 点坐标（$x_{ZY}$，$y_{ZY}$），因 $ZY$ 点与圆心的连线与切线方向垂直，其方位角 $\alpha_{2\text{-}1}$ 为

$$\alpha_{ZY\text{-}O}=\alpha_{2\text{-}1}-90° \tag{15-22}$$

则圆心坐标（$x_O$，$y_O$）为

$$\begin{aligned}x_O&=x_{ZY}+R\cos\alpha_{ZY\text{-}O}\\ y_O&=y_{ZY}+R\sin\alpha_{ZY\text{-}O}\end{aligned} \tag{15-23}$$

2. 计算圆心至各细部点的方位角

设 $ZY$ 点至曲线上某细部里程桩点的弧长为 $l_i$，其所对应的圆心角 $\varphi_i$ 按式（15-20）计算得到，则圆心至各细部点的方位角 $\alpha_i$ 为

$$\alpha_i=(\alpha_{ZY\text{-}O}+180°)+\varphi_i \tag{15-24}$$

3. 计算各细部点的坐标

根据圆心至细部点的方位角和半径，可计算细部点坐标，得

$$\begin{aligned}x_i&=x_O+R\cos\alpha_i\\ y_i&=y_O+R\sin\alpha_i\end{aligned} \tag{15-25}$$

**【例 15-5】** 根据例 15-2 的曲线元素、桩号、桩距以及两个交点 $JD_1$，$JD_2$ 的坐标，计算各里程桩点的坐标。

**解：** 由例 15-2 可知，$ZY$ 点坐标为（1940.994，1066.469），$JD$ 至 $ZY$ 点的方位角 $\alpha_{2\text{-}1}$ 为 243°27′19″，则可按式（15-22）计算 $ZY$ 点至圆心的方位角为 153°27′18″，按式（15-23）计算圆心坐标为（1806.806，1133.503），再按式（15-20）和式（15-24）计算圆心至各细部点的方位角 $\alpha_i$，最后按式（15-25）计算各点坐标，结果见表 15-6。

**表 15-6 圆曲线细部桩点坐标**

| 桩号 | 圆心与各细部点的方位角 | 坐标 | |
|---|---|---|---|
| | | $x$/m | $y$/m |
| k6+140 | 339°09′14″ | 1946.987 | 1080.125 |
| k6+160 | 346°47′36″ | 1952.839 | 1099.234 |
| k6+180 | 354°25′58″ | 1956.099 | 1119.952 |
| k6+200 | 2°04′20″ | 1956.708 | 1138.928 |
| k6+220 | 9°42′42″ | 1954.656 | 1158.807 |

# 第四节 纵横断面图的测绘

## 一、纵断面图的测绘

纵断面图的测绘是用线路水准测量的方法测出线路中线各里程桩的地面高程，然后根据里程桩号和测得的地面高程，按一定比例绘制成纵断面图，用以表示线路纵向地面高低的起伏变化，为线路的纵坡设计提供依据。

线路水准测量一般分两步进行：首先在线路附近每隔一定距离设置一个水准点，按等级水准测量的精度要求测定其高程，称为基平测量；然后根据各水准点高程，按等外水准测量的精度要求测定线路中线各里程桩的高程，称为中平测量。

（一）基平测量

1. 水准点的布设

水准点是路线高程的控制点，在布设水准点时，可根据不同的需要和用途布设成永久性水准点和临时性水准点。路线的起点和终点、需要长期观测高程的重点工程附近均应设置永久性水准点，一般地区应每隔 25～30km 布设一点。永久性水准点要埋设标石，也可设在永久性建筑物上或用金属标志镶嵌在基岩上。水准点应选择在沿线路，离中心线 30～50m 远，不受施工影响，使用方便和易于保存的地方。

临时性水准点的布设密度应根据地形的复杂情况以及工程的需要而定，例如市政线路工程一般每隔 300m 左右设置一个。在大桥两岸、隧道两端以及一般的中小桥附近和工程集中的地段均应设置临时性水准点。水准点应设在施工范围以外，标志应明显、牢固和使用方便。

2. 基平测量的方法

基平测量时，首先应将起始水准点与附近国家水准点进行联测，以获得绝对高程。对于精度要求较高的工程，按四等水准测量要求或根据需要另行设计施测，对一般市政工程的线路水准测量，可按介于四等水准与等外水准之间的精度要求施测，也可用光电三角高程测量方法施测，其主要技术要求应符合表 15-7 的要求。

**表 15-7 市政线路水准测量和电磁波测距三角高程测量主要技术要求**

<table>
<tr><td rowspan="2">线路水准测量</td><td colspan="2">仪器类型</td><td>标尺类型</td><td>视线长度/m</td><td>观测方法</td><td>附合路线闭合差/mm</td></tr>
<tr><td colspan="2">DS3 水准仪</td><td>单面</td><td>100</td><td>单程后-前</td><td>$\leqslant\pm30\sqrt{L}$</td></tr>
<tr><td rowspan="3">线路电磁波测距三角高程测量</td><td colspan="2">竖直角对向观测测回数（DJ2 经纬仪）</td><td rowspan="2">垂直角较差与指标差较差</td><td rowspan="2">测距仪器、方法与测回数</td><td rowspan="2">对向观测高差较差/mm</td><td rowspan="2">附合路线闭合差/mm</td></tr>
<tr><td>三丝法</td><td>中丝法</td></tr>
<tr><td>1</td><td>2</td><td>$\leqslant\pm30''$</td><td>Ⅱ级、单程、1</td><td>$\leqslant\pm60\sqrt{D}$</td><td>$\leqslant\pm30\sqrt{L}$</td></tr>
</table>

注：表中 $D$ 为测距边长度，km；$L$ 为水准线路长度，km。

（二）中平测量

线路纵断面测量也称中平测量。从一个水准点出发，逐个测定中线桩的地面高程，附合到下一个水准点上。相邻水准点间构成一条附合水准路线。测量时，在每一个测站上除了观测中桩外，还需在一定距离内设置转点，每两转点间所观测的中桩称为中间点。由于转点起传递高程的作用，观测时应先观测转点，后观测中间点。转点读数至毫米，视线长度一般不应超过 150m，立尺应立于尺垫、稳固的桩顶或坚石上；中间点读数可至厘米，视线长度也可适当延长，立尺应立于紧靠桩边的地面上。

如图 15-16 所示，水准仪置于 1 站，分别后视水准点 $BM_1$ 和前视第一个转点 $TP_1$，将读数记入表 15-8 中的后视、前视栏内；然后观测 $BM_1$ 和 $TP_1$ 之间的里程桩 k0＋000～k0＋060，将其读数记入中视读数栏内。测站计算时，先计算该站仪器的视线高程，再计算转点高程，然后计算各中桩高程，计算公式如下

视线高程＝后视点高程＋后视读数

转点高程＝视线高程－前视读数

中桩高程＝视线高程－中视读数

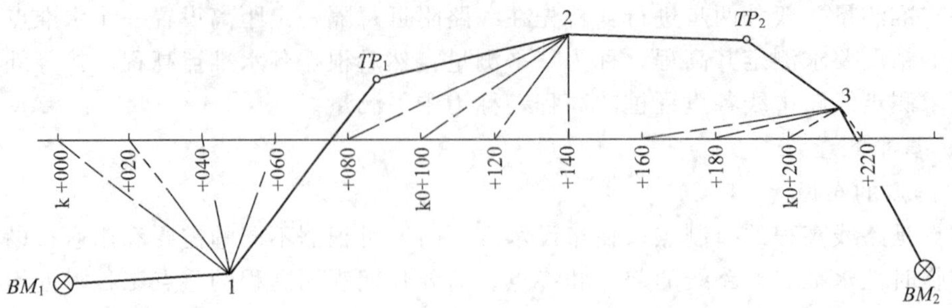


图 15-16 中平测量示意

**表 15-8 线路纵断面水准（中平）测量记录计算表**

| 点　　号 | 水准尺读数/m | | | 视线高程/m | 高程/m | 备　　注 |
|---|---|---|---|---|---|---|
| | 后视 | 中视 | 前视 | | | |
| $BM_1$ | 1.986 | | | 280.679 | 278.693 | 已知点 |
| k0+000 | | 1.57 | | | 279.109 | |
| 0+020 | | 1.93 | | | 278.749 | |
| 0+040 | | 1.56 | | | 279.119 | |
| 0+060 | | 1.12 | | | 279.559 | |
| $TP_1$ | 2.283 | | 0.872 | 282.090 | 279.807 | |
| 0+080 | | 0.68 | | | 281.41 | |
| 0+100 | | 1.59 | | | 280.50 | |
| 0+120 | | 2.11 | | | 279.98 | |
| 0+140 | | 2.66 | | | 279.43 | |
| $TP_2$ | 2.185 | | 2.376 | 281.899 | 279.714 | |
| 0+160 | | 2.18 | | | 279.719 | |
| 0+180 | | 2.04 | | | 279.859 | |
| 0+200 | | 1.65 | | | 280.249 | |
| 0+220 | | 1.27 | | | 280.629 | |
| $BM_2$ | | | 1.387 | | 280.512 | (280.528) |

再将仪器搬至 2 站，先后视转点 $TP_1$ 和前视第二个转点 $TP_2$，然后观测各中间点 k0+080～k0+120，将读数分别记入后视、前视和中视栏，并计算视线高程、转点高程和中桩高程。按上述方法继续往前观测，直至附合于另一个水准点 $BM_2$，完成这个测段的观测工作。

每一测段观测完后，应立即根据该测段的第二个水准点的观测推算高程和已知高程，计算高差闭合差 $f_h$，即

$$f_h = \text{推算高程} - \text{已知高程}$$

若 $f_h \leqslant f_{h允} = \pm 40\sqrt{L}$（单位为 mm），则符合要求，可不进行闭合差的调整，而以原计算的各中桩点地面高程作为绘制纵断面图的数据。

本例中，水准点 $BM_2$ 的推算高程为 280.512m，已知高程为 280.528m，水准线路长度为 300m，则闭合差为

$$f_h=280.512-280.528=-0.016\ (\text{m})$$

闭合差限差为

$$f_{h允}=\pm40\sqrt{0.3}=22\ (\text{mm})$$

因 $f_h<f_{h允}$，故成果合格。

（三）纵断面图的绘制

纵断面图既表示中线方向的地面起伏，又可在其上进行纵坡设计，是线路设计和施工的重要资料，是进行线路竖向设计的主要依据。纵断面图是以中桩的里程为横坐标，以中桩的地面高程为纵坐标绘制的。为了明显地表示地面起伏，里程（横向）比例尺应与线路带状地形图的比例尺一致，高程（纵向）比例尺通常比里程比例尺大10倍。纵断面图应使用透明的毫米格纸的背面从左至右进行展绘和注记，图幅设计应根据线路长度、高差变化及晒印条件而定。纵断面图包括图头、注记、展线和图尾四部分。不同的线路工程其具体内容有所不同，下面以道路设计纵断面图为例，说明纵断面图的绘制方法。

如图15-17所示是道路工程的纵断面图，在图的上半部，从左至右绘有贯穿全图的两条线，细折线表示中线方向的地面线，它是根据中平测量的中线桩地面高程绘制的，里程的比例尺一般与线路带状地形图的比例尺一致，高程比例尺则是里程比例尺的若干倍（一般取10倍），以便更明显地表示地面的起伏情况，例如里程比例尺为1∶1000时，高程比例尺可取1∶100。粗折线表示带有竖曲线在内的纵坡设计线，它是根据设计要求绘制的。

在图的顶部是一些标注，例如水准点位置、编号及其高程，桥涵的类型、孔径、跨数、长度、里程桩号及其设计水位，与某公路、铁路交叉点的位置、里程及其说明等，应根据实际情况进行标注。

图的下部绘有七栏表格，注记有关测量和纵坡设计的资料，自下而上分别是平曲线、桩号、地面高程、设计高程、设计与地面的高差、竖曲线、坡度及距离。其中平曲线是中线的示意图，其曲线部分用成直角的折线表示，上凸的表示曲线右偏，下凸的表示曲线左偏，并注明交点编号和曲线半径，带有缓和曲线的应注明其长度，在不设曲线的交点位置用锐角折线表示；里程栏按横坐标比例尺标注里程桩号，一般标注百米桩和公里桩；地面高程栏按中平测量成果填写各里程桩的地面高程；设计高程栏填写设计的路面高程；设计与地面的高差栏填写各里程桩处，设计高程减地面高程所得的高差；竖曲线栏标绘竖曲线的示意图及其曲线元素；坡度栏用斜线表示设计纵坡，从左至右向上斜的表示上坡，下斜的表示下坡，并在斜线上以百分比注记坡度的大小，在斜线下注记坡长。

## 二、横断面图的测绘

线路横断面测量的主要任务是在各中线桩处测定垂直于中线方向的地面起伏，然后绘制成横断面图，供路基设计、计算土石方量以及施工放边桩之用。横断面测量的宽度应根据实际工程要求和地形情况确定。一般在中线两侧各测量15～50m，横断面测绘的密度，除各中桩应施测外，在大中桥头、隧道洞口、挡土墙等重点工程地段，根据需要适当加密。横断面图测绘时，距离和高程的精度要求为0.05～0.1m。

（一）测设横断面方向

由于横断面图测绘是测量中桩处垂直于中线的地面线高程，所以首先要测设横断面的方向，然后在这个方向上测定地面坡度变化点或特征点的距离和高差。

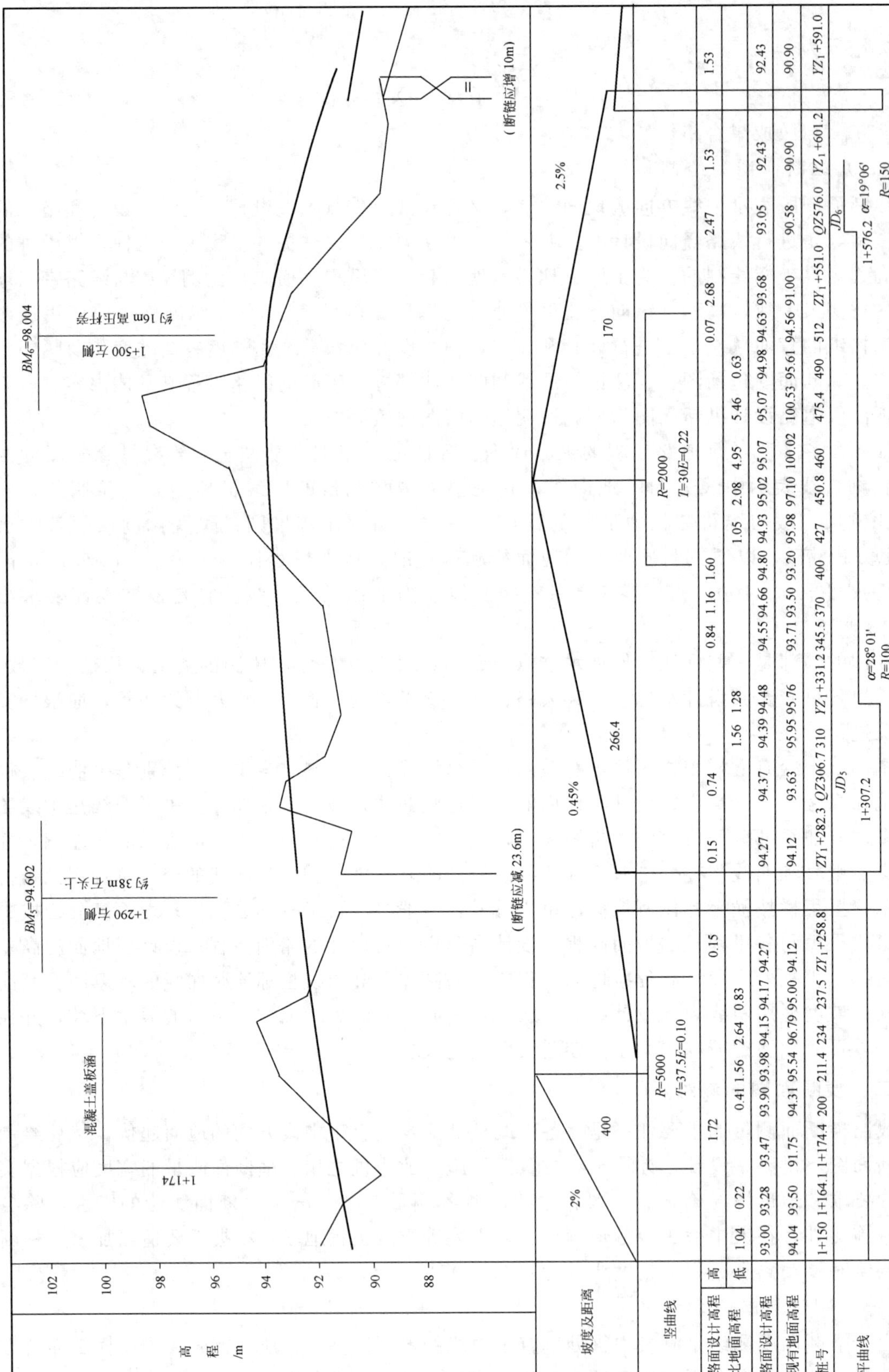


图 15-17 道路工程纵断面

1．直线上横断面方向的测设

如图 15-18 所示，直线上横断面方向与中线垂直，一般用十字方向架测设。十字方向架置于欲测绘横断面图的中桩上，用其中一方向瞄准该中桩的前或后方的另一个中桩，则另一方向即为横断面方向。

2．圆曲线上横断面方向的测设

曲线上横断面方向应与中线在该桩的切线方向垂直，即指向圆心方向，可用求心方向架测设。求心方向架是在十字方向架上安装一根可旋转的定向杆，并加有固定螺旋。其使用方法如下。

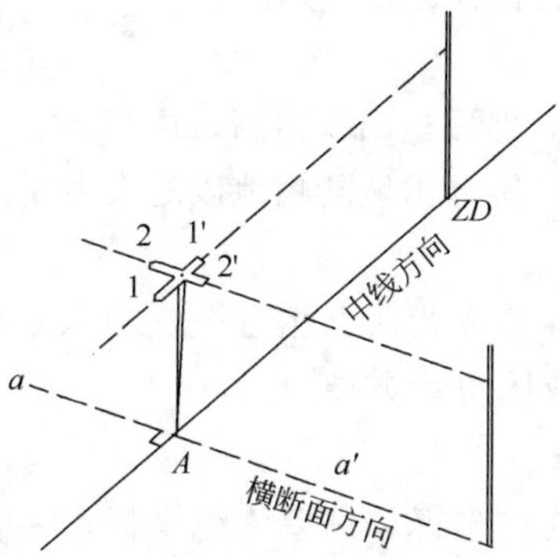

图 15-18　测设直线段横断面方向

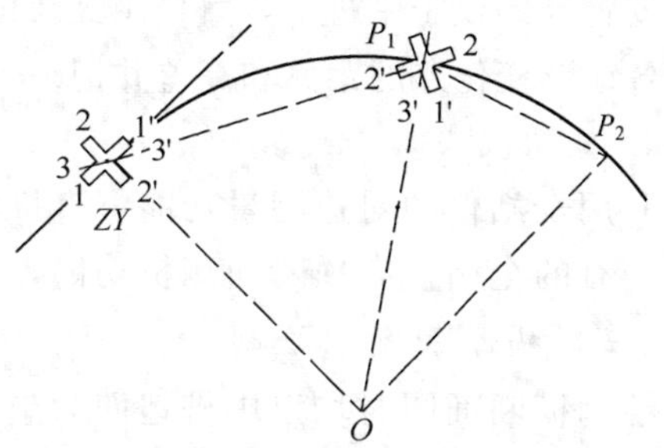

图 15-19　测设圆曲线段横断面方向

如图 15-19 所示，将方向架置于曲线起点 $ZY$ 上，当 1—1′方向对准交点或直线上的中桩时，与此垂直的另一方向 2-2′即为 $ZY$ 点的横断面方向。为了测定曲线上点的横断面方向，转动定向杆 3-3′对准 $P_1$ 点，拧紧固定螺旋，将方向架移至 $P_1$ 点，用 2-2′对准 $ZY$ 点，根据同弧段的两弦切角相等原理，定向杆的 3-3′方向即为该点的断面方向。

在 $P_1$ 点的横断面方向定出之后，为了测定下一点 $P_2$ 的横断面方向，不动方向架，转动定向杆 3-3′对准 $P_2$ 点，拧紧固定螺旋，将方向架移至 $P_2$ 点，用 2-2′对准 $P_1$ 点，定向杆 3-3′的方向即为 $P_2$ 点的横断面方向。

同法可测设曲线上其余各里程桩的横断面方向。

（二）横断面的施测方法

1．标杆皮尺法

如图 15-20 所示，$A$，$B$，$C$ 为断面方向上的变坡点，将标杆立于 $A$ 点，皮尺靠中桩地面拉平量出至 $A$ 点的距离，而皮尺截于标杆的红白格数（每格 0.2m）即为两点间的高差。同法测出测段 $A \sim B$，$B \sim C$ 的距离和高差，直至需要的测绘宽度为止。

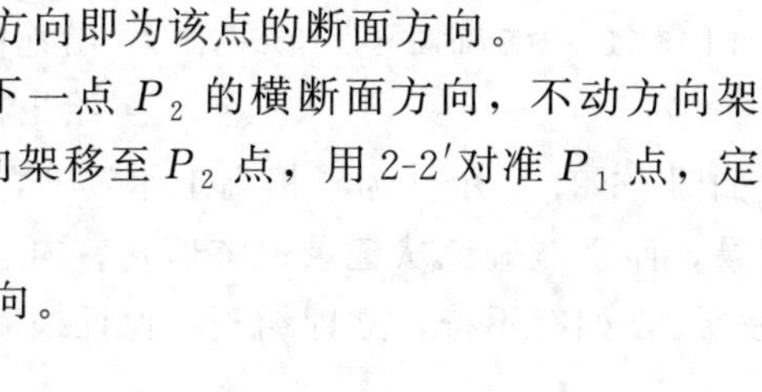

图 15-20　标杆皮尺法测量横断面

记录表格见表 15-9，表中按路线前进方向分左、右侧，用分数形式表示各测段的高差和距离，分子表示高差，分母表示距离，正号表示升高，负号表示降低。自中桩由近及远逐段记录。这种方法的优点是简易、轻便、迅速，适用于起伏多变、高差不大的地段。

表 15-9 横断面测量记录

| 左侧 | | | 桩号 | 右侧 | | |
|---|---|---|---|---|---|---|
| $\frac{-0.6}{11.0}$ | $\frac{-1.8}{8.5}$ | $\frac{-1.6}{6.0}$ | k4+000 | $\frac{+1.5}{5.2}$ | $\frac{+1.8}{6.9}$ | $\frac{+1.2}{9.8}$ |

2. 水准仪皮尺法

水准仪安置后，以中桩地面高程点为后视，以中桩两侧横断面方向地形特征点为前视，读数至厘米，再用皮尺分别量出各特征点到中桩的平距，量至分米。记录格式与表 15-9 类似，但分子为中桩地面与特征点地面的高差，分母为中桩至各特征点的距离。水准仪皮尺法适用于横断面较宽的平坦地区，在一个测站上可以观测多个横断面。

3. 经纬仪法

安置经纬仪于中桩上，直接用经纬仪定出横断面方向，然后量出仪器高，用视距法测出中桩至各地形变化点的距离和高差并记录。此法适用于地形复杂，山坡陡峭地段的大型断面。

4. 全站仪法

利用全站仪的对边测量功能可直接测得各横断面上各地形特征点相对中桩的水平距离和高差，有的全站仪有横断面测量功能，其操作、记录与成图更为方便。

（三）横断面图的绘制

绘制横断面图时均以中桩地面为坐标原点，以平距为横坐标，高差为纵坐标，将各地面特征点绘在毫米方格纸上。为便于计算横断面面积和确定路基的填挖边界，横断面的水平距离和高差使用相同的比例尺，通常采用 1∶100 或 1∶200。

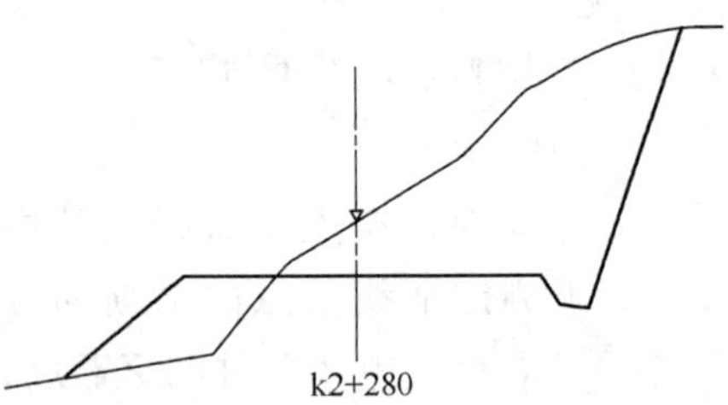

图 15-21 横断面图与设计路基图

绘制时，先在毫米方格上由下而上以一定间隔定出各断面的中心位置，并且注上相应的桩号和高程，然后根据记录的水平距离和高差，按规定的比例尺绘出地面上各特征点的位置，再用直线连接相邻点，即绘出横断面图的地面线，最后标注有关的地物和数据等，如图 15-21 所示。为了提高工作效率，往往采取在现场边测边绘的方法。这样不但可省略记录，而且能避免从记录、整理到室内点绘这几道工序中可能产生的差错，还可以及时与实地核对，如有不符，立即纠正，保证横断面图的正确性。

## 第五节 道路施工测量

道路施工测量的主要任务包括：恢复中线测量，施工控制桩，边桩和竖曲线的测设。

### 一、恢复中线测量

道路勘测完成到开始施工这一段时间内，有一部分中线桩可能被碰动或丢失，因此施工前应进行复核，并将碰动和丢失的交点桩和中线桩校正和恢复好。在恢复中线时，应将道路附属物，如涵洞、检查井和挡土墙等的位置一并定出。对于部分改线地段，应重新定线，并测绘相应的纵横断面图。

### 二、施工控制桩的测设

由于中线桩在路基施工中都要被挖掉或堆埋，为了在施工中能控制中线位置，应在不受施工干扰、便于引用、易于保存桩位的地方测设施工控制桩。测设方法主要有平行线法和延长线法两种，可根据实际情况互相配合使用。

1. 平行线法

如图 15-22 所示，平行线法是在设计的路基宽度以外，测设两排平行于中线的施工控制桩。为了施工方便，控制桩的间距一般取 10～20m。平行线法多用于地势平坦、直线段较长的道路。

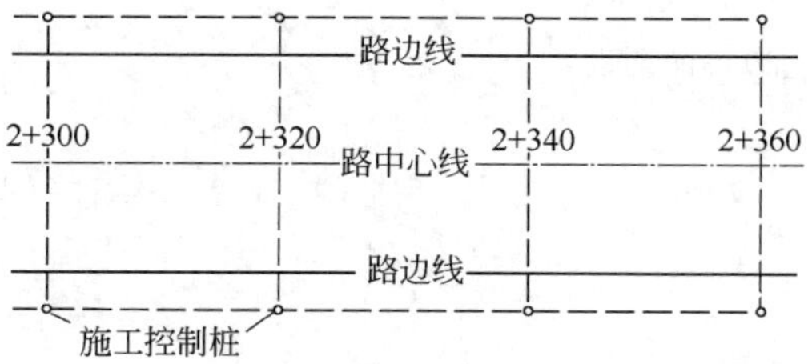


图 15-22　平行线法

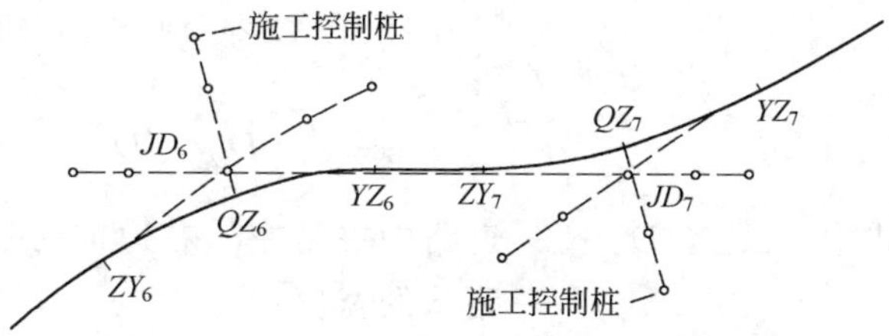


图 15-23　延长线法

2. 延长线法

如图 15-23 所示，延长线法是在道路转折处的中线延长线上，以及曲线中点至交点的延长线上测设施工控制桩。每条延长线上应设置两个以上的控制桩，量出其间距及与交点的距离，做好记录，据此恢复中线交点。延长线法多用于地势起伏较大、直线段较短的道路。

## 三、路基边桩的测设

路基边桩的测设就是把设计路基的边坡与原地面相交的点测设出来，在地面上钉设木桩（称为边桩），以此作为路基施工的依据。

每个断面上在中桩的左、右两边各测设一个边桩，边桩距中桩的水平距离取决于设计路基宽度、边坡坡度、填土高度或挖土深度以及横断面的地形情况。边桩的测设方法如下。

### （一）图解法

图解法是将地面横断面图和路基设计断面图绘在同一张毫米方格纸上，设计断面高出地面部分采用填方路基，其填土边坡线按设计坡度绘出，与地面相交处即为坡脚；设计断面低于地面部分采用挖方路基，其开挖边坡线按设计坡度绘出，与地面相交处即为坡顶。得到坡脚或坡顶后，用比例尺直接在横断面图上量取中桩至坡脚点或坡顶点的水平距离，然后到实地，以中桩为起点，用皮尺沿着横断面方向往两边测设相应的水平距离，即可定出边桩。

### （二）解析法

解析法是通过计算求出路基中桩至边桩的距离，平地和山坡的计算和测设方法不同。下面分别介绍如下。

1. 平坦地面

如图 15-24 所示，平坦地面的路堤与路堑的路基放线数据可按下列公式计算。

路堤

$$D_{左}=D_{右}=\frac{b}{2}+mh \tag{15-26}$$

路堑

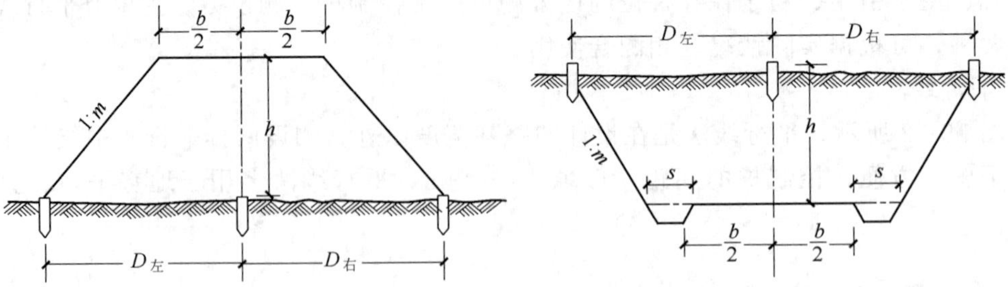


图 15-24 平坦地面的路基边桩的测设

$$D_{左}=D_{右}=\frac{b}{2}+s+mh \tag{15-27}$$

式中 $D_{左}$，$D_{右}$——道路中桩至左、右边桩的距离；

$b$——路基的宽度；

$1:m$——路基边坡坡度；

$h$——填土高度或挖土深度；

$s$——路堑边沟顶宽。

2. 倾斜地面

如图 15-25 所示为倾斜地面路基边桩测设，设地面为左边低、右边高，则由图可知：

路堤

$$D_{左}=\frac{b}{2}+m(h+h_{左}) \tag{15-28}$$

$$D_{右}=\frac{b}{2}+m(h-h_{右}) \tag{15-29}$$

路堑

$$D_{左}=\frac{b}{2}+s+m(h-h_{左}) \tag{15-30}$$

$$D_{右}=\frac{b}{2}+s+m(h+h_{右}) \tag{15-31}$$

上式中，$b$，$m$ 和 $s$ 均为设计时已知，因此 $D_{左}$，$D_{右}$ 随 $h_{左}$，$h_{右}$ 而变，而 $h_{左}$，$h_{右}$ 为左、右边桩地面与路基设计高程的高差，由于边桩位置是待定的，故 $h_{左}$，$h_{右}$ 均不能事先知道。在实际测设工作中，是沿着横断面方向采用逐渐趋近法测设边桩。

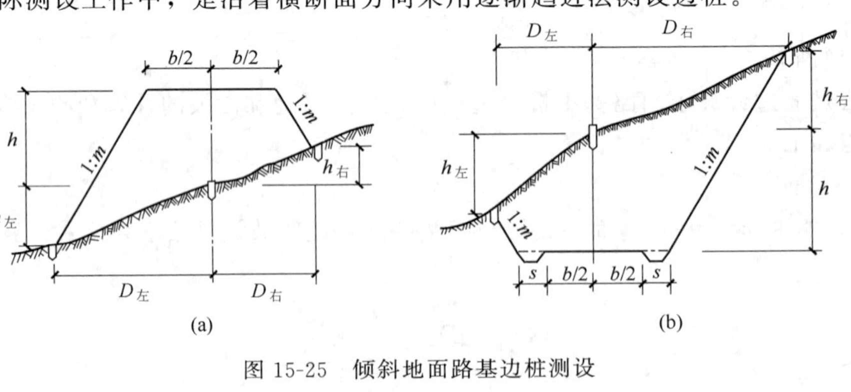


图 15-25 倾斜地面路基边桩测设

现以测设路堑左边桩为例进行说明。如图 15-25（b）所示，设路基宽度为 10m，左侧边沟顶宽度为 2m，中心桩挖深为 5m，边坡坡度为 1∶1，测设步骤如下。

（1）估计边桩位置　根据地形情况，估计左边桩处地面比中桩地面低 1m，即 $h_{左}=1m$，则代入式（15-30）得左边桩的近似距离

$$D_{左}=\frac{10}{2}+2+1\times(5-1)=11\ (m)$$

在实地沿横断面方向往左侧量 11m，在地面上定出 1 点。

（2）实测高差　用水准仪实测 1 点与中桩的高差为 1.5m，则 1 点距中桩的平距应为

$$D_{左}=\frac{10}{2}+2+1\times(5-1.5)=10.5\ (m)$$

此值比初次估算值小，故正确的边桩位置应在 1 点的内侧。

（3）重估边桩位置　正确的边桩位置应在距离中桩 10.5～11m 之间，重新估计边桩距离为 10.8m，在地面上定出 2 点。

（4）重测高差　测出 2 点与中桩的实际高差为 1.2m，则 2 点与中桩的平距应为

$$D_{左}=\frac{10}{2}+2+1\times(5-1.2)=10.8\ (m)$$

此值与估计值相符，故 2 点即为左侧边桩位置。

## 第六节　管道施工测量

在城市和工业建设中，要敷设许多地下管道，如给水、排水、天然气、暖气、电缆、输气和输油管道等。各种管道常相互上下穿插、纵横交错。因此在施工过程中，要严格按设计要求进行测量工作，并且做到“步步有检核”，这样才能确保施工质量。

管道施工测量的主要任务就是根据工程进度的要求，向施工人员随时提供中线方向和标高位置。

### 一、施工前的测量工作

1. 熟悉图纸和现场情况

施工前，要收集管道测量所需要的管道平面图、纵横断面图、附属构筑物图等有关资料，认真熟悉和核对设计图纸，了解精度要求和工程进度安排等，还要深入施工现场，熟悉地形，找出各交点桩、里程桩、加桩和水准点位置。

2. 恢复中线

管道中线测量时所钉设的交点桩和中线桩等在施工时可能会有部分碰动和丢失，为了保证中线位置准确可靠，应进行复核，并将碰动和丢失的桩点重新恢复。在恢复中线时，应将检查井、支管等附属构筑物的位置同时测出。

3. 测设施工控制桩

在施工时中线上各桩要被挖掉，为了便于恢复中线和附属构筑物的位置，应在不受施工干扰、引测方便、易于保存桩位的地方测设施工控制桩。施工控制桩分中线控制桩和附属构筑物控制桩两种，如图 15-26 所示。

4. 加密施工水准点

为了在施工过程中引测高程方便，应根据原有水准点在沿线附近每 100～150m 左右增

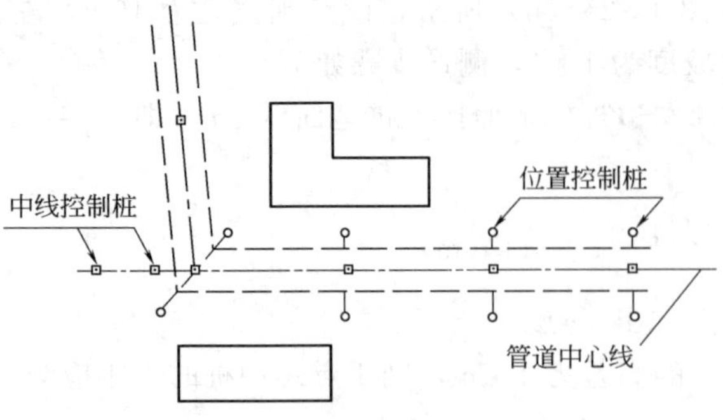


图 15-26　管道控制桩设置

设一个临时水准点，其精度要求由管线工程性质和有关规范确定。

## 二、管道施工测量

### （一）槽口放线

槽口放线是根据管径大小、埋设深度和土质情况决定管槽开挖宽度，并在地面上钉设边桩，沿边桩拉线撒出灰线，作为开挖的边界线。

若埋设深度较小、土质坚实，管槽可垂直开挖，这时槽口宽度即等于设计槽底宽度，若需要放坡且地面横坡比较平坦，槽口宽度可按下式计算：

$$D_{左}=D_{右}=\frac{b}{2}+mh$$

式中　$D_{左}$，$D_{右}$——管道中桩至左、右边桩的距离；

$b$——槽底宽度；

$1:m$——边坡坡度；

$h$——挖土深度。

### （二）施工过程中的中线、高程和坡度测设

在管槽开挖及管道的安装和埋设等施工过程中，要根据进度，反复地进行设计中线、高程和坡度的测设。下面介绍两种常用的方法：

1. 坡度板法

管道施工中的测量任务主要是控制管道中线设计位置和管底设计高程。因此，需要设置坡度板。如图 15-27 所示，坡度板跨槽设置，间隔一般为 10～20m，编写板号。根据中线控制桩，用经纬仪把管道中心线投测到坡度板上，用小钉做标记，称为中线钉，用以控制管道中心的平面位置。

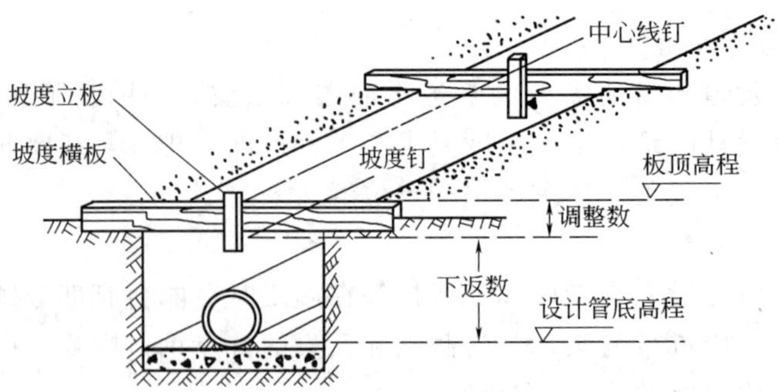


图 15-27　坡度板

当槽深在 2.5m 以上时，应待开挖至距槽底 2m 左右时再埋设在槽内，如图 15-28 所示。坡度板应埋设牢固，板面要保持水平。

坡度板设好后，根据中线控制桩，用经纬仪把管道中心线投测至坡度板上，钉上中心钉，并标上里程桩号。施工时，用中心钉的连线可方便地检查和控制管道的中心线。

再用水准仪测出坡度板顶面高程，板顶高程与该处管道设计高程之差即为板顶往下开挖

的深度。为方便起见，在各坡度板上钉一坡度立板，然后从坡度板顶面高程起算，从坡度板上向上或向下量取高差调整数，钉出坡度钉，使坡度钉的连线平行于管道设计坡度线，并距设计高程一整分米数，称为下返数，施工时，利用这条线可方便地检查和控制管道的高程和坡度。高差调整数可按下式计算

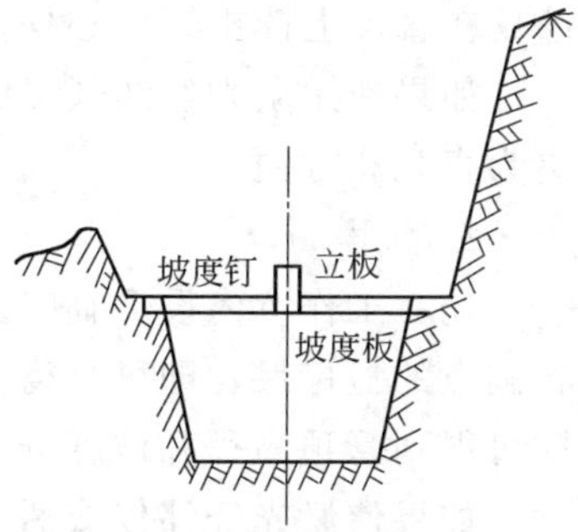

图 15-28　深槽坡度板

高差调整数=(板顶高程－管底设计高程)－下返数

若高差调整数为正，往下量取；若高差调整数为负，往上量取。

例如，预先确定下返数为 1.5m，某桩号的坡度板的板顶实测高程为 78.868m，该桩号管底设计高程为 77.2m，则高差调整数为：

$$(78.868-77.2)-1.5=0.168(\mathrm{m})$$

即从板顶沿立板往下量 0.168m，钉上坡度钉，则由这个钉下返 1.5m 便是设计管底位置。

2. 平行轴腰桩法

当现场条件不便采用坡度板时，对精度要求较低的管道，可采用平行轴腰桩法来测设中线、高程及坡度控制标志。如图 15-29 所示，开挖前，在中线一侧（或两侧）测设一排（或两排）与中线平行的轴线桩，平行轴线桩与管道中线的间距为 $D_1$，各桩间隔 20m 左右，各附属构筑物位置也相应设桩。

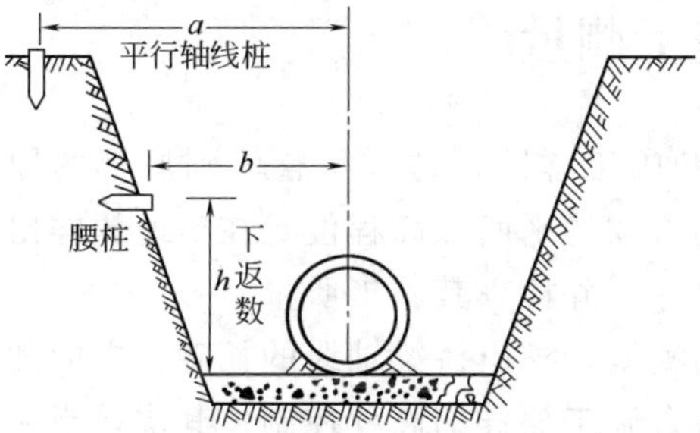

图 15-29　平行轴腰桩法

管槽开挖时至一定深度以后，为方便起见，以地面上的平行轴线桩为依据，在高于槽底约 1m 的槽坡上再钉一排平行轴线桩，它们与管道中线的间距为 $D_2$，称为腰桩。用水准仪测出各腰桩的高程，腰桩高程与该处相对应的管底设计高程之差即是下返数。施工时，根据腰桩可检查和控制管道的中线和高程。

## 三、顶管施工测量

当管线穿越铁路、公路或其他建筑物时，如果不便采用开槽的方法施工，这时就常采用顶管施工法。顶管施工测量的主要任务是控制好管道中线方向、高程和坡度。

1. 中线测设

如图 15-30 所示，先挖好顶管工作坑，根据地面上标定的中线控制桩用经纬仪将顶管中心线引测到坑下，在前、后坑底和坑壁设置中线标志。将经纬仪安置于靠近后壁的中线点上，后视前壁上的中线点，则经纬仪视线即为顶管的设计中线方向。在顶管内前端水平放置一把直尺，尺上标明中心点，该中心点与顶管中心一致。每顶进一段距离（0.5～1m），用经

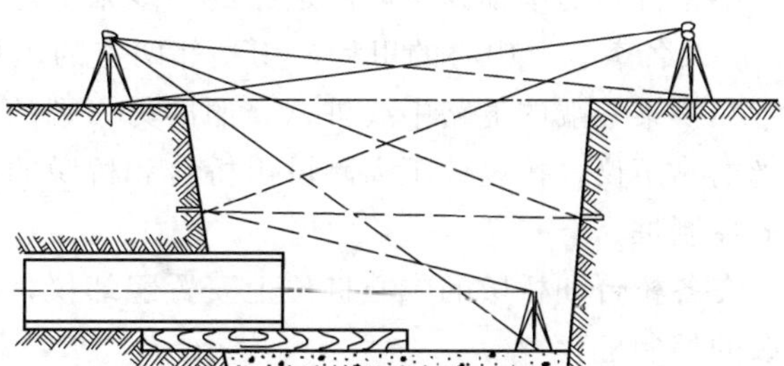
图 15-30　顶管中线测设

纬仪在直尺上读出管中心偏离设计中线方向的数值，据此校正顶进方向。

如果使用激光经纬仪或激光准直仪，则沿中线发射一条可见光束，使管道顶进中的校正更为直观和方便。

2. 高程测设

先在工作坑内设置临时水准点，将水准仪安置于坑内，后视临时水准点，前视立于管内各测点的短标尺，即可测得管底各点的高程。将测得的管底高程与管底设计高程进行比较，即可得到管顶高程和坡度的校正数据。

如果使激光经纬仪或激光准直仪的安置高度和视准轴的倾斜坡度与设计的管道中心线相符合，则可以同时控制顶管作业中的方向和高程。

### 四、竣工测量

管道竣工测量包括管道竣工平面图和管道竣工纵断面图的测绘。管道竣工纵断面图的测绘在回填土之前进行，用水准测量方法测定管顶的高程并检查井内管底的高程，距离用钢尺丈量。竣工平面图主要测绘管道的起点、转点、中点、检查井及附属构筑物的平面位置和高程，测绘管道与附近重要地物（道路、永久性房屋、高压电线杆等）的位置关系。使用全站仪进行管道竣工测量将会成倍地提高工作效率。

## 第七节　桥梁工程施工测量

桥梁工程施工测量的任务是根据桥梁设计的要求和施工详图，遵循从整体到局部的原则，先进行控制测量，再进行细部放样测量。将桥梁构造物的平面和高程位置在实地放样出来，及时地为不同的施工阶段提供准确的设计位置和尺寸，并检查其施工质量。

桥梁施工阶段的测量工作首先是通过平面控制网的测量，求出桥梁轴线的长度、方向和放样桥墩中心位置的数据，通过水准测量，建立桥梁墩台施工放样的高程控制；其次，当桥梁构造物的主要轴线（如桥梁中线、墩台纵横轴线等）放样出来后，按主要轴线进行构造物轮廓特征点的细部放样和进行施工观测；最后还要进行竣工测量以及桥梁墩台的沉降位移观测。

### 一、小型桥梁施工测量

建造跨度较小的小型桥梁时，一般采用临时筑坝截断河流或选在枯水季节进行，以便于桥梁的墩台定位施工。

1. 桥梁中轴线和控制桩的测设

小型桥梁的中轴线一般由道路的中线来决定，如图 15-31 所示，已知桥梁中轴线控制桩 $A$，$B$ 及各墩、台中心的里程，用相邻两点的里程相减即可求得其间的距离。然后将经纬仪安置在桥梁一端的道路中线桩 $A$，照准另一端的道路中线桩 $B$，沿视线方向用检定过的钢尺或光电测距仪，按设计距离测设出桥台和桥墩的中心桩位。同时，在河道两岸测设桥梁中轴线的控制桩。

在各桥台和桥墩的中心桩位上安置经纬仪，在与桥梁中轴线垂直的方向上测设各桥台和桥墩的控制桩。

2. 桥台和桥墩施工测量

根据桥台和桥墩的十字中心线定出基坑开挖边界线，其宽度应根据坑深、放坡、土质和

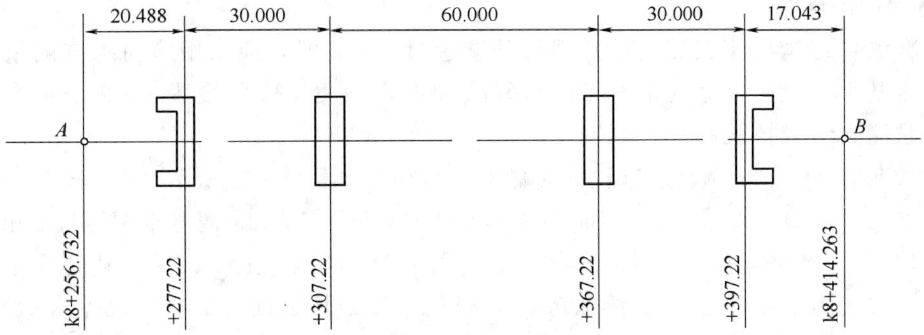


图 15-31 小型桥梁定位

施工方法确定。基坑开挖到一定深度后，应根据水准点高程在坑壁测设距基底设计面为一定高差（如 1m）的水平桩，作为控制开挖深度及基础施工中掌握高程的依据。

基础完工后，应根据桥梁中轴线控制桩和桥台、桥墩的控制桩，用经纬仪在基础面上测设出桥台、桥墩的中心及纵、横方向的轴线，再据此放样出桥台、桥墩砌筑或浇筑的外廓线，作为桥台和桥墩施工的平面依据。此外，用水准仪将设计标高线测设在基础侧面上，作为桥台和桥墩施工的高程依据。

## 二、大、中型桥梁施工测量

建造大、中型桥梁时，因河道宽阔，桥墩在河水中建造，且墩台较高，基础较深，墩间跨距大，梁部结构复杂，因此，对桥轴线测设、墩台定位等要求精度较高。为此需要在施工前布设平面控制网和高程控制网，用较精密的方法进行墩台定位及架设梁部结构。

1. 平面控制测量

桥梁平面控制测量可根据现场及设备情况采用三角测量、边角测量、导线测量或 GNSS 测量等，桥轴线包含在三角或导线中，如图 15-32 所示是采用三角网时的几种具体布设形式。布设控制点时，除满足测量本身的需要外，还要求选在不被水淹、不受施工干扰、稳固可靠的地方。如果桥梁有引桥，则平面控制网还应向其延伸。

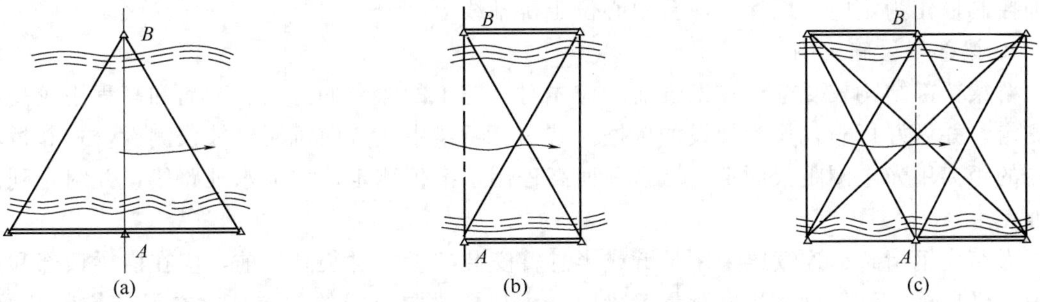


图 15-32 桥梁平面控制三角网的形式

桥梁平面控制测量的等级应满足桥梁中线长度相对中误差的规定，当桥长小于 200m 时，相对中误差不应大于 1/10000，当桥长为 200～500m 时，相对中误差不应大于 1/20000。桥梁中线能直接丈量的，可用检定过的钢尺按一级导线量距的技术要求进行丈量；大于 50m 的跨河桥可用光电测距仪按一、二级测距边的测距技术要求施测，布设成三角网的也可丈量岸上边长间接求出桥轴长度。对特殊的桥梁结构，应根据结构特点确定桥梁控制测量的等级和精度。

2. 高程控制测量

当水准测量跨越河流、深沟，且视线长度超过 200m 时，应采用跨河水准测量方法。首先根据线路基平测量时建立的水准点进行复核和加密，两岸应各设置 1～2 个水准点，并用水准测量联测，组成桥梁高程控制网。

跨河水准测量时，用两台水准仪同时做对向观测，如图 15-33 所示，$A$，$B$ 为要联测的水准点，1，2 为测站点，要求 $A2$ 与 $B1$ 距离基本相等，$A1$ 与 $B2$ 距离基本相等且不小于 10m。

观测时，1 站先测本岸 $A$ 点尺上读数 $a_1$，后测对岸 $B$ 点尺上读数 $b_1$，其高差为 $h_1=a_1-b_1$；同时 2 站先测本岸 $B$ 点尺上读数 $b_2$，后测对岸 $A$ 点尺上读数 $a_2$，其高差为 $h_2=a_2-b_2$；取 $h_1$ 和 $h_2$ 的平均数作为 $A$，$B$ 之间的高差，完成一个测回。跨河水准测量时应观测两个测回，两测回间较差不得超过 $\pm 40\sqrt{s}$（单位为 mm）（$s$ 为跨河视线长度，以 km 为单位）。

3. 墩台定位测量

大中桥梁墩台中心点的定位测量常采用角度交会法和极坐标法。角度交会法应采用三台经纬仪同时交会，如图 15-34 所示，其中一台应安置在桥轴控制桩上，交会误差三角形在容许范围时，取另两台经纬仪视线交点在桥轴线上的垂足 $P$ 作为墩台中心点。

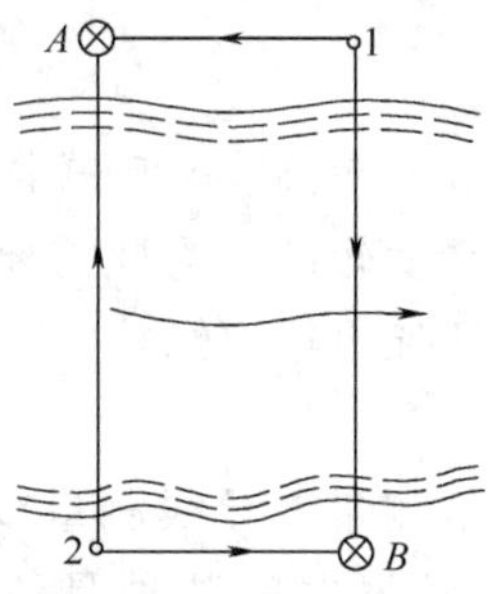


图 15-33　跨河水准测量

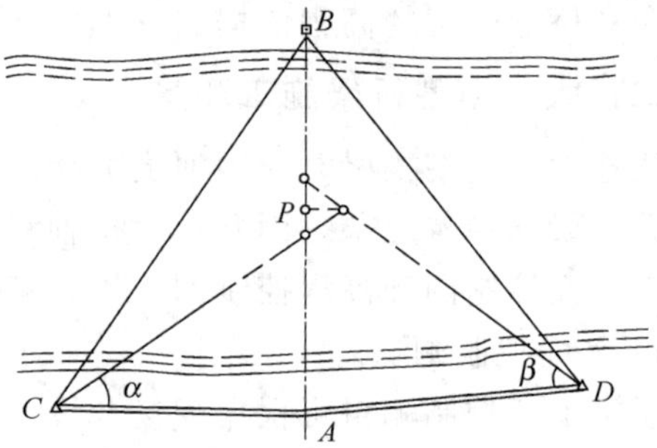


图 15-34　方向交会法墩台定位

极坐标法一般采用全站仪测设，最好是将仪器安置在一个桥轴控制桩上，瞄准另一端的桥轴控制桩作为定向，以保证墩台中心位于桥轴线上。

4. 梁部架设施工测量

桥梁梁部结构较复杂，在架设前，应先对已完工的墩台的方向、距离和高程用较高的精度测定，并做好标志，作为架设的依据。其中，桥梁中线方向可用经纬仪测设，相邻桥墩中心点的距离用光电测距仪测定，墩台顶面高程用水准仪测定，构成水准路线，并附合到两岸水准点上。

大跨度钢桁架或连续梁采用悬臂或半悬臂安装架设，拼装开始前，应在横梁顶部和底部分中点做出标志，架梁时用以测量钢梁中心线与桥梁中心线的偏差值。在梁的拼装开始后，应通过不断的测量，使钢梁始终在正确的平面位置上，并且使高程符合设计的要求。

全桥架通后，做一次方向、距离和高程的全面测量，其成果资料可作为钢梁整体纵、横移支和起落调整的施工依据，称为全桥贯通测量。

## 小　结

本章主要介绍了各种管线工程在勘测设计和施工管理阶段所进行的测量工作，这些工作统称为线路工程测量，简称线路测量。

线路勘测设计一般分为初测和定测两个阶段。

初测阶段的任务是为初步设计提供依据。根据初步设计选定某一方案。定测阶段的任务是在选定设计方案的路线上进行路线中线、高程、横断面、纵断面、桥涵、路线交叉、沿线设施、环境保护等测量和资料调查，为施工图设计提供资料。

路线中线测量的任务是根据线路设计的平面位置，将线路中心线测设在实地上。中线的平面几何线形由直线段和曲线段组成，其中曲线段一般为某曲率半径的圆弧。

铁路和高等级公路在直线段和圆曲线段之间还应插入一段缓和曲线，其曲率半径由无穷大逐渐变化为所接圆曲线的曲率半径，以提高行车的稳定性。

圆曲线是最基本的一种平面曲线。确定圆曲线的参数是偏转角 $\alpha$ 和半径 $R$，其中 $\alpha$ 根据所测转角计算得到，$R$ 则根据地形条件和工程要求在线路设计时选定。

圆曲线的测设分两步进行，先测设曲线上起控制作用的主点（$ZY$，$QZ$，$YZ$），称为主点测设，然后以主点为基础，详细测设其他里程桩。

纵断面图的测绘是用线路水准测量的方法测出线路中线各里程桩的地面高程，然后根据里程桩号和测得的地面高程，按一定比例绘制成纵断面图，用以表示线路纵向地面高低的起伏变化，为线路的纵坡设计提供依据。线路水准测量一般分基平测量和中平测量两步进行。

线路横断面测量的主要任务是在各中线桩处测定垂直于中线方向的地面起伏，然后绘制成横断面图，供路基设计、计算土石方量以及施工放边桩之用。

道路施工测量的主要任务包括：恢复中线测量，施工控制桩，边桩和竖曲线的测设。管道施工测量的主要任务就是根据工程进度的要求，向施工人员随时提供中线方向和标高位置。

桥梁工程施工测量的任务是根据桥梁设计的要求和施工详图，遵循从整体到局部的原则，先进行控制测量，再进行细部放样测量。将桥梁构造物的平面和高程位置在实地放样出来。

## 思考题与习题

1. 什么是中线测量？中线测量的内容是什么？

2. 什么叫里程桩？怎样测设直线段上的里程桩？

3. 什么是路线的转角？如何确定转角是左转角还是右转角？

4. 如图 15-3 所示，设导线点 6 的坐标为（456.990，785.900），导线点 7 的坐标为（481.885，907.580），线路中线交点 $JD_4$ 的坐标为（402.569，747.079），在导线点 6 设站，按极坐标法测设交点 $JD_4$，试计算测设角度和距离，并说明测设步骤。

5. 什么是圆曲线的主点？圆曲线测设元素有哪些？如何测设圆曲线的主点？

6. 圆曲线细部放样方法有哪几种？各适用于什么情况？

7. 已知线路交点里程为 k12＋478.56，线路转角（右角）为 $28°24'$，圆曲线半径 $R=300$m，试计算圆曲线测设元素和各主点里程。

8. 对上题所述的圆曲线，在 $ZY$ 点上设站，用偏角法每隔 20m 放样一里程桩，请计算圆曲线上各放样点的里程、弦长及偏角，并说明测设步骤。

9. 已知线路交点的里程桩为 k8＋342.18，测得转角 $\alpha_{左}=25°38'$，圆曲线半径为 $R=250$m，曲线整桩距为 20m，若采用切线支距法测设，试计算各桩坐标（要求前半曲线由 $ZY$ 点开始测设，后半曲线由 $YZ$ 点开始测设），并说明测设步骤。

10. 上题中，若交点的平面坐标为（2088.273，1535.011），交点至曲线起点（$ZY$）的坐标方位角为243°27′18″，计算曲线主点坐标和细部坐标。

11. 线路纵、横断面测量的任务是什么？包括哪些内容？

12. 线路中心线的纵断面图是怎样绘制的？它有哪些主要内容？

13. 横断面测量有哪些方法？适用于什么情况？

14. 中线为圆曲线时如何确定横断面方向？绘图加以说明。

15. 道路边桩放样有哪些方法？各适用于什么情况？

16. 管道施工测量的项目有哪些？

17. 桥梁施工测量包括哪些主要内容？

18. 桥墩定位有哪几种方法？

# 第十六章　建筑物变形观测和竣工总平面图的测绘

**学习目标**

• 了解建筑物变形观测的特点，在房屋建筑施工过程中，随着荷载的不断加大，会产生一定的沉降。当基础发生不均匀沉降时，将导致建筑物上部结构产生变形、倾斜，甚至开裂，轻微的影响建筑物的外表美观，严重时将影响建筑物的使用和安全。

• 理解为了保证安全及正常使用，对于高层建筑、重要厂房、高耸构筑物及地质不良地段的建筑物，都要进行较长时期的、系统的沉降观测和倾斜观测，以查明沉降、倾斜、位移、裂缝开展等的严重程度及其随时间的发展情况，为分析产生的原因提供依据，以便及时采取正确的预防和加固措施。

• 掌握变形观测的技术要求、水准点位置的选择、测量的精度要求，从而确定建筑物的下沉量及下沉规律。测量中尽量做到：观测人员固定，测量仪器固定，水准点固定，测量路线和测量方法固定。

## 第一节　建筑物变形观测概述

### 一、变形观测的特点

在房屋建筑施工过程中，随着荷载的不断加大，会产生一定的沉降。沉降量在一定范围内时对建筑物的影响很小。当由于地基被压缩而使基础发生不均匀沉降时，将导致建筑物上部结构产生变形、倾斜，甚至开裂，轻微时影响建筑物的外表美观，严重时将影响建筑物的使用和安全。

为保证安全及正常使用，对于高层建筑、重要厂房、高耸构筑物及地质不良地段的建筑物，都要进行较长时期的、系统的沉降观测和倾斜观测，以查明沉降、倾斜、位移、裂缝开展等的严重程度及其随时间的发展情况，为分析产生的原因提供依据，以便及时采取正确的预防和加固措施。

所谓变形观测是对建筑物（构筑物）以及地基的变形（包括水平位移、沉降、倾斜、挠度、裂缝等）进行的测量工作。建筑物的变形观测应从基础施工开始，在整个施工阶段按规定进行定期的变形观测，直到建成之后的一定使用阶段，如有必要应延续到变形趋于稳定为止。

### 二、变形观测的技术要求

《建筑变形测量规范》（JGJ 8—2007）规定：建筑变形观测按不同的工程要求分为四个等级。各等级精度要求见表 16-1。

**表 16-1　建筑变形测量的级别、精度指标及其适用范围**

| 变形测量级别 | 沉降观测 | 位移观测 | 主要适用范围 |
|---|---|---|---|
| | 观测点测站高差中误差/mm | 观测点坐标中误差/mm | |
| 特级 | ±0.05 | ±0.3 | 特高精度要求的特种精密工程的变形测量 |

续表

| 变形测量级别 | 沉降观测 | 位移观测 | 主要适用范围 |
|---|---|---|---|
| | 观测点测站高差中误差/mm | 观测点坐标中误差/mm | |
| 一级 | ±0.15 | ±1.0 | 地基基础设计为甲级的建筑变形测量；重要的古建筑和特大型市政桥梁等变形测量等 |
| 二级 | ±0.5 | ±3.0 | 地基基础设计为甲、乙级的建筑的变形测量；场地滑坡测量；重要管线的变形测量；地下工程施工及运营中变形测量；大型市政桥梁变形测量等 |
| 三级 | ±1.5 | ±10.0 | 地基基础设计为乙、丙级的建筑的变形测量；地表、道路及一般管线的变形测量；中小型市政桥梁变形测量等 |

## 第二节 建筑物沉降观测

建筑物沉降观测是用水准仪根据水准基点定期对建筑物上设置的沉降观测点进行水准测量，测得其与水准点的高差，并计算观测点的高程，从而确定其下沉量及下沉规律。

### 一、水准点和观测点的设置

1. 水准点的设置

建筑物的沉降量是通过多次水准测量建筑物上的观测点与水准点之间的高差变形值来决定的。因此，观测值的可靠性在很大程度上取决于水准点位置的稳定性。水准点位置的选择要满足以下要求。

（1）为便于校核，布设水准点的数目应不少于 3 个。

（2）水准点应埋在建筑物和构筑物基础沉降影响范围之外，要离开铁路、公路及地下管最少 5m 以上，埋设深度至少应在冰冻线以下 0.5m。

（3）水准点与建筑物的距离一般在 30～60m 为宜，这样在进行观测时就不需要转站，可提高测量精度。

（4）水准点的设置位置应避免由于施工工作而遭到损坏，也不要放置在观测时视线受阻挡的方向上。

2. 沉降观测点的设置

沉降观测点是固定在拟观测建筑物上的测量标志。观测点的数量和位置应根据建筑物的大小、基础形式、荷载分布及地质条件等因素综合考虑，以应能全面反映建筑物沉降的情况为原则。一般情况下沉降观测点布置在沉降变化可能显著的地方，对民用建筑而言，可沿房屋四周每隔 10～15m 设一点，其中房屋转角及变形缝两侧必须布置观测点；对工业建筑除房屋转角及变形缝两侧外，还应在设备基础和柱基础处加设观测点；对烟筒、水塔、筒仓等构筑物可在基础轴线对称部位设置观测点，每个构筑物不得少于 4 个观测点。此外，在地质条件变化处亦应布设观测点。

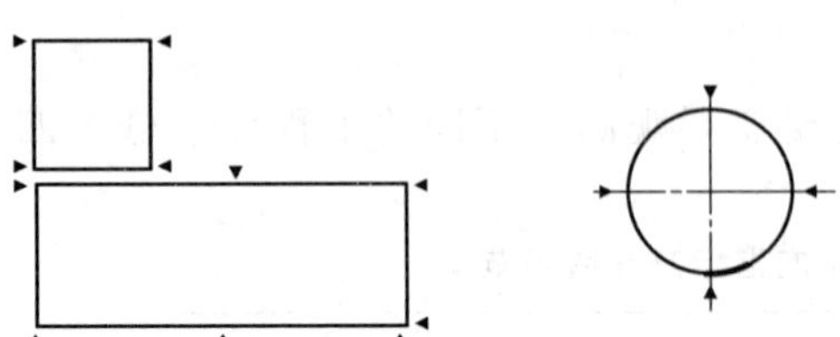

图 16-1 建筑物、烟筒的观测点布置示意
（▸表示布设位置）

观测点应埋设牢固，不宜遭破坏，且能长期保存。点的高度、朝向要便于立观测尺和进行观

测。如图 16-1 所示为建筑物、烟筒的观测点布置示意图，如图 16-2 所示为观测点的形式示意图。

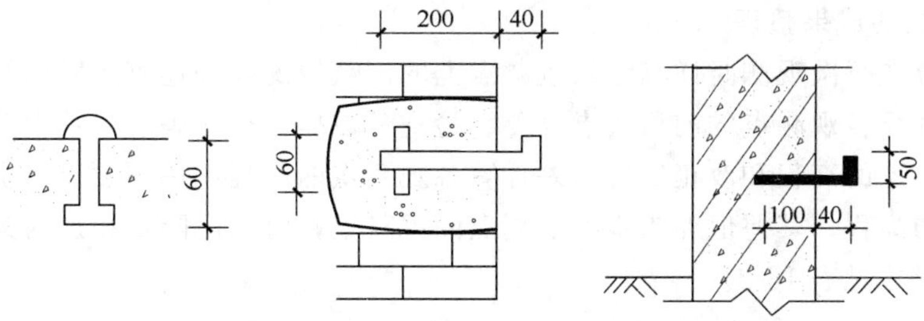


图 16-2 观测点形式示意

## 二、建筑物的沉降观测

1. 沉降观测的周期

沉降观测的周期应根据建筑物（构筑物）的特征、观测精度、变形速率及工程地质情况等综合因素考虑，并根据沉降量的变化情况适当调整。无论任何建筑物，沉降观测次数不能少于 5 次。

建筑物施工期间，当观测点安置稳定后，应及时进行第一次沉降观测。之后，在每当增加较大荷载之前和之后，如基础回填土、墙体每砌筑一层楼、屋架安装、设备安装与运行、塔体加高一层、烟囱每加高 15m 都应进行沉降观测。

在施工过程中停工时间较长，应在停工时和复工前各进行一次观测。竣工后应根据沉降量的大小来确定观测的时间间隔。

一般从建筑物投入使用开始，每隔一个月观测一次，连续观测 3～6 次，其后一年观测 2～4 次。建筑物竣工后，沉降的规律一般是由快逐渐变缓，最后趋于稳定。当半年内沉降量不超过 1mm 时，便认为沉降趋于稳定。

2. 沉降观测方法

在观测前应检查水准点的高程是否变化，检查时应将水准点组成闭合水准路线。在保证水准点的高程无变化情况下进行沉降观测。

沉降观测的精度要求是根据建筑物的重要性及建筑物对变形的敏感程度来确定的。对连续生产设备基础和动力设备基础、高层建筑和深基坑开挖的沉降观测，应采用精密水准仪按二等水准技术要求观测，沉降观测的水准闭合差不应超过$\pm 0.6\sqrt{n}$ mm（$n$ 为观测站数）。在不转站的情况下，每次观测完后视水准点及前视各观测点以后，再回视后视水准点，两次后视读数之差不应大于±1mm。对于一般厂房的基础和构筑物的沉降观测，按三等水准技术要求观测，水准闭合差不应超过$\pm 1.4\sqrt{n}$ mm（$n$ 为观测站数），同一后视点先后两次后视读数之差不应超过±2mm。

在保证沉降观测精度要求的前提下，观测中还应注意如下几方面。

（1）施测前应对测量仪器进行严格的检查校正，精度要求较高时应采用 DS1 级或 DS0.5 级精密水准仪及与之配套的水准尺，一般精度要求的沉降观测可采用 DS3 级水准仪。

（2）应尽可能在不转站的情况下测出各观测点的高程，前后视距应尽量相等且视线长不超过 50m，整个观测最好用同一根水准尺，观测应在天气环境好的条件下进行，避免阳光直射仪器。

(3) 测量中尽量做到：观测人员固定，测量仪器固定，水准点固定，测量路线和测量方法固定。

3. 沉降观测的成果整理

沉降观测应在每次观测时详细记录观测点上的加载情况，描述有无倾斜和裂缝现象，并应在现场及时计算各观测点的前后视点高差、检查各数据是否正确，各项误差是否在允许限度内。根据水准点的高程和改正后的高差计算各观测点的高程，用观测点本次测得的高程减去上次观测得的高程，其差值即为本次观测点的沉降量，每次沉降量相加为累计沉降量。沉降观测的成果形式见表 16-2。

**表 16-2　沉降观测记录**

工程名称：10# 教学楼　　记录：于邵华　　计算：张姗　　校核：周倩

| 观测次数 | 观测时间 | 各观测点的沉降情况 | | | | | | 施工进展情况 | 荷载情况 /(kN/m²) |
|---|---|---|---|---|---|---|---|---|---|
| | | NO. 1 | | | NO. 2 | | | | |
| | | 高程 /m | 本次下沉 /mm | 累计下沉 /mm | 高程 /m | 本次下沉 /mm | 累计下沉 /mm | | |
| 1 | 2012 年 4 月 15 日 | 156.255 | 0 | 0 | 156.246 | 0 | 0 | | |
| 2 | 2012 年 4 月 30 日 | 156.250 | −5 | −5 | 156.240 | −6 | −6 | 上二层楼板 | 4.5 |
| 3 | 2012 年 5 月 16 日 | 156.247 | −3 | −8 | 156.237 | −3 | −9 | 上三层楼板 | 6.5 |
| 4 | 2012 年 6 月 1 日 | 156.244 | −3 | −11 | 156.233 | −4 | −13 | 上四层楼板 | 8.5 |
| 5 | 2012 年 6 月 30 日 | 156.242 | −2 | −13 | 156.230 | −3 | −16 | 上五层楼板 | 10.5 |
| 6 | 2012 年 7 月 31 日 | 156.239 | −3 | −16 | 156.228 | −2 | −18 | 上六层楼板 | 12.5 |
| 7 | 2012 年 9 月 5 日 | 156.237 | −2 | −18 | 156.226 | −2 | −20 | 主体完 | 14 |
| 8 | 2012 年 10 月 3 日 | 156.236 | −1 | −19 | 156.224 | −2 | −22 | 竣工 | |
| 9 | 2012 年 12 月 1 日 | 156.235 | −1 | −20 | 156.223 | −1 | −23 | 使用 | |
| 10 | 2013 年 3 月 5 日 | 156.235 | 0 | −20 | 156.222 | −1 | −24 | | |
| 11 | 2013 年 6 月 3 日 | 156.235 | 0 | −20 | 156.222 | 0 | −24 | | |

备注：此栏应说明如下事项 1. 点位草图；2. 水准点号码及高程；3. 基础地面土壤；4. 其他

对每一观测点而言，为更好地反映出时间、荷载、沉降量三者之间的关系，并进一步估计沉降发展的趋势，判断沉降是否达到稳定程度，还要绘制时间（$T$）与沉降量（$S$）的关

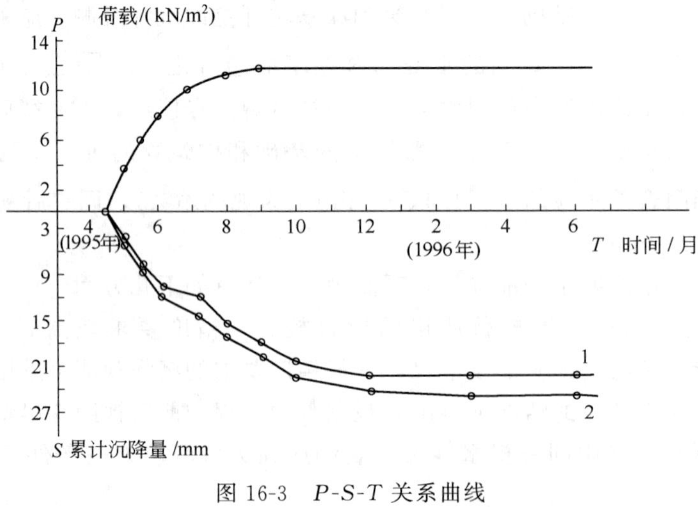


图 16-3　$P$-$S$-$T$ 关系曲线

系曲线和时间（$T$）与荷载（$P$）的关系曲线。如图 16-3 所示为某建筑物上 1～4 观测点的 $P$-$S$-$T$ 关系曲线。

当出现沉降异常情况（如不均匀沉降、沉降速率过大、累计沉降量过大等）时，会对建筑物（构筑物）的安全产生严重影响。

## 第三节　倾斜和位移观测

### 一、倾斜观测

建筑物由于地基的不均匀沉降将引起上部主体结构倾斜，对于高宽比很大的高耸建（构）筑物而言，其倾斜变形较沉降变形更为明显，轻微倾斜将影响其美观及功能的正常使用，当倾斜过大时，将导致建（构）筑物安全性降低甚至倒塌。因此，对该类建（构）筑物则以倾斜变形观测为主要内容。

建筑物倾斜观测的测定方法有两类：一类是直接观测法；另一类是通过测定建筑物的基础相对沉降来确定其倾斜度。

（一）建筑物的倾斜观测

1. 直接观测法

如图 16-4 所示，在建筑物相互垂直的两个方向的立面墙上分别设置上、下两个标志 $A$，$C$ 作为观测点。观测时将经纬仪安置在离建筑物的距离大于其高度 1.5 倍的固定测点上，瞄准上部标志 $A$ 点，用盘左、盘右两次向下投影的方法定出其下标志 $B$ 点。用同样方法在另一方向定出其下标志 $D$ 点。间隔一定周期，在原固定测点上放置经纬仪，分别瞄准上标志 $A$，$C$ 点，仍用盘左、盘右方法向下投影得 $B'$，$D'$点，若 $B'$与 $B$，$D'$与 $D$ 不重合，则说明建筑物发生了倾斜。量出 $BB'$，$DD'$的距离即为建筑物在两个相互垂直方向上的倾斜位移分量，最后计算出建筑物的总倾斜位移量 $\Delta$。

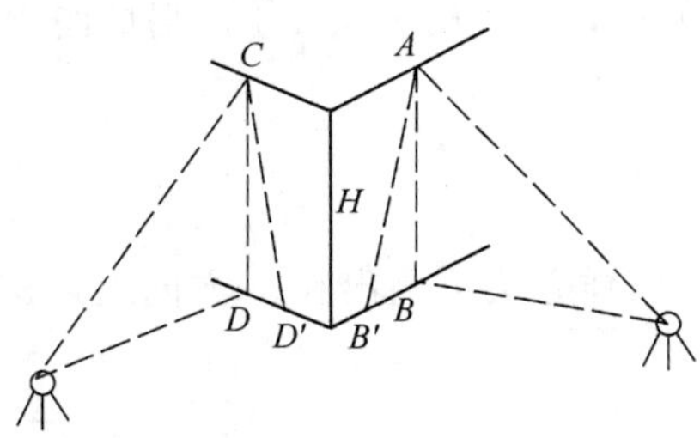

图 16-4　直接观测法

$$\Delta=\sqrt{(BB')^2+(DD')^2} \tag{16-1}$$

建筑物的倾斜度 $i$ 用下式表示

$$i=\frac{\Delta}{H}=\tan\alpha \tag{16-2}$$

式中　$H$——建筑物高度；

$\alpha$——倾斜角。

2. 间接计算法

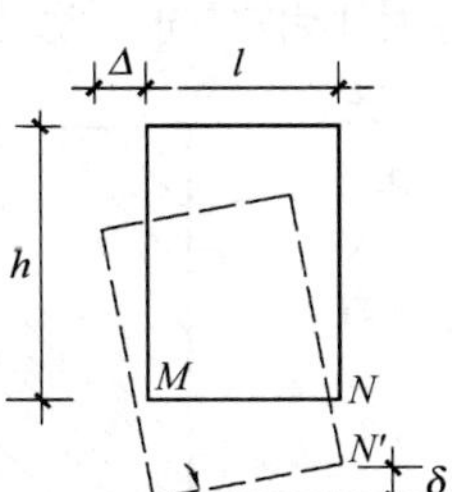

图 16-5　间接计算法

由于建筑物的不均匀沉降，必然会导致建筑物的倾斜，因此可以通过分析沉降观测得到的沉降量，计算位移量 $\Delta$。如图 16-5 所示，$M$，$N$ 两点分别下沉至 $M'$，$N'$点，其沉降之差为 $\delta$，$M$，$N$ 两点的距离为 $l$，则倾斜位移为

$$\Delta=\frac{\delta}{l}h \tag{16-3}$$

式中 $h$——建筑物总高度。

用上式，也可以计算出相互垂直的另一个方向上的位移量，并计算出建筑物的总位移。

此方法适用于建筑物刚性比较强的情况，如果由于沉降不均匀在建筑物上已出现裂缝，则 $M$，$N$ 点应选在裂缝的同一侧。

（二）塔式建筑物的倾斜观测

在测定圆形构筑物（如烟囱、水塔等）的倾斜时，应首先求出顶部中心对底部中心的偏心距 $\Delta$，再用 $\frac{\Delta}{H}$ 计算出倾斜率（$H$ 为构筑物的高度）。现以烟囱为例介绍观测计算方法。

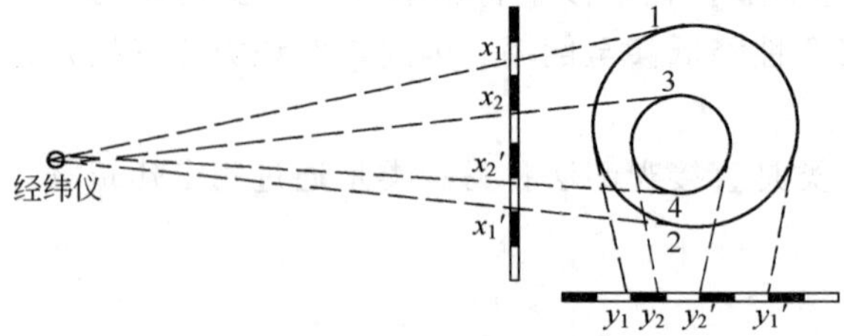

图 16-6 塔式建筑物的倾斜观测

如图 16-6 所示，在烟囱底部两个相互垂直方向各放一根水准尺，然后在水准尺的中垂线方向上安置经纬仪，经纬仪距烟囱的距离约为烟囱高度的 1.5 倍。用经纬仪望远镜将烟囱顶部边缘两点 1,2 及底部边缘两点 3,4 分别投到水准尺上，记下读数 $x_1$，$x'_1$ 及 $x_2$，$x'_2$，则烟囱顶部中心对底部中心在 $x$ 方向的偏心距 $\Delta x$ 为

$$\Delta x=\frac{x_1+x'_1}{2}-\frac{x_2+x'_2}{2}$$

同样方法可测出在 $y$ 方向上烟囱顶部中心对底部中心的偏心距 $\Delta y$ 为

$$\Delta y=\frac{y_1+y'_1}{2}-\frac{y_2+y'_2}{2}$$

烟囱顶部中心对底部中心的总偏心距为

$$\Delta=\sqrt{(\Delta x)^2+(\Delta y)^2}$$

倾斜度 $i$ 为

$$i=\frac{\Delta}{H} \tag{16-4}$$

式中 $H$——烟囱的高度。

**二、建筑物的位移观测**

建筑物位移观测的目的是为了确定建筑物在平面上随时间而移动的大小和方向。观测方法是首先在与建筑物相垂直的一侧布置两个控制点，如图 16-7 所示，从控制点 $A$,$B$ 的连线作为基线，大致垂直于建筑物，在建筑物上设置一观测点 $C$，量出 $BC$ 的长度。在 $B$ 点放置经纬仪，用精确方法测出 $\angle ABC=\beta_1$，定期观测 $\angle ABC$，若建筑物在该方向产生位移至 $C_1$ 点，则 $\angle ABC_1\neq\beta_1$，测出 $\angle ABC_1=\beta_2$，$\Delta\beta=\beta_2-\beta_1$，则建筑物在该方向上的位移 $CC_1$ 为：

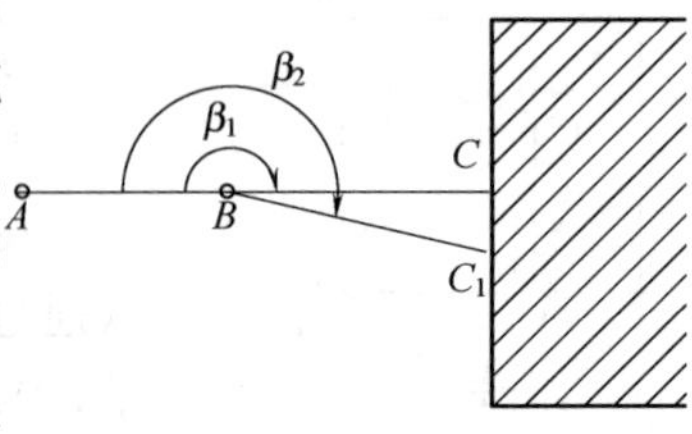

图 16-7 建筑物位移观测

$$CC_1 = \frac{\Delta\beta \times BC}{\rho} \tag{16-5}$$

式中，$\rho = 206265''$。

用同样方法可以测出建筑物在其他方向上的位移。

## 第四节　挠度与裂缝观测

### 一、构件的挠度观测

建筑物的结构构件在施工和使用阶段随着荷载的增加会产生挠曲，挠曲的大小对建筑物结构构件受力状态的影响很大。因此，结构构件的挠度不应超过某一限值，否则将危及建筑物的安全。

挠度观测是通过测量观测点的沉降量来进行计算的。如图 16-8 所示，$A$，$B$，$C$ 是某构件同一轴线上的三个沉降观测点（$A$，$C$ 为支座处，$B$ 为跨中），测得其沉降量分别为 $\Delta_A$，$\Delta_B$，$\Delta_C$，则该构件的跨中挠度 $f_B$ 为

$$f_B = \Delta_B - \frac{\Delta_A + \Delta_C}{2} \tag{16-6}$$

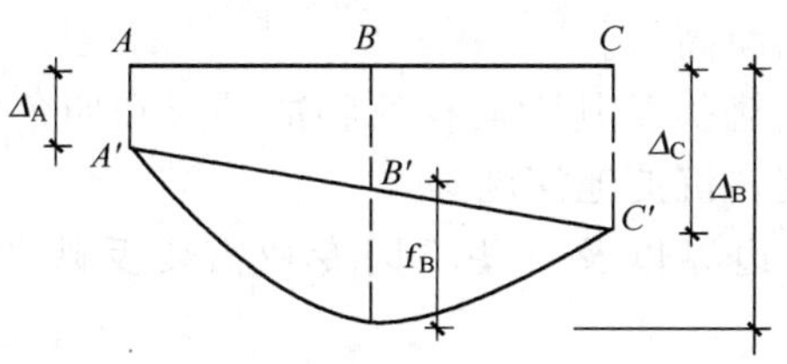


图 16-8　测量观测点的沉降量

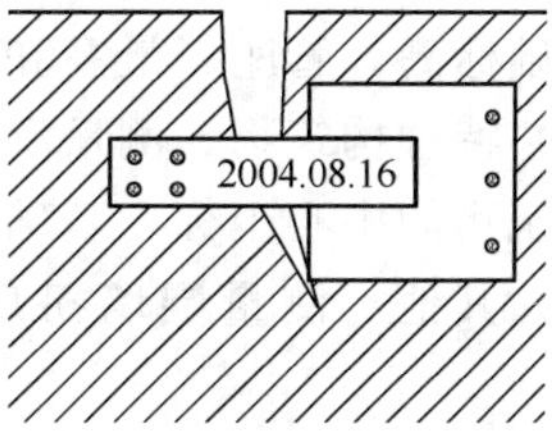


图 16-9　建筑物的裂缝观测

### 二、建筑物的裂缝观测

当建筑物出现基础不均匀沉降、施工方法不当、设计有误等方面的问题时，都会使上部主体结构产生裂缝。为了分析裂缝产生的原因，以便采取正确的处理方法，除了要增加沉降观测以外，还应立即进行裂缝观测。

为了观测裂缝的发展情况，要在裂缝处设置观测标志。对标志设置的基本要求是：当裂缝开裂时标志就能相应地开裂或变化，能正确反映建筑物裂缝发展的情况。下面介绍两种常用简便的裂缝观测方法。

（1）在裂缝处糊上宽约 50～80mm 的石膏板（长度视裂缝大小而定）。当裂缝发展时，石膏板随之开裂，从而可观察裂缝发展的情况。

（2）如图 16-9 所示，用两块白铁皮，一片约为 150mm×150mm，固定在裂缝的一侧，另一片为 50mm×200mm，固定在裂缝的另一侧，并使其中一部分紧贴在相邻的正方形白铁皮上，将两块白铁皮分别固定在裂缝的两侧，在其表面均涂上红色油漆。如果裂缝继续发展，两块白铁皮将被逐渐拉开，量出未涂红漆部分的宽度即为裂缝加大的宽度。此外还应观测裂缝的走向和长度等项目。

## 第五节　竣工总平面图的绘制

工程建设中由于多方面的原因，在施工过程中进行设计变更是经常发生的，从而使得某些建筑物、道路、管网等的位置及平面形状发生改变，使之与原设计总平面图的布置不一致。为反映建筑物（构筑物）、道路、地下管网（线）的工程实际状况，为将来工程交付使用后进行检修、改建或扩建等提供实际资料，在工程竣工后应进行竣工测量并绘制竣工总平面图。

### 一、竣工测量

竣工测量包括以下几方面。

（1）一般工业与民用建筑　测量房屋角点坐标及高程，对较大的矩形建筑物至少要测三个主要房角坐标，小型房屋可测其长边两个房屋角点，并量出房宽注于图上，还应测量各种管线进出口位置和高程。

（2）铁路和公路　测量线路的起始点、转折点、曲线起始点、曲线元素、交叉点坐标，桥涵等构筑物位置和高程。

（3）地下管线　测量管线转折点、起点及终点的坐标，测量、检查井旁地面、井盖、井底、沟槽、井内敷设物和管顶等处的标高。

（4）架空管线　测量管线转折点、结点、交叉点的坐标，测量支架间距及支架旁地面标高、基础标高，管座、最高和最低电线至地面的净高等。

（5）特种构筑物　测量沉淀池、烟囱、煤气罐等及其附属构筑物的外形和四角的坐标，圆形构筑物的中心坐标，基础标高，构筑物高度，沉淀池深度等。

（6）其他　测量围墙拐角点坐标、绿化区边界以及一些不同专业需要反映的设施和内容。

### 二、竣工总平面图的绘制

竣工总平面图绘制的依据有以下两个方面。

（1）设计总平面图、系统工程平面图、纵横断面图及设计变更资料。

（2）施工放样资料、施工检查测量及竣工实测资料。

绘制前先将设计总平面图作为底图绘出，同时还应精确绘出坐标方格网、水准点位置。竣工总平面图的绘制最好在施工期间编绘，施工测量人员按照设计总平面图的坐标数据将建筑物、构筑物测设到地面上，竣工时还要测量验收建筑物、构筑物位置的坐标数据作为校核，将竣工测量的数据展绘到总平面图底图上，当建筑物、构筑物竣工测量数据与原总平面图设计数据不一致时，以竣工测量数据为准绘制竣工总平面图。

竣工总平面图的比例尺一般采用 1∶1000，局部可采用 1∶500。当地上和地下所有建筑物、构筑物绘在一张竣工总平面图上显得线条拥挤和不清晰时，可以采用分类编图，如综合竣工总平面图、交通运输竣工总平面图、管线竣工总平面图等。

竣工总平面图绘制完后要经过一定的整饰并由设计、施工单位技术负责人审核签字。

## 小　　结

本章主要介绍了变形观测的特点和变形观测的技术要求。在房屋建筑施工过程中，荷载使基础发生不均匀沉降时，将导致建筑物上部结构产生变形、倾斜，甚至开裂，轻微时影响建筑物的外表美观，严重时将影响建筑物的使用和安全。

为保证安全及正常使用，对于高层建筑、重要厂房、高耸构筑物及地质不良地段的建筑物，都要进行较长时期的、系统的沉降观测和倾斜观测，以查明沉降、倾斜、位移、裂缝开展等的严重程度及其随时间的发展情况，为分析产生的原因提供依据，以便及时采取正确的预防和加固措施。

建筑物的变形观测应从基础施工开始，在整个施工阶段按规定进行定期变形观测，直到建成之后的一定使用阶段，如有必要应延续到变形趋于稳定为止。

建筑物沉降观测是用水准仪根据水准基点定期对建筑物上设置的沉降观测点进行水准测量，测得其与水准点的高差，并计算观测点的高程，从而确定其下沉量及下沉规律。

建筑物由于地基的不均匀沉降将引起上部主体结构倾斜，对于高宽比很大的高耸建（构）筑物而言，其倾斜变形较沉降变形更为明显，轻微倾斜将影响其美观及功能的正常使用，当倾斜过大时，将导致建（构）筑物安全性降低甚至倒塌。因此，对该类建（构）筑物则以倾斜变形观测为主要内容。

建筑物倾斜观测的测定方法有两类：一类是直接观测法；另一类是通过测定建筑物的基础相对沉降来确定其倾斜度。

建筑物的结构构件在施工和使用阶段随着荷载的增加会产生挠曲，挠曲的大小对建筑物结构构件受力状态的影响很大。因此，结构构件的挠度不应超过某一限值，否则将危及建筑物的安全。挠度观测是通过测量观测点的沉降量来进行计算的。

由于多方面的原因，在施工过程中建筑物进行设计变更是经常发生的，这与原设计总平面图的布置不一致。为了反映建筑物（构筑物）、道路、地下管网（线）的工程实际状况，为将来工程交付使用后进行检修、改建或扩建等提供实际资料，在工程竣工后应进行竣工测量并绘制竣工总平面图。

## 思考题与习题

1. 为什么要进行建筑物的变形观测？变形观测主要包括哪几项内容？

2. 建筑物沉降观测时，沉降观测点应如何布置？

3. 试述建筑物倾斜观测、位移观测的方法。

4. 怎样进行建筑物裂缝观测？绘图说明。

5. 绘制竣工总平面图的目的是什么？绘制内容有哪些？

6. 如图 16-6 所示，测量沿 $y$ 方向观测到的标尺读数为 $y_1=0.57\text{m}$，$y'_1=1.97\text{m}$，$y_2=0.07\text{m}$，$y'_2=2.87\text{m}$；测量沿 $x$ 方向观测到的标尺读数为 $x_1=2.05\text{m}$，$x'_1=0.65\text{m}$，$x_2=2.95\text{m}$，$x'_2=0.15\text{m}$。已知烟囱高 30m，试求烟囱倾斜度及倾斜方向。

7. $A$，$B$ 为某基础梁支座处的沉降观测点，$C$ 为该梁跨中中点，现测得 $A$，$B$，$C$ 三点的沉降量分别为 14.5mm，16.6mm，21.7mm，试计算该梁跨中 $C$ 的挠度。

# 附　录

## 附录一　一周施工现场实习

要求：

各院校应选择合适的建筑工程施工现场，在下列表格中选定 2～3 项实习课题进行一周的施工现场实习。实习结束后要求学生写出实习报告。

| 序　号 | 实　习　参　考　课　题 |
|---|---|
| 1 | 根据单项工程施工图拟定测设方案 |
| 2 | 平整场地测设±0.000 标高 |
| 3 | 设置龙门板或轴线控制桩放线 |
| 4 | 基础工程施工测量 |
| 5 | 墙体工程施工测量 |
| 6 | 厂房矩形控制网的测设，柱列轴线的测设 |
| 7 | 柱基的施工测量 |
| 8 | 厂房构件安装测量 |

## 附录二　水准仪系列的技术参数

| 型　号 | | S3(S3E) | S3D(S3ED) | S3AZ(S3BZ) | AL-22 | AL-32 |
|---|---|---|---|---|---|---|
| 产品名称 | | 水准仪 | 水准仪 | 自动安平水准仪 | 自动安平水准仪 | 自动安平水准仪 |
| 标准偏差 | | <±2.5mm | <±2.5mm | ±2.0mm | ±3.0mm | ±2.5mm |
| 望远镜 | 倒(正) | 倒(正) | 倒(正) | 倒像(正像) | 正像 | 正像 |
| | 物镜有效孔径 | 42mm | 42mm | 42mm | 30mm | 36mm |
| | 放大率 | 30× | 30× | 30× | 22× | 32× |
| | 视场角 | 1°26′ | 1°26′ | 1°26′ | 1°30′ | 1°20′ |
| | 视距乘常数 | 100 | 100 | 100 | 100 | 100 |
| | 视距加常数 | 0 | 0 | 0 | 0 | 0 |
| | 最短视距 | 2m | 2m | 2m | 1mm | 1mm |

续表

| 型号 | | S3(S3E) | S3D(S3ED) | S3AZ(S3BZ) | AL-22 | AL-32 |
|---|---|---|---|---|---|---|
| 补偿器 | 补偿范围 | — | — | ±8′(±12′) | ±12′ | ±12′ |
| | 安平精度 | — | — | ≤±0.3″ | 0.5″ | 0.5″ |
| | 补偿时间 | — | — | <2s | 2s | 2s |
| 水准器 | 管状水准器 | 20″/2mm | 20″/2mm | — | | |
| | 圆形水准器 | 8′/2mm | 8′/2mm | 8′/2mm | 8′/2mm | 8′/2mm |
| 度盘 | 直径 | | 70mm | 77mm | | |
| | 格值 | | 2° | 1° | 1° | 1° |
| | 估读 | | 20′ | 5′ | | |
| 仪器净重 | | <2kg | <2kg | <2kg | | |
| 厂家(排名不分先后) | | 南京1002厂 | 南京1002厂 | 南京1002厂 | 西北光电 | 西北光电 |

| 型号 | | AL2430 | DZS3-1 | NAL124 | NL20 |
|---|---|---|---|---|---|
| 产品名称 | | 自动安平水准仪 | 自动安平水准仪 | 自动安平水准仪 | 自动安平水准仪 |
| 标准偏差 | | ±2.5mm | ±3.0mm | 2.0mm | 2.5mm |
| 望远镜 | 倒(正) | 正像 | 正像 | 正像 | 正像 |
| | 物镜有效孔径 | 33mm | 45mm | 36mm | 34mm |
| | 放大率 | 24× | 30× | 24× | 20× |
| | 视场角 | 1°30′ | 1° | — | 1°20′ |
| | 视距乘常数 | 100 | 100 | 100 | 100 |
| | 视距加常数 | 0 | 0 | 0 | 0 |
| | 最短视距 | 0.8mm | 2m | 0.8m | 0.5m |
| 补偿器 | 补偿范围 | ±12′ | ±5′ | ±15′ | ±15′ |
| | 安平精度 | 0.5″ | | 0.5″ | ±0.6″ |
| | 补偿时间 | 2s | | | |
| 水准器 | 管状水准器 | | | | |
| | 圆形水准器 | 8′/2mm | 8′/2mm | 8′/2mm | 8′/2mm |
| 度盘 | 直径 | | | | |
| | 格值 | | | 1° | |
| | 估读 | | | | |
| 仪器净重 | | | 3.4kg | 2kg | |
| 厂家(排名不分先后) | | 西北集团 | 北京博飞 | 苏州一光 | 南方测绘 |

# 附录三 光学经纬仪系列的技术参数

| 型 号 | | J6 | J6E | 径Ⅲ | 径Ⅲ-Z | TDJ6 | TDJ6E | TDJ2 | TDJ2E | T2 |
|---|---|---|---|---|---|---|---|---|---|---|
| 产品名称 | | 光学经纬仪 | 光学经纬仪 | 光学经纬仪 | 光学经纬仪 | 光学经纬仪 | 光学经纬仪 | 光学经纬仪 | 光学经纬仪 | 光学经纬仪 |
| 一测回水平方向标准误差 | | ≤6″ | ≤6″ | ≤6″ | ≤6″ | ≤6″ | ≤6″ | ≤2″ | ≤2″ | ≤±0.8″ |
| 一测回垂直方向标准误差 | | ≤9″ | ≤9″ | ≤9″ | ≤9″ | ≤10″ | ≤10″ | ≤6″ | ≤6″ | — |
| 望远镜 | 倒(正) | 倒像 | 正像 | 倒像 | 正像 | 倒像 | 正像 | 倒像 | 正像 | 正像 |
| | 物镜有效孔径 | $\phi$40mm | $\phi$40mm | $\phi$36mm | $\phi$36mm | $\phi$40mm | $\phi$40mm | $\phi$40mm | $\phi$40mm | — |
| | 放大率 | 28× | 29× | 25.5× | 25.5× | 28× | 30× | 28× | 30× | 20× |
| | 视场角 | 1°20′ | 1°20′ | 1°30′ | 1°30′ | 1°30′ | 1°30′ | 1°30′ | 1°30′ | — |
| | 视距乘常数 | 100 | 100 | 100 | 100 | 100 | 100 | 100 | 100 | 100 |
| | 视距加常数 | 0 | 0 | 0 | 0 | 0 | 0 | 0 | 0 | 0 |
| | 最短视距 | 2m | 2m | 2m | 2m | 2m | 2m | 2m | 2m | 2.2m |
| 读数系统 | 水平读数系统放大倍数 | 73× | 73× | 71.4× | 71.4× | — | — | — | — | — |
| | 垂直读数系统放大倍数 | 74× | 74× | 71.4× | 71.4× | — | — | — | — | — |
| | 水平度盘直径 | 93.4 | 93.4mm | 93.4mm | 93.4mm | — | — | — | — | — |
| | 垂直度盘直径 | 73.4mm | 73.4mm | 73.4mm | 73.4mm | — | — | — | — | — |
| 水准器 | 照准部水准器 | 30″/2mm | 30″/2mm | 30″/2mm | 30″/2mm | 30″/2mm | 30″/2mm | 20″/2mm | 20″/2mm | 20″/2mm |
| | 竖盘指标水准器 | 30″/2mm | 30″/2mm | 30″/2mm | 30″/2mm | 30″/2mm | 30″/2mm | 20″/2mm | 20″/2mm | — |
| | 圆水准器 | 8′/2mm | 8′/2mm | — | — | 8′/2mm | 8′/2mm | 8′/2mm | 8′/2mm | — |
| 光学对点器 | 放大倍数 | 1.1× | 1.1× | 1.7× | 1.7× | 3× | 3× | 3× | 3× | — |
| | 视场角 | 4° | 4° | 3.5° | 3.5° | 5° | 5° | 5° | 5° | — |
| 仪器净重 | | 4.2kg | 4.2kg | 4kg | 4kg | 4.3kg | 4.3kg | 6kg | 6kg | 8.5kg |
| 厂家(排名不分先后) | | 南京1002厂 | 南京1002厂 | 西北光电 | 西北光电 | 北京博飞 | 北京博飞 | 北京博飞 | 西光集团 | 苏州一光 |

# 附录四　全站式电子速测仪系列的技术参数

| 型　号 | | OTS332 | OTS232 | BTS-6082C | BTS-3082C | NTS-322 | NTS-325 | TC(R)405 | R-322N | DTM-352C |
|---|---|---|---|---|---|---|---|---|---|---|
| 产品名称 | | 中文全站仪 | 中文全站仪 | 中文全站仪 | 中文全站仪 | 中文全站仪 | 中文全站仪 | 中文全站仪 | 中文全站仪 | 中文全站仪 |
| 标准偏差 | | 3″ | 2″ | 2″ | 2″ | 2″ | 5″ | 5″ | 2″ | 2″ |
| 望远镜 | 倒像(正像) | 正像 | 正像 | 正像 | 正像 | 正像 | 正像 | 正像 | 正像 | 正像 |
| | 物镜有效孔径 | ϕ45mm | ϕ45mm | ϕ45mm | ϕ45mm | ϕ45mm | ϕ45mm | ϕ40mm | ϕ45mm | ϕ45mm |
| | 放大率 | 30× | 30× | 30× | 30× | 30× | 30× | 30× | 30× | 33× |
| | 视场角 | 1°20′ | 1°20′ | 1°30′ | 1°30′ | 1°30′ | 1°30′ | 26m/1km | 1°30′ | 1°20′ |
| | 最短视距 | 1.7m | 1.7m | 1.5m | 1.5m | 1m | 1m | — | 1.0m | 1.3m |
| 电子测角 | 测量方式 | 光电增量 | 光电增量 | 光栅增量 | 光栅增量 | 光电增量 | 光电增量 | 绝对编码 | 绝对编码 | 光电增量 |
| | 最小读数 | 1″/5″可选 | 1″/5″可选 | 1″/5″可选 | 1″/5″可选 | 1″/5″可选 | 1″/5″可选 | 1″/5″可选 | 1″ | 1″ |
| | 度盘直径 | — | — | 71mm | 71mm | 79mm | 79mm | — | — | — |
| | 液晶显示 | 双面 LCD | 双面 LCD | 双面 LCD | 双面 LCD | 双面 LCD | 双面 LCD | 双面 LCD | 双面 LCD | 双面 LCD |
| 测距 | 测量 | 5km/单棱镜 | 5km/单棱镜 | 1.5km/单棱镜 | 1.5km/单棱镜 | 1.8km/单棱镜 | 1.6km/单棱镜 | 3.0km/单棱镜 | 3.4km/单棱镜 | 2.3km/单棱镜 |
| | 测量精度 | ±(3mm+3ppm) | ±(3mm+3ppm) | ±(3mm+2ppm) | ±(5mm+3ppm) | ±(3mm+2ppm) | ±(3mm+2ppm) | ±(2mm+2ppm) | ±(2mm+2ppm) | ±(2mm+2ppm) |
| | 测量速度 | 精测 1.2s | 精测 1.2s | 精测 2.5s | 精测 2.5s | 精测 3.0s | 精测 3.0s | 精测<1.0s | 精测 2.0s | 精测 1.6s |
| 长水准器 | | 30″/2mm | 30″/2mm | 30″/2mm | 30″/2mm | 30″/2mm | 30″/2mm | — | 30″/每刻度 | — |
| 圆水准器 | | 8′/2mm | 8′/2mm | 8′/2mm | 8′/2mm | 8′/2mm | 8′/2mm | — | 8′/1mm | — |
| 内存点 | | 2000 | 2000 | 8000 | 8000 | 8000 | 8000 | 9000 | 7500 | 12000 |
| 使用时间 | 整机测量 | 4h | 4h | 4h | 4h | 2h | 2h | — | 8h | 16h |
| | 角度测量 | 12h | 12h | 20h | 20h | 8h | 8h | 4h | 12h | 30h |
| | 电压 | 7.2V | 7.2V | 7.2V | 7.2V | 6.0V | 6.0V | 6.0V | 6.0V | 7.2V |
| | 电池类型 | Ni-MH | Ni-MH | Ni-MH | Ni-MH | Ni-MH | Ni-MH | Ni-MH | Ni-MH | Ni-MH |
| 仪器净重 | | 5.3kg | 5.3kg | 5.6kg | 5.6kg | 6.0kg | 6.0kg | 4.38kg | 5.7kg | 5.7kg |
| 厂家(排名不分先后) | | 苏州一光 | 苏州一光 | 北京博飞 | 北京博飞 | 南方测绘 | 南方测绘 | 徕卡 | 宾得 | 尼康 |

# 参 考 文 献


[1] 工程测量规范．GB 50026—2007.

[2] 国家三、四等水准测量规范．GB/T 12898—2009.

[3] 1∶500、1∶1000、1∶2000 地形图图式．GB/T 20257.1—2007.

[4] 全球定位系统（GPS）测量规范．GB/T 18314—2009.

[5] 卫星定位城市测量技术规范．CJJ/T 73—2010.

[6] 城市测量规范．CJJ/T 8—2011.

[7] 武汉测绘科技大学《测量学》编写组．测量学．第 3 版．北京：测绘出版社，1991.

[8] 过静珺．土木工程测量．武汉：武汉理工大学出版社，2000.

[9] 覃辉．建筑工程测量．北京：中国建筑工业出版社，2007.

[10] 李生平．建筑工程测量．第 2 版．武汉：武汉理工大学出版社，2003.

[11] 周相玉．建筑工程测量．武汉：武汉理工大学出版社，1997.

[12] 郑庄生．建筑工程测量．北京：中国建筑工业出版社，1995.

[13] 周建郑．建筑工程测量．第 2 版．北京：中国建筑工业出版社，2008.

[14] 同济大学测量系、清华大学测量教研组．测量学．北京：测绘出版社，1991.

[15] 顾孝烈，鲍峰，程效军．测量学．上海：同济大学出版社，1999.

[16] 金和钟，陈丽华．工程测量．杭州：杭州大学出版社，1998.

[17] 钟孝顺，聂让．测量学．北京：人民交通出版社，1997.

[18] 李青岳，陈永奇．工程测量学．修订版．北京：测绘出版社，1995.

[19] 王云江，纪毓忠．工程测量．杭州：浙江大学出版社，2000.

[20] 靳祥升．测量学．郑州：黄河水利出版社，2001.

[21] 钟孝顺，聂让．测量学．北京：人民交通出版社，2004.

[22] 刘基余．GPS 卫星导航定位原理与方法．北京：科学出版社，2003.

[23] 徐绍铨，张华海，杨志强，王泽民．GPS 测量原理及应用．武汉：武汉大学出版社，2003.

[24] 周建郑．GPS 测量定位技术．北京：化学工业出版社，2011.

[25] 周建郑．GPS 定位测量．第 2 版．郑州：黄河水利出版社，2010.